高等学校土木工程学科专业指导委员会规划教材
高等学校土木工程本科指导性专业规范配套系列教材
总主编 何若全

地下结构设计（第2版）

DIXIA
JIEGOU SHEJI

主　编　钟祖良
副主编　黄　明　黄　昕
　　　　黄　锋　王军保
主　审　刘新荣

重庆大学出版社

内容提要

本书是“高等学校土木工程本科指导性专业规范配套系列教材”之一，系统地介绍了地下结构设计基本理论和各种结构形式的设计方法，主要包括地下结构常见荷载的计算理论与地下结构基本的计算方法、浅埋式地下结构设计、附建式地下结构设计、钻爆法隧道支护结构设计、掘进机法隧道结构设计、顶管结构设计、沉管结构设计和基坑支护结构设计等。

本书可作为土木工程、城市地下空间工程等土建类专业本科生教材，也可供地质工程、勘查技术与工程等相关专业和土木工程设计、施工和科研等工程技术人员学习、参考。

图书在版编目（CIP）数据

地下结构设计 / 钟祖良主编. -- 2 版. -- 重庆：重庆大学出版社，2023.3

高等学校土木工程本科指导性专业规范配套系列教材

ISBN 978-7-5689-2947-9

Ⅰ.①地… Ⅱ.①钟… Ⅲ.①地下工程—结构设计—高等学校—教材 Ⅳ.①TU93

中国版本图书馆 CIP 数据核字（2021）第 168127 号

高等学校土木工程本科指导性专业规范配套系列教材

地下结构设计（第 2 版）

主　编　钟祖良

副主编　黄　明　黄　昕

黄　锋　王军保

主　审　刘新荣

责任编辑：王　婷　　版式设计：王　婷

责任校对：关德强　　责任印制：赵　晟

*

重庆大学出版社出版发行

出版人：饶帮华

社址：重庆市沙坪坝区大学城西路 21 号

邮编：401331

电话：（023）88617190　88617185（中小学）

传真：（023）88617186　88617166

网址：http://www.cqup.com.cn

邮箱：fxk@cqup.com.cn（营销中心）

全国新华书店经销

重庆华林天美印务有限公司印刷

*

开本：787mm×1092mm　1/16　印张：18.5　字数：487 千

2013 年 8 月第 1 版　2023 年 3 月第 2 版　2023 年 3 月第 2 次印刷

印数：3 001—6 000

ISBN 978-7-5689-2947-9　定价：53.00 元

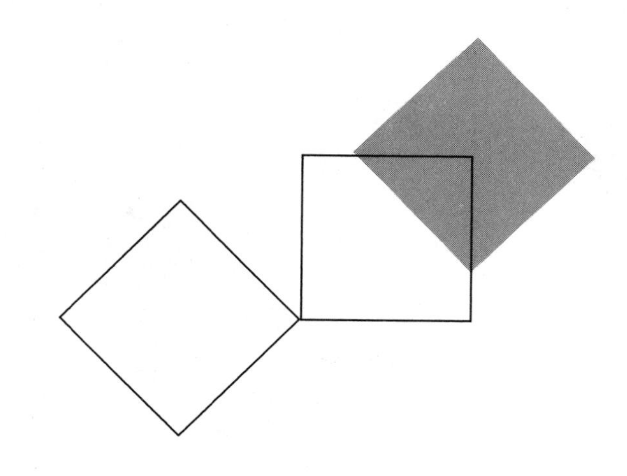

编委会名单

总　序

进入21世纪的第二个十年，土木工程专业教育的背景发生了很大的变化。“国家中长期教育改革和发展规划纲要”正式启动，中国工程院和教育部倡导的“卓越工程师教育培养计划”开始实施，这些都为高等工程教育的改革指明了方向。截至2010年年底，我国已有300多所大学开设土木工程专业，在校生达30多万人，这无疑是世界上该专业在校大学生最多的国家。如何培养面向产业、面向世界、面向未来的合格工程师，是土木工程界一直在思考的问题。

由住房和城乡建设部土建学科教学指导委员会下达的重点课题“高等学校土木工程本科指导性专业规范”的研制，是落实国家工程教育改革战略的一次尝试。“专业规范”为土木工程本科教育提供了一个重要的指导性文件。

由“高等学校土木工程本科指导性专业规范”研制项目负责人何若全教授担任总主编，重庆大学出版社出版的《高等学校土木工程本科指导性专业规范配套系列教材》力求体现“专业规范”的原则和主要精神，按照土木工程专业本科期间有关知识、能力、素质的要求设计了各教材的内容，同时对大学生增强工程意识、提高实践能力和培养创新精神做了许多有意义的尝试。这套教材的主要特色体现在以下方面：

(1)系列教材的内容覆盖了“专业规范”要求的所有核心知识点，并且教材之间尽量避免了知识的重复；

(2)系列教材更加贴近工程实际，满足培养应用型人才对知识和动手能力的要求，符合工程教育改革的方向；

(3)教材主编们大多具有较为丰富的工程实践能力，他们力图通过教材这个重要手段实现“基于问题、基于项目、基于案例”的研究型学习方式。

据悉，本系列教材编委会的部分成员参加了“专业规范”的研究工作，而大部分成员曾为“专业规范”的研制提供了丰富的背景资料。我相信，这套教材的出版将为“专业规范”的推广实施，为土木工程教育事业的健康发展起到积极的作用！

中国工程院院士　哈尔滨工业大学教授

沈世钊

第 2 版前言

本书是“高等学校土木工程本科指导性专业规范配套系列教材”之一，第 2 版在保留第 1 版特色与优势的基础上，结合全国高等学校土木工程专业评估（认证）文件要求进行了重新编写，并引入了课程思政的元素。本次修订工作主要包括：重新对地下结构设计相关理论知识体系进行了梳理，第 2 章更新了地下结构的荷载分类及组合、围岩压力计算理论，增加了研讨内容；第 3 章新增了矩形闭合结构计算实例，增加了课堂研讨内容；第 4 章新增了附建式地下结构的设计要点及梁板式结构的设计计算理论；第 5 章增加了单层衬砌支护结构设计理论及结构验算、复合式衬砌结构计算理论，更新了复合式衬砌结构设计实例，融入了数值计算和结构验算内容；将原教材涉及盾构法和 TBM 法的章节合并为第 6 章掘进机法隧道结构设计，对全章内容进行重新编写；第 7 章新增了顶管结构设计，引入了国际著名的港珠澳大桥沉管隧道设计案例；第 8 章增加了管段防水、水下连接构造、管段接头设计和设计案例；第 9 章新增了基坑支护常见形式、常见基坑支护设计计算理论及地下连续墙计算实例。通过本次章节调整，并引入工程案例及研讨内容，有利于引导学生进一步理解课程知识点及如何在工程中的具体应用。在教材内容中，穿插了我国地下工程领域国际著名人物介绍和重大工程案例分享，以增强学生的民族自豪感和文化自信，培养学生的社会责任感和使命感，弘扬爱国主义和勇攀科学高峰的科研精神。在传播方式上，基于移动互联网技术，借助重庆大学出版社的教学云平台，在纸质教材中嵌入研讨案例、工程照片及视频的二维码，为扩展学生认知及丰富知识面提供支撑条件。

本教材第 2 版引用了现行最新地下工程相关标准或技术规范，如《公路隧道设计规范第一册 土建工程》（JTG 3370.1—2018）、《地铁设计规范》（GB 50157—2013）、《建筑边坡工程技术规范》（GB 50330—2013）、《铁路隧道设计规范》（TB 10003—2016、《混凝土结构设计规范》（GB 50010—2010）2015 年版、《顶管工程施工规程》（DG/TJ08—2049—2016）、《钢结构设计规范》（GB 50017—2020）、《沉管法隧道设计标准》（GB/T51318—2019）等。

本教材第 2 版由重庆大学钟祖良担任主编，福州大学黄明、同济大学黄昕、重庆交通大学黄锋和西安建筑科技大学王军保担任副主编，重庆大学刘新荣教授担任主审。本书各章编写分工如下：第 1、2 章由重庆大学钟祖良编写，同时钟祖良还参与了第 5、7、8 章编写；第 3 章由重庆大学李鹏、钟祖良编写；第 4 章由重庆大学梁宁慧、钟祖良编写；第 5 章由重庆交通大学黄锋编写；

第6章由同济大学黄昕编写；第7章由福州大学黄明编写；第8章由西安建筑科技大学王军保、刘乃飞编写，重庆大学钟祖良参加案例编写；第9章由重庆大学周小涵、钟祖良编写；全书由钟祖良负责统稿。研究生邹鸿为本书绘制插图、编排做了部分工作。

特别感谢教育部高等学校城市地下空间工程专业教学指导组副组长刘新荣教授对本教材的编写和出版提出了许多宝贵的意见。鉴于此，在本书付梓之际，编者对为本书编写出版给予支持和帮助的所有领导和同人表示衷心的感谢。

由于编者学识水平有限，教材编写修订或有疏漏或不当之处，恳请各位师生、读者及专家不吝赐教。

编　者

2021年4月

第 1 版前言

随着城市化的快速发展,地下空间开发利用越来越受到重视,向地下要土地、向地下要空间、向地下要资源,成为世界城市发展的必然趋势,也成为衡量一个城市现代化水平的重要标志。1991 年在东京召开的国际会议上就已形成了这样一个共识:“19 世纪是桥梁的世纪,20 世纪是高层建筑的世纪,21 世纪则是人类开发利用地下空间的世纪。”实际上,城市地下空间的利用范围相当广泛,包括居住、交通、商业、文化、生产、防灾等各种用途。现代城市的发展再也不能走“摊大饼”的平面发展模式,而应走“上天入地”的立体化发展模式。合理开发利用地下空间,既可以拓展城市空间、节约土地资源,又可以缓解交通拥挤、改善城市环境,亦有利于城市的减灾防灾;既是有效解决城市人口、环境、资源三大难题的重要举措,又是实现城市可持续发展的重要途径。

进入 21 世纪以来,我国地下空间开发利用也蓬勃发展,许多城市纷纷上马或规划地铁、轻轨、地下商场等各类地下建筑,地下空间为各类建筑结构及构筑物的选址开辟了广阔的前景,地下空间与工程成为土木工程的重要发展方向。地下空间规划 、地下结构设计、地下工程施工等已发展成为土木工程等相关专业的重要课程。

本书以高等学校土木工程专业指导委员会制订的“高等学校土木工程本科指导性专业规范”为基本依据进行编写,吸取了近年来国内外地下结构方向的相关研究成果、行业规范和标准的新内容。教材结构新颖、内容丰富、图文并茂、注重基本概念和理论讲解,并紧密结合工程案例,强调工程应用,旨在使其学生能较好地掌握基本理论和培养其解决实际工程问题的能力。同时,本书免费提供了配套的电子课件及课后习题参考答案,在重庆大学出版社教学资源网上供教师下载(网址:http://www. cqup. net/edusrc)。

本书由重庆大学刘新荣教授任主编,钟祖良副教授任副主编,同济大学朱合华教授和后勤工程学院刘元雪教授主审。参加本书编写人员如下:第 1 章由重庆大学刘新荣编写,第 2 章由西华大学舒志乐、重庆大学钟祖良编写;第 3 章由重庆大学钟祖良编写;第 4 章由重庆大学钟祖良、贵州大学包太编写;第 5 章由福州大学黄明编写;第 6 章由同济大学张子新编写;第 7 章由华东交通大学方焘编写;第 8 章由重庆大学李鹏编写;第 9 章由重庆大学李鹏、刘新荣编写;第 10 章由重庆大学杨忠平、西安建筑科技大学王铁行编写;全书由刘新荣、钟祖良负责统稿。研究生李小勇、廖静薇和王森为本书绘制插图、编排做了部分工作。此外,重庆大学出版社的领导、编辑、校审人员为本书的出版付出了辛勤劳动。鉴于此,在本书付梓之际,编者对于为本书编写出版给予支持和帮助的所有领导和同仁表示衷心的感谢。

特别感谢高等学校土木工程专业教学指导委员会副主任何若全教授、重庆科技学院刘东燕教授对本书的编写和出版提出了许多宝贵的意见。

本书在编写过程中参考了大量的国内外文献和一些学者的研究成果,在本书末的参考文献中给予了列出,由于精力有限,难免百密一疏、挂一漏万,在此一并表示衷心的感谢。此外,由于编者水平有限,书中难免存在缺点和不足之处,恳请读者批评指正。

编　者

2013 年 1 月

目　录

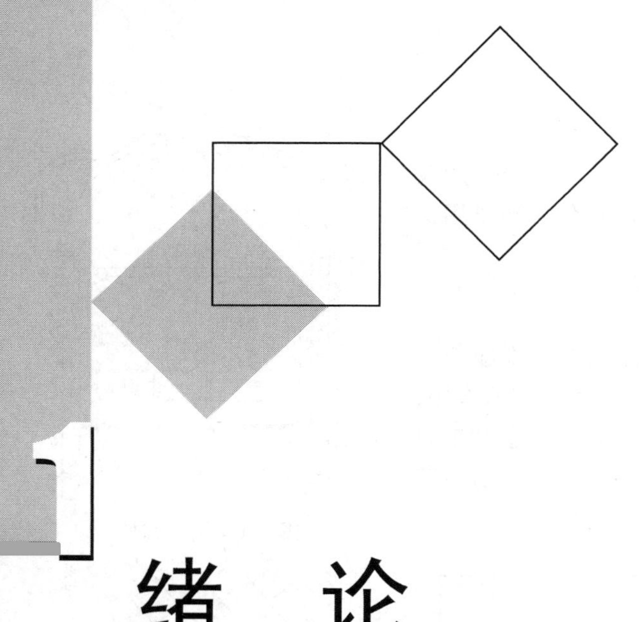

1 绪 论

本章导读：

- **内容** 地下结构的概念、特点和分类；地下结构的形式；地下结构计算理论的发展历程；地下结构设计的一般程序与内容。
- **基本要求** 掌握地下结构的概念、特点和分类；了解地下结构计算理论的发展历程；掌握地下结构的形式和结构设计的一般程序与内容。
- **重点** 地下结构计算理论的发展过程；地下结构设计的一般程序与内容。
- **难点** 地下结构设计的一般程序与内容。

1.1 概 述

1.1.1 地下结构的概念及特点

地下结构是指在地表以下开挖出的空间中建造的建筑结构，通常包括交通、水利、市政、矿山、国防、物流等领域在地下修建的各类隧道及洞室，以及民用/工业建筑物下的地下室、用于物资或能源储存的地下物流仓库、地下储粮库、地下储气库和储油库、核废料密闭储藏库等。修建地下结构时，首先按照使用要求在地层中挖掘洞室，然后沿洞室周边修建永久性支护结构——衬砌。为了满足使用要求，在衬砌内部还需修建必要的梁、板、柱和墙体等内部结构。因此，地下结构通常包括衬砌和内部结构，如图1.1所示。

地下结构中的衬砌具有承受开挖空间周围地层压力、结构自重、地震及其他荷载的承重作用；同时又具有防止开挖空间周边地层风化及崩塌、防水和防潮等围护作用。

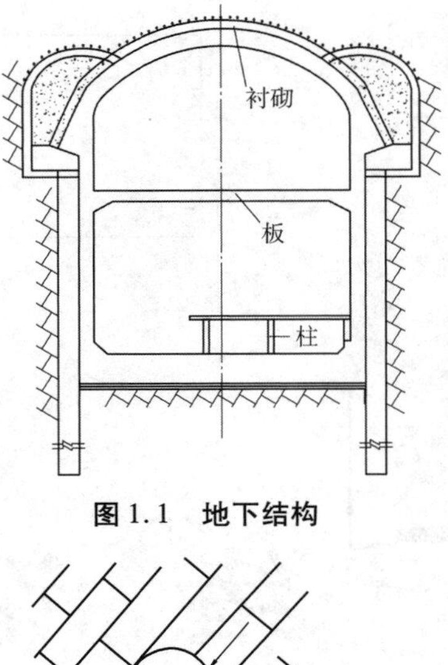

图 1.1　地下结构

由于地下结构与地面结构的周围赋存环境、荷载作用及施工方法等方面具有众多不同之处，因此它们在力学作用机理、计算理论与方法上差异较大。

1）**地面结构**

地面结构一般是由梁、板、柱、墙连接而成的上部建筑结构和基础组成的，地基只在建筑结构底部起约束或支承作用，如图 1.2 所示。除了自重外，地面结构所承担的荷载均来自结构外部，如人群、设备、风、雪、地震以及其他静力、动力荷载，荷载比较明确，其破坏模式一般比较容易确定。

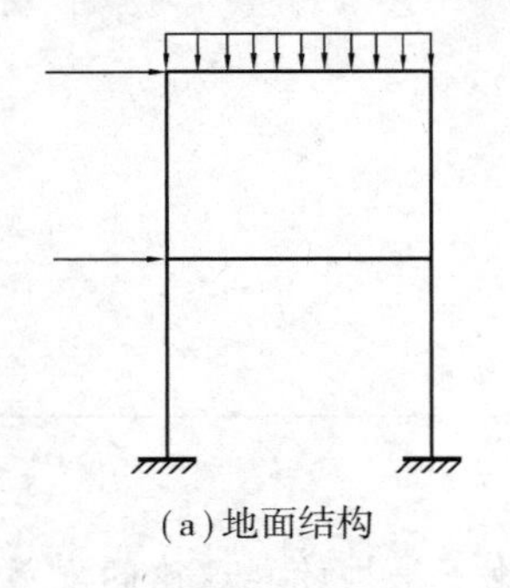

(a) 地面结构

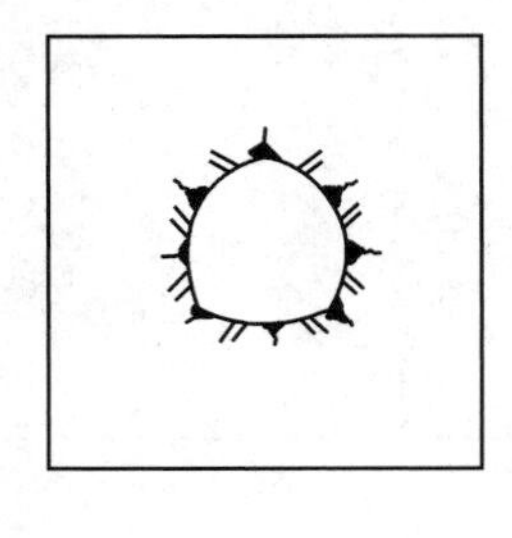

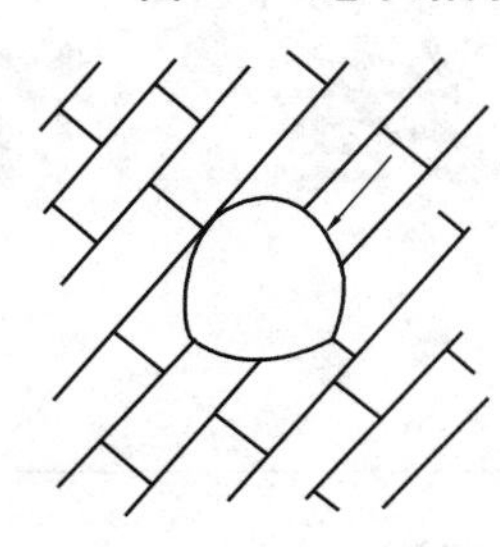

(b) 地下结构

图 1.2　地面结构与地下结构示意图

2）**地下结构**

地下结构修建于地层中，其四周与地层紧密接触，其涉及的参数场（地应力场、渗流场、温度场和化学场）十分复杂。结构上承受的荷载主要来自洞室开挖后引起周围地层的变形和坍塌而产生的压力，同时结构在荷载作用下发生的变形又受到地层给予的约束。地下结构根据地层的稳固情况分成以下两种：

①在岩体完整性较好的稳固地层中开挖地下洞室时，由于围岩本身的自稳能力强，有时甚至可以不修衬砌而只设简单的构造结构，如我国陕北的黄土窑洞（图 1.3）。该种情况下，地层既是承载结构，又是地层荷载的主要来源。

②在岩体完整性较差的非稳固地层中，需要修建支护结构，即衬砌（图 1.4），它是在洞室内修建的永久性支护结构。支护结构需具备两个最基本的要求：一是需满足结构强度、刚度要求，以承担诸如地层压力、地下水压力以及其他外荷载而不发生破坏；二是确保洞室能提供满足功能要求的工作空间及环境，以便保持地下空间内部的干燥和清洁。地下结构与周围地层一起承担荷载，共同组成地下结构承载体系。

综上所述，地下结构设计不同于地面结构，它具有下列工程特点：

①地下空间内建筑结构替代了原来的地层，结构周围的岩体既是荷载的来源，在某些情况下又与地下结构共同构成承载体系。在设计和施工中，要最大限度地发挥地层的自承能力，以便控制地下结构的变形和降低工程造价。

图 1.3 稳固地层中的地下结构

图 1.4 非稳固地层中的地下结构

②地下结构设计要考虑结构从开始修建至长期运营过程中的受力状况，地层荷载会随着时间与空间发生变化。因此，地下结构设计时要考虑最不利的荷载工况。

③作用在地下结构上的地层荷载，应视地层介质情况合理概化确定。对于土体，一般可按松散连续体计算；对于岩体，首先查清岩体的结构面、裂隙等发育情况，然后确定按连续或非连续介质处理。

④地下水对地下结构的设计和施工均影响较大，设计前须弄清楚地下水的分布和变化情况。

⑤在设计阶段获得的地质资料，与实际施工揭露的地质情况存在一定的差异。因此，地下结构施工中应根据工程的实时工况动态修改设计。

⑥当地下结构的埋置深度足够大时，地层具有成拱效应，结构所承受的垂直围岩压力总是小于其上覆地层的自重。

1.1.2 地下结构计算理论的发展历程

在地下结构计算理论形成的初期，人们仅仿照地面结构的计算方法进行地下结构的计算，经过较长时期的实践，才逐渐认识到地下结构受力变形的特点，并形成以考虑地层对结构受力变形约束为特点的地下结构计算理论。20 世纪中期，数字计算技术的出现和发展大大推动了岩土力学和工程结构等学科的研究，地下结构的计算理论也因此有了更大的发展，可以按连续介质或非连续介质力学和材料非线性等进行计算。地下结构计算理论发展的历史沿革，大致可以分为七大阶段，如表 1.1 所示。

表 1.1 地下结构计算理论发展历程

发展阶段	形成时间	形成背景	代表理论及观点	优缺点
刚性结构阶段	19 世纪早期	19 世纪的地下结构大都是以砖石材料砌筑的拱形圬工结构。这类建筑材料的抗拉强度很低，且结构物中存在较多的接缝，容易产生断裂。为了维持结构的稳定，地下结构的截面都设计得很大，结构受力后产生的弹性变形较小。	压力线理论：该理论认为地下结构是由一些刚性块组成的拱形结构，所受的主动荷载是地层压力。当地下结构处于极限平衡状态时，它是由绝对刚体组成的三铰拱静定体系，铰的位置分别假设在墙底和拱顶，其内力可按静力学原理进行计算。这种计算理论认为，作用在支护结构上的压力是其上覆岩层的重力。	该理论没有考虑围岩自身的承载能力。由于当时地下工程埋置深度不大，因此人们曾一度认为这些理论是正确的。压力线假设的计算方法缺乏理论依据，一般情况偏于保守，所设计的衬砌厚度将偏大很多。

续表

发展阶段	形成时间	形成背景	代表理论及观点	优缺点
弹性结构阶段	19 世纪后期	混凝土和钢筋混凝土材料陆续出现,并用于建造地下工程,使地下结构具有较好的整体性。从这时起,地下结构开始按弹性连续拱形框架用超静定结构力学方法计算结构内力。作用在结构上的荷载是主动的地层压力。	松动压力理论:该理论认为当地下结构埋置深度较大时,作用在结构上的压力不是上覆岩层的重力而只是围岩坍落体积内松动岩体的重力,即松动压力。	该理论是基于当时的支护技术发展起来的。由于当时的掘进和支护所需的时间较长,支护与围岩之间不能及时紧密相贴,致使围岩最终有一部分破坏、塌落,形成松动围岩压力。但当时人们并没有认识到这种塌落并不是形成围岩压力的唯一来源,也不是所有的情况都会发生塌落,更没有认识到通过稳定围岩,可以发挥围岩的自身承载能力。
假定抗力阶段	20 世纪初期	地下结构衬砌在承受主动荷载作用产生弹性变形的同时,将受地层对其变形产生的约束作用。将地层对衬砌的约束按衬砌受有与其变形相适应的弹性抗力的假设形式进行考虑,地下结构的计算理论进入假定抗力阶段。	康氏计算方法:①在计算整体式隧道衬砌时,将整体式结构的拱圈和边墙分开进行计算。假设刚性边墙受呈直线分布的弹性抗力,拱圈视为支承在固定支座上的无铰拱。 ②在圆形衬砌计算方法中将结构视为主动荷载和侧向地层弹性抗力联合作用的弹性圆环。被动弹性抗力的图形假设为梯形,抗力大小根据衬砌各点没有水平移动的条件加以确定。	假定抗力法对抗力图形的假定带有较大的任意性。
弹性地基梁阶段	20 世纪中期	由于假定抗力法对抗力图形的假定带有较大的任意性,人们开始研究将边墙视为弹性地基梁的结构计算理论。	弹性地基梁理论首先应用的是局部变形理论。1956 年,纳乌莫夫将其发展为侧墙(直边墙)按局部变形弹性地基梁理论计算的地下结构计算方法。稍后,共同变形弹性地基梁理论也被用于地下结构计算。	按共同变形理论计算地下结构的优点是:它以地层的物理力学特征为依据,并能考虑各部分地层沉陷的相互影响,在理论上比局部变形理论有所进步。

续表

发展阶段	形成时间	形成背景	代表理论及观点	优缺点
连续介质阶段	20 世纪中期以来	人们认识到地下结构与地层是一个受力整体。随着岩体力学开始形成一门独立的学科,用连续介质力学理论计算地下结构内力的方法也逐渐发展。按连续介质力学方法计算圆形衬砌的弹性解、弹塑性解及黏弹性解逐渐出现。	连续介质力学理论:该理论以岩体力学原理为基础,基于"连续介质假设",建立力学模型和把本构关系用数学形式确定下来,并在给定的初始条件和边界条件下求出问题的解答。	该理论较好地反映了支护与围岩的共同作用,符合地下结构的力学原理。
数值方法阶段	20 世纪 60 年代以来	由连续介质力学建立地下结构的解析计算方法是一个困难的任务,仅对圆形衬砌有了较多的成果。随着计算机的推广和岩土介质本构关系研究的进步,地下结构的数值计算方法有了很大的发展。	有限元分析方法是使用有限元方法来分析静态或动态的物理物体或物理系统的分析方法。在这种方法中,一个物体或系统被分解为由多个相互联结的、简单、独立的点组成的几何模型。这些独立的点的数量是有限的。由实际的物理模型中推导出来的平衡方程式被使用到每个点上,由此产生了一个方程组。这个方程组可以用线性代数的方法来求解。	该方法可以较轻松地解决复杂的应力问题的数值解。但岩土的计算参数难以准确获得,如原岩应力、岩体力学参数及施工因素等。另外,对岩土材料的本构模型与围岩的破坏失稳准则还认识不足。因此,目前根据数值方法所得的计算结果一般只能作为设计参考依据。
极限和优化设计阶段	20 世纪后期	鉴于假定衬砌结构处于弹性受力阶段的计算方法不能反映实际结构最终破坏时的极限承载能力,人们着手研究按极限状态计算衬砌的方法。	极限状态设计法,是指明确地将结构的极限状态分为承载力极限状态和正常使用极限状态。前者要求结构可能的最小承载力不小于可能的最大外荷载所产生的截面内力。后者则是对构件的变形和裂缝的形成或开裂程度的限制。安全度计算采用单一安全因数或多系数形式,考虑了荷载的变异、材料性能的变异和工作条件的不同。	按极限状态计算地下结构是地下结构计算理论发展的一个方向。与弹性受力阶段的容许应力法相比,它具有较好的经济性。此外,结构力学中正在兴起的优化设计方法也是地下结构计算理论的一个研究方向。

应特别指出,地下结构计算理论的发展历程在时间上并没有截然的先后之分,后期提出的计算方法一般也并不否定前期的研究成果。鉴于岩土介质的复杂多变,这些计算方法各有其比

较适用的一面,但又各自带有一定的局限性。因此设计者在选择方法时,应对其有深入地了解和认识。

地下结构计算理论还在不断发展,各种设计方法都需要不断提高和完善。目前地下结构计算理论的发展趋势主要有以下几个方面:

①目前地下工程中主要使用的工程类比设计法,正在向定量化、精确化和科学化的方向发展。

②针对岩体中由于节理裂隙切割而形成的不稳定块体失稳,通过应用工程地质和力学计算相结合的分析方法(即岩石块体极限平衡分析法),研究岩块的形状和大小及其塌落条件,以确定支护参数。

③在地下结构设计中应用可靠性理论、推行概率极限状态设计研究方面也取得了重要进展。采用动态可靠度分析法,即利用现场监测信息,从反馈信息的数据预测地下工程的稳定可靠度,从而对支护结构进行优化设计,是改善地下工程支护结构设计的有效途径。考虑各主要影响因素及准则本身的随机性,可将判别方法引入可靠度范畴。

④在计算分析方法研究方面,随机有限元法(包括摄动法、纽曼法、最大熵法和响应面法等)、Monte-Carlo 模拟法、随机块体理论、随机边界元法、无网格法和有限差分法等一系列新的地下工程支护结构理论分析方法近年来都有了较大的发展。

1.2 地下结构的分类

1.2.1 按断面形式分类

地下结构断面形式主要由承受的荷载及使用要求来控制,还受到地质条件和施工方法等的影响。地下结构按断面形式可分为以下类型:

(1)矩形

断面形式为矩形[图 1.5(a)],适用于工业、民用、交通等建筑物的界线处,但直线构件不利于抗弯,故通常在荷载较小、地质较好、跨度较小或埋深较浅时采用。

(2)圆形

断面形式为圆形[图 1.5(b)],当受到均匀径向压力时,弯矩为零,可充分发挥混凝土结构的抗压强度,故在地质条件较差时优先选用。

(3)拱形

断面形式为拱形[图 1.5(d)、(e)],包括直墙拱形和曲墙拱形,分别适用于顶部有较大围岩压力或顶部和两侧均有较大围岩压力的地层中。

(4)其他形式

其他形式[图 1.5(c)、(f)]是介于以上两者的中间情况,按具体荷载和尺寸决定。例如,飞机库常用大跨落地拱形式。

1.2.2 按使用功能分类

地下结构根据使用功能不同可分为生活设施、公共设施、生产设施、储藏设施、输送设施和防灾设施等,如图 1.6 所示。

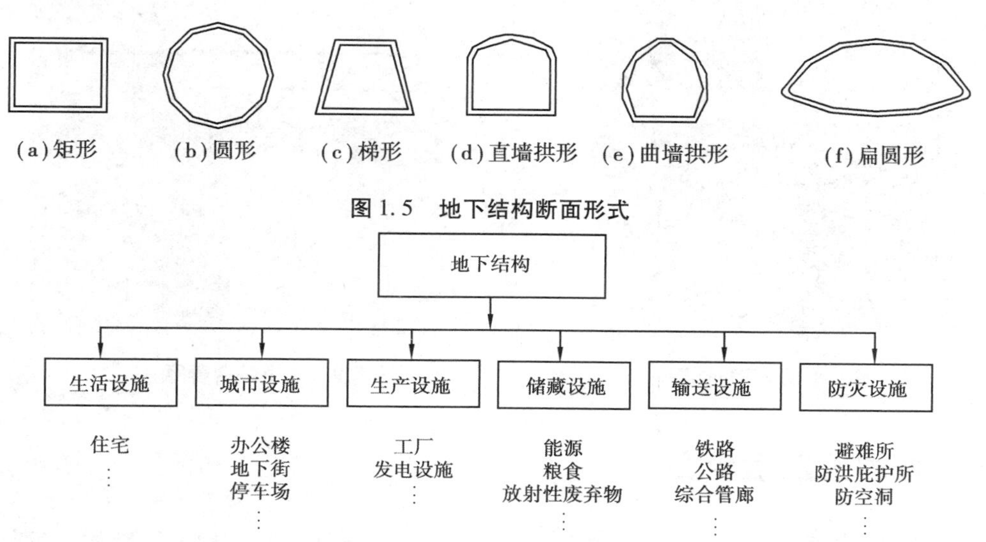

图 1.5 地下结构断面形式

图 1.6 地下结构使用功能分类

1.2.3 按与地面结构联系情况分类

1)附建式地下结构

各种附属于地面建筑的地下室结构称为附建式地下结构。其结构形式与上部地面建筑布置相协调,其外围结构常用地下连续墙或板桩结构,内部结构则可为框架结构、梁板结构或无梁楼盖(图 1.7)。对于高层建筑,其地下室结构常兼作为箱形基础。

图 1.7 地下室结构

2)单建式地下结构

单建式地下结构是指地下结构独立地修建在地层内,在其地面上方无其他的地面建筑物或与其地面上方的地面建筑物无结构上的联系。该结构平面为方形或长方形,顶板可做成平顶或拱形,如地下防空洞或避难所常做成直墙拱形结构(图 1.8),地下综合管廊常做成箱形结构(图 1.9)。

图 1.8　地下防空洞

图 1.9　地下综合管廊

1.2.4　按埋置深度分类

根据地下结构顶部至地面的垂直距离，可分为浅埋地下结构和深埋地下结构。近年来，已有学者采用数值计算方法来进行地下结构浅埋和深埋的划分。

1）浅埋地下结构

浅埋地下结构洞顶衬砌外缘至地面的垂直距离 h 与洞顶衬砌外缘的跨度或圆洞的直径 R 的比值 $h/R<a$。

2）深埋地下结构

深埋地下结构洞顶衬砌外缘至地面的垂直距离 h 与洞顶衬砌外缘的跨度或圆洞的直径 R 的比值 $h/R \geqslant a$。

根据土压力理论计算，a 约为 2.5。国内有些设计部门建议，对于坚硬完整的岩体，其值可以降低为 1.0～2.0，但必须同时满足：$h \geqslant (2.0 \sim 2.5)h_0$（$h_0$ 是洞顶岩体压力拱的计算高度）。

1.2.5　按结构形式分类

1）拱形结构

（1）半衬砌

只做拱圈、不做边墙的衬砌称为半衬砌。当岩层较坚硬、岩体整体性好、侧壁无坍塌危险、仅顶部岩石可能有局部脱落时，可采用半衬砌结构，如图 1.10（a）所示。计算半衬砌时，一般应考虑拱支座的弹性地基作用，施工时应保证拱脚岩层的稳定性。

（2）厚拱薄墙衬砌

厚拱薄墙衬砌的构造形式是它的拱脚较厚，边墙较薄。当洞室的水平压力较小时，可采用厚拱薄墙衬砌，如图 1.10（b）所示。这种结构可将拱圈所受的力通过拱脚大部分传给围岩，充分利用了围岩的强度，使边墙受力大为减小，从而减少了边墙的厚度。

（3）直墙拱形衬砌

直墙拱形衬砌分为贴壁式和离壁式。贴壁式直墙拱形衬砌由拱圈、竖直边墙和底板组成，

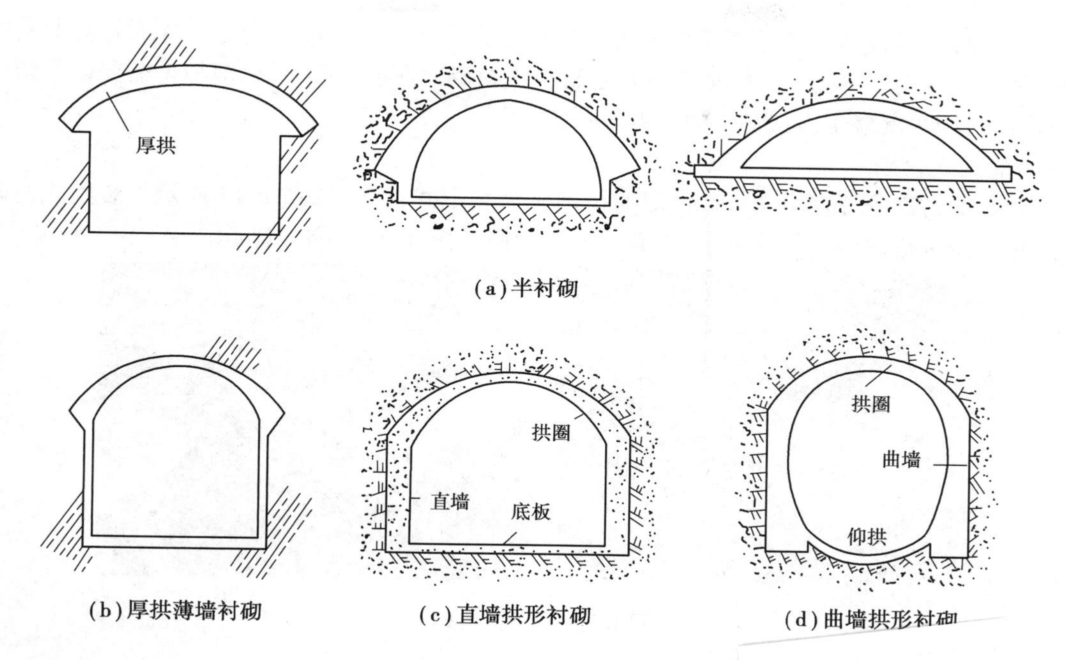

(a)半衬砌

(b)厚拱薄墙衬砌

(c)直墙拱形衬砌

(d)曲墙拱形衬砌

图 1.10 拱形结构

如图 1.10(c)所示。这种衬砌结构与围岩的超挖部分都进行密实 口部或有水平压力的岩层中,在稳定性较差的岩层中亦可采用。离壁式 岩壁相离,其间空隙不做回填,仅拱脚处扩大延伸与岩壁顶紧的衬砌结构 种衬砌结构的防水、排水和防潮效果均较好,一般用于防潮要求较高的各 的或基本稳定的围岩均可采用离壁式衬砌。

(4)曲墙拱形衬砌

曲墙拱形衬砌由拱圈、曲墙和底板(或仰拱)组成,如图 1.10(d)所示。当遇到较大的垂直压力和水平压力时,可采用该结构形式。若洞室底部为较软弱地层,且有涌水现象或遇到膨胀性岩层时,则应采用有底板或带仰拱的曲墙拱形衬砌,将整个衬砌闭合成环,以加大结构的整体刚度。

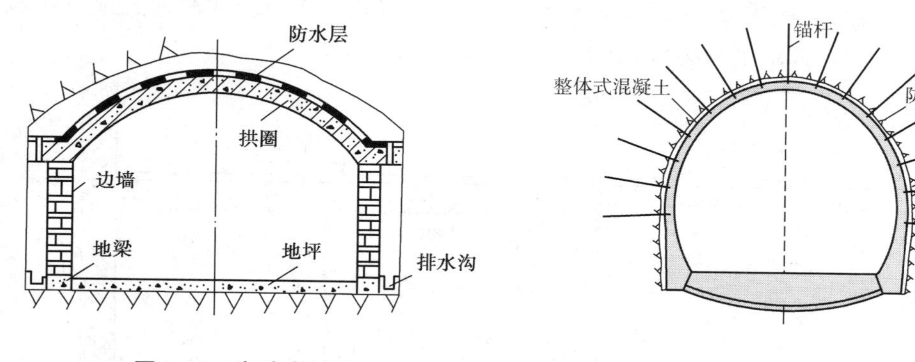

图 1.11 离壁式衬砌

图 1.12 复合式衬砌

(5)复合式衬砌

复合式衬砌是由初期支护和二次衬砌组成,防水要求较高时需在初期支护和二次衬砌间增设防水层的隧道衬砌(图 1.12)。在隧道开挖后,先及时施作与围岩密贴的外层柔性支护,也称初期支护，容许围岩产生一定的变形，而又不至于造成松动压力的过度变形。待围岩变形基本稳定以后再施作内层衬砌（一般是模筑），也称二次衬砌。两层衬砌之间，应根据需要设置防水层，也可灌筑防水混凝土内层衬砌而不做防水层。

（6）装配式衬砌

由预制的衬砌管片在洞内拼装而成的衬砌称为装配式衬砌，如图1.13所示。装配式衬砌一般应用于掘进机法施工的隧洞中，具有施工速度快、衬砌质量可靠等优点。

图1.13　装配式衬砌

2）锚喷结构

在地下结构中，可采用喷射混凝土、钢筋网片、锚杆和钢支撑等组合形式来加固围岩，这些加固形式统称为锚喷结构（图1.14）。锚喷结构是一种柔性支护结构，一般作为临时支护，也可通过在喷射混凝土里掺入纤维（钢纤维、聚丙烯纤维或玄武岩纤维），形成纤维喷射混凝土，作为永久衬砌结构。目前，锚喷结构在公路工程、铁路工程、矿山工程、水电工程等各领域中已被广泛采用。

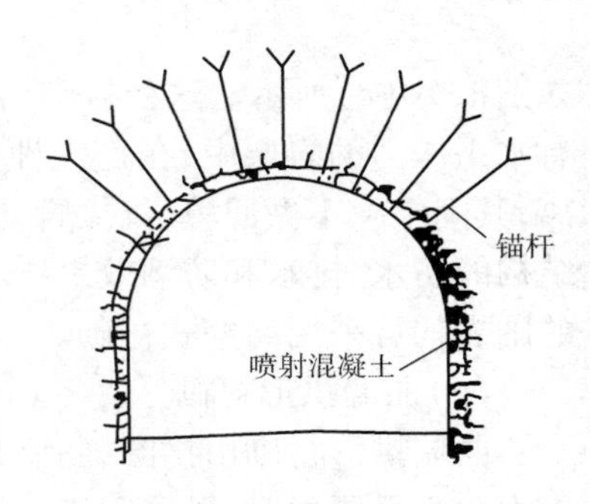

图1.14　喷锚结构

3）梁板式结构

梁板式结构一般在地下水位较低的地区或在要求防护等级较低的工程中采用，其顶、底板做成现浇钢筋混凝土梁板式结构，而围墙和隔墙则为砖墙（图1.15）。在浅埋式地下建筑中经常采用该种结构形式，如地下商场、地下车站、医院、厂房、车库等。

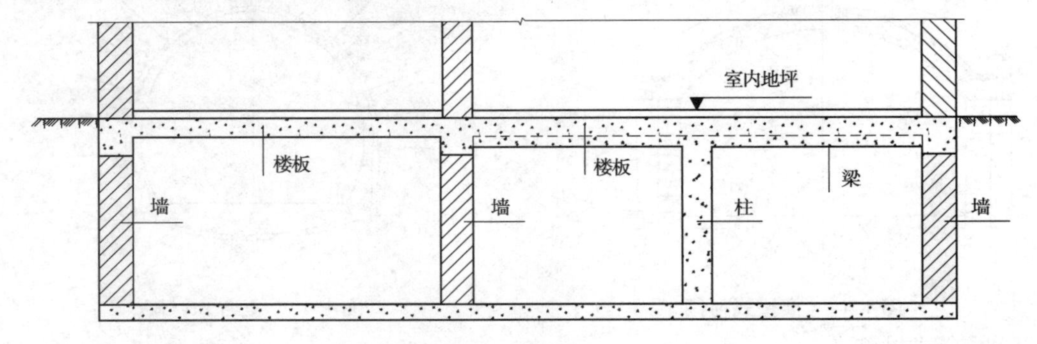

图1.15　梁板式结构

4) 箱形结构

在地下水位较高或防护要求较高的地下工程中,常采用箱形闭合框架钢筋混凝土结构,其与地层接触的外部做成闭合箱形,内部则做成框架结构。对于高层建筑,其地下室结构都兼作为箱形基础。

地铁、地下车库(图 1.16)、地下厂房、地下医院等常采用箱形闭合框架结构形式。

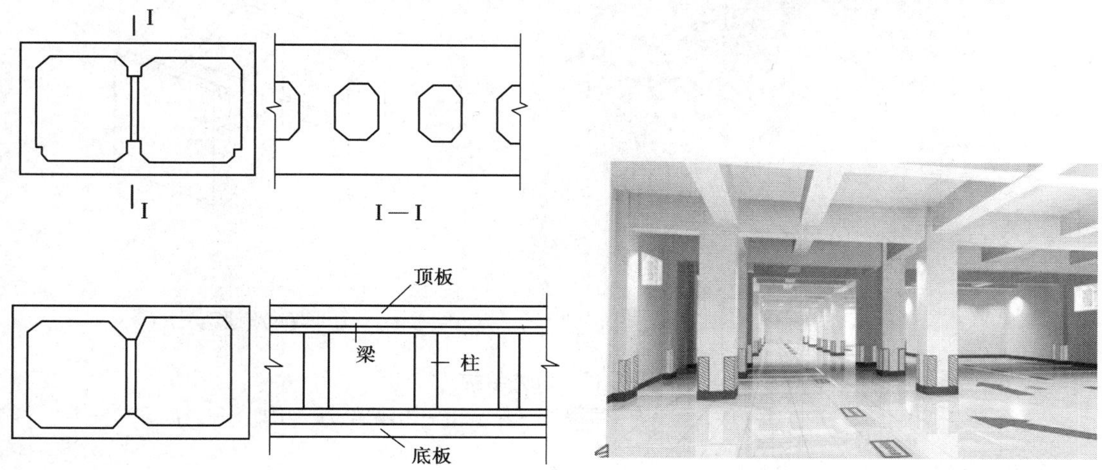

图 1.16　箱形结构

在预先开挖的沟堑或河槽内将预制好的管段沉放就位,再联结成整体的地下结构称为沉管结构(图 1.17)。沉管结构一般做成箱形结构,两端加以临时封墙,托运至预定水面处,沉放至设计位置。

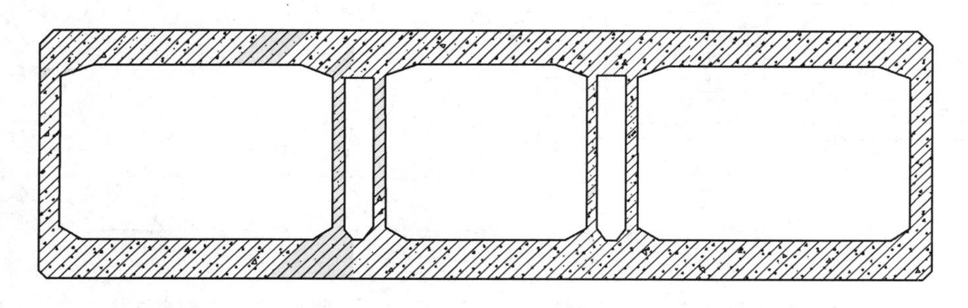

图 1.17　沉管结构

以沉井法施工的地下结构，通常也形成箱形结构。沉井结构施工时，一般先在地面打筑井壁和内墙，形成井筒状的结构物，在井壁的围护下从井内挖土，使沉井在自重作用下逐渐下沉，达到设计标高，然后以钢筋混凝土封底，再施筑内部结构和顶盖。沉井结构水平断面一般为矩形或圆形[图 1.18(a)、(b)]，并可做成单孔或多孔结构。

(a)圆形

(b)矩形

图 1.18　沉井结构

1—人孔;2—取土井;3—顶盖;4—凹槽;5—井壁;6—内隔墙;7—刃脚;8—封底

5)地下连续墙结构

遇施工场地狭窄时可优先考虑采用地下连续墙结构。用挖槽设备沿墙体挖出沟槽，以泥浆维持槽壁稳定，然后吊入钢筋笼架并在水下浇灌混凝土，建成地下连续墙的墙体；然后在墙体的保护下明挖基坑，或用逆筑法修建底板和内部结构，即建成地下连续墙结构，如图1.19所示。

6)开敞式结构

用明挖法修建的地下构筑物，需要有与地面连通的通道。它是由浅入深的过渡结构，称为引道。在无法修筑顶盖的情况下，引道一般做成开敞式结构，如图 1.20 所示。此外，矿石冶炼厂的料室，水底隧道、公路隧道等的引道等一般采用开敞式结构。

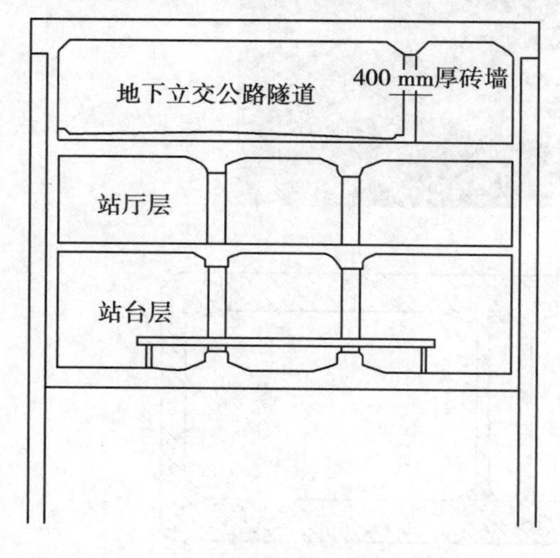

图 1.19　地下连续墙结构

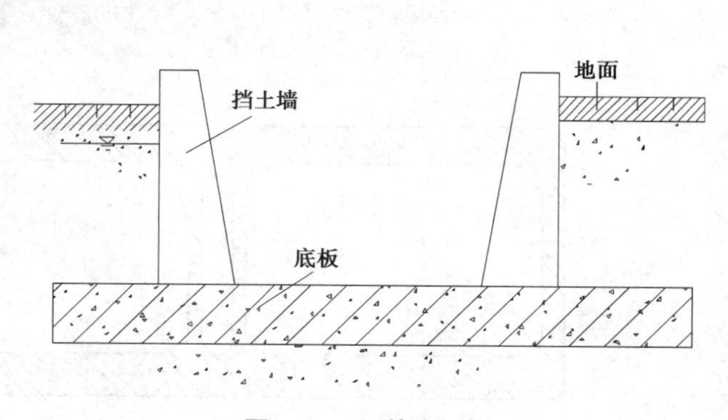

图 1.20　开敞式结构

1.3 地下结构的设计程序

修建地下结构,必须遵循勘察—设计—施工的基本建设程序。结构设计是地下工程设计的重要组成部分,在进行地下工程结构设计时,一般分为初步设计和技术设计(包括施工图设计)两个阶段。

1)初步设计

初步设计主要是在满足使用要求下,解决设计方案技术上的可行性和经济上的合理性,并提出投资、材料、施工等指标。初步设计内容如下:

①工程等级和要求,以及静、动荷载标准的确定。

②确定埋置深度和施工方法。

③初步计算荷载值。

④选择建筑材料。

⑤选定结构形式和布置。

⑥估算结构跨度、高度、顶底板及边墙厚度等主要尺寸。

⑦绘制初步设计结构图。

⑧估算工程材料数量及财务概算。

将地下工程的初步设计图纸附以说明书,送交有关主管部门审定批准后,才可进行下一步的技术设计。

2)技术设计

技术设计主要是解决结构的承载力、刚度、稳定性、抗震性等问题,并提供施工时结构各部件的具体细节尺寸及连接大样。技术设计内容如下:

①计算荷载:按地层介质类别、建筑用途、防护等级、地震级别、埋置深度等求出作用在结构上的各种荷载值,包括静荷载、动荷载和其他作用。

②计算简图:根据实际结构和计算工况,拟出恰当的计算图式。

③内力分析:选择结构内力计算方法,得出结构各控制设计截面的内力。

④内力组合:在各种荷载内力分别计算的基础上,对最不利的可能情况进行内力组合,求出各控制界面的最大设计内力值。

⑤配筋设计:通过截面强度和裂缝计算得出受力钢筋,并确定必要的分布钢筋与架立钢筋。

⑥绘制结构施工详图:如结构平面图、结构构件配筋图、节点详图,以及风、水、电和其他内部设备的预埋件图。

⑦材料、工程数量和工程财务预算。

1.4 本课程内容和学习方法

本课程作为土木工程、城市地下空间工程专业主修地下结构和岩土工程方向的主干课程,是在已修材料力学、结构力学、弹塑性力学、土力学、工程地质、岩石力学和混凝土结构基本原理等课程的基础上,主要学习地下结构设计的基本理论、基本知识和基本方法,包括地下结构荷载计算、浅埋式地下结构设计、附建式地下结构设计、钻爆法隧道支护结构设计、掘进机法隧道衬砌结构设计、顶管结构设计、沉管结构设计、基坑支护结构设计等知识。

本课程的主要任务为:通过本课程的学习,使学生了解或掌握地下结构设计的基本原理和计算方法,能够根据地下结构所处的不同介质环境、使用功能和施工方法,设计出安全、经济和合理的结构。

本课程可以采用理论学习、课堂讨论、影视观摩和现场参观等方法进行学习。

本章小结

(1)地下结构是指在地表以下开挖出的空间中修建的建筑结构。地下结构可以按照断面形式、使用功能、与地面联系情况、埋置深度和结构形式等进行分类。

(2)介绍了地下结构与地面结构的区别、地下结构的工程特点。

(3)地下结构计算理论发展阶段主要分为:刚性结构阶段、弹性结构阶段、假定抗力阶段、弹性地基梁阶段、连续介质阶段、数值方法阶段和极限优化设计阶段。

(4)地下结构设计主要分为初步设计和技术设计。

思考题

1.1　简述地下结构的概念和特点。

1.2　简述地下结构的分类与常见形式。

1.3　简述地下结构计算理论的发展阶段和代表理论。

1.4　简述地下结构设计的程序及内容。

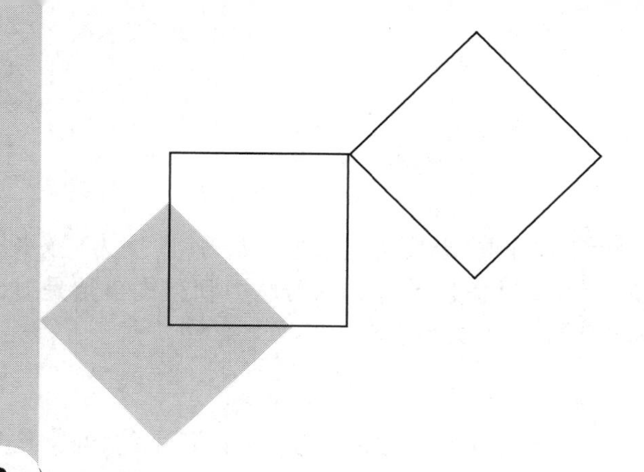

2 地下结构荷载构成与计算方法

本章导读：

- **内容** 地下结构的荷载分类及组合；侧向岩土体压力的概念及计算理论；围岩压力的概念、分类及计算理论；地层弹性抗力的概念及计算理论；地下结构设计模型及计算方法。
- **基本要求** 了解地下结构的荷载分类及组合，掌握常见荷载的概念及计算理论、地下结构设计模型及基本的计算方法。
- **重点** 地下结构常见荷载的计算理论，地下结构设计模型及计算方法。
- **难点** 地下结构设计模型及基本的计算方法。

2.1 荷载的分类与组合

2.1.1 荷载的分类

与地面结构一样，地下结构也属于一种结构体系，所以进行结构设计时首先需要确定荷载。由于地下结构的赋存环境、力学机理及功能要求与地面结构相比差异较大，因此地下结构所受的荷载也不同。

地下结构所承受的荷载，按其作用特点及使用中可能出现的情况分为三大类，即永久荷载、可变荷载和偶然荷载。

1)永久荷载

永久荷载即长期作用的恒载,主要包括结构自重、土压力、围岩压力、弹性抗力、静水压力(含浮力)、混凝土收缩和徐变的影响、预加应力及设备自重等。围岩压力和结构自重是衬砌承受的主要静荷载,弹性抗力是地下结构所特有的一种被动荷载。

2)可变荷载

可变荷载又分为基本可变荷载和其他可变荷载两类。基本可变荷载即长期的、经常作用的变化荷载,如车辆荷载及动力作用、地面车辆荷载引起的侧向土压力、人群荷载等;其他可变荷载即非经常作用的变化荷载,如温度变化影响、冻胀力、施工荷载(施工机具、盾构千斤顶推力、注浆压力)等。

3)偶然荷载

偶然荷载是指偶然发生的荷载,如地震作用、人防荷载、落石冲击力等。

对于一个特定的地下结构,上述几种荷载不一定同时存在,设计中应根据荷载实际可能出现的情况进行组合。地下结构设计应根据使用过程中在结构上可能同时出现在地下结构上的荷载按承载极限状态和正常使用极限状态分别进行荷载组合,并应取各自的最不利的组合进行设计。

由于我国各行业规范涉及地下结构荷载的分类及组合形式不同,本书以《公路隧道设计规范　第一册　土建工程》(JTG 3370.1—2018)为例,公路隧道结构上的荷载分为永久荷载、可变荷载和偶然荷载见表2.1。

表2.1　公路隧道结构上的荷载分类

<table>
<tr><th>编号</th><th colspan="2">荷载分类</th><th>荷载名称</th></tr>
<tr><td>1</td><td colspan="2" rowspan="6">永久荷载</td><td>围岩压力</td></tr>
<tr><td>2</td><td>土压力</td></tr>
<tr><td>3</td><td>结构自重</td></tr>
<tr><td>4</td><td>结构附加恒载</td></tr>
<tr><td>5</td><td>混凝土收缩和徐变的影响力</td></tr>
<tr><td>6</td><td>水压力</td></tr>
<tr><td>7</td><td rowspan="7">可变荷载</td><td rowspan="4">基本可变荷载</td><td>公路车辆荷载、人群荷载</td></tr>
<tr><td>8</td><td>立交公路车辆荷载及其所产生的冲击力、土压力</td></tr>
<tr><td>9</td><td>立交铁路列车活载及其所产生的冲击力、土压力</td></tr>
<tr><td>10</td><td>立交渡槽流水压力</td></tr>
<tr><td>11</td><td rowspan="3">其他可变荷载</td><td>温度变化的影响力</td></tr>
<tr><td>12</td><td>冻胀力</td></tr>
<tr><td>13</td><td>施工荷载</td></tr>
<tr><td>14</td><td colspan="2" rowspan="2">偶然荷载</td><td>落石冲击力</td></tr>
<tr><td>15</td><td>地震力</td></tr>
</table>

注:编号1~10为主要荷载;编号11、12、14为附加荷载;编号13、15为特殊荷载。

2.1.2　荷载的组合

荷载组合是荷载效应组合的简称，指各类构件设计时不同极限状态所应取用的各种荷载及其相应的代表值的组合，应根据使用过程中可能同时出现的荷载进行统计组合，取其最不利情况进行计算。

以往对荷载组合主要是凭借工程设计经验，采用能被工程界广泛接受的荷载组合系数来表达。近年来，在荷载统计分析研究方面由于引用了随机过程作为可变荷载的概率模型，使荷载随时间而变异的客观现实逐渐得到反映，从而有可能在基于概率理论的基础上提出荷载组合的各种实用方法，但完善的理论还有待发展。

本节以公路隧道结构为例，对公路隧道结构上可能同时出现的荷载按承载能力要求和正常使用要求进行组合，其组合形式如下：

(1)荷载基本组合

组合一：永久荷载：围岩压力＋结构自重＋附加恒载。

组合二：

①永久荷载＋基本可变荷载：结构自重＋附加荷载＋土压力＋公路荷载。

②永久荷载＋基本可变荷载：结构自重＋附加荷载＋土压力＋列车荷载。

③永久荷载＋基本可变荷载：结构自重＋附加荷载＋土压力＋渡槽流水压力。

组合三：永久荷载＋基本可变荷载：围岩压力(土压力)＋结构自重＋施工荷载＋温度作用力。

(2)荷载偶然组合

组合四：永久荷载＋基本可变荷载：围岩压力(土压力)＋结构自重＋附加恒载＋地震作用或落石冲击力。

(3)荷载长期效应组合

组合五：永久荷载：围岩压力(土压力)＋结构自重＋附加恒载＋混凝土收缩和徐变力。

组合六：永久荷载＋基本可变荷载或其他可变荷载：结构自重＋附加恒载＋土压力＋公路荷载、列车荷载或渡槽流水压力。

(4)荷载短期效应组合

组合七：永久荷载＋其他可变荷载：围岩压力(土压力)＋结构自重＋附加恒载＋混凝土收缩和徐变力＋温度荷载＋冻胀力。

按承载能力要求进行组合时，主要考虑基本组合和偶然组合，适用于对结构承载能力及其稳定性进行验算；按满足正常使用要求组合时，主要考虑长期效应组合和短期效应组合，适用于结构变形和开裂及裂缝宽度验算。

2.2　地层压力的计算

作用于地下结构的地层压力分为竖向压力和水平压力。对大多数地下工程而言，地层压力(包括土压力和围岩压力)是至关重要的荷载。一是因为地层压力往往成为地下结构设计计算的主要荷载；二是因为地层压力具有复杂性和不确定性，使得岩土工程师对其不敢掉以轻心。

2.2.1 侧向土压力的计算

侧向岩土压力分为静止土压力、主动土压力和被动土压力。侧向岩土压力的大小与支挡结构的变位有着密切关系。以挡土墙为例,主动土压力值最小,被动土压力值最大,而静止土压力值介于两者之间,它们与墙的位移关系如图2.1所示。

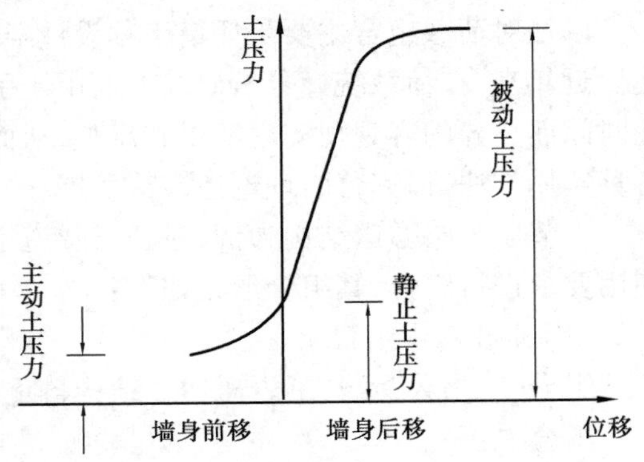

图2.1 墙身位移与土压力关系

侧向土压力可采用库伦土压力或朗肯土压力公式进行求解。对于复杂情况,也可采用数值极限分析法进行计算。侧向总土压力可采用总岩土压力公式直接计算或按岩土压力公式求和计算,侧向岩土压力和分布应根据支护类型确定。

1)静止土压力

静止土压力可根据半无限弹性体的应力状态求解。图2.2中,在填土表面以下任意深度 z 处 M 点取一单元体(在 M 点附近一微小正方体),作用于单元体上的力如图2.2所示。z 深度处静止土压力 σ_0 为:

$$\sigma_0 = K_0\gamma z \tag{2.1}$$

式中 γ——土的重度,kN/m³;

z——由地表面算起至 M 点的深度,m;

K_0——静止土压力系数,$K_0=\mu/(1-\mu)$,其中 μ 是泊松比。静止土压力系数宜由试验确定;当无试验条件时,对砂土可取0.34~0.45,对黏性土可取0.5~0.7。

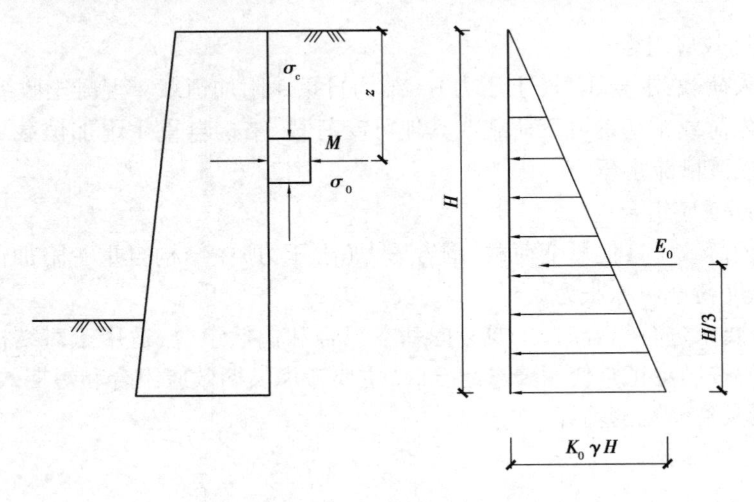

图2.2 静止土压力计算图

均质土层中,静止土压力呈三角形分布,合力作用点位于墙底 $H/3$ 处,有:

$$E_0 = \frac{1}{2}K_0\gamma H^2 \tag{2.2}$$

式中 E_0——静止土压力的合力,kN/m;

H——挡土墙高度,m。

2)郎肯土压力理论

郎肯土压力理论由英国科学家郎肯(Rankine)于1857年提出,其基本假定如下:

①挡土墙背竖直,墙面为光滑,不计墙面和土层之间的摩擦力。

②挡土墙后填土的表面为水平面,土体向下和沿水平方向都能伸展到无穷,即半无限空间。

③挡土墙后填土处于极限平衡状态。

对于无黏性土,运用朗肯土压力理论计算主动土压力和被动土压力的公式,和计算静止土压力的公式一样,只需用主动土压力系数 K_a 和被动土压力系数 K_p 代替 K_0 即可。土压力呈三角形分布,其合力计算与式(2.2)形式一致。

对于黏性土,主动土压力和被动土压力计算公式为:

$$\sigma_a = \gamma z K_a - 2c\sqrt{K_a} \tag{2.3}$$

$$\sigma_p = \gamma z K_p + 2c\sqrt{K_p} \tag{2.4}$$

式中 σ_a——主动土压力,kPa;

σ_p——被动土压力,kPa;

c——土体的黏聚力,kPa;

φ——土体的内摩擦角,(°);

K_a——主动土压力系数,$K_a=\tan^2\left(45°-\dfrac{\varphi}{2}\right)$;

K_p——被动土压力系数,$K_p=\tan^2\left(45°+\dfrac{\varphi}{2}\right)$。

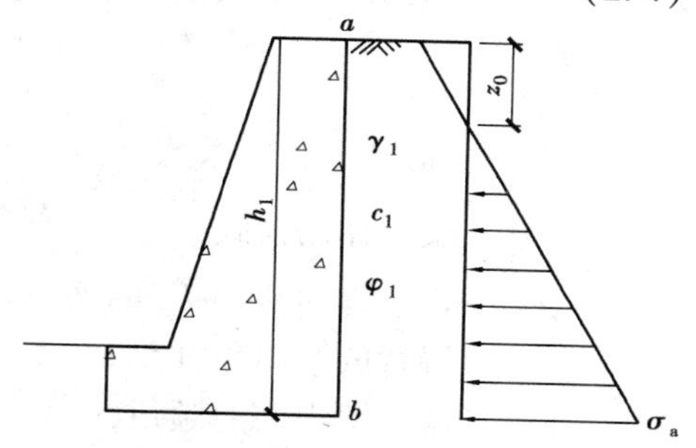

图2.3 黏性土的主动土压力分布

黏性土的主动土压力分布如图2.3所示。

【例2.1】某基坑支挡结构高6 m,墙背竖直光滑,填土面水平,墙后填土 $\gamma=17.40\ \text{kN/m}^3$,$\varphi=26°$,$c=14.36\ \text{kPa}$。试计算坡顶裂缝出现后的主动土压力,并确定其总土压力作用点的位置。

【解】$K_a=\tan^2\left(45°-\dfrac{\varphi}{2}\right)=\tan^2\left(45°-\dfrac{26°}{2}\right)=0.390$

在墙顶处:$z=0,\sigma_a=-2c\sqrt{K_a}=-2\times14.36\times0.625=-17.95\ \text{kPa}$

在墙底处:$z=6,\sigma_a=\gamma HK_a-2c\sqrt{K_a}=17.4\times6\times0.39-2\times14.36\times0.625=22.77\ \text{kPa}$

$$z_0=\frac{2c}{\gamma\sqrt{K_a}}=\frac{2\times14.36}{17.4\times0.625}=2.64\ \text{m}$$

$$E_a=\frac{1}{2}(H-z_0)(\gamma HK_a-2c\sqrt{K_a})=38.25\ \text{kN/m}$$

E_a 距墙底高度:$h=\dfrac{6-2.64}{3}=1.12\ \text{m}$

3)库伦土压力理论

(1)基本假定

库伦理论是由法国科学家库伦(C. A. Coulomb)于1776年提出的,其基本假定如下:

①挡土墙后土体为均质的无黏性散粒体。

②当墙体产生位移或变形后，墙背面填土中形成滑裂土体，滑裂土体被视为刚体；挡土墙长度很长，属于平面应变问题。

③滑动面为一个通过墙踵的平面，滑动面上的摩擦力是均匀分布的。

④墙顶处土体表面可以是水平面，也可以为倾斜面，倾斜面与水平面的夹角为β角。

⑤挡土墙为一个平面，也是一个滑动面，填土与墙面之间存在摩擦力，摩擦力沿墙面的分布是均匀的。

(2)土压力计算方式

当土体滑动楔体处于极限平衡状态时，应用静力平衡条件可得到作用于挡土墙上的主动土压力E_a和被动土压力E_p的计算式为：

$$E_a = \frac{1}{2}\gamma H^2 K_a \tag{2.5}$$

$$E_p = \frac{1}{2}\gamma H^2 K_p \tag{2.6}$$

式中 K_a——主动土压力系数，$K_a = \dfrac{\cos^2(\varphi-\varepsilon)}{\cos^2\varepsilon\cos(\delta+\varepsilon)\left[1+\sqrt{\dfrac{\sin(\delta+\varphi)\sin(\varphi-\beta)}{\cos(\delta+\varepsilon)\cos(\varepsilon-\varphi)}}\right]^2}$；

K_p——被动土压力系数，$K_p = \dfrac{\cos^2(\varphi+\varepsilon)}{\cos^2\varepsilon\cos(\varepsilon-\delta)\left[1-\sqrt{\dfrac{\sin(\delta+\varphi)\sin(\varphi+\beta)}{\cos(\varepsilon-\delta)\cos(\varepsilon-\psi)}}\right]^2}$；

ψ——滑楔体自重与E_a的夹角，且$\psi = 90° - \delta - \varepsilon$；

ε——墙背的倾斜角，(°)；

β——墙后填土面的倾角，(°)；

δ——土对挡土墙背的摩擦角，(°)。

库伦土压力的方向均与墙背法线成δ角，但必须注意，主动与被动土压力与法线所成的δ角方向相反，如图2.4所示。作用点在没有地面超载的情况时，均为离墙踵$H/3$处。

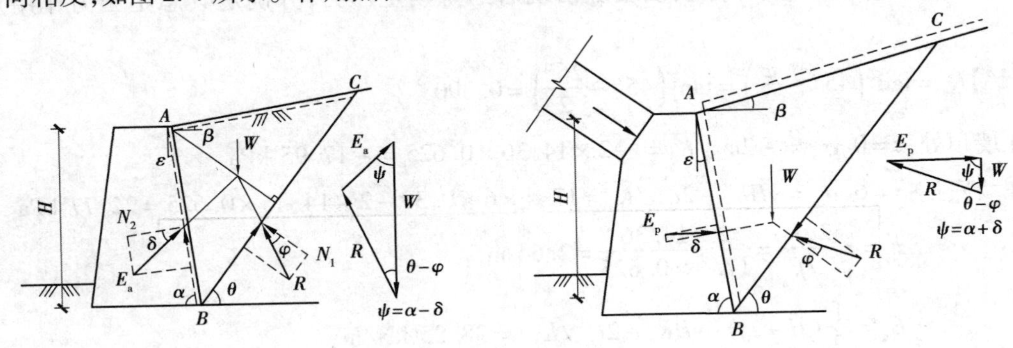

图2.4 库伦土压力计算图式

(3)黏性土库伦主动土压力计算理论

库伦土压力理论是根据无黏性土的情况导出的，没有考虑黏性土的黏聚力c。因此，当挡土墙结构处于黏性土层时，应该考虑黏聚力的有利影响。在工程实践中，可采用换算的等效内摩擦角φ_D来进行计算。而我国《建筑边坡工程技术规范》(GB 50330—2013)的方法是库伦土压力计算理论的一种改进，它考虑了土的黏聚力作用，可适用于填土表面为一倾斜平面，其上作用有均布超载 q 的一般情况，如图 2.5 所示。

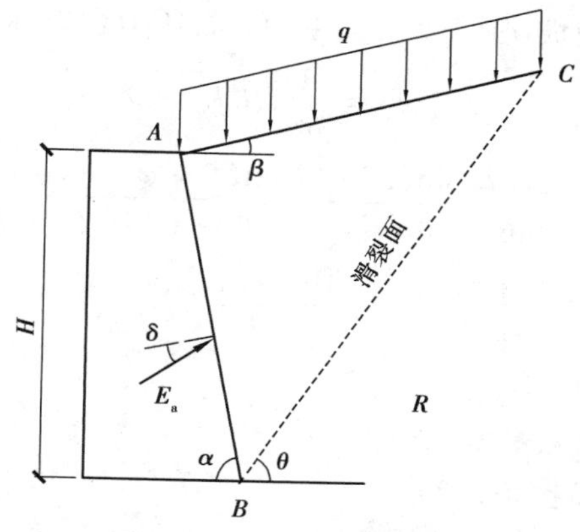

图 2.5 考虑了黏聚力的库伦土压力计算图

规范推荐的主动土压力计算公式为：

$$E_a = \frac{1}{2}\gamma H^2 K_a \tag{2.7}$$

$$K_a = \frac{\sin(\alpha+\beta)}{\sin^2\alpha\cdot\sin^2(\alpha+\beta-\varphi-\delta)}\Big\{K_q[\sin(\alpha+\delta)\cdot\sin(\alpha-\delta)+\sin(\varphi+\delta)\cdot\sin(\varphi-\beta)]+2\eta\sin\alpha\cdot\cos\varphi\cdot\cos(\alpha+\beta-\varphi-\delta)-2\sqrt{K_q\sin(\alpha+\beta)\cdot\sin(\varphi-\beta)+\eta\sin\alpha\cdot\cos\varphi}\times\sqrt{K_q\sin(\alpha-\delta)\cdot\sin(\varphi+\delta)+\eta\sin\alpha\cdot\cos\varphi}\Big\} \tag{2.8}$$

$$\eta = \frac{2c}{\gamma H} \tag{2.9}$$

式中 q——填土表面均布荷载标准值，kN/m^2；

K_q——考虑填土表面均布超载影响的系数，$K_q = 1+\frac{2q}{\gamma h}\cdot\frac{\sin\alpha\cdot\sin\beta}{\sin(\alpha+\beta)}$；

δ——土对挡土墙背的摩擦角，(°)，按表 2.2 取值；

α——支挡结构墙背与水平面的夹角，(°)。

表 2.2 土对挡土墙墙背的摩擦角 δ

挡土墙情况	摩擦角 δ
墙背平滑，排水不良	$(0.00\sim0.33)\varphi$
墙背粗糙，排水良好	$(0.33\sim0.50)\varphi$
墙背很粗糙，排水良好	$(0.50\sim0.67)\varphi$
墙背与填土间不可能滑动	$(0.67\sim1.00)\varphi$

2.2.2 侧向岩石压力的计算

由于岩体存在结构面，其力学特性与土体相比差别较大，侧向岩石压力应根据实际简化情况进行计算。

(1)沿外倾结构面滑动

对沿外倾结构面滑动的边坡(图2.6),其主动岩石压力合力标准值可按下式计算:

$$E_a = \frac{1}{2}\gamma H^2 K_a \tag{2.10}$$

$$K_a = \frac{\sin(\alpha+\beta)[K_q \sin(\alpha+\theta)\sin(\theta-\varphi_s) - \eta \sin\alpha \cos\varphi_s]}{\sin^2\alpha \sin(\alpha-\delta+\theta-\varphi_s)\sin(\theta-\beta)} \tag{2.11}$$

$$\eta = \frac{2c_s}{\gamma H} \tag{2.12}$$

式中 θ——边坡外倾结构面倾角,(°);

c_s——边坡外倾结构面黏聚力,kPa;

φ_s——外倾结构面内摩擦角,(°);

K_q——系数,$K_q = 1 + \frac{2q \sin\alpha \cos\beta}{\gamma H \sin(\alpha+\beta)}$;

δ——岩石与挡墙背的摩擦角(°),取$(0.33\sim0.5)\varphi$。

当有多组外倾结构面时,侧向岩石压力应计算每组结构面的主动岩石压力并取其大值。

(2)沿缓倾的外倾软弱结构面滑动

对沿缓倾的外倾软弱结构面滑动的边坡,如图2.7所示,主动岩石压力合力标准值可按下式计算:

$$E_a = G\tan(\theta-\varphi_s) - \frac{c_s L \cos\varphi_s}{\cos(\theta-\varphi_s)} \tag{2.13}$$

式中 G——四边形滑裂体自重,kN/m;

L——滑裂面长度,m;

θ——缓倾的外倾软弱结构面的倾角,(°);

c_s——外倾软弱结构面的黏聚力,kPa;

φ_s——外倾软弱结构面内摩擦角,(°)。

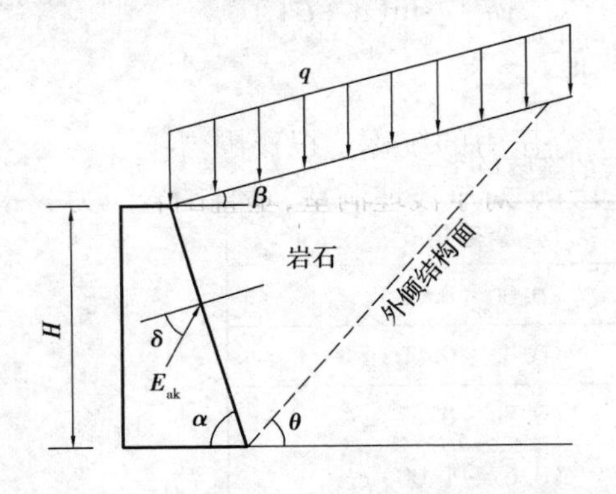

图2.6 有外倾结构面的侧向岩石压力计算

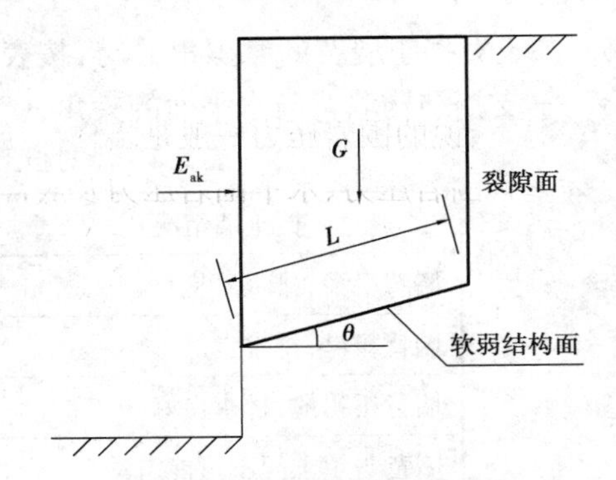

图2.7 岩质边坡四边形滑裂时侧向岩石压力计算

2.2.3　围岩压力计算

1）围岩压力及分类

洞室开挖之前，地层中的岩体处于复杂的原始应力平衡状态。洞室开挖之后，围岩中的原始应力平衡状态遭到破坏，应力重新分布，从而使围岩产生变形。当变形发展到岩体极限变形时，岩体就产生破坏。如在围岩发生变形时及时进行衬砌或支护，阻止围岩继续变形，防止围岩塌落，则围岩对衬砌结构就产生压力，即所谓的围岩压力。所以围岩压力是指因围岩变形或松动等作用于衬砌结构上的压力。它是作用在地下结构上的主要荷载。

根据围岩压力的产生机理，将围压压力分为松动压力、形变压力、冲击压力和膨胀压力4种。

（1）松动压力

由于隧道开挖而松动或坍塌的岩体，以重力的形式直接作用在支护结构上的压力就称为松动压力。松动压力本质上属于松动荷载，在洞室顶部最大，两侧稍小，底部几乎没有。施工爆破是产生松动压力的主要原因。

（2）形变压力

岩体在重力和构造应力的作用下，由于开挖产生围岩应力重新分布，为了阻止岩体的变形施作支护，岩体作用在支护上的力即为形变压力。和松动压力不同，重力不是造成围岩产生形变压力的主要原因。

（3）冲击压力

冲击压力中非常典型的一种是岩爆，也就是冲击地压。由于岩体内部聚集了大量的弹性应变能，当遇到地下工程开挖卸荷时，岩体内部能量突然释放出来，就形成岩爆。岩爆一般在埋深较深、岩体坚硬的岩层中容易发生。

（4）膨胀压力

在一些黏土质岩层中开挖洞室时，洞室周围往往会产生很大的变形，围岩向内部鼓胀，对支护产生膨胀力。膨胀现象中最常见的就是底鼓现象，主要是岩石本身的物理力学特性和地下水的影响导致了膨胀压力的产生。

我们通常所说的围岩压力一般是指松动压力和形变压力的统称。根据围岩压力的作用方向，可分为垂直围岩压力、水平围岩压力及底部围岩压力。对于浅埋洞室，垂直围岩压力和水平围岩压力起主要控制作用，也是围岩压力中研究的主要内容。在坚硬岩层中，围岩水平压力较小，可忽略不计，但在松软岩层中应考虑水平围岩压力的作用。底部围岩压力是自下而上作用在衬砌结构底板上的压力，它产生的主要原因是底板岩层遇水后膨胀，如石膏、页岩等，或是由边墙底部压力作用使洞室底板岩层向洞内突起所致。

影响围岩压力的因素很多，主要分为地质方面的因素和工程方面的因素。地质方面的因素主要有隧址区的地形地貌、岩体的坚硬程度和完整程度、结构面的类型与特征、地下水的作用等；工程方面的因素主要为洞室的形状与尺寸、洞室的位置与埋置深度、衬砌结构的形式和刚度、施工方法、支护时间、洞室的轴线走向等。

2)围岩压力的计算方法

(1)松散体理论

按松散体理论计算围岩压力是从20世纪初开始的。由于考虑到岩体裂隙和节理的存在，岩体被切割为互不联系的独立块体。因此，可以把岩体假定为松散体。但是，被各种软弱面切割而成的岩体结合体与真正理论上的松散体也并不完全相同，这就需要将真正的岩体代之以某种具有一定特性的特殊松散体，以便对这种特殊的松散体采用与理想松散体完全相同的计算方法。

理想松散体颗粒间抗剪强度为：

$$\tau = \sigma \tan \varphi \tag{2.14}$$

而在有黏聚力的岩体中抗剪强度为：

$$\tau = \sigma \tan \varphi + c \tag{2.15}$$

式中 σ——剪切面上的法向应力，kPa；

c——岩体颗粒间的黏聚力，kPa。

改写式(2.15)为：

$$\tau = \sigma \cdot \left(\tan \varphi + \frac{c}{\sigma}\right) \tag{2.16}$$

令$f_k = \tan \varphi + \dfrac{c}{\sigma}$，则有

$$\tau = \sigma \cdot f_k \tag{2.17}$$

式中 f_k——岩体抵抗各种破坏能力的综合指标，称为岩层坚硬系数或普氏系数。

比较式(2.14)与式(2.17)，二者在形式上是完全相同的。因此，对于具有一定黏聚力的岩体，同样可以当作完全松散体对待，只需以具有黏聚力岩体的$f_k = \tan \varphi + \dfrac{c}{\sigma}$代替完全松散体的$\tan \varphi$就行了。

(2)深、浅埋地下结构的分界深度

浅埋和深埋地下结构的分界深度可按荷载等效高度值，并结合地质条件、施工方法等因素综合判定。按荷载等效高度的判定公式为：

$$H_p = (2 \sim 2.5) h_q \tag{2.18}$$

式中 H_p——浅埋地下结构分界深度，m；

h_q——荷载等效高度，m，按式(2.19)计算：

$$h_q = \frac{q}{\gamma} \tag{2.19}$$

式中 γ——围岩重度，kN/m^3；

q——计算出的地下结构的垂直均布压力，kN/m^2，其计算公式为：

$$q = \gamma h \tag{2.20}$$

$$h = 0.45 \times 2^{S-1} \omega \tag{2.21}$$

式中 S——围岩级别，按1、2、3、4、5、6整数取值；

ω——宽度影响系数，$\omega = 1 + i(B-5)$；

B——地下结构的宽度，m；

i——隧道宽度 B 每增减 1 m 时的围岩压力增减率，以 $B=5$ m 的围岩垂直均布压力为准，按表 2.3 取值。

表 2.3 围岩压力增减率 i 取值表

隧道宽度 B/m	$B<5$	$5\leqslant B<14$	$14\leqslant B\leqslant 25$	
围岩压力增减率 i	0.2	0.1	考虑施工过程分导洞开挖	0.07
			上下台阶法或一次性开挖	0.12

在钻爆法或浅埋暗挖法施工的条件下，Ⅳ—Ⅵ级围岩取

$$H_p = 2.5h_q \tag{2.22}$$

Ⅰ—Ⅲ级围岩取

$$H_p = 2.0h_q \tag{2.23}$$

(3)浅埋地下结构围岩压力计算

①埋深 $H\leqslant$ 等效荷载高度 h_q 时，为超浅埋地下结构。

a. 垂直围岩压力。垂直围岩压力计算公式为：

$$q = \gamma H \tag{2.24}$$

式中 q——垂直均布压力，kN/m²；

γ——洞室上覆围岩重度，kN/m³；

H——地下结构的埋深，指洞室顶至地面的距离，m。

b. 水平围岩压力。侧向压力 e 按均布压力考虑时，其值为：

$$e = \gamma\left(\frac{H+H_t}{2}\right)\tan^2\left(\frac{45^\circ-\varphi_c}{2}\right) \tag{2.25}$$

式中 e——侧向均布压力，kN/m²；

H_t——地下结构高度，m；

φ_c——围岩计算摩擦角，(°)，根据《公路隧道设计规范》(JTG 3370.1—2018)表 A.0.7.1 查询。

②等效荷载高度 $h_q<$ 埋深 $H\leqslant$ 分界深度 H_p 时，为了便于计算，假定土体中形成的破裂面是一条与水平成 β 角的斜直线，如图 2.8(a)所示。$EFGH$ 岩土体下沉，带动两侧三棱土体(如图 2.8 中 FDB 和 ECA)下沉，整个土体 $ABDC$ 下沉时，又要受到未扰动岩土体的阻力；斜直线 AC 或 BD 是假定的破裂面，分析时考虑内聚力 c，并采用了计算摩擦角 φ_c；另一滑面 FH 或 EG 则并非破裂面，因此，滑面阻力要小于破裂面的阻力。若该滑面的摩擦角为 θ，则 θ 值应小于 φ_c 值，无实测资料时，θ 可按表 2.4 采用。

表 2.4 各级围岩的 θ 值

围岩级别	Ⅰ、Ⅱ、Ⅲ	Ⅳ	Ⅴ	Ⅵ
θ 值	$0.9\varphi_c$	$(0.7\sim0.9)\varphi_c$	$(0.5\sim0.7)\varphi_c$	$(0.3\sim0.5)\varphi_c$

由图 2.8(a)可见，地下结构上覆岩体 $EFGH$ 的重力为 W，两侧三棱岩体 FDB 或 ECA 的重力为 W_1，未扰动岩体整个滑动土体的阻力为 F。当 $EFGH$ 下沉时，两侧受到阻力 T 或 T'，作用于 HG 面上的垂直压力总值 $Q_{浅}$ 为：

$$Q_{浅} = W - 2T' = W - 2T\sin\theta \tag{2.26}$$

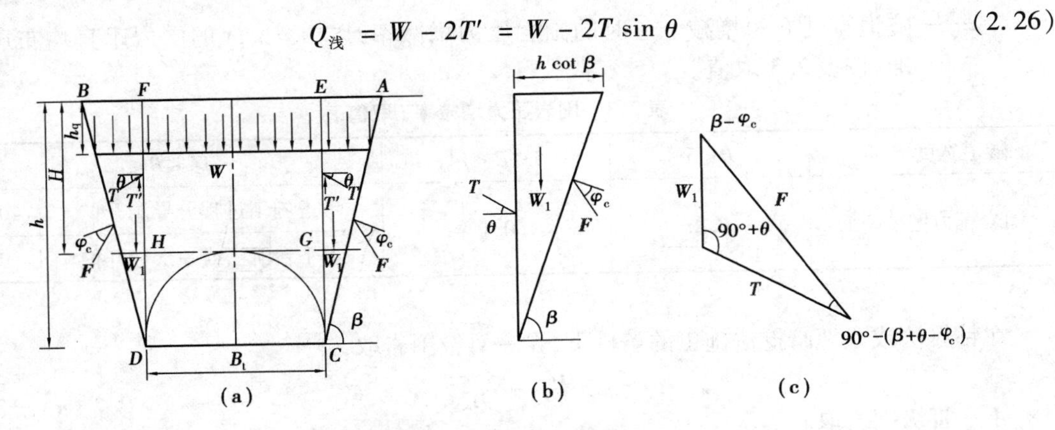

图 2.8　围岩压力计算图

由图 2.8(b)可见,三棱体自重为:

$$W_1 = \frac{1}{2}\gamma h\frac{h}{\tan\beta} \tag{2.27}$$

式中　h——洞室底部到地面的距离,m;

β——破裂面与水平面的夹角,(°)。

由图 2.8(c)据正弦定理可得

$$T = \frac{\sin(\beta - \varphi_c)}{\sin[90° - (\beta - \varphi_c + \theta)]}W_1 \tag{2.28}$$

$$T = \frac{1}{2}\gamma h^2\frac{\lambda}{\cos\theta} \tag{2.29}$$

式中　λ——侧压力系数,$\lambda = \dfrac{\tan\beta - \tan\varphi_c}{\tan\beta[1 + \tan\beta(\tan\varphi_c - \tan\theta) + \tan\varphi_c\tan\theta]}$,其中 $\tan\beta = \tan\varphi_c + \sqrt{\dfrac{(\tan^2\varphi_c + 1)\tan\varphi_c}{\tan\varphi_c - \tan\theta}}$。

至此,极限最大阻力 T 值可求得。得到 T 值后,可求得作用在 HG 面上的总垂直压力 $Q_{浅}$。

$$Q_{浅} = W - 2T\sin\theta = W - \gamma h^2\lambda\tan\theta \tag{2.30}$$

由于 GC、HD 与 EG、EF 相比往往较小,而且衬砌与岩土体之间的摩擦角也不同,前面分析时按 θ 计,当中间土块下滑时,由 FH 及 EG 面传递,考虑压力稍大些对设计的结构也偏于安全。因此,摩阻力不计隧道部分而只计洞顶部分,即在计算中用 H 代替 h,则有

$$Q_{浅} = W - \gamma H^2\lambda\tan\theta \tag{2.31}$$

由于 $W = B_t Hr$,故

$$Q_{浅} = \gamma H(B_t - H\lambda\tan\theta) \tag{2.32}$$

换算为作用在地下结构衬砌上的均布荷载(图 2.9),即垂直围岩压力为:

$$q_{浅} = \frac{Q_{浅}}{B_t} = \gamma H\left(1 - \frac{H}{B_t}\lambda\tan\theta\right) \tag{2.33}$$

式中　$q_{浅}$——作用在地下结构衬砌上的均布荷载,kN/m²。

作用在地下结构两侧的水平压力如图 2.9 所示,其值为:

$$\left.\begin{aligned} e_1 &= \gamma H\lambda \\ e_2 &= \gamma h\lambda \end{aligned}\right\} \tag{2.34}$$

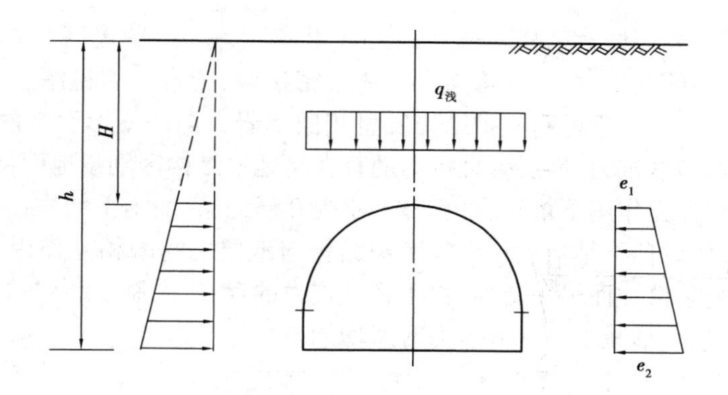

图 2.9 围岩压力分布示意图

侧压力视为均布压力时,其值为:

$$e = \frac{1}{2}(e_1 + e_2) \tag{2.35}$$

(4)深埋地下结构的围岩压力计算

深埋隧道垂直均布压力及水平均布压力,在不产生显著偏压及膨胀力的围岩条件下,可按下列公式进行计算。

a. 围岩垂直均布压力 q 按式(2.20)进行计算。

b. 围岩水平均布压力 e 按表 2.5 的规定确定。

表 2.5 围岩水平均布压力 e

围岩级别	Ⅰ、Ⅱ	Ⅲ	Ⅳ	Ⅴ	Ⅵ
e	0	$<0.15q$	$(0.15 \sim 0.3)q$	$(0.3 \sim 0.5)q$	$(0.5 \sim 1.0)q$

【例 2.2】 某公路隧道采用直墙拱结构,开挖宽度为 12.0 m,隧道净高 7.0 m。经勘察,隧址区以Ⅴ级围岩为主,岩体容重为 21kN/m³,计算摩擦角为30°。隧道埋深为 12 m。该隧道采用矿山法施工,请判断隧道是深埋还是浅埋,计算隧道垂直围岩压力和水平压力值。

【解】 $h_q = 0.45 \times 2^{S-1} \times \omega = 0.45 \times 2^4 \times [1 + 0.1 \times (12 - 5)] = 12.24$ m

在矿山法施工条件下,Ⅴ级围岩其浅埋隧道分界高度为:

$$H_p = 2.5h_q = 2.5 \times 12.24 = 30.6 \text{ m}$$

$H = 12 \text{ m} < h_q < H_p$,该隧道为浅埋隧道。

垂直围岩压力:$q = \gamma H = 21 \times 12 = 252 \text{ kN/m}^2$

水平围岩压力:$e = \lambda\gamma(H + H_t/2) = \tan^2\left(45° - \frac{30°}{2}\right) \times 21 \times (12 + 7/2) = 108.5 \text{ kN/m}^2$

2.3 地层弹性抗力计算

地下结构除承受主动荷载作用外(如地层压力、结构自重等),还承受一种被动荷载,即地层的弹性抗力。

地下结构在主动荷载作用下会产生变形。以隧道工程为例,如图 2.10 所示的曲墙拱形结构,在主动荷载(垂直荷载大于水平荷载)作用下,产生的变形如虚线所示。在拱顶处,其变形背向地层,在此区域内岩土体对结构不产生约束作用,所以称为“脱离区”;而在边墙和拱脚位置,结构产生压向地层的变形,由于结构与岩土体紧密接触,则岩土体将制止结构的变形,从而产生了对结构的反作用力。这种由支护结构发生相向围岩方向的变形引起的围岩对支护结构的约束反力习惯上称弹性抗力,地层弹性抗力的存在是地下结构区别于地面结构的显著特点之一。因为地面结构在外力作用下可以自由变形,不受介质约束,而地下结构在外力作用下,其变形受到地层的约束,所以地下结构设计必须考虑结构与地层之间的相互作用,这就带来了地下结构设计与计算的复杂性。而另一方面,由于弹性抗力的存在,限制了结构的变形,使结构的受力条件得以改善,以致变形减小而承载能力有所增加。

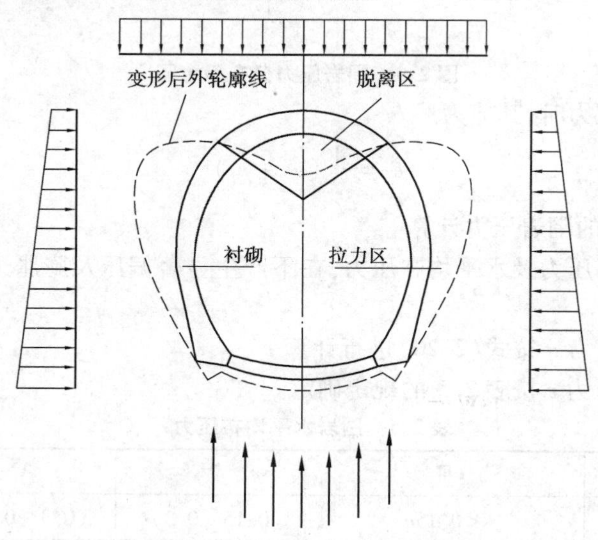

图 2.10　衬砌在主动荷载作用下的变形规律

弹性抗力是由于结构与地层的相互作用产生的,所以弹性抗力大小和分布规律不仅取决于结构的变形,还与地层的物理力学性质有着密切的关系。如何确定弹性抗力的大小和其作用范围(抗力区),目前有两种理论:一种是局部变形理论,认为弹性地基某点上施加的外力只会引起该点的沉陷;另一种是共同变形理论,即认为弹性地基上的一点的外力,不仅引起该点发生沉陷,而且还会引起附近一定范围的地基沉陷。从两者来看,后一种理论较为合理,但由于局部变形理论计算较为简单,且一般尚能满足工程精度要求,所以目前多采用局部变形理论计算弹性抗力。

在局部变形理论中,以大家熟知的温克尔(E. Winkler)假设为基础,认为地层的弹性抗力与地层在该点的变形成正比,即

$$\sigma = k\delta \tag{2.36}$$

式中　σ——弹性抗力,kPa;

k——弹性抗力系数,kN/m^3;

δ——地层计算点的位移值,m。

对于各种地下结构和不同介质,弹性抗力系数 k 值不同,可根据工程实践经验或参考相关规范规定。

2.4 地下结构自重及其他荷载计算

地下结构自重计算时要先确定结构自身材料的重度和尺寸。对于形状规则的结构(如墙、梁、板、柱、直杆等),其自重计算简单,本文不予介绍,下面着重介绍衬砌拱圈自重的计算方法。

①当拱圈截面为等厚度时,结构自重按垂直均布荷载考虑,计算公式为:

$$q_{自重} = \gamma d_0 \tag{2.37}$$

式中 d_0——拱顶截面厚度,m。

②当拱圈截面从拱顶厚度 d_0 逐渐增大到拱脚厚度 d_j 时,将结构自重简化为垂直均布荷载和三角形荷载,如图 2.11 所示,结构自重荷载可选用如下 3 个近似公式:

$$\begin{cases} q = \gamma d_0 \\ \Delta q = \gamma(d_j - d_0) \end{cases} \tag{2.38}$$

$$\begin{cases} q = \gamma d_0 \\ \Delta q = \gamma\left(\dfrac{d_j}{\cos \varphi_j} - d_0\right) \end{cases} \tag{2.39}$$

$$\begin{cases} q = \gamma d_0 \\ \Delta q = \dfrac{(d_0 + d_j)\varphi_j - 2d_0 \sin \varphi_j}{\sin \varphi_j}\gamma \end{cases} \tag{2.40}$$

式中 Δq——三角形荷载边缘处最大荷载强度,kN/m²;

d_j——拱脚截面厚度,m;

φ_j——拱脚截面与竖直(轴)线间夹角,(°)。

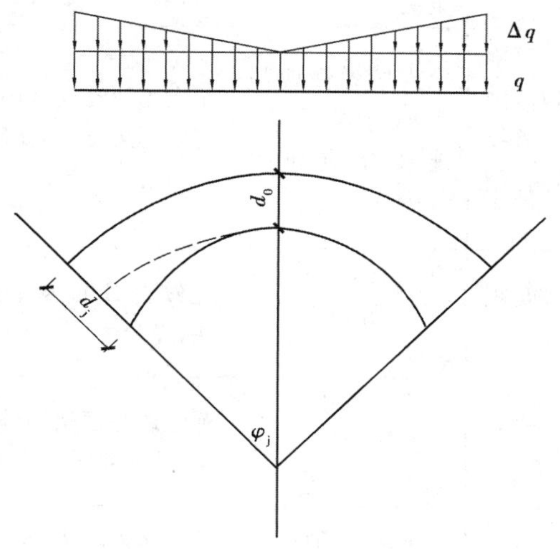

图 2.11 拱圈结构自重计算

地下结构除了受地层压力、结构自重和弹性抗力等荷载作用外,还可能遇到其他形式的荷载,如注浆压力、混凝土收缩压力、地下静水压力、温差压力及地震荷载等,可通过查阅相关规范和文献确定。

2.5 地下结构设计模型

20 世纪 70 年代以来,各国学者在发展地下结构计算理论的同时,还一直致力于探索地下结构设计模型的研究。由于岩土介质在漫长的地质年代中经历过多次构造运动,影响其物理力学性质的因素很多,而这些因素至今还没有完全被人们认识,因此理论计算结果常与实际情况有较大的出入,很难用作确切的设计依据。在进行地下结构的设计时仍需依赖经验和实践,建立地下结构设计模型仍然面临较大困难。

国际隧道协会在 1987 年成立了隧道结构设计模型研究组,收集和汇总了各会员国目前采用的设计地下结构的方法,见表 2.6。经过总结,国际隧协认为可将其归纳为以下 4 种模型:

①以参照过往隧道工程的实践经验进行工程类比为主的经验设计法。

②以现场量测和实验室试验为主的实用设计方法,例如以洞周位移量测值为根据的收敛—限制法。

③作用-反作用模型,例如对弹性地基圆环和弹性地基框架建立的计算法等。

④连续介质模型,包括解析法和数值法,解析法中有封闭解,也有近似解,数值计算法目前主要是有限单元法、有限差分法、边界元法、离散元法、流形元法和无网格法等。

表 2.6 部分国家地下结构设计中所采用的计算模型

国家＼方法	盾构开挖的软土质隧道	喷锚钢拱支撑的软土质隧道	中硬石质的深埋隧道	明挖施工的框架结构
奥地利	弹性地基圆环	弹性地基圆环,有限元法,收敛-约束法	经验法	弹性地基框架
德国	覆盖层厚 $<2D$:顶部无支撑的弹性地基圆环;覆盖 $>3D$:全支撑弹性地基圆环,有限元法	全支撑弹性地基圆环,有限元法,连续介质和收敛法	全支撑弹性地基圆环,有限元法,连续介质和收敛法	弹性地基框架(底压力分布简化)
法国	弹性地基圆环,有限元法	有限元法,作用-反作用模型,经验法	连续介质模型,收敛法,经验法	—
日本	局部支撑弹性地基圆环	局部支撑弹性地基圆环,经验法加测试有限元法	弹性地基框架,有限元法,特征曲线法	弹性地基框架,有限元法
中国	自由变形或弹性地基圆环	初期支护:有限元法,收敛法 二期支护:弹性地基圆环	初期支护:经验法 永久支护:作用-反作用模型 大型洞室:有限元法	弯矩分配法解算箱形框架
瑞士	—	作用-反作用模型	有限元法,收敛法	—

续表

国家＼方法	盾构开挖的软土质隧道	喷锚钢拱支撑的软土质隧道	中硬石质的深埋隧道	明挖施工的框架结构
英国	弹性地基圆环，缪尔伍德法	收敛-约束法，经验法	有限元法，收敛法，经验法	矩形框架
美国	弹性地基圆环	弹性地基圆环，作用-反作用模型	弹性地基圆环，Proctor-White 方法，有限元法，锚杆经验法	弹性地基上的连续框架

按照多年来地下结构设计的实践，我国采用的设计方法可归纳为以下 4 种模型：

1）经验类比模型

经验类比计算模型是目前国内外地下结构设计中应用最广泛的设计模型之一，尤其是建造在岩层中以锚喷支护结构进行支护的地下结构设计中，应用更为广泛。经验类比计算模型通常有直接类比法和间接类比法两种。直接类比法一般是以岩体的强度和完整性、地下水影响程度、洞室埋深、可能受到的地应力、结构的形状与尺寸、施工方法、施工质量以及使用要求等指标，将设计工程与上述指标基本相同的已建工程进行对比，由此确定地下结构的类型和设计参数；间接类比法一般是根据现行的规范和标准，按工程所在围岩级别以及岩体参数确定拟建地下工程的结构类型和设计参数。

应用经验类比计算模型进行地下结构设计的程序，一般分为初步设计阶段和施工设计阶段。初步设计结构的工作，是根据选定的结构轴线和掌握的地质资料，初步确定围岩级别，然后结合工程尺寸、结构设计参数，作为计算工程量、上报工程概算经费的依据。施工设计阶段的工作是在对围岩地质条件进行比较细致和深入的研究后进行，通常视围岩地质条件、工程规模等在不同时间进行，其目的是详细确定围岩级别和结构设计参数。采用经验类比设计模型进行地下结构设计时，在施工阶段，设计人员应深入施工现场，会同地质勘察人员及施工技术人员，根据现场实际及岩体参数的变化情况随时对设计进行修改。

2）荷载结构模型

荷载结构计算模型也称结构力学计算模型。该模型的思路认为，地层对地下结构的作用只是产生作用在结构上荷载（包括主动的地层压力和由于地层约束结构变形而产生的弹性抗力），按照结构力学的方法计算地下结构在地层荷载作用下产生的内力和变形。

荷载结构计算模型的关键是确定作用在地下结构上的地层荷载。地层荷载一般由两部分构成，即地层压力和弹性抗力。地层压力通常按照土压力公式、经验公式或围岩分级来确定，弹性抗力则通过温克尔局部变形理论、弹性地基梁理论等理论来加以考虑。

荷载结构计算模型不直接考虑地层（围岩）的承载力和地层与结构的相互作用，而是通过确定地层压力和弹性抗力时间接予以考虑。地层的承载能力越高，地层压力就越小，地层对地下结构变形的约束作用就越大，相对来说，地下结构的内力就变小了。一旦确定了地层荷载，地下结构的内力计算、截面设计等与地面结构就基本相同了。

3)**地层结构模型**

地层结构计算模型又称连续介质计算模型,其基本原理是按照连续介质力学原理及变形协调条件分别计算地下结构与地层中的内力,然后进行结构截面设计和地层的稳定性验算。

地层结构计算模型将地下结构和地层视为一个整体,作为共同承载的地下结构体系。在连续介质设计模型中,地层也是承载单元,地下结构是承载单元的一部分,其主要作用是约束和限制地层的变形,两者共同作用的结果是使地下结构体系达到新的平衡状态。从这一点来说,地层结构计算模型与荷载结构计算模型是相反的。

地层结构计算模型可以考虑地下结构的几何形状、地层和结构材料的非线性特征、开挖面所形成的空间效应、地层中的不连续面等。目前,对于圆形地下结构形式,采用连续介质设计模型,已取得了地层和结构内力的精确解析解。但对于其他地下结构形式,因数学上的困难,要求获得地层和结构内力的解析解几乎不可能,只有通过试验和数值计算来求得近似解。通常所用的试验方法有光弹性模型试验法、地质模型试验法、数值计算方法(有限元法(FEM)、边界元法(BEM))。随着计算机的普及及计算技术的飞速发展,试验方法已逐步被数值方法所取代,而数值方法中使用最多也最成熟的方法仍然是有限元法(FEM)。

4)**收敛限制模型**

收敛限制计算模型又称特征曲线计算模型或变形计算模型,是一种以理论为基础、实测为依据、经验为参考的较为完善的地下结构计算模型。严格来说,收敛限制计算模型是连续介质设计模型之一,但由于该计算模型以现场实测结果为设计依据,与理论分析或数值结果为依据的连续介质计算模型存在较大的差别,因此,通常将其单列为一种设计模型。

收敛限制计算模型的基本原理是按弹塑性理论等计算并绘出表示地层受力变形特征的洞周收敛曲线,同时按照结构力学的原理计算并绘出表示地下结构受力变形特征的支护约束曲线,得出两条曲线的交点,根据交点处表示的支护阻力值进行地下结构的设计。

收敛限制计算模型注重理论与实际应用的对照,比较适用于软岩地下洞室、大跨度地下洞室和特殊洞形地下洞室的支护结构设计。收敛限制计算模型是一种比较新的地下结构计算模型,其计算原理尚待进一步研究和完善,目前一般仅按照两侧的洞室收敛值进行反馈和监控,以指导地下结构的设计和施工。由于地层变形能够综合反映影响地下结构受力的各种因素,因此,收敛限制计算模型必将获得较快发展。

2.6 地下结构计算方法

2.6.1 工程类比法

地下结构的工程类比法,是将拟建地下工程的自然条件和工程条件与已建成的类似工程相比较,将已建成工程的稳定状况、影响因素及工程设计等方面的有关经验应用到类似的所要建设的地下工程中去,进而确定有关设计参数的一种方法。

地下结构工程类比设计的基础是充分掌握和占有以往类似工程的资料和成功经验,前提是正确地对地下工程围岩进行分级。对于用工程类比法设计的地下工程,成功建造的关键是做好施工过程的监控量测和信息反馈。

工程类比法的优点是能综合考虑多种非确定性影响因素，快速地对拟建地下建筑结构的设计参数作出估算和评价。该方法的主要缺点是进行工程类比时往往以人的经验为主，解决地下结构设计问题的范围较窄，并带有很大的主观性。

2.6.2 荷载结构法

荷载-结构模型认为，地层结构的作用只是产生作用在地下结构上的荷载（包括主动地层压力和被动地层抗力），衬砌在荷载的作用下产生内力和变形，与其相应的计算方法称为荷载结构法。早年常用的弹性连续框架（含拱形构件）法、假定抗力法和弹性地基梁（含曲梁）法等都可归属于荷载结构法。其中，假定抗力法和弹性地基梁法都形成了一些经典计算法，而类属弹性地基梁法的计算法又可按采用的地层变形理论的不同，分为局部变形理论计算法和共同变形理论计算法。其中局部变形理论因计算过程较为简单而常用。

这里重点介绍交通运输部发布的《公路隧道设计规范》（JTG 3370. 1—2018）中的计算方法。

1）设计原理

荷载结构法的设计原理：认为隧道开挖后地层的作用主要是对衬砌结构产生荷载，衬砌结构应能安全可靠地承受地层压力等荷载的作用。计算时，先按地层分类法或由实用公式确定地层压力，然后按弹性地基上结构物的计算方法计算衬砌的内力，并进行结构截面设计。

2）计算原理

（1）基本未知量与基本方程

取衬砌结构结点的位移为基本未知量。由最小势能原理或变分原理可得到系统整体求解时的平衡方程为：

$$[\boldsymbol{K}]\{\boldsymbol{\delta}\} = \{\boldsymbol{P}\} \tag{2.41}$$

式中 $[\boldsymbol{K}]$——衬砌结构的整体刚度矩阵，为 $m \times m$ 阶方阵，m 为体系结点自由度的总个数；

$\{\boldsymbol{\delta}\}$——由衬砌结构结点位移组成的列向量，即 $\{\boldsymbol{\delta}\} = [\delta_1 \delta_2 \cdots \delta_m]^{\mathrm{T}}$；

$\{\boldsymbol{P}\}$——由衬砌结构结点荷载组成的列向量，即 $\{\boldsymbol{P}\} = [P_1\ P_2 \cdots P_m]^{\mathrm{T}}$。

矩阵 $\{\boldsymbol{P}\}$、$[\boldsymbol{K}]$ 和 $\{\boldsymbol{\delta}\}$ 可由单元的荷载矩阵 $\{\boldsymbol{P}\}^e$、单元的刚度矩阵 $[\boldsymbol{k}]^e$ 和单元的位移向量矩阵 $\{\boldsymbol{\delta}\}^e$ 组装而成，故在采用有限元方法进行分析时，需先划分单元，建立单元刚度矩阵 $[\boldsymbol{k}]^e$ 和单元荷载矩阵 $\{\boldsymbol{P}\}^e$。

隧道承重结构轴线的形状为弧形时，需用折线单元模拟曲线。划分单元时，只需确定杆件单元的长度。杆件厚度 d 即为承重结构的厚度，杆件宽度取为 1 m。相应的杆件横截面面积 $A = d \times 1$，抗弯惯性矩 $I = \frac{1}{12} \times 1 \times d^3$，弹性模量 E 取为混凝土的弹性模量。

（2）单元刚度矩阵的计算

设梁单元在局部坐标系下的结点位移为 $\{\bar{\boldsymbol{\delta}}\} = [\bar{u}_i, \bar{v}_i, \bar{\theta}_i, \bar{u}_j, \bar{v}_j, \bar{\theta}_j]^{\mathrm{T}}$，对应的结点力为 $\{\bar{\boldsymbol{f}}\} = [\bar{X}_i, \bar{Y}_i, \bar{M}_i, \bar{X}_j, \bar{Y}_j, \bar{M}_j]^{\mathrm{T}}$，则有

$$\{\bar{\boldsymbol{f}}\} = [\bar{\boldsymbol{k}}]^e \{\bar{\boldsymbol{\delta}}\} \tag{2.42}$$

式中　$[\bar{\boldsymbol{k}}]^e$——为梁单元在局部坐标系下的刚度矩阵,并有:

$$[\bar{\boldsymbol{k}}]^e = \begin{bmatrix} \frac{EA}{l} & 0 & 0 & -\frac{EA}{l} & 0 & 0 \\ 0 & \frac{12EI}{l^3} & \frac{6EI}{l^2} & 0 & -\frac{12EI}{l^3} & \frac{6EI}{l^2} \\ 0 & \frac{6EI}{l^2} & \frac{4EI}{l} & 0 & -\frac{6EI}{l^2} & \frac{2EI}{l} \\ -\frac{EA}{l} & 0 & 0 & \frac{EA}{l} & 0 & 0 \\ 0 & -\frac{12EI}{l^3} & -\frac{6EI}{l^2} & 0 & \frac{12EI}{l^3} & -\frac{6EI}{l^2} \\ 0 & \frac{6EI}{l^2} & \frac{2EI}{l} & 0 & -\frac{6EI}{l^2} & \frac{4EI}{l} \end{bmatrix} \tag{2.43}$$

式中　l——梁单元的长度;

A——梁的截面积;

I——梁的惯性矩;

E——梁的弹性模量。

荷载结构法算例

对于整体结构而言,各单元采用的局部坐标系均不相同,故在建立整体矩阵时,需按式(2.44)将按局部坐标系建立的单元刚度矩阵$[\bar{\boldsymbol{k}}]^e$转换成结构整体坐标系中的单元刚度矩阵$[\boldsymbol{k}]^e$。

$$[\boldsymbol{k}]^e = [\boldsymbol{T}]^T[\bar{\boldsymbol{k}}]^e[\boldsymbol{T}] \tag{2.44}$$

式中　$[\boldsymbol{T}]$——转置矩阵,表达式为:

$$[\boldsymbol{T}] = \begin{bmatrix} \cos\beta & \sin\beta & 0 & 0 & 0 & 0 \\ -\sin\beta & \cos\beta & 0 & 0 & 0 & 0 \\ 0 & 0 & 1 & 0 & 0 & 0 \\ 0 & 0 & 0 & \cos\beta & \sin\beta & 0 \\ 0 & 0 & 0 & -\sin\beta & \cos\beta & 0 \\ 0 & 0 & 0 & 0 & 0 & 1 \end{bmatrix} \tag{2.45}$$

式中　β——局部坐标系与整体坐标系之间的夹角。

(3)地层反力作用模式

地层弹性抗力由式(2.46)和式(2.47)给出:

$$F_n = K_n \cdot U_n \tag{2.46}$$

$$F_s = K_s \cdot U_s \tag{2.47}$$

其中

$$K_n = \begin{cases} K_n^+ & U_n \geqslant 0 \\ K_n^- & U_n \leqslant 0 \end{cases} \tag{2.48}$$

$$K_s = \begin{cases} K_s^+ & U_s \geqslant 0 \\ K_s^- & U_s \leqslant 0 \end{cases} \tag{2.49}$$

式中　F_n,F_s——法向和切向弹性抗力;

K_n, K_s——相应的围岩弹性抗力系数，且 K^+, K^- 分别为压缩区和拉伸区的抗力系数，通常令 $K^+ = K^- = 0$。

杆件单元确定后，即可确定地层弹簧单元，它只设置在杆件单元的结点上。地层弹簧单元可沿整个截面设置，也可只在部分结点上设置。沿整个截面设置地层弹簧单元时，计算过程中需用迭代法作变形控制分析，以判断出抗力区的确切位置。

特别指出，深埋隧道中的整体式衬砌、浅埋隧道中的整体式或复合式衬砌及明洞衬砌等应采用荷载结构法来计算。此外，采用荷载结构法计算隧道衬砌的内力和变形时，应通过考虑弹性抗力等体现岩土体对衬砌结构变形的约束作用。弹性抗力的大小和分布，对回填密实的衬砌结构可采用局部变形理论确定。

2.6.3　地层结构法

地层结构模型把地下结构与地层作为一个受力变形的整体，按照连续介质力学原理计算地下结构以及周围地层的变形，不仅计算出衬砌结构的内力及变形，而且计算出周围地层的应力，充分体现了周围地层与地下结构的相互作用。但是由于周围地层以及地层与结构相互作用模拟的复杂性，地层结构模型目前尚处于发展阶段，在很多工程应用中仅作为一种辅助手段。由于地层结构法相对于荷载结构法，充分考虑了地下结构与周围地层的相互作用，结合具体的施工过程，可以充分模拟地下结构以及周围地层在每一个施工工况的结构内力以及周围地层的变形，更能符合工程实际。预计在今后的研究和发展中，地层结构法将得到广泛应用和发展。

地层结构法主要包括如下几部分内容：地层的合理化模拟、结构模拟、施工过程的模拟以及施工过程中结构与周围地层的相互作用的模拟。

这里仍重点介绍《公路隧道设计规范　第一册　土建工程》(JTG 3370.1—2018)中的计算方法。

1)设计原理

地层结构法的设计原理是将衬砌和地层视为整体共同受力的统一体系，在满足变形协调条件的前提下，分别计算衬砌与地层的内力，据此验算地层的稳定性和进行结构截面设计。目前计算方法以有限单元法为主，适用于设计构筑在软岩或较稳定的地层内的衬砌。

2)初始地应力的计算

(1)初始自重应力

初始自重应力通常采用有限元法或给定水平侧压力系数的方法计算。

①有限元法。即初始自重应力由有限元法算得，并将其转化为等效结点荷载。

②给定水平侧压力系数法。即在给定水平侧压力系数 K_0 值后，按下式计算初始自重地应力：

$$\sigma_z^g = \sum \gamma_i H_i \tag{2.50}$$

$$\sigma_z^g = K_0 \cdot (\sigma_z - P_w) + P_w \tag{2.51}$$

式中　σ_z^g, σ_x^g——竖直方向和水平方向初始自重地应力；

γ_i——计算点以上第 i 层岩石的重度；

H_i——计算点以上第 i 层岩石的厚度；

P_w——计算点的孔隙水压力。在不考虑地下水头变化的条件下，P_w 由计算点的静水压力确定，即 $P_w = \gamma_w \cdot H_w$，其中 γ_w 为地下水的重度，H_w 为地下水的水位差。

（2）构造应力

构造地应力可假设为均布或线性分布应力。假设主应力作用方向保持不变，则二维平面应变的普遍表达式为：

$$\left.\begin{aligned}\sigma_x^s &= a_1 + a_4 z\\ \sigma_z^s &= a_2 + a_5 z\\ \tau_{xz}^s &= a_3\end{aligned}\right\} \tag{2.52}$$

式中　$a_1 \sim a_5$——常系数；

z——竖直坐标。

（3）初始地应力

将初始自重应力与构造应力叠加，即得初始地应力。

3）本构模型

（1）岩石单元

①弹性模型。对于平面应变问题，横观各向同性弹性体的应力增量可表示为：

$$\{\Delta\boldsymbol{\sigma}\} = \begin{Bmatrix}\Delta\sigma_x\\ \Delta\sigma_z\\ \Delta\tau_{zx}\end{Bmatrix} = [\boldsymbol{D}]\{\Delta\boldsymbol{\varepsilon}\} = \begin{bmatrix}\dfrac{E_0E_v - \mu_{uh}^2E_h^2}{E_0} & \dfrac{E_hE_v\mu_{vh}(1+\mu_{hh})}{E_0} & 0\\ \dfrac{E_hE_v\mu_{vh}(1+\mu_{hh})}{E_0} & \dfrac{E_v^2(1-\mu_{hh}^2)}{E_0} & 0\\ 0 & 0 & G_{hv}\end{bmatrix}\begin{Bmatrix}\Delta\varepsilon_x\\ \Delta\varepsilon_z\\ \Delta\gamma_{zx}\end{Bmatrix} \tag{2.53}$$

式中　E_v——竖直方向（z）弹性模量；

E_h——水平方向（x,y）弹性模量；

μ_{vh}——竖直向应变引起水平向应变的泊松比（竖直面内的泊松比）；

μ_{hh}——水平面内的泊松比；

G_{hv}——竖向平面内的剪切模量。

各向同性弹性体的应力增量可表示为：

$$\{\Delta\boldsymbol{\sigma}\} = \begin{Bmatrix}\Delta\sigma_x\\ \Delta\sigma_z\\ \Delta\tau_{zx}\end{Bmatrix} = [\boldsymbol{D}]\{\Delta\boldsymbol{\varepsilon}\} = \frac{E(1-\mu)}{(1+\mu)(1-2\mu)}\begin{bmatrix}1 & \dfrac{\mu}{1-\mu} & 0\\ \dfrac{\mu}{1-\mu} & 1 & 0\\ 0 & 0 & \dfrac{1-2\mu}{2(1-\mu)}\end{bmatrix}\begin{Bmatrix}\Delta\varepsilon_x\\ \Delta\varepsilon_z\\ \Delta\gamma_{zx}\end{Bmatrix} \tag{2.54}$$

②非线性弹性模型。采用邓肯·张模型的假设，并认为应力-应变关系可用双曲线关系近似描述，则在主应力 σ_3 保持不变时有：

$$\sigma_1 - \sigma_3 = \frac{\varepsilon_1}{a + b\varepsilon_1} \tag{2.55}$$

轴向应变 ε_1 和侧向应变 ε_3 之间假设也存在双曲线关系，即有：

$$\varepsilon_1 = \frac{\varepsilon_3}{f + d\varepsilon_3} \tag{2.56}$$

式中 a,b,f,d——由试验确定的参数。

在不同应力状态下弹性模量的表达式为：

$$E_i = \left[1 - \frac{R_f(1-\sin\varphi)(\sigma_1-\sigma_3)}{2c\cos\varphi + 2\sigma_3\sin\varphi}\right]^2 K\cdot P_0\cdot\left(\frac{\sigma_3}{P_0}\right)^n \tag{2.57}$$

式中 R_f——破坏比，数值小于 l(一般为 0.75～1.0)；

c,φ——土的黏聚力和内摩擦角；

P_0——大气压力，一般取 100 kPa；

K,n——由试验确定的参数。

不同应力状态下泊松比的表达式为：

$$\mu_i = \frac{G - F\lg\left(\frac{\sigma_3}{P_0}\right)}{(1-A)^2} \tag{2.58}$$

$$A = \frac{(\sigma_1-\sigma_3)d}{Kp_0\left(\frac{\sigma_3}{P_0}\right)\left[1 - \frac{R_f(1-\sin\varphi)(\sigma_1-\sigma_3)}{2c\cos\varphi + 2\sigma_3\sin\varphi}\right]} \tag{2.59}$$

式中，G、F、d 是由试验确定的参数，由 E_i 和 μ_i 即可确定该应力状态下的弹性矩阵 $[\boldsymbol{D}]$。

③弹塑性模型。

a. 屈服准则。材料进入塑性状态的判断准则采用 Drucker. Prager 或 Mohr. Coulomb 屈服准则，其中 Drucker. Prager 屈服准则的表达式为：

$$f = \alpha\cdot J_1 + \sqrt{J_2} - k = 0 \tag{2.60}$$

式中 J_1——应力张量的第一不变量；

J_2——应力偏量的第二不变量，并有

$$\alpha = \frac{\sin\varphi}{\sqrt{3}\sqrt{3+\sin^2\varphi}}, k = \frac{\sqrt{3}C\cos\varphi}{\sqrt{3+\sin^2\varphi}} \tag{2.61}$$

Mohr. Coulomb 屈服准则的表达式为：

$$f = \frac{1}{3}J_1\sin\varphi + \left(\cos\theta - \frac{1}{\sqrt{3}}\sin\theta\sin\varphi\right)\sqrt{J_2} - C\cos\varphi = 0 \tag{2.62}$$

式中 $\theta = \frac{1}{3}\arcsin\left(\frac{-3\sqrt{3}}{2}\frac{J_2}{(J_1)^{\frac{3}{2}}}\right), -\frac{\pi}{6}\leqslant\theta\leqslant\frac{\pi}{6}$。

b. 弹塑性矩阵。材料进入塑性状态后，其弹塑性应力应变关系的增量表达式为：

$$\{d\boldsymbol{\sigma}\} = \left([\boldsymbol{D}] - \frac{[\boldsymbol{D}]\left\{\frac{\partial g}{\partial\sigma}\right\}\left\{\frac{\partial f}{\partial\sigma}\right\}^{\mathrm{T}}[\boldsymbol{D}]}{A + \left\{\frac{\partial f}{\partial\sigma}\right\}^{\mathrm{T}}[\boldsymbol{D}]\left\{\frac{\partial g}{\partial\sigma}\right\}}\right)\{d\boldsymbol{\varepsilon}\}$$

$$= ([\boldsymbol{D}] - [\boldsymbol{D}]_p)\{d\boldsymbol{\varepsilon}\} = [\boldsymbol{D}_{ep}]\{d\boldsymbol{\varepsilon}\} \tag{2.63}$$

式中 $[\boldsymbol{D}],[\boldsymbol{D}_p],[\boldsymbol{D}_{ep}]$——材料的弹性矩阵、塑性矩阵和弹塑性矩阵；

A——与材料硬化有关的参数，理想弹塑性情况下，$A=0$；

f——屈服面函数；

g——塑性势面函数，采用关联流动法则时，$g=f$。

c. 弹塑性分析的计算过程。增量时步加荷过程中，部分岩土体进入塑性状态后，由材料屈服引起的过量塑性应变以初应变的形式被转移，并由整个体系中的所有单元共同负担。每一时步中，各单元与过量塑性应变相应的初应变均以等效结点力的形式起作用，并处理为再次计算时的结点附加荷载，据以进行迭代运算，直至时步最终计算时间，并满足给定的精度要求。

④黏弹性模型。三元件广义 Kelvin 模型由弹性元件和 Kelvin 模型串联组成，如图2.12所示。

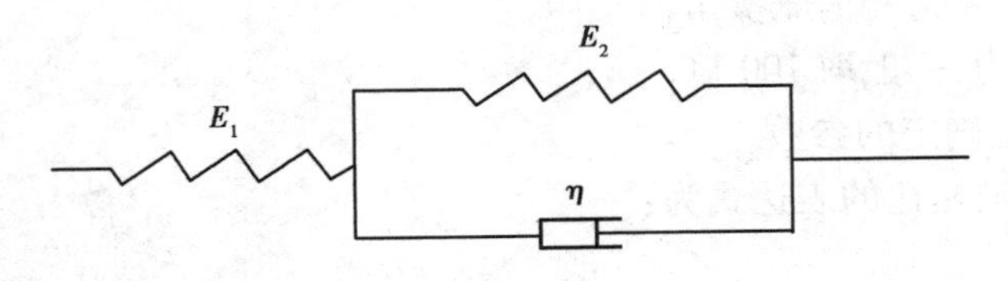

图 2.12　广义 Kelvin 模型

其应力应变关系式为：

$$\frac{\eta}{E_1+E_2}\dot{\sigma}+\sigma=\frac{\eta E_1}{E_1+E_2}\dot{\varepsilon}+\frac{E_1E_2}{E_1+E_2}\varepsilon \tag{2.64}$$

衬砌施作后的蠕变方程为：

$$\varepsilon(t)=\left[\frac{1}{E_1}+\frac{1}{E_2}\left(1-e^{-\frac{E_2}{\eta}t}\right)\right]\sigma_0=\sigma_0 J(t) \tag{2.65}$$

式中　$J(t)$——蠕变柔量；

σ_0——常量应力。

(2)梁单元

与上节荷载结构法中“单元刚度矩阵的计算”相同。

(3)杆单元

设杆单元在局部坐标系中的结点位移为$\{\bar{\delta}\}=[\bar{u}_i,\bar{v}_j,\bar{u}_j,\bar{v}_i]^{\mathrm{T}}$，对应的结点力为$\{\bar{f}\}=[\bar{X}_i\bar{Y}_i\bar{X}_j\bar{Y}_j]^{\mathrm{T}}$，则有

$$\{\bar{f}\}=[\bar{k}]\{\bar{\delta}\} \tag{2.66}$$

式中　$[\bar{k}]$——杆在局部坐标系下的单元刚度矩阵，并有

$$[\bar{k}]=\begin{bmatrix}\frac{EA}{l} & 0 & -\frac{EA}{l} & 0\\ 0 & 0 & 0 & 0\\ -\frac{EA}{l} & 0 & \frac{EA}{l} & 0\\ 0 & 0 & 0 & 0\end{bmatrix} \tag{2.67}$$

式中　l——杆的长度；

A——杆的截面积；

E——杆的弹性模量。

(4)接触面单元

接触面采用无厚度节理单元模拟，不考虑法向和切向的耦合作用时，有增量表达式如下：

$$\begin{Bmatrix} \Delta\tau_s \\ \Delta\sigma_n \end{Bmatrix} = \begin{bmatrix} K_s & 0 \\ 0 & K_n \end{bmatrix} \begin{Bmatrix} \Delta u_s \\ \Delta u_n \end{Bmatrix} = [\boldsymbol{K}^e] \begin{Bmatrix} \Delta u_s \\ \Delta u_n \end{Bmatrix} \tag{2.68}$$

式中 K_s——接触面的切向刚度；

K_n——接触面的法向刚度。

接触面材料的应力-应变关系一般为非线性关系，并常处于塑性受力状态。当屈服条件采用莫尔-库伦屈服条件，并假定节理材料为理想弹塑性材料及采用关联流动法则时，对于平面应变问题，可导出接触面单元剪切滑移的塑性矩阵为：

$$[\boldsymbol{D}_p] = \frac{1}{S_0}\begin{bmatrix} K_s^2 & K_sS_1 \\ K_sS_1 & S_1 \end{bmatrix} \tag{2.69}$$

式中 $S_0 = K_s + K_n \tan^2\varphi$；

$S_1 = K_n\tan\varphi$，φ——接触面的内摩擦角。

对处于非线性状态的接触面单元，应力与相对位移间的关系式为：

$$\tau_s = K_s \cdot \Delta u_s, \sigma_n = K_n v_m \frac{\Delta u_n}{v_m - \Delta u_n} \ (\Delta u_n < v_m) \tag{2.70}$$

式中 v_m——接触面单元的法向最大允许嵌入量。

4）**单元模式**

（1）一维单元

对二节点一维线性单元，设结点位移为$\{\boldsymbol{\delta}\} = \{u_i, v_i, u_j, v_j\}$时，单元上任意点的位移为：

$$u = \sum N_i u_i \tag{2.71}$$

式中 N——插值函数，并有

$$N_1 = \frac{1-\xi}{2}, N_2 = \frac{1+\xi}{2} \tag{2.72}$$

（2）三角形单元

对三节点三角形单元，设节点坐标为$\{x_i, y_i, x_j, y_j, x_m, y_m\}$，节点位移为$\{\boldsymbol{\delta}\} = \{u_i, v_i, u_j, v_j, u_m, v_m\}$，对应的结点力为$\{\boldsymbol{F}\} = \{X_i, Y_i, X_j, Y_j, X_m, Y_m\}$，则当取线性位移模式时，单元内任意点的位移为：

$$\begin{Bmatrix} u \\ v \end{Bmatrix} = [\boldsymbol{N}]\{\boldsymbol{\delta}\} \tag{2.73}$$

$$[\boldsymbol{N}] = \begin{bmatrix} N_i & 0 & N_j & 0 & N_m & 0 \\ 0 & N_i & 0 & N_j & 0 & N_m \end{bmatrix} \tag{2.74}$$

$$\begin{cases} a_i = x_i y_m - x_m y_i \\ b_i = y_i - y_m \\ c_i = x_m - x_i \end{cases} \tag{2.75}$$

式中 $[\boldsymbol{N}]$——形函数矩阵；

N_i——形函数，$N_i = \frac{1}{2\Delta}(a_i + b_i x + c_i y)$，其中 Δ 为单元面积。

（3）四边形单元

采用四节点等参单元，并设节点位移为$\{\boldsymbol{\delta}\} = [u_1, v_1, u_2, v_2, u_3, v_3, u_4, v_4]^T$时，位移模式可

由双线性插值函数给出,形式为:

$$\begin{aligned} u &= N_1 u_1 + N_2 u_2 + N_3 u_3 + N_4 u_4 \\ v &= N_1 v_1 + N_2 v_2 + N_3 v_3 + N_4 v_4 \end{aligned} \tag{2.76}$$

式中 N——插值函数,有:

$$\begin{cases} N_1 = \frac{1}{4}(1-\xi)(1-\eta) \\ N_2 = \frac{1}{4}(1+\xi)(1-\eta) \\ N_3 = \frac{1}{4}(1+\xi)(1+\eta) \\ N_4 = \frac{1}{4}(1-\xi)(1+\eta) \end{cases} \tag{2.77}$$

5)施工过程的模拟

(1)一般表达式

开挖过程的模拟一般通过在开挖边界上施加释放荷载来实现。将一个相对完整的施工阶段称为施工步,并设每个施工步包含若干增量步,则与该施工步相应的开挖释放荷载可在所包含的增量步中逐步释放,以便较真实地模拟施工过程。具体计算中,每个增量步的荷载释放量可由释放系数控制。对各施工阶段的状态,有限元分析的表达式为:

$$[\boldsymbol{K}]_i \{\Delta\boldsymbol{\delta}\}_i = \{\Delta\boldsymbol{F}_r\}_i + \{\Delta\boldsymbol{F}_g\}_i + \{\Delta\boldsymbol{F}_p\}_i \quad (i = 1,2,3,\cdots) \tag{2.78}$$

$$[\boldsymbol{K}]_i = [\boldsymbol{K}]_0 + \sum_{\lambda=1}^{i} [\Delta\boldsymbol{K}]_\lambda \quad (i \geqslant 1) \tag{2.79}$$

式中 L——施工步总数;

$[\boldsymbol{K}]_i$——第 i 施工步岩土体和结构的总刚度矩阵;

$[\boldsymbol{K}]_0$——岩土体和结构(施工开始前存在)的初始总刚度矩阵;

$[\Delta\boldsymbol{K}]_\lambda$——施工过程中,第 λ 施工步的岩土体和结构的刚度的增量或减量,用以体现岩土体单元的挖除、填筑及结构单元的施作或拆除;

$\{\Delta\boldsymbol{F}_r\}_i$——第 i 施工步开挖边界上的释放荷载的等效结点力;

$\{\Delta\boldsymbol{F}_g\}_i$——第 i 施工步新增自重等的等效结点力;

$\{\Delta\boldsymbol{F}_p\}_i$——第 i 施工步增量荷载的等效结点力;

$\{\Delta\boldsymbol{\delta}\}_i$——第 i 施工步的结点位移增量。

对每个施工步,增量加载过程的有限元分析的表达式为:

$$[\boldsymbol{K}]_{ij} \{\Delta\boldsymbol{\delta}\}_{ij} = \{\Delta\boldsymbol{F}_r\}_i \cdot \alpha_{ij} + \{\Delta\boldsymbol{F}_g\}_{ij} + \{\Delta\boldsymbol{F}_p\}_{ij} \quad (i = 1,\cdots,L; j = 1,\cdots,M) \tag{2.80}$$

$$[\boldsymbol{K}]_{ij} = [\boldsymbol{K}]_{i-1} + \sum_{\xi=1}^{i} [\Delta\boldsymbol{K}]_{i\xi} \tag{2.81}$$

式中 M——各施工步增量加载的次数;

$[\boldsymbol{K}]_{ij}$——第 i 施工步中施加第 j 荷载增量步时的刚度矩阵;

α_{ij}——与第 i 施工步第 j 荷载增节步相应的开挖边界释放荷载系数,开挖边界荷载完全释放时有 $\sum_{j=1}^{M} \alpha_{ij} = 1$;

$\{\Delta\boldsymbol{F}_g\}_{ij}$——第 i 施工步第 j 增量步新增单元自重等的等效结点力;

$\{\Delta\boldsymbol{\delta}\}_{ij}$——第 i 施工步第 j 增量步的结点位移增量;

$\{\Delta\boldsymbol{F}_{\mathrm{p}}\}_{ij}$——第 i 施工步第 j 增量步增量荷载的等效结点力。

(2)开挖工序的模拟

开挖效应可通过在开挖边界上设置释放荷载,并将其转化为等效节点力模拟。表达式为:

$$[\boldsymbol{K}-\Delta\boldsymbol{K}]\{\Delta\boldsymbol{\delta}\}=\{\Delta\boldsymbol{P}\} \tag{2.82}$$

式中 $[\boldsymbol{K}]$——开挖前系统的刚度矩阵;

$[\Delta\boldsymbol{K}]$——开挖工序中挖除部分的刚度;

$\{\Delta\boldsymbol{P}\}$——为开挖释放荷载的等效结点力。

开挖释放荷载可采用单元应力法或 Mana 法计算。

(3)填筑工序的模拟

填筑效应包含两个部分,即整体刚度的改变和新增单元自重荷载的增加,其计算表达式为:

$$[\boldsymbol{K}+\Delta\boldsymbol{K}]\{\Delta\boldsymbol{\delta}\}=\{\Delta\boldsymbol{F}_{\mathrm{g}}\} \tag{2.83}$$

式中 $[\boldsymbol{K}]$——填筑前系统的刚度矩阵;

$[\Delta\boldsymbol{K}]$——新增实体单位的刚度;

$\{\Delta\boldsymbol{F}_{\mathrm{g}}\}$——新增实体单元自重的等效结点荷载。

(4)结构的施作与拆除

结构施作的效应体现为整体刚度的增加及新增结构的自重对系统的影响,其计算式为:

$$[\boldsymbol{K}+\Delta\boldsymbol{K}]\{\Delta\boldsymbol{\delta}\}=\{\Delta\boldsymbol{F}_{\mathrm{g}}^{\mathrm{s}}\} \tag{2.84}$$

式中 $[\boldsymbol{K}]$——结构施作前系统的刚度矩阵;

$[\Delta\boldsymbol{K}]$——新增结构的刚度;

$\{\Delta\boldsymbol{F}_{\mathrm{g}}^{\mathrm{s}}\}$——施作结构自重的等效结点荷载。

结构拆除的效应包含整体刚度的减小和支撑内力释放的影响,其中支撑内力的释放可通过施加一反向内力实现,其计算表达式为:

$$[\boldsymbol{K}-\Delta\boldsymbol{K}]\{\Delta\boldsymbol{\delta}\}=-\{\Delta\boldsymbol{F}\} \tag{2.85}$$

式中 $[\boldsymbol{K}]$——结构施作前系统的刚度矩阵;

$[\Delta\boldsymbol{K}]$——拆除结构的刚度;

$\{\Delta\boldsymbol{F}\}$——拆除结构内力的等效结点力。

(5)增量荷载的施加

在施工过程中施加的外荷载,可在相应的增量步中用施加增量荷载表示,其计算式为:

$$[\boldsymbol{K}]\{\Delta\boldsymbol{\delta}\}=\{\Delta\boldsymbol{F}\} \tag{2.86}$$

式中 $[\boldsymbol{K}]$——增量荷载施加前系统的刚度矩阵;

$\{\Delta\boldsymbol{F}\}$——施加的增量荷载的等效结点力。

地层结构法算例

本章小结

(1)地下结构的荷载按其作用特点及使用中可能出现的情况分为三大类,即永久荷载、可变荷载和偶然荷载。

(2)侧向岩土体压力分为侧向土压力和侧向岩石压力。侧向土压力经典理论主要是库伦

(Coulomb)理论和郎肯(Rankine)理论,这些理论在地下工程的设计中一直沿用至今。侧向岩石压力需要根据结构面情况进行计算。

(3)围岩压力是指位于地下结构周围变形或破坏的岩层,作用在衬砌结构或支撑结构上的压力,它是作用在地下结构的主要荷载。围岩压力按作用方向可分为垂直围岩压力、水平围岩压力及底部围岩压力。

(4)影响围岩压力的因素很多,主要与岩体的结构、岩石的强度、地下水的作用、洞室的尺寸与形状、支护的类型和刚度、施工方法、洞室的埋置深度和支护时间等因素有关。

(5)衬砌结构拱圈自重的计算方法有:将衬砌结构自重简化为垂直均布荷载、垂直均布荷载和三角形荷载。

(6)地下结构的设计模型有多种,大体上可以归纳为:经验类比模型、荷载结构模型、地层结构模型和收敛限制模型。

(7)地下结构基本的计算方法有工程类比法、荷载结构法和地层结构法。

思 考 题

2.1 地下结构荷载分为哪几类?其组合形式有哪些?

2.2 土压力可分为几种形式?其大小关系如何?

2.3 库伦理论的基本假设是什么?请写出一般土压力计算公式。

2.4 简述郎肯土压力理论的基本假定。

2.5 简述围岩压力的概念及其影响因素。

2.6 简述地层弹性抗力的基本概念,其值大小与哪些因素有关?

2.7 简述衬砌结构拱圈自重的计算方法。

2.8 地下结构基本的计算方法有哪些?

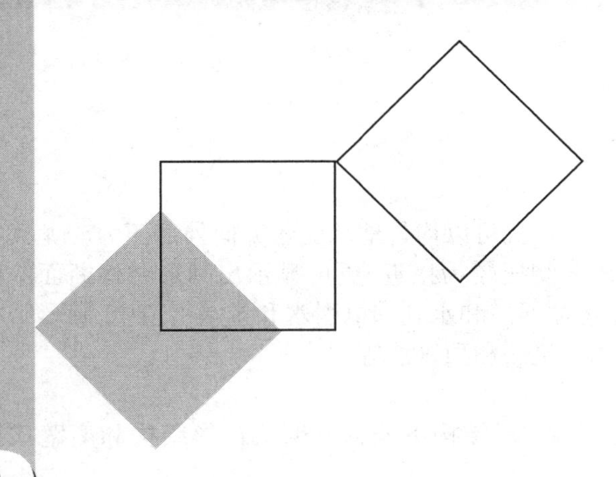

3 浅埋式地下结构设计

本章导读：

- **内容** 浅埋式地下结构的概念、结构形式；矩形闭合结构的设计要点和构造要求。
- **基本要求** 了解浅埋式地下结构的概念、施工方法；熟悉浅埋式结构的形式、适用条件和设计要求；掌握矩形闭合结构的设计要点和构造要求。
- **重点** 浅埋式地下结构形式和矩形闭合结构的设计要点和构造要求。
- **难点** 矩形闭合结构的设计要点。

3.1 概 述

地下结构按其埋置深浅可分为深埋式地下结构和浅埋式地下结构两大类。本章内容仅限于浅埋式地下结构的设计，其中主要介绍常见的浅埋式矩形闭合结构的设计与计算。

所谓浅埋式地下结构，是指其覆盖土层较薄，不满足压力拱成拱条件[$H<(2\sim2.5)h$，h为压力拱高度]或软土地层中覆盖层厚度小于结构尺寸的地下结构。

影响地下结构采用浅埋式还是深埋式的因素很多，主要包括地下结构的使用要求、地质条件、防护等级以及现有的施工技术等。根据我国的工程经验，埋深在5～10 m的浅埋式地下结构采用明挖法施工是经济合理的，但有时受条件限制，也可采用钻爆法、管幕法、箱涵顶进法等暗挖法施工，如城市交通繁忙路段的地下人行通道、地铁等工程等，不过其造价明显高于明挖法施工。

3.2 浅埋式地下结构形式

按结构形式的不同，浅埋式地下结构主要分为：

(1)圆形结构

圆形结构的断面形式为圆形,该地下结构形式可以均匀地承受各方向外部压力。尤其在饱和含水软土地层中修建地下工程,由于顶压和侧压较为接近,更可显示出圆形结构断面的优越性。目前在地下铁路、市政管道、地下物流运输通道和水利水电引水和排水引道中,圆形结构较为常见。该结构施工时主要采用盾构法、掘进机法和顶管法等。

(2)拱形结构

根据衬砌与围岩体之间结合的紧密程度,拱形结构可分为贴壁式拱形结构和离壁式拱形结构。

(3)矩形闭合结构

由于浅埋式矩形闭合结构具有空间利用率高、挖掘断面经济且易于施工等优点,故在地下结构中应用较为广泛,特别是城市过街通道、车行立交地道、地铁通道、车站等。矩形闭合结构的顶、底板为水平构件,其承受的弯矩较拱形结构大,故一般做成钢筋混凝土结构。根据地下结构的使用要求、跨度大小和上覆荷载的多少,矩形闭合结构可以设计成单跨、双跨或多跨的形式。

①单跨矩形闭合结构。当跨度较小(一般小于 6 m),可采用单跨矩形闭合结构,如地铁车站、大型人防工程的出入口通道、城市过街通道等(图 3.1)。

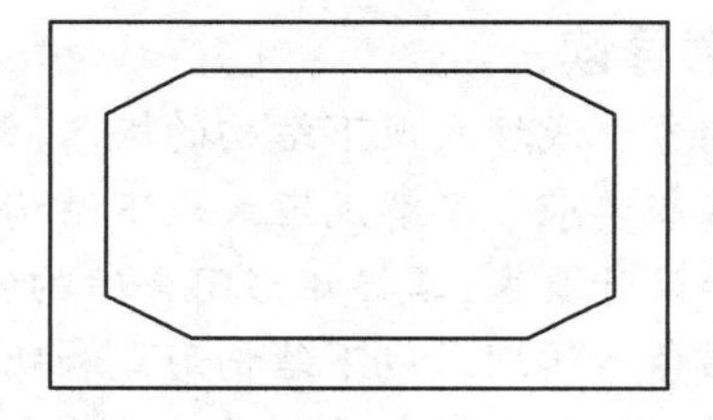

图 3.1　单跨矩形闭合结构

②双跨或多跨矩形闭合结构。当结构的跨度较大,或为了满足使用和工艺要求时,可以采用双跨或多跨矩形闭合结构。有时为了改善通风条件和节约材料,中间隔墙还可开设孔洞,或用梁、柱代替,如图 3.2 所示。

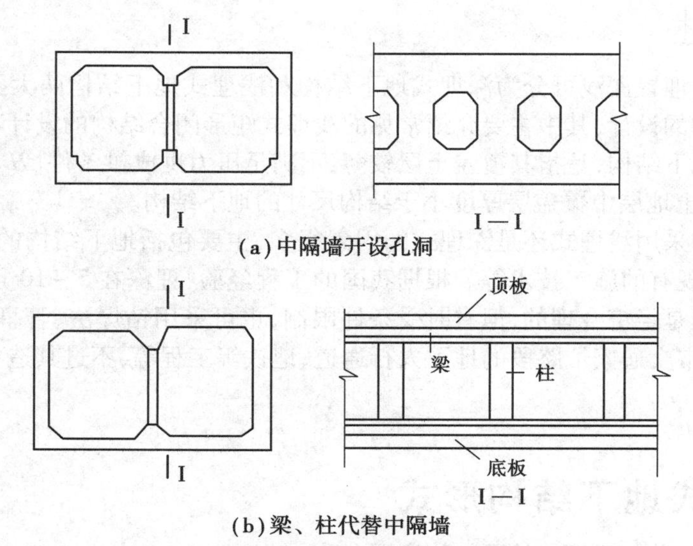

图 3.2　双跨或多跨矩形闭合结构

③多层多跨矩形闭合结构。有些地下厂房(例如地下热电站)由于工艺要求必须做成多层多跨的结构,如图3.3所示。地铁车站部分,为了达到换乘的目的,局部也做成双层多跨的结构。

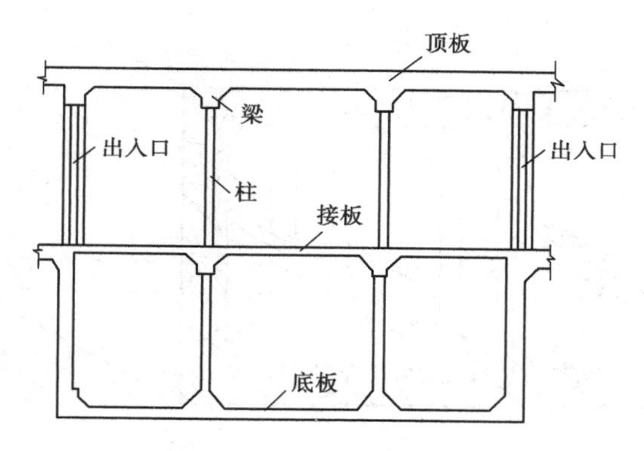

图3.3　双层多跨矩形闭合结构

(4)梁板式结构

浅埋式地下结构中也常采用梁板式结构,如地下商场、地下车站、医院、厂房、车库等。这种结构形式在地下水位较低的地区,或在要求防护等级较低的工程中,其顶、底板做成现浇钢筋混凝土梁板式结构,而围墙和隔墙则为砖墙;在地下水位较高或防护等级要求较高的工程中,一般除内部隔墙外,均做成箱形闭合框架钢筋混凝土结构。

(5)壳体结构或折板结构

壳体结构或折板结构这两种结构形式主要适用于一些大跨度的地下结构,如地下停机场、地下礼堂、地下仓库等。

3.3　矩形闭合结构设计

矩形闭合结构在地下结构中的应用非常广泛,特别在浅埋式地铁通道以及车站中最为适合。本节主要介绍浅埋式地下结构形式中矩形闭合结构的设计要点。

矩形闭合结构是由钢筋混凝土墙、柱、顶板和底板整体浇筑的方形空间结构。此结构的顶板和底板均为水平构件,侧墙为竖向构件。根据水平构件尺寸将此类结构划分为两种结构体系:一种是框架结构体系,另一种是箱形结构体系,两种结构体系采用不同的分析方法进行设计。

浅埋式地下结构的设计计算通常包括4方面的内容:荷载计算、内力计算、截面计算和抗浮验算。下面以图3.4所示的地铁通道为例,介绍矩形闭合结构的设计计算内容。

3.3.1　荷载计算

地下结构所受的荷载可分为永久荷载、可变荷载和偶然荷载三类。对于地铁通道而言,其永久荷载主要为结构自重、地层压力及水压力等;可变荷载主要为地面车辆荷载及其动力作用、地铁车辆荷载及其动力作用、人群荷载和施工荷载等;偶然荷载主要为车辆爆炸等灾害性荷载以及地震作用。

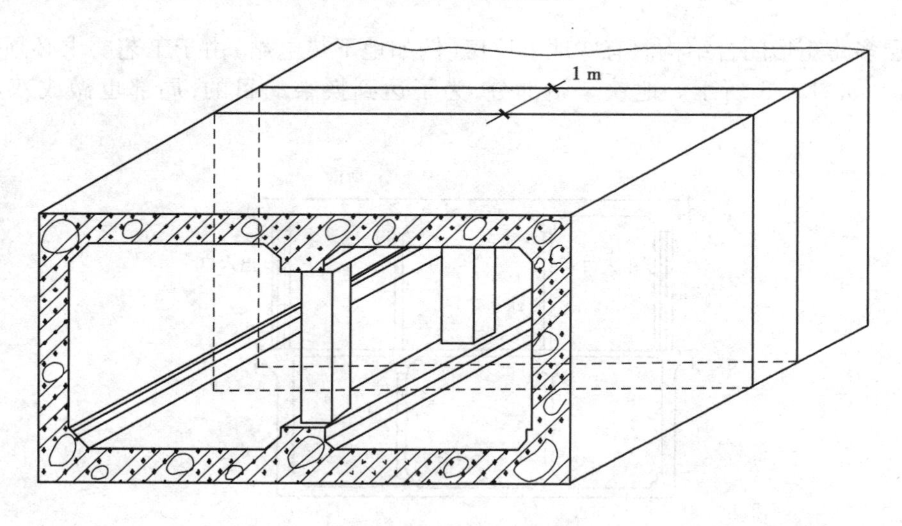

图 3.4　地铁通道断面图

根据《地铁设计规范》(GB 50157—2013)中的有关规定,地铁通道矩形闭合结构荷载如图3.5所示。

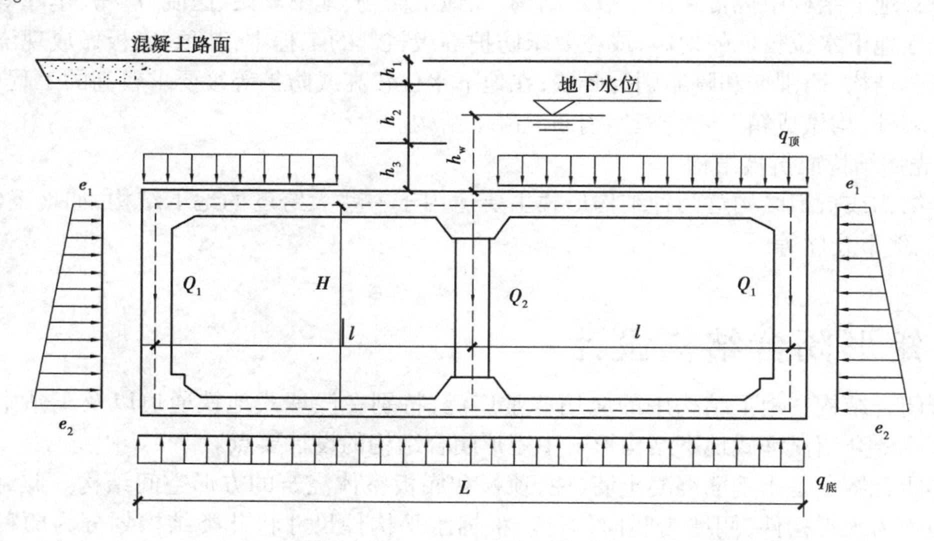

图 3.5　地铁通道计算模型

根据《建筑结构荷载规范》(GB 50009—2012)(后文简称"荷载规范"),建筑结构设计应根据使用过程中在结构上可能同时出现的荷载,按承载能力极限状态和正常使用极限状态分别进行荷载组合,并应取各自最不利的组合进行设计。

现结合荷载规范,以承载能力极限状态、荷载基本组合、由永久荷载控制(最不利)情况为例进行说明。

对于承载能力极限状态,应按荷载的基本组合或偶然组合计算荷载组合的效应设计值,并应采用下列设计表达式进行设计:

$$\gamma_0 S_d \leqslant R_d \tag{3.1}$$

式中　γ_0——结构重要性系数,应按各有关建筑结构设计规范的规定采用;

S_d——荷载组合的效应设计值;

R_d——结构构件抗力的设计值,应按各有关建筑结构设计规范的规定确定。

由永久荷载控制的效应设计值,应按下式进行计算:

$$S_d = \sum_{j=1}^{m} \gamma_{G_j} S_{G_j k} + \sum_{i=1}^{n} \gamma_{Q_i} \gamma_{L_i} \varphi_{c_i} S_{Q_i k} \tag{3.2}$$

式中 γ_{G_j}——第 j 个永久荷载的分项系数,按荷载规范取 1.35;

γ_{Q_i}——第 i 个可变荷载的分项系数,按荷载规范取 1.4;

γ_{L_i}——第 i 个可变荷载考虑设计使用年限的调整系数,以结构设计使用年限 100 年为例,按荷载规范取 1.1;

$S_{G_j k}$——按第 j 个永久荷载标准值 G_{jk} 计算的荷载效应值;

$S_{Q_i k}$——按第 i 个可变荷载标准值 Q_{ik} 计算的荷载效应值;

φ_{c_i}——第 i 个可变荷载 Q_i 的组合值系数,按荷载规范取 0.7;

m——参与组合的永久荷载数;

n——参与组合的可变荷载数。

注:基本组合中的效应设计值仅适用于荷载与荷载效应为线性的情况。

1)顶板上的荷载

作用于顶板上的荷载,包括顶板以上的地层压力、水压力、顶板自重、路面活荷载以及特殊荷载(常规武器作用或核武器作用)。

(1)地层压力

因为是浅埋结构,计算地层压力时,只需将结构范围内顶板以上各层岩土(包括路面材料)的重量之和求出来,然后除以顶板承压面积即可,可用下式计算:

$$q_{土} = \sum_i \gamma_i h_i \tag{3.3}$$

式中 γ_i——第 i 层土(或路面材料)的重度,地下水位以下土层取浮重度 γ_i',kN/m³;

h_i——第 i 层土(或路面材料)的厚度,m。

(2)水压力

地下结构水压力可用下式计算:

$$q_{水} = \gamma_w h_w \tag{3.4}$$

式中 γ_w——水的重度,kN/m³;

h_w——地下水位面至顶板表面的距离,m。

(3)顶板自重

结构顶板自重可用下式计算:

$$q_{自重} = \gamma d \tag{3.5}$$

式中 γ——顶板材料的重度,kN/m³;

d——顶板的厚度,m。

(4)地面活载 $q_{顶}^{h}$

浅埋地下结构地面荷载包括地面车辆荷载及其动力作用、人群荷载等。

(5)顶板所受的特殊荷载 $q_{顶}^{t}$

顶板所受的特殊荷载包括常规武器或核武器作用、地震作用、偶然的撞击力等灾害性荷载。

由式(3.2)可得由永久荷载控制的顶板荷载效应设计值为:

$$S_{d顶} = \sum_{j=1}^{m} \gamma_{G_j} S_{G_jk} + \sum_{i=1}^{n} \gamma_{Q_i} \gamma_{L_i} \varphi_{c_i} S_{Q_ik}$$
$$= 1.35 \times (q_{土} + q_{水} + q_{自重}) + 1.4 \times 1.1 \times 0.7 \times q_{顶}^{h}$$
$$= 1.35 \times (\sum_i \gamma_i h_i + \gamma_w h_w + \gamma d) + 1.078 \times q_{顶}^{h} \tag{3.6}$$

2)底板上的荷载

一般情况下,人防工程中的结构刚度都较大,而地基相对来说较松软,所以假定地基反力为直线分布。由式(3.2)可得由永久荷载控制的底板荷载效应设计值为:

$$S_{d底} = \sum_{j=1}^{m} \gamma_{G_j} S_{G_jk} + \sum_{i=1}^{n} \gamma_{Q_i} \gamma_{L_i} \varphi_{c_i} S_{Q_ik}$$
$$= S_{d顶} + 1.35 \times \frac{\sum P}{L} + 1.4 \times 1.1 \times 0.7 \times q_{底}^{h}$$
$$= 1.35 \times \left(\sum_i \gamma_i h_i + \gamma_w h_w + \gamma d + \frac{\sum P}{L}\right) + 1.078 \times (q_{顶}^{h} + q_{底}^{h}) \tag{3.7}$$

式中 $\sum P$——结构顶板以下、底板以上边墙及中间柱等每延米的重量,kN/m;

L——结构横断面的宽度(图3.5),m;

$q_{底}^{h}$——底板上所受的活荷载,kPa。

3)侧墙上的荷载

侧墙上所受的荷载有土层的侧向压力、水压力、活荷载及特殊荷载。

(1)土层侧向压力

浅埋地下结构侧墙承受的土层侧向压力可用下式计算:

$$e = (\sum_i \gamma_i h_i) \tan^2\left(45° - \frac{\varphi}{2}\right) \tag{3.8}$$

式中 φ——结构埋置范围内土层的内摩擦角,(°);

γ_i——第 i 层土的重度,地下水位以下土层取其浮重度 γ_i',kN/m³。

(2)侧向水压力

侧向水压力可用下式计算:

$$e_w = \psi \gamma_w h \tag{3.9}$$

式中 ψ——折减系数,其值依土壤的透水性来确定:对于砂土 $\psi=1$,对于黏性土 $\psi=0.7$;

h——从地下水表面至考察点的距离,m。

由式(3.2)可得由永久荷载控制的侧墙荷载效应设计值为:

$$S_{d侧} = \sum_{j=1}^{m} \gamma_{G_j} S_{G_jk} + \sum_{i=1}^{n} \gamma_{Q_i} \gamma_{L_i} \varphi_{c_i} S_{Q_ik}$$
$$= 1.35 \times (e + e_w) + 1.4 \times 1.1 \times 0.7 \times q_{侧}^{h}$$
$$= 1.35 \times \left[(\sum_i \gamma_i h_i) \tan^2\left(45° - \frac{\varphi}{2}\right) + \psi \gamma_w h\right] + 1.078 \times q_{侧}^{h} \tag{3.10}$$

式中 $q_{侧}^{h}$——作用于侧墙上的活荷载,kPa。

4)其他荷载

其他荷载包括沉降变化、材料收缩、结构收缩、温度变化等产生的作用。但是由于要精确地考虑温度变化、沉陷不匀、材料收缩等因素产生的结构内力很困难的,通常只在构造上采取适当措施。例如,加配一些构造钢筋,设置伸缩缝和沉降缝等。

5)地震作用

处于地震区的地下结构,还可能受到地震荷载的作用。

3.3.2 内力计算

1)计算简图

(1)框架结构计算简图

地铁通道其横向断面较纵向短得多,且结构所受的荷载沿纵向的大小近乎不变,如纵向长度为 L,横向宽度为 B,当 $L/B>2$ 时,因端部边墙相距较远,对结构内力的影响很小,因此不考虑结构纵向不均匀变形时,把结构受力问题视为平面变形问题。计算时可沿纵向截取单位长度(1 m)的截条作为闭合框架的计算单元,如图 3.6 所示。以截面形心连线作为框架的轴线,视作闭合框架来计算,计算简图如图 3.6(a)所示。

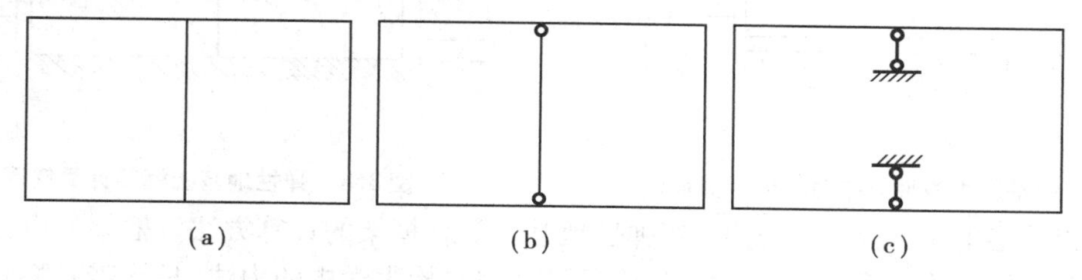

图 3.6 闭合框架结构计算简图

同时,由于框架结构的顶、底板的厚度较中隔墙大得多,故中隔墙的刚度相对较小。此时,若侧力不大,将中隔墙看成只承受轴力的二力杆,误差也并不大,如图 3.6(b)所示。

此外,有些闭合框架结构由于功能要求,中间需设柱和梁,梁支承框架,柱支承梁,这种情况下的计算简图如图 3.6(c)所示。

(2)箱形结构计算简图

如果矩形闭合结构的横向宽度和纵向长度接近,就不能忽略两端部墙体影响,因而应视为空间的箱形结构。当采用近似方法对箱形结构进行计算时,顶板、底板和侧墙均可视为弹性支承条件板。

2)截面选择

超静定结构的内力计算,需先知道各杆件截面的尺寸,至少也要知道各杆件截面惯性矩的比值,否则无法进行内力计算。但是确定截面尺寸,只有在知道内力之后才能进行,这就构成了矛盾。克服这一矛盾的办法是:在进行内力计算之前,先根据以往的经验(参照已有的类似的结构)或近似计算方法假定各个杆件的截面尺寸,经内力计算后,再来验算所设截面是否合适;否则,重复上述过程,直到所设截面合适为止。

3)计算方法

(1)框架结构内力近似计算

①当地下结构刚度较大、而地基相对来说较松软时,可假定地基反力为线性分布,按荷载作用下的钢筋混凝土结构计算内力,如图3.7所示。内力解法一般采用位移法,当不考虑线位移影响时,用力矩分配法较为简便。

②当地下结构跨度较大(刚度较小)、而地基较硬时,宜将静荷载作用下地层中的闭合框架按弹性地基上的框架进行计算。弹性地基可按温克尔地基考虑,也可将地基视为弹性半无限平面,如图3.8所示。这种弹性地基上的框架,由于底板承受未知的地基弹性反力,使内力分析更加复杂,但与实际的受力情况更吻合,且比将底板反力按线性分布计算要经济。

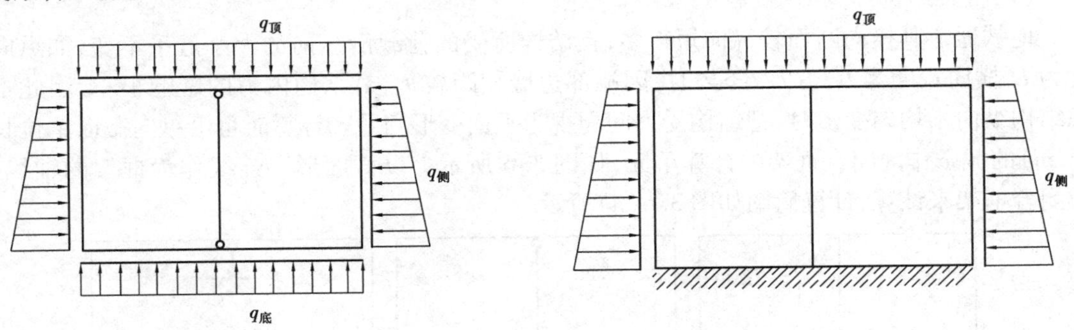

图3.7　地基反力线性分布时框架计算简图　　　　图3.8　弹性地基上框架计算简图

下面以单层单跨对称框架为例介绍弹性地基上闭合框架的计算方法。框架的内力分析可采用如图3.9所示的计算简图,其内力计算仍可采用结构力学中的力法,只是需要将底板按弹性地基梁来考虑。

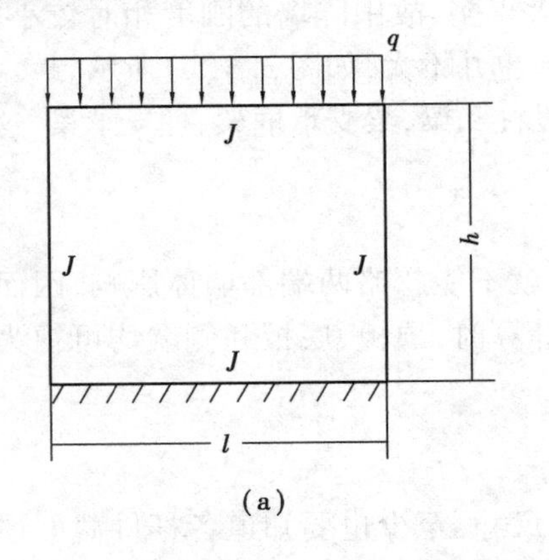

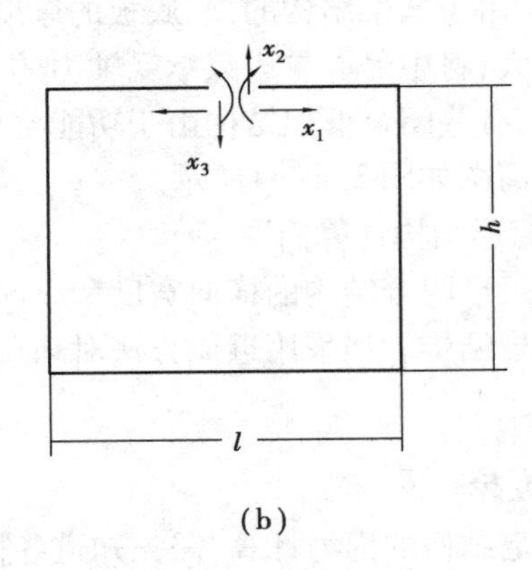

图3.9　计算简图

如图3.9(a)所示为一平面闭合框架,承受均布荷载 q。用力法计算内力时,可将横梁在中央处切开,如图3.9(b)所示,并写出典型方程如下:

$$\begin{cases} x_1\delta_{11} + x_2\delta_{12} + x_3\delta_{13} + \Delta_{1P} = 0 \\ x_1\delta_{21} + x_2\delta_{22} + x_3\delta_{23} + \Delta_{2P} = 0 \\ x_1\delta_{31} + x_2\delta_{32} + x_3\delta_{33} + \Delta_{3P} = 0 \end{cases} \tag{3.11}$$

式中 δ_{ij}——在多余力 x_j 作用下沿 x_i 方向的位移；

Δ_{iP}——在外荷载作用下沿 x_i 方向的位移，按式(3.12)计算。

$$\begin{cases}\delta_{ij} = \delta'_{ij} + b_{ij} \\ \Delta_{ij} = \Delta'_{iP} + b_{iq} \\ \delta'_{ij} = \sum \int \dfrac{M_i M_j}{EJ} ds\end{cases} \tag{3.12}$$

式中 δ'_{ij}——框架基本结构在单位力作用下产生的位移(不包括底板)；

b_{ij}——底板按弹性地基梁在单位力 x_j 作用下算出的切口处 x_i 方向的位移；

Δ'_{iP}——框架基本结构在外荷载作用下产生的位移(不包括底板)；

b_{iq}——底板按弹性地基梁在外荷载 q 作用下算出的切口处 x_i 方向的位移。

将所求到的系数及自由项代入典型方程，解出未知力 x_i，并进而绘出内力图。

(2)箱形结构内力近似计算

将顶板、底板、侧墙均可视为弹性支承条件板，各块板的荷载性质相同，因此各块板的跨中和支座弯矩计算如下：

$$跨中弯矩:M_{中} = \frac{2K+3m}{2K+3}M_0 \tag{3.13}$$

$$支座弯矩:M_{支} = \frac{3(1-m)}{2K+3}M_0 \tag{3.14}$$

式中 $M_{中}$——板的跨中弯矩，kN·m；

$M_{支}$——板的支座弯矩，kN·m；

M_0——板在简支条件下的跨中弯矩，kN·m；

m——系数，按表3.1确定；

K——板的嵌固刚度系数，按式(3.15)—式(3.17)确定。

表3.1 系数 m

边长比 b/a	1.0	1.1	1.2	1.3	1.4	1.5	1.6	1.7	1.8	1.9	2.0
短边 a 方向 m_1	0.48	0.48	0.48	0.47	0.46	0.45	0.44	0.43	0.42	0.41	0.41
长边 b 方向 m_2	0.48	0.47	0.46	0.44	0.42	0.41	0.39	0.37	0.36	0.35	0.34

顶板嵌固刚度系数：

$$K_{顶} = \frac{H H_{顶}^3}{a H_{墙}^3} \tag{3.15}$$

侧墙嵌固刚度系数：

$$K_{墙} = \frac{a H_{墙}^3}{H H_{顶}^3} \tag{3.16}$$

底板嵌固刚度系数：

$$K_{底}=\frac{H\,H_{底}^{3}}{a\,H_{墙}^{3}} \tag{3.17}$$

式中　a——板短边的长度，m；

H——墙高，m；

$H_{顶}$、$H_{墙}$、$H_{底}$——相应的顶板、墙、底板的厚度，m。

4）设计内力

用位移法或力矩分配法解超静定结构时，直接求得的是节点处的内力（即构件轴线相交处的内力），然后利用平衡条件可以求得各杆任意截面处的内力。

（1）设计弯矩

由图3.10（a）看出，节点弯矩（即构件轴线相交处的内力）比附近截面的弯矩大，此弯矩称为计算弯矩。但其对应的截面高度是侧墙的高度，按照最不利的截面为弯矩大而截面高度小的截面的原则，侧墙边缘处的截面应为最不利截面，该截面所对应的弯矩称为设计弯矩。

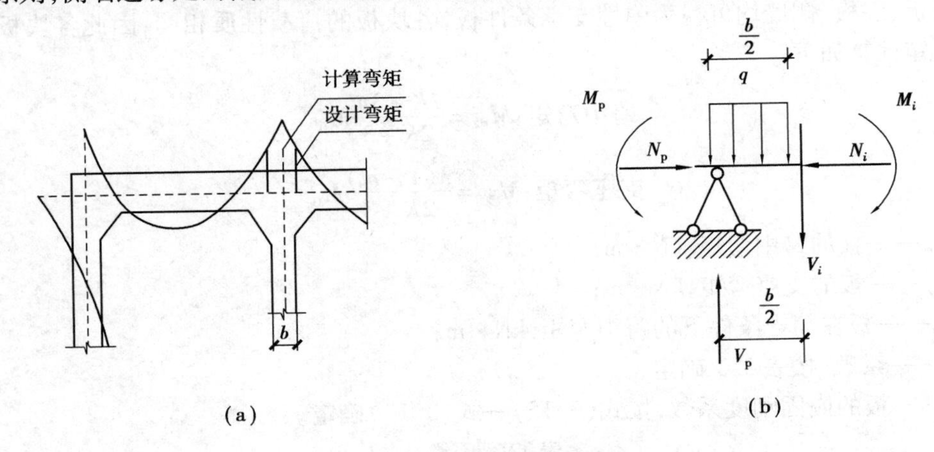

图3.10　设计弯矩计算示意图

对于如图3.10（b）所示的隔离体，依据平衡条件，设计弯矩计算如下：

$$M_i=M_p-V_p\times\frac{b}{2}+\frac{q}{2}\times\left(\frac{b}{2}\right)^2 \tag{3.18}$$

式中　M_i——设计弯矩，kN·m；

M_p——计算弯矩，kN·m；

V_p——计算剪力，kN；

b——支座宽度，m；

q——作用于杆件上的均布荷载，kN。

设计中为了简便起见，式（3.18）可近似计算如下：

$$M_i=M_p-V_p\times\frac{b}{2} \tag{3.19}$$

（2）设计剪力

由上述理论可知，设计剪力的不利截面处于支座边缘，如图3.11所示。根据隔离体平衡条件可知，可得设计剪力为：

$$V_i=V_p-\frac{q}{2}\times b \tag{3.20}$$

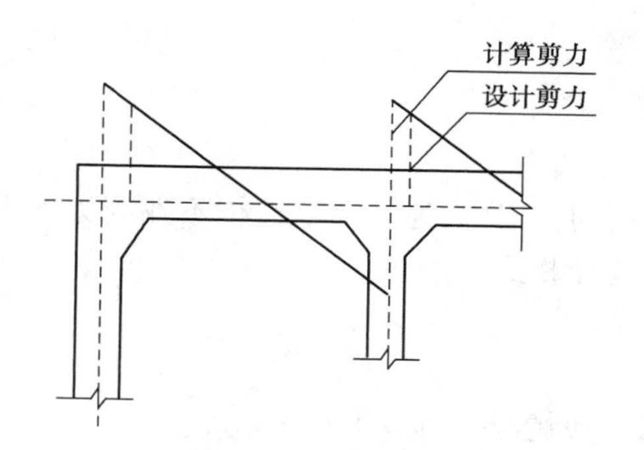

图 3.11 设计剪力计算示意图

(3)设计轴力

由静荷载引起的设计轴力：

$$N_i = N_p \tag{3.21}$$

式中 N_p——由静载引起的计算轴力,kN;

由特殊荷载引起的设计轴力：

$$N_i^t = N_p^t \times \xi \tag{3.22}$$

式中 N_p^t——由特殊荷载引起的计算轴力,kN;

ξ——折减系数,对于顶板取 0.3,对于底板和侧墙取 0.6。

故设计轴力为：

$$N_i' = N_i + N_i^t \tag{3.23}$$

注意：用位移法或力矩分配法求得计算内力值(弯矩、剪力、轴力),然后利用上述关系式由计算内力求设计内力,用设计内力进行承载力验算。

3.3.3 截面计算

地下结构的截面选择和承载力计算,一般以《混凝土结构设计规范(2015 年版)》(GB 50010—2010)为准,同时还应注意以下几点：

①地下矩形闭合框架结构的构件(顶板、底板、侧墙)均按偏心受压构件进行截面承载力验算。

②在特殊荷载与其他荷载共同作用下,按弯矩及轴力对构件进行强度验算时,要考虑材料在动载作用下的强度提高;而按剪力和扭力对构件进行强度验算时,则材料的强度不提高。

③在设有支托的框架结构中,进行构件截面验算时,杆件两端的截面计算高度采用 $h+s/3$。其中 h 为构件截面高度,s 为平行于构件轴线方向的支托长度。同时,$h+s/3$ 的值不得超过杆端截面高度 h_1,即 $h+s/3 \leqslant h_1$(图 3.12)。

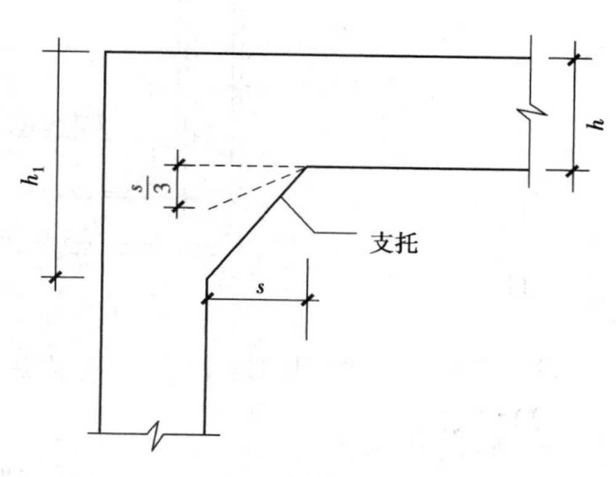

图 3.12 截面计算高度

④当沿车站纵向的覆土厚度、上部建筑物荷载、内部结构形式变化较大时,或地层有显著差异时,还应进行结构纵向受力分析。

3.3.4 抗浮验算

当地下工程位于水位较高的土层中，为了保证结构不致因为地下水的浮力而浮起，在设计完成后，尚需进行抗浮验算，其计算式为：

$$\frac{Q_{重}}{Q_{浮}} \geqslant K \tag{3.24}$$

式中 K——抗浮安全系数，一般情况下可取1.05；

$Q_{重}$——结构自重、设备重及上部覆土重之和，kN；

$Q_{浮}$——地下水的浮力，kN。

当箱体已经施工完毕，但未安装设备和回填土时，计算 $Q_{重}$ 时只应考虑结构自重。

3.3.5 构造要求

1）配筋形式

闭合框架的配筋形式如图3.13所示。它由横向受力钢筋和纵向分布钢筋组成，为便于施工，常常预先焊成钢筋网。为减少应力集中问题、改善闭合框架的受力条件，在闭合框架角部常设置支托，并配支托钢筋。当荷载较大时，需验算抗剪强度，并配置箍筋和弯起筋。

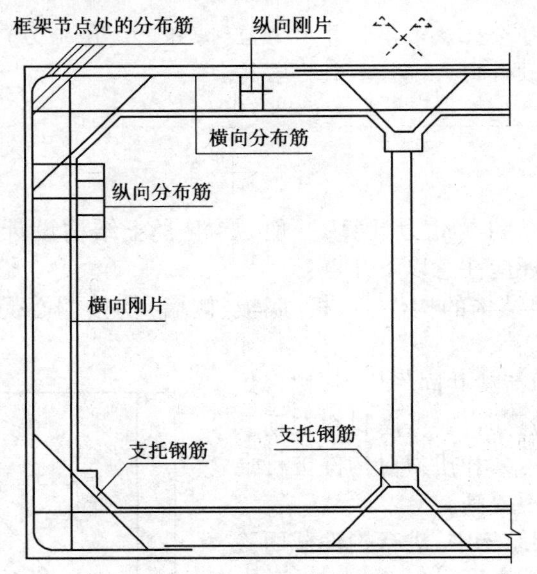

图3.13 闭合框架配筋形式

对于考虑动载作用的地下结构物，为提高构件的抗冲击动力性能，构件断面上宜配置双筋。

2）混凝土保护层

地下结构的特点是外侧与土、水相接触，内侧相对湿度较高。因此，受力钢筋的保护层最小厚度（从钢筋的外边缘算起）比地面结构增加5～10 mm，且应遵守表3.2的规定。例如，某越江工程的混凝土保护层厚度为40 mm，某地铁工程中周边构件的保护层厚度为50 mm。

表 3.2 混凝土保护层最小厚度

构件名称	钢筋直径/mm	保护层厚度/mm
墙板及环形结构	$d \leqslant 10$	15～20
	$12 \leqslant d \leqslant 14$	20～25
	$16 \leqslant d \leqslant 20$	25～30
梁柱	$d < 32$	30～35
	$d \geqslant 32$	$d+(5\sim10)$
基础	有垫层	40
	无垫层	70

3)横向受力钢筋

横向受力钢筋的配筋百分率不应小于表 3.3 中的规定。计算钢筋百分率时,混凝土的面积要按计算面积计算。

受弯构件及大偏心受压构件受拉主筋的配筋率,一般应不大于 1.2%,最大不得超过 1.5%。

配置受力钢筋要求细而密。为便于施工,同一结构中选用的钢筋直径和型号不宜过多。通常,受力钢筋直径 $d \leqslant 32$ mm,对于以受弯为主的构件 $d \geqslant 10 \sim 14$ mm,对于以受压为主的构件 $d \geqslant 12 \sim 16$ mm。

表 3.3 钢筋的最小配筋百分率

	受力类型	最小配筋百分率/%
受压构件	全部纵向钢筋	0.6
	一侧纵向钢筋	0.2
受弯构件、偏心受拉及轴心受拉构件一侧的受拉钢筋		0.2 和 $45f_t/f_y$ 中的较大值

注:①受压构件全部纵向钢筋最小配筋百分率,当混凝土强度等级为 C60 及以上时,应按表中规定增大 0.1。

②板类受弯构件(不包括悬臂板)的受拉钢筋,当采用强度等级 400 MPa、500 MPa 的钢筋时,其最小配筋百分率应允许采用 0.15 和 $45f_t/f_y$ 中的较大值(f_t 为混凝土轴心抗拉强度设计值,f_y 为钢筋受拉强度设计值)。

③偏心受拉构件中的受压钢筋,应按受压构件一侧纵向钢筋考虑。

④受压构件的全部纵向钢筋、一侧纵向钢筋的配筋率以及轴心受拉构件和小偏心受拉构件一侧受拉钢筋的配筋率均应按构件的全截面面积计算;受弯构件、大偏心受拉构件一侧受拉钢筋的配筋率应按全截面面积扣除受压翼缘面积 $(b_f'-b)h_f'$ 后的截面面积计算。

⑤当钢筋沿构件截面周边布置时,"一侧纵向钢筋"是指沿受力方向两个对边中的一边布置的纵向钢筋。

受力钢筋的间距应不大于 200 mm,不小于 70 mm,但有时由于施工需要,局部钢筋也可适当放宽。

4)分布钢筋

由于考虑混凝土的收缩、温差影响、不均匀的沉陷等因素的作用,必须配置一定数量的构造钢筋。

纵向分布钢筋的截面面积，一般应不小于受力钢筋截面积的 10%。同时，纵向分布钢筋的配筋率对顶、底板不宜小于 0.15%，对侧墙不宜小于 0.20%。

纵向分布钢筋应沿框架周边各构件的内、外两侧布置，其间距可采用 100 ~ 300 mm。框架角部，分布钢筋应适当加强（如加粗或加密），其直径不小于 12 ~ 14 mm。

5）箍筋

地下结构断面厚度较大，一般可不配置箍筋，如计算需要时，可参照表 3.4，按下述规定配置：

①框架结构的箍筋间距在绑扎骨架中不应大于 15d，在焊接骨架中不应大于 20d（d 为受压钢筋中的最小直径），同时不应大于 400 mm。

②在受力钢筋非焊接接头长度内，当搭接钢筋为受拉筋时，其箍筋间距不应大于 5d，当搭接钢筋为受压筋时，其箍筋间距不应大于 10d（d 为受力钢筋中的最小直径）。

③框架结构的箍筋一般采用⌴形直钩槽形箍筋，这种钢筋多用于顶、底板，其弯钩必须配置在断面受压一侧。L 形箍筋多用于侧墙。

表 3.4　箍筋的最大间距

单位：mm

项次	板和墙厚	$V>0.7f_tbh_0$	$V\leqslant 0.7f_tbh_0$
1	$150<h\leqslant 300$	150	200
2	$300<h\leqslant 500$	200	300
3	$500<h\leqslant 800$	250	350
4	$h>800$	300	400

注：V 为剪力设计值；f_t 为混凝土轴心抗拉强度设计值；b 为结构截面宽度；h_0 为截面有效高度。

6）刚性节点构造

框架转角处的节点构造应保证整体性，即应有足够的强度、刚度及抗裂性，除满足受力要求外，还要便于施工。

当框架转角处为直角时，应力集中较严重。为缓解应力集中现象，在节点可加斜托，斜托的坡度控制在 1∶3左右为宜。斜托的大小视框架跨度大小而定。

框架节点处钢筋布置（图 3.14）原则如下：

①沿节点内侧不可将水平构件中的受拉钢筋随意弯曲[图 3.14（a）]，而应沿斜托另配直线钢筋[图 3.14（b）]，或将此钢筋直接焊在侧墙的横向焊网上。

②沿着框架转角部分外侧的钢筋，其弯曲半径 R 必须为所用钢筋直径的 10 倍以上，即 $R\geqslant 10d$[图 3.14（b）]。

③为避免在转角部分的内侧发生拉力时，内侧钢筋与外侧钢筋无联系，使表面混凝土容易剥落，最好在角部配置足够数量的箍筋（图 3.15）。

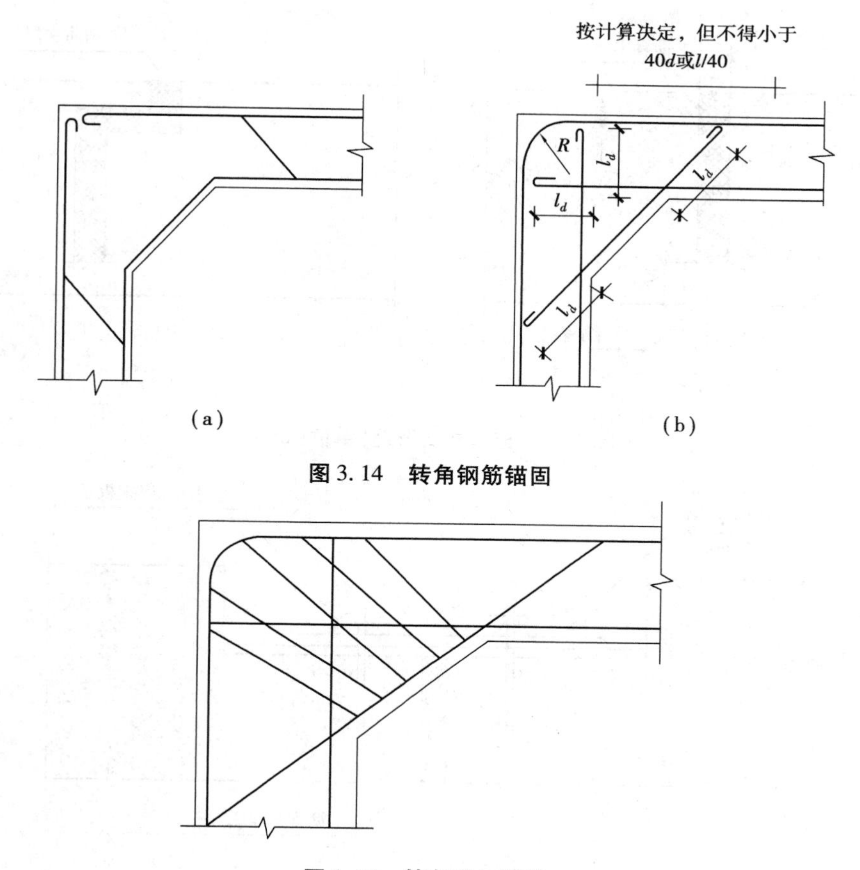

图 3.14　转角钢筋锚固

图 3.15　转角附加箍筋

7)变形缝的设置及构造

为防止结构由于不均匀沉降、温度变化和混凝土收缩等引起破坏,沿结构纵向,每隔一定距离需设置变形缝。变形缝的间距为 30 m 左右。

变形缝分为两种:一种是防止由于温度变化或混凝土收缩而引起结构破坏所设置的缝,称为伸缩缝;另一种是防止由于不同的结构类型(或结构相邻部分具有不同荷载),或不同地基承载力而引起结构不均匀沉陷所设置的缝,称为沉降缝。

变形缝为满足伸缩和沉降需要,缝宽一般为 20 ~ 30 mm,缝中填充富有弹性的材料。

变形缝的构造方式很多,主要分 3 类:嵌缝式、贴附式和埋入式。

(1)嵌缝式

图 3.16(a)表示嵌缝式变形缝,材料可用沥青砂板、沥青板等。为了防止板与结构物间有缝隙,在结构内部槽中填以沥青胶或环煤涂料(即环氧树脂和煤焦油涂料)等,以减少渗水可能,也可在结构外部贴一层防水层,如图 3.16(b)所示。

嵌缝式的优点是造价低、施工易,但它在有压水中防水效能不良,仅适于地下水较少地区,或用在防水要求不高的工程中。

(2)贴附式

图 3.17 表示贴附式变形缝,将厚度 6 ~ 8 mm 的橡胶平板用钢板条及螺栓固定结构上。

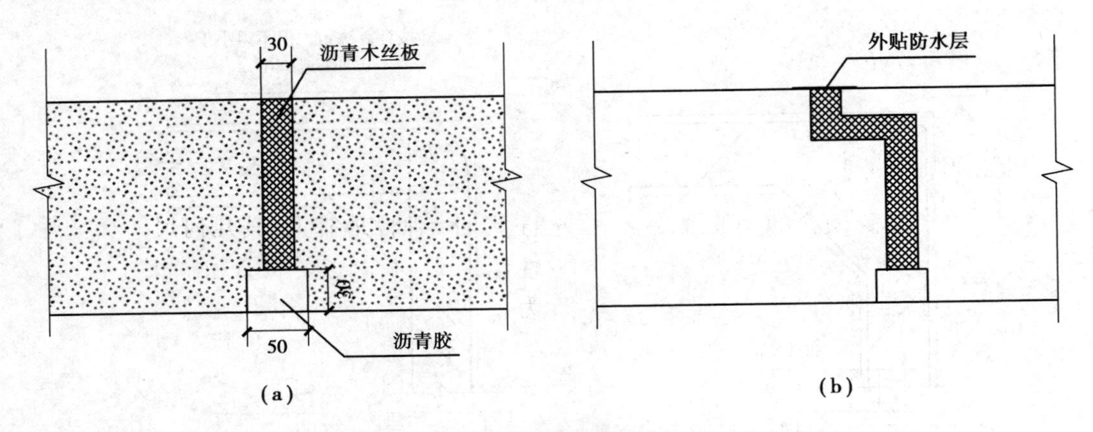

图 3.16 嵌缝式变形缝(单位:mm)

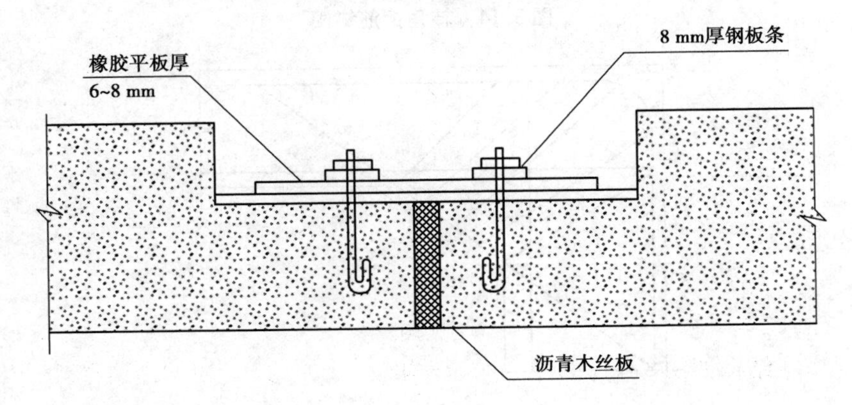

图 3.17 贴附式变形缝

这种方式也称为可卸式变形缝。其优点是橡胶平板年久老化后可以拆换,缺点是不易使橡胶平板和钢板密贴。这种构造可用于一般地下工程中。

(3)埋入式

图 3.18(a)表示埋入式变形缝。在浇灌混凝土时,把橡胶或塑料止水带埋入结构中。其优点是防水效果可靠,但橡胶老化问题需待改进,这种方法在大型工程中普遍采用。

在有水压,而且表面温度高于 50 ℃或受强氧化及油类等有机物质侵蚀的地方,可在中间埋设紫铜片,但造价高,其做法如图 3.18(b)所示。

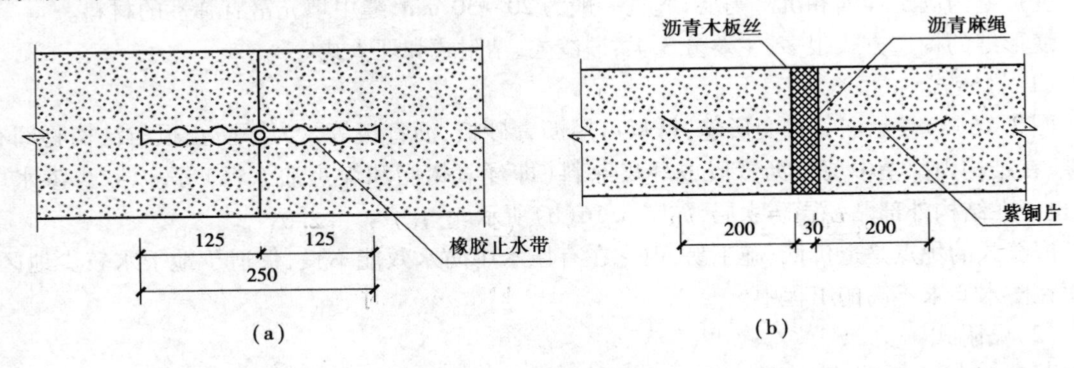

图 3.18 埋入式变形缝(单位:mm)

当防水要求很高，承受较大的水压力时，可采用上述 3 种方法的组合，称为混合式，此法防水效果好，但施工程序多，造价高。

3.4 设计实例

【例 3.1】 一单跨闭合的钢筋混凝土框架通道，置于弹性地基上，其几何尺寸如图 3.19(a)所示，横梁承受均布荷载 20 kN/m^2，材料的弹性模量 $E=1.4\times10^4$ MPa，泊松比 $\mu=0.167$，地基的形变模量 $E_0=50$ MPa，泊松比 $\mu_0=0.3$，设为平面变形问题，绘制框架的弯矩图。

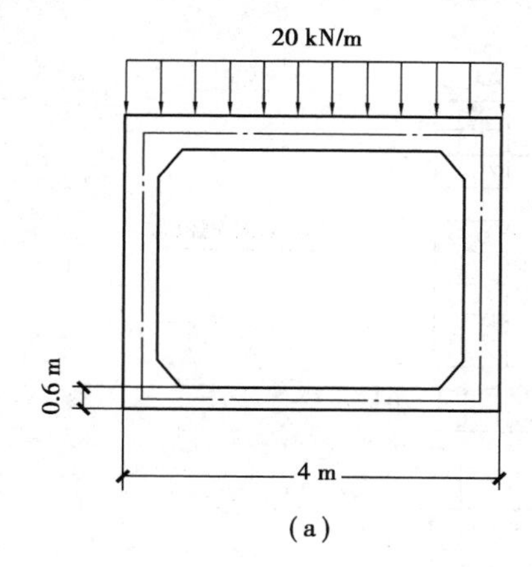

(a)

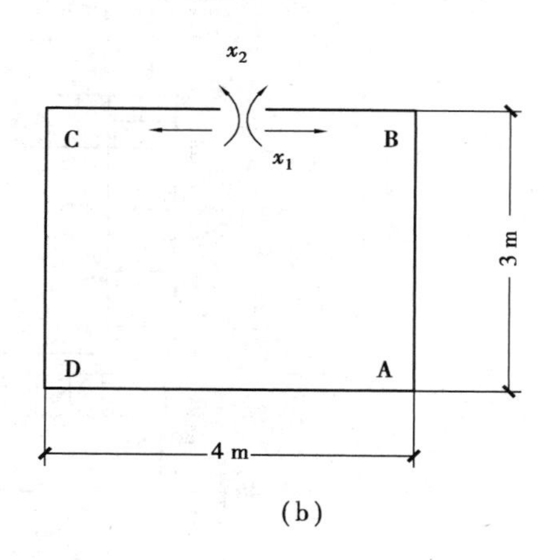

(b)

图 3.19 计算简图及基本结构

【解】 取基本结构如图 3.19(b)所示，因结构对称，故 $x_3=0$，可写出典型方程为：

$$\begin{cases} x_1\delta_{11}+x_2\delta_{12}+\Delta_{1P}=0 \\ x_1\delta_{21}+x_2\delta_{22}+\Delta_{2P}=0 \end{cases}$$

首先，求系数 δ_{ij} 与自由项 Δ_{iP}，因框架为等截面直杆，用图乘法求得(图 3.20)：

$$\delta'_{11}=2\times\frac{3^2\times2}{2EJ}=\frac{18}{EJ}$$

$$\delta'_{12}=\delta'_{21}=2\times\frac{3\times3\times1}{2EJ}=\frac{9}{EJ}$$

$$\delta'_{22}=2\times\frac{(3+2)\times1\times1}{2EJ}=\frac{10}{EJ}$$

$$\Delta'_{1P}=-2\times\frac{40\times3\times3}{2EJ}=-\frac{360}{EJ}$$

$$\Delta'_{2P}=2\left(-\frac{40}{3}\times2\times1-40\times3\times1\right)\frac{1}{EJ}=-293.33\,\frac{1}{EJ}$$

再求和 b_{ij} 和 b_{iq}。为此，需计算出弹性地基梁的柔度指标 t：

$$t\cong10\,\frac{E_0(1-v^2)}{E(1-v_0^2)}\left(\frac{l}{h}\right)^3=10\times\frac{50(1-0.167^2)}{1.4\times10^4(1-0.3^2)}\left(\frac{2.0}{0.6}\right)^3=1.00$$

在单位力 $x_1=1$ 作用下，A 点产生弯矩 $m_A=3$ kN · m(顺时针方向)。根据 m_A，按照弹性地基梁计算，在 $\alpha=1$，$\xi=1$ 产生的转角 θ_A 按下式计算：

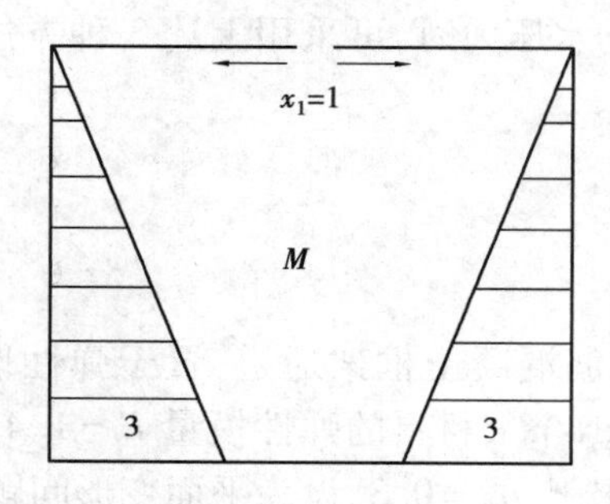

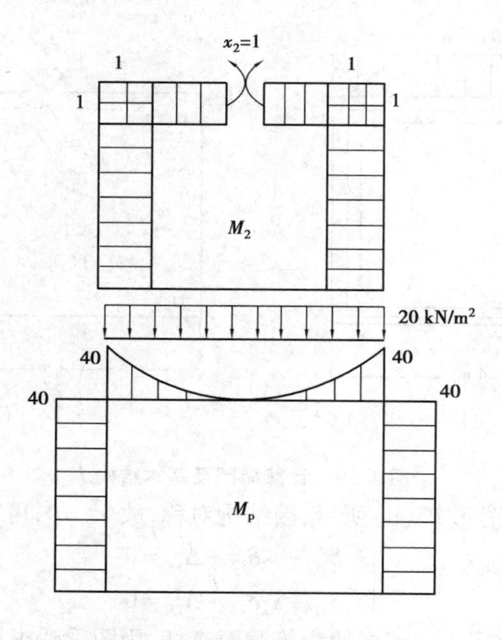

图 3.20 计算过程内力分析图

$$\theta_{A1} = \bar{\theta}_{Am}\frac{ml}{EJ}$$

式中 m——作用于梁上两个对称弯矩值；

$\bar{\theta}_{Am}$——两对称力矩作用下，弹性地基梁的角变计算系数，可查附表 1 求得。

附表1 两个对称力矩作用下弹性地基梁的角变计算系数

代入数字，则有：

$$\theta_{A1} = -0.952\frac{(-3)\times 2.0}{EJ} = \frac{5.712}{EJ} \quad （顺时针向转动）$$

在 $x_1 = 1$ 作用下，由于弹性地基梁的变形，框架切口处沿 x_1 方向产生的相对线位移为：

$$b_{11} = 2\times 3\times \theta_{A1} = \frac{34.272}{EJ}$$

同理，在 $x_1 = 1$ 作用下，框架切口处沿 x_2 方向产生的相对角位移为：

$$b_{21} = b_{12} = 2\times \theta_{A1} = (2\times 5.712)\frac{1}{EJ} = \frac{11.424}{EJ}$$

在 $x_2 = 1$ 作用下，框架切口处沿 x_2 方向的相对角位移为：

$$b_{22}=2\times\theta_{A2}=2\times\frac{1.904}{EJ}=3.81\frac{1}{EJ}$$

在外荷载作用下，弹性地基梁（底板）的变形使框架切口处沿 x_1 及 x_2 方向产生位移，计算时应分别考虑外荷载传给地基梁两端的力 R 及弯矩 M 的影响，计算由两个对称弯矩引起 A 点的角变方法同前，而计算两个对称反力 R 引起 A 点的角变值为：

$$\theta_{AR}=\bar{\theta}_{AR}\frac{Rl^2}{EJ}$$

式中 R——作用于梁上两个对称集中力值，向下为正；

$\bar{\theta}_{AR}$——两个对称集中力作用下，弹性地基梁的角变计算系数，可查附表 2 求得。

附表2 两个对称集中荷载作用下地基梁的角变计算系数

因为力 $R_A=\frac{ql}{2}=40\ \text{kN}$，A 点的弯矩 $m_A=40\ \text{kN}\cdot\text{m}$

所以

$$\theta_{AR}=0.252\frac{40\times2.0^2}{EJ}=\frac{40.4}{EJ}$$

$$\theta_{Am}=-0.952\frac{40\times2.0}{EJ}=-\frac{76.16}{EJ}$$

由外荷载 q 引起弹性地基梁的变形，致使沿 x_1 及 x_2 方向产生的相对位移为：

$$b_{1q}=2(\theta_{AR}+\theta_{Am})\times3=6\times\left(\frac{40.4}{EJ}-\frac{76.16}{EJ}\right)=-\frac{214.56}{EJ}$$

$$b_{2q}=\frac{b_{1q}}{h}=\frac{-214.56}{3EJ}=-71.52\frac{1}{EJ}$$

将以上求出的相应数值叠加，得系数及自由项为：

$$\delta_{11}=\delta'_{11}+b_{11}=\frac{18}{EJ}+34.272\frac{1}{EJ}=52.272\frac{1}{EJ}$$

$$\delta_{21}=\delta'_{21}+b_{12}=\frac{9}{EJ}+11.424\frac{1}{EJ}=20.424\frac{1}{EJ}$$

$$\delta_{22}=\delta'_{22}+b_{22}=\frac{10}{EJ}+3.81\frac{1}{EJ}=13.81\frac{1}{EJ}$$

$$\Delta_{1P}=\Delta'_{1q}+b_{1q}=-\frac{360}{EJ}-214.56\frac{1}{EJ}=-574.56\frac{1}{EJ}$$

$$\Delta_{2P}=\Delta'_{2q}+b_{2q}=-293.34\frac{1}{EJ}-71.52\frac{1}{EJ}=-364.86\frac{1}{EJ}$$

代入典型方程为：

$$\begin{cases}52.272x_1+20.424x_2-574.56=0\\20.424x_1+13.810x_2-364.86=0\end{cases}$$

解得

$$x_1=1.58\ \text{kN},x_2=24.08\ \text{kN}\cdot\text{m}$$

已知 x_1 和 x_2，即可求出上部框架的弯矩图。底板的弯矩可根据 A 点及 D 点的力 R 和弯矩 m，按弹性地基梁法算出，如图 3.21 所示。

对弹性地基框架的内力分析，还可以采用超静定的上部刚架与底板作为基本结构。将上部刚架与底板分开计算，再按照切口处反力相等[图 3.22(b)]或变形协调[图 3.22(c)]，用位移法或力法解出切口处的未知位移或未知力，然后计算上部刚架和底板的内力。采用这种基本结构进行分析的优点:可以利用已有的刚架计算公式,或预先计算出有关的常数使计算得到简化。

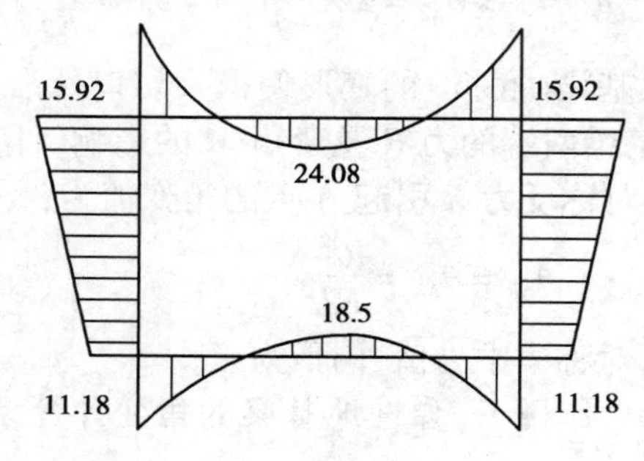

图 3.21 弯矩 M 图(单位:kN·m)

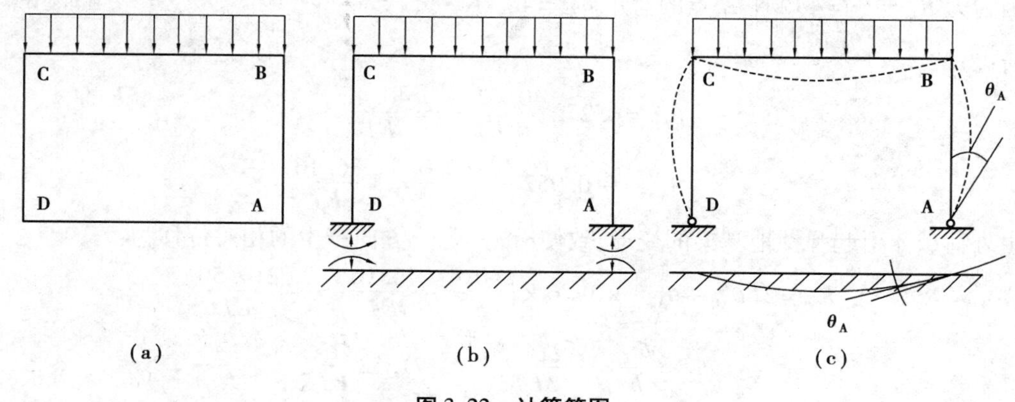

图 3.22 计算简图

本章小结

(1)浅埋式地下结构是指其覆盖层厚度较薄,不满足压力拱成拱条件($H<2.0\sim2.5h_1$,其中 h_1 为压力拱高度)或软土地层中覆盖层厚度小于结构尺寸的地下结构。其结构形式主要分为圆形结构、拱形结构、矩形闭合结构、梁板式结构、壳体结构或折板结构。

(2)矩形闭合结构设计要点包括计算简图、内力计算、截面计算、抗浮验算等。

(3)矩形闭合结构构造要求主要涉及配筋形式、混凝土保护层、受力与构造钢筋、箍筋、刚性节点构造和变形缝的设置及构造。

思考题

3.1 何谓浅埋式地下结构？其主要结构形式有哪些？

3.2 直墙拱结构有何特点？常用建筑材料有哪些？各自适用性如何？

3.3 矩形闭合结构有何特点？有哪些具体形式？可用于哪些地下结构？

3.4 地下结构的设计计算包括哪些方面的内容？分别阐述其设计要点。

3.5 矩形闭合结构有哪些主要构造要求？

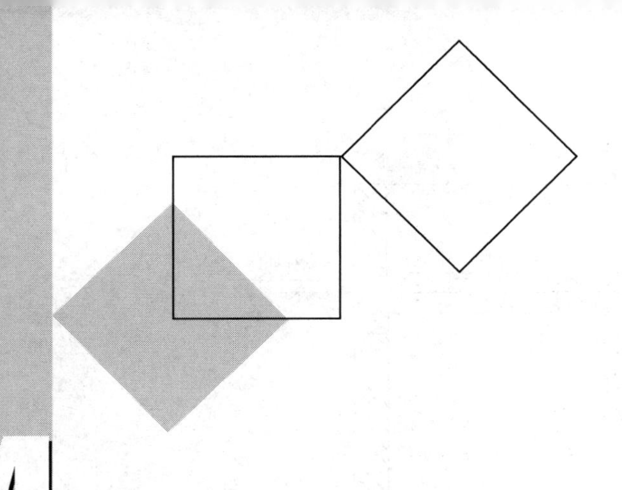

4 附建式地下结构设计

本章导读：

- **内容**　附建式地下结构的概念、特点及结构形式；附建式地下结构的设计要点与构造要求、口部结构设计要求。
- **基本要求**　了解附建式地下结构的概念、特点；熟悉附建式地下结构的形式和口部结构；掌握附建式地下结构的设计要点和构造要求。
- **重点**　附建式地下结构形式、附建式地下结构的设计要点和构造要求。
- **难点**　附建式地下结构的设计要点。

4.1 概　述

附建式地下结构是指根据一定的防护要求修建于较坚固的建筑物下面的地下室，又称防空地下室或附建式人防工事，如图 4.1 所示。此外，在已建成的掘开式工事上方修建地面建筑物或在已有的地面建筑内构筑掘开式工事所形成的地下结构，也可称为附建式地下结构。如今，在工程实践中大量的附建式地下建筑是与上部地面建筑同时设计、施工的地下室，一般采用“平战结合”方式，平时既可作为地下停车场、商场、设备间等，也可结合战时防空要求进行人防预留。

在第二次世界大战以后，各国对修建防空地下室都很重视。在国外，有的国家规定新建住宅和公共建筑物按人口定额修建地下室，由国家统一设计、建造，按时完成；有的国家给予经费补贴，鼓励私人建造住宅下的防空地下室。在我国，防空地下室是人防工程建设的重点。国家人防部门规定：新建 10 层以上（含 10 层）或者基础埋置深度 3 m 以上（含 3 m）的民用建筑，以

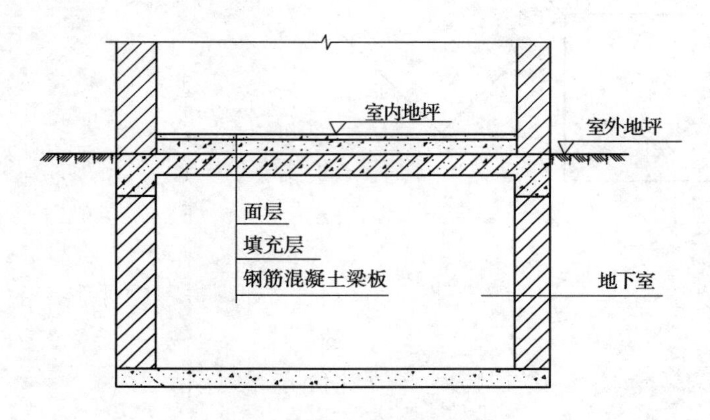

图 4.1　附建式地下结构

及人民防空重点城市的居民住宅楼(包括整体拆迁的居民住宅楼),按照地面首层建筑面积修建规定抗力等级的防空地下室;地面总建筑面积在 2 000 m^2 以上的,按照地面建筑面积的确定比例修建规定抗力等级的防空地下室;开发区、工业园区、保税区和重要经济目标区除上面规定以外的其他民用建筑,按照一次性规划地面总建筑面积的确定比例修建规定抗力等级的防空地下室。

附建式地下结构容易做到“平战结合”,它是城市人防工程建设中较有发展前途的一种类型,而且便于提供恒湿、恒温、安静等条件,在未来现代化城市建设中也将会充分发挥它的作用。因此,遇到下列的情况,应优先考虑修建附建式地下结构:

①低洼地带需进行大量填土的建筑。

②需要做深基础的建筑。

③新建的高层建筑。

④人口密集、空地缺少的平原地区建筑。

4.2　附建式地下结构的特点

附建式地下结构是整个建筑物的一部分,也是防护结构的一种形式。它既不同于一般地下室结构,也不同于单建式地下结构,具有以下特点:

(1)与单建式工事相比具有的优越性

①节省建设用地和投资。

②便于平战结合,人员和设备容易在战时迅速转入地下。

③增强上层建筑的抗地震能力,在地震时附建式地下结构可作为避震室。

④上层建筑对战时核爆炸冲击波、光辐射、早期核辐射以及炮(炸)弹有一定的防护作用。

⑤附建式地下结构的造价比单建式防空地下室要低。

⑥结合基本建设同时施工,便于施工管理,同时也便于使用过程中的维护。

但是,附建式地下建筑在战时上层建筑遭到破坏时容易造成出入口的堵塞、引起火灾等。火灾是核爆炸的一个必然后果,在第二次世界大战期间,大型火灾是房屋破坏和人员伤亡的一个主要原因。因此,在附建式地下室设计中,必须使顶板上的覆土层厚度满足防火和抗爆的要求。

(2)与一般地下室结构及单建式地下室结构的区别

①与一般地下室不同。防空地下室是人防工事的一种类型,是供人员或物质对大规模杀伤性武器进行防护用的,属于一种防护工程。

②与单建式地下结构不同。附建式地下结构的上部建筑必须起战时防护的作用。为达到这个要求,上部地面建筑(无论多层还是单层地面建筑)均需在外墙材料、开孔比例及屋盖结构方面满足一定要求。

a. 上部为多层建筑,底层外墙为砖石砌体或不低于一般砖石砌体强度的其他墙体,并且任何一面外墙开设的门窗孔面积不大于该墙面面积的一半。

b. 上部为单层建筑,外墙使用的材料和开孔比例,应符合上述要求,而且屋盖为钢筋混凝土结构。

满足以上两个条件的按附建式地下结构设计,否则应按单建式地下结构设计。

(3)附建式地下结构设计的特点

①地上地下综合考虑,使地上与地下部分的建筑材料、平面布置、结构形式、施工方法等尽量取得一致。

②附建式地下结构的侧墙与上部地面建筑的承重外墙相重合,要尽量不做或少做局部地下室,要修全地下室。

③根据核爆炸、化学生物武器的杀伤作用与影响因素,确定对附建式地下结构的要求。

④对附建式地下结构中的钢筋混凝土结构,允许结构出现一定的塑性变形,可按弹塑性阶段设计。

⑤附建式地下结构以平时设计荷载和战时设计荷载两者中的控制状况作为设计的依据。在验算时仅验算结构的强度,不单独进行结构变形和地基变形的验算(对于大跨度地下室采用条形基础或者单独基础的情况应另做考虑)。在控制延性比的条件下,不再进行结构构件裂缝开展的计算,但对要求高的平战结合工程可另做处理。

⑥附建式地下结构的设计要做到“平战结合”、一物多用。地下室在平面布置、空间处理及结构方案设计等方面,应根据战时的防护要求与平时的利用情况来确定。另外在平面布置、采暖通风、防潮防湿等方面,要恰当地处理战时防护要求与平时利用的矛盾。

实践证明,防空地下室比较容易做到平战结合。在国外,从经济的观点出发,有些国家很重视一个工程在功能上的结合。因此,地下室在平面布置、空间处理及结构方案等方面都是根据战时的防护要求与平时的利用情况确定。在我国,“平战结合”是地下工程建设的基本原则之一,认真贯彻防空地下室一物多用的原则,不仅能充分发挥基建投资的效益,而且还可以保障工事在战时使用的可靠性。根据各地的经验:战时做人员掩蔽部、地下医院、生产车间、仓库、食堂、通信室的防空地下室,平时均可用作学习室、办公室、通信室、医院、车间、仓库、食堂、商店、旅店、住宅等,效果都比较好。例如,将上层是住宅、办公楼、旅店的地下室用作食堂,对就餐人员十分方便;而有的做法是将车间下面的地下室用作学习室、仓库;将办公楼地下室用作仓库、会议室;教学楼地下室作试验室、活动室;住宅地下室作自行车库、服务网点;甚至有创造条件住人的。通信室、医院、车间、仓库等平时与战时的功能就是一致的,平时加以利用可以使其内部设备能充分发挥作用,而且经常的使用、维护也能保证这些设备在战时立即使用。

为了贯彻“平战结合”的原则,要根据本地区的城市建设规划、人防建设规划和本工程的具体情况,会同有关部门进行分析、研究,制订出平时使用的方案,在平面布置、采暖通风、防潮除湿、采光照明等方面采取相应的措施,恰当地处理战时防护要求与平时利用的矛盾,在不过多增加工程造价的情况下,尽量为平时利用创造必要的条件。例如,一方面为了平时利用,可以在外墙上开设通风采光洞,另一方面为了战时防护又要限制开洞的面积,并且采取加强、密闭等措施;一方面为了平时利用,允许防空地下室顶板底面高出室外地面,另一方面为了保证防护要求,又限制高出的高度,并且在临战前要进行覆土,如图 4. 2 所示;一方面为了平时利用而要求没有内墙的大房间,可以采用板柱结构,另一方面为了承受战时较大的荷载,要对柱距加以限制。此外,某些内墙可在平时暂不砌筑而在临战前再行补砌等。

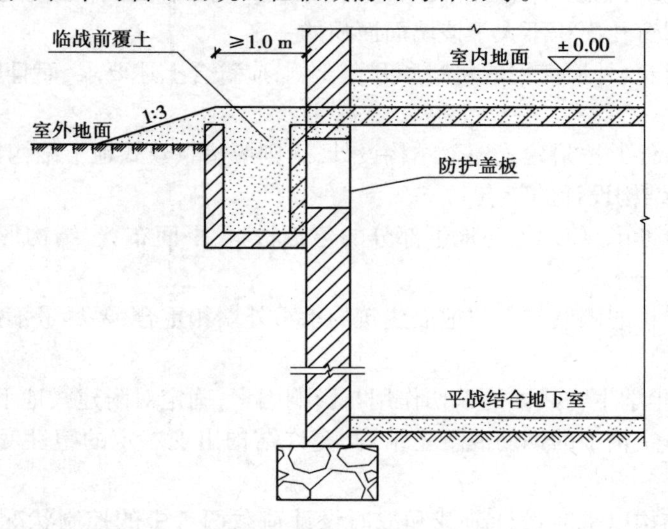

图 4. 2　附建式地下结构(临战前覆土)

4. 3　附建式地下结构的形式

附建式地下结构选形应根据战时防护能力的要求、战时与平时使用的要求、上部地面建筑的类型、工程地质及水文地质条件、建筑材料的供应情况和施工条件等因素综合分析确定。

在国外,由于各国的设计要求与技术条件不同,附建式地下结构的形式较多。目前在我国,附建式地下结构所选用的结构形式主要有以下几种:

(1)梁板式结构

梁板式结构是指附建式地下结构由钢筋混凝土梁和板组成的结构类型。该结构形式的主要特点是经济实用、施工方便、技术成熟,因此在大量性防空工事的混合结构体系中较为多见,即梁板式顶盖和楼板由内外墙或柱支承,如图 4. 3 所示。当地下水位较低时,可以采用砖砌体内外墙,而地下水位较高时为钢筋混凝土外墙。当房间的开间较小时,钢筋混凝土顶板直接支承在四周承重墙上,即为无梁体系;当战时与平时使用上要求设置大房间,承重墙的间距较大时,为了不使顶板跨度过大则可能要设钢筋混凝土梁,梁可在一个方向上设置,也可在两个方向上设置。梁的跨度也不宜过大,否则可能要在梁下设柱。钢筋混凝土梁板结构可用现浇法施工,这样整体性好,但需要模板,施工进度慢。已建工程以现浇钢筋混凝土顶板居多,但也有预制-现浇组合形式的顶板。

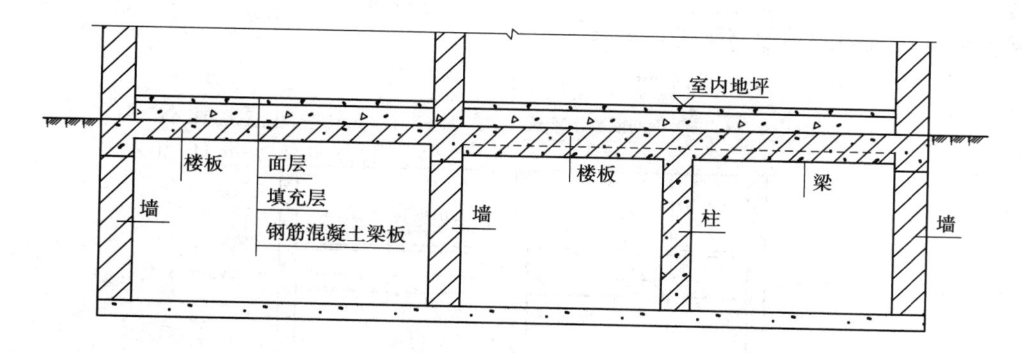

图 4.3　梁板式结构

(2)板柱结构

板柱结构是由现浇钢筋混凝土柱和板组成的结构形式,如图 4.4 所示。板柱结构的主要形式为无梁楼盖体系,该体系有带柱帽和不带柱帽两种。板柱结构的特点是无内承重墙,跨度大、净空高、空间可灵活分隔或开敞,有利于通风和采光,并可减少建筑高度,能较好地满足车库、储库、商场、餐厅等平时的使用要求。当地下水位较低时,其外墙可用砖砌或预制构件;当地下水位较高时,采用整体混凝土或钢筋混凝土。在这种情况下,如地质条件较好,可在柱下设单独基础;如地质条件较差,可设筏式基础。为使顶板受力合理,柱距一般不宜过大。

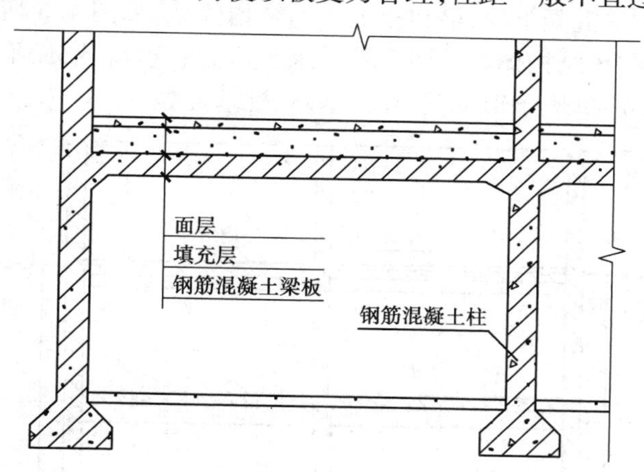

图 4.4　板柱结构

(3)箱形结构

箱形结构是指由现浇钢筋混凝土墙和板组成的结构(图 4.5),其特点为整体性好、强度高、防水防潮效果好、防护能力强,但造价较高。箱形结构一般适用于以下几种情况:

①工事的防护等级较高,结构需要考虑某种常规武器直接命中引起的效应。

②土质条件差,在地面上部是高层建筑物(框架结构或剪力墙结构),需要设置箱形基础。

③地下水位高,地下室处于饱和状态的土层中,结构要有较高的防水要求。

④根据平时使用的要求,需要密封的房间(如冷藏库)。

⑤采用诸如沉井法、地下连续墙法等特殊的施工方法等。

箱形结构多为钢筋混凝土空间结构,为了计算方便,一般采用简化的近似方法:有的把箱形整体结构分解为纵向框架、横向框架和水平框架,然后按平面框架计算;也有的把箱形结构拆开为顶板、底板、墙板,分别计算。对于多层建筑下面的防空地下室箱形结构,目前有的设计单位把它视为整个建筑物的箱形基础进行设计。

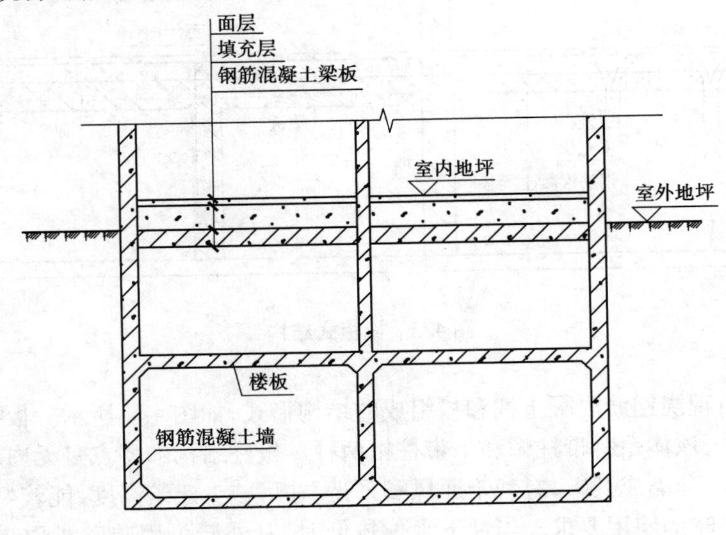

图 4.5　箱形结构

(4)框架结构

框架结构是指由钢筋混凝土柱、梁和板组成的结构体系,如图 4.6 所示。框架结构常用于地面建筑为框架的情况,该结构体系外墙只承受水土压力和动荷载,而不承受建筑的自重和活荷载,其基础形式有独立基础、条形基础、片筏基础、桩基础等。

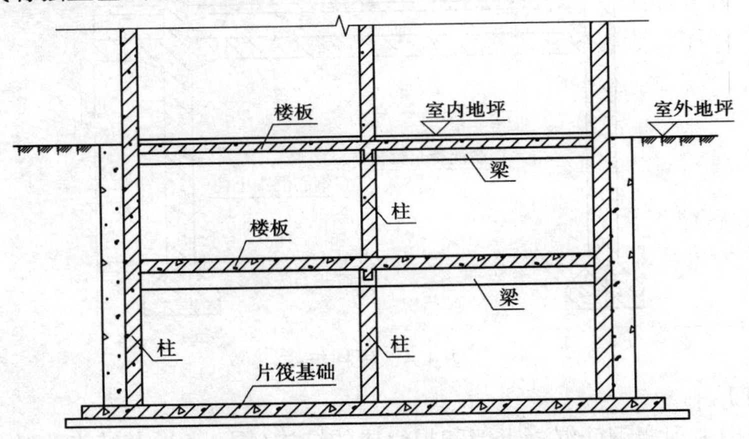

图 4.6　框架结构

(5)拱壳结构

拱壳结构是指地下结构的顶板为拱形或折板形结构,其具体形式有双曲扁壳或筒壳、单跨或多跨折板结构等,如图 4.7 所示。拱壳结构的特点是受力较好,内部空间较高,节省钢材,但是地下室埋深要加大,室内观感较差,施工相对复杂。拱壳结构适用于地面建筑物是单层大跨度(车间、商场、会堂、食堂等),且下面的附建式地下结构为平战两用的情况。

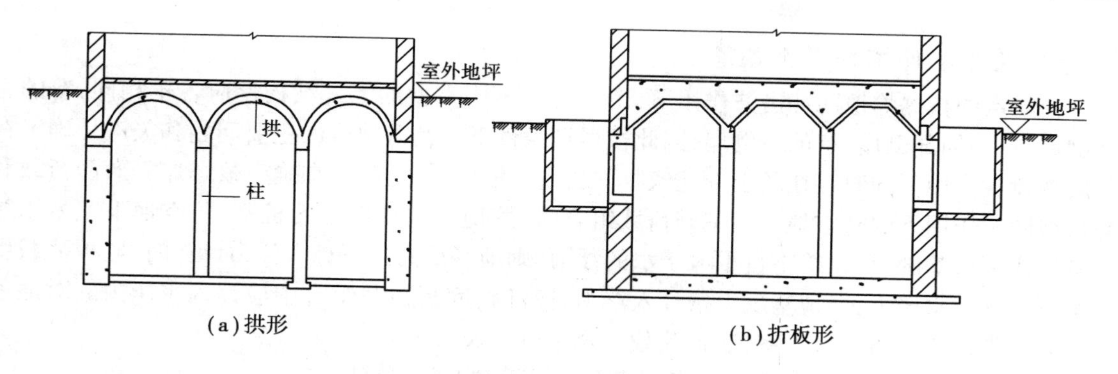

(a)拱形　　(b)折板形

图4.7　拱壳结构

4.4　附建式地下结构的设计要点

4.4.1　荷载组合

具有战时防空功能的附建式地下结构，一般既要有抗御常规武器的作用，又要有抗御核武器的作用，因此结构所承受的荷载包括静荷载(结构自重、土压力、水压力等)、常规武器爆炸动荷载的等效静荷载(把动荷载转化为静荷载)和核爆炸压缩波动荷载的等效静荷载。结构在承受动荷载情况下有两种荷载组合：

①常规武器爆炸动荷载的等效静荷载与静荷载的组合。

②核爆炸压缩波动荷载的等效静荷载与静荷载的组合。

甲类防空地下室结构应按照上述两种荷载组合，乙类防空地下室结构应按照第①种荷载组合，并应取各自的最不利的荷载效应组合进行设计。

1)防常规武器条件下的荷载组合

常规武器爆炸条件下一般不必考虑上部建筑物倒塌，荷载组合可按表4.1确定。

表4.1　常规武器条件下防空地下室荷载组合

结构部位	荷载组合
顶　板	顶板常规武器爆炸等效静荷载；顶板静荷载(包括土层、战时不拆迁的固定设备、顶板自重及其他静荷载)。
外　墙	顶板传来的常规武器地面爆炸等效静荷载、静荷载；上部建筑物自重、外墙自重；常规武器地面爆炸产生的水平等效静荷载，土压力、水压力。
内承重墙(柱)	顶板传来的常规武器地面爆炸等效静荷载、静荷载；上部建筑物自重、内承重墙(柱)自重。

注：上部建筑物自重是指防空地下室、上部建筑物的墙体(柱)和楼板传来的静荷载，即墙体(柱)、屋盖、楼盖自重及战时不拆迁的固定设备自重等。

2)防核爆炸条件下的荷载组合

在给定的核爆炸地面冲击波作用下,由于各种不同类型的上部结构反应各不相同,有的全部倒塌,有的局部倒塌,有的不倒塌,因此核爆炸条件下的荷载组合的主要问题和关键是确定在核爆炸荷载作用下同时存在的上部建筑物的自重(表4.2)。其中,在确定核爆炸等效静荷载和静荷载同时作用下的防空地下室基础荷载组合时,若地下水位以下无桩基,防空地下室采用箱形基础或筏形基础,且建筑物自重大于水的浮力,则地基反力按不计入浮力计算时,底板荷载组合中可不计入水压力;当地基反力按计入浮力计算时,底板荷载组合中应计入水压力。对地下水位以下带桩基的防空地下室,底板荷载组合中应计入水压力。

表4.2　核爆炸条件下防空地下室荷载组合

结构部位	防核武器抗力等级	荷载组合
顶　板	6B,6,5,4B,4	顶板核爆炸等效静荷载;顶板静荷载(包括覆土、战时不拆迁的固定设备、顶板自重及其他静荷载)。
外　墙	6B,6	顶板传来的核爆炸等效静荷载、静荷载;上部建筑自重;外墙自重;核爆炸动荷载产生的水平等效静荷载、土压力、水压力。
	5	当上部建筑物外墙为钢筋混凝土承重墙时,上部建筑物自重取全部标准值;其他结构形式,上部建筑物自重取标准值的一半;其他同6B、6级。
	4B,4	当上部建筑物外墙为钢筋混凝土承重墙时,上部建筑物自重取全部标准值;其他结构形式,不计上部建筑物自重;其他同6B、6级。
内承重墙(柱)	6B,6	顶板传来的核爆炸等效静荷载、静荷载;上部建筑物自重;内承重墙(柱)自重。
	5	当上部建筑物为砌体结构时,上部建筑物自重取标准值的一半;其他结构形式,上部建筑物自重取全部标准值;其他同6B、6级。
	4B	当上部建筑物外墙为钢筋混凝土承重墙时,上部建筑物自重取全部标准值;当上部建筑物为砌体结构时,不计上部建筑物自重;其他结构形式,上部建筑物自重取标准值的一半;其他同6B、6级。
	4	当上部建筑物外墙为钢筋混凝土承重墙时,上部建筑物自重取全部标准值;其他结构形式,不计上部建筑物自重;其他同6B、6级。
基础	6B,6	底板核爆炸等效静荷载(条、柱桩基为墙柱传来的核爆炸等效静荷载);上部建筑物自重;顶板传来的静荷载;地下室墙体(柱)自重。
	5	当上部建筑物为砌体结构时,上部建筑物自重取标准值的一半;其他结构形式,上部建筑物自重取全部标准值;其他同6B、6级。
	4B	当上部建筑物外墙为钢筋混凝土承重墙时,上部建筑物自重取全部标准值;当上部建筑物为砌体结构时,不计上部建筑物自重;其他结构形式,上部建筑物自重取标准值的一半;其他同6B、6级。
	4	当上部建筑物外墙为钢筋混凝土承重墙时,上部建筑物自重取全部标准值;其他结构形式,不计上部建筑物自重;其他同6B、6级。

注:按抗力等级,分为1、2、3、4、5、6等6个等级,工程可直接称为某级人防工程。其中,一级是防护等级要求最高的,六级是最低的,同级带B的低于不带B的,即1 > 2 > 2B > …

4.4.2　等效静荷载计算

用等效静载法进行结构动力计算时，宜将结构体系拆成顶板、外墙、底板等构件，分别按等效单自由度体系进行动力分析。

在常规武器爆炸动荷载或核武器爆炸动荷载作用下，结构构件的工作状态均可用结构构件的允许延性比[β]表示。对于砌体结构构件，允许延性比[β]值取1.0；对于钢筋混凝土结构构件，允许延性比[β]可按表4.3取值。

表4.3　钢筋混凝土结构构件的允许延性比[β]值

结构构件使用要求	动荷载类型	受力状态			
		受弯	大偏心受压	小偏心受压	轴心受压
密闭、防水要求高	核武器爆炸动荷载	1.0	1.0	1.0	1.0
	常规武器爆炸动荷载	2.0	1.5	1.2	1.0
密闭、防水要求一般	核武器爆炸动荷载	3.0	2.0	1.5	1.2
	常规武器爆炸动荷载	4.0	3.0	1.5	1.2

在常规武器爆炸动荷载作用下，顶板、外墙的局部等效静荷载标准值，可按下列公式计算确定：

$$q_{ce1} = k_{dc1} p_{c1} \tag{4.1}$$

$$q_{ce2} = k_{dc2} p_{c2} \tag{4.2}$$

式中　q_{ce1}、q_{ce2}——作用在顶板、外墙的均布等效静荷载标准值，kN/m^2；

p_{c1}、p_{c2}——作用在顶板、外墙的均布动荷载最大压力，kN/m^2；

k_{dc1}、k_{dc2}——顶板、外墙的动力系数。

在核武器爆炸动荷载作用下，顶板、外墙、底板的均布等效静荷载标准值可分别按下列公式计算确定：

$$q_{e1} = k_{d1} p_{c1} \tag{4.3}$$

$$q_{e2} = k_{d2} p_{c2} \tag{4.4}$$

$$q_{e3} = k_{d3} p_{c3} \tag{4.5}$$

式中　q_{e1}、q_{e2}、q_{e3}——作用在顶板、外墙及底板上的均布等效静荷载标准值，kN/m^2；

p_{c1}、p_{c2}、p_{c3}——作用在顶板、外墙及底板上的均布动荷载最大压力，kN/m^2；

k_{d1}、k_{d2}、k_{d3}——顶板、外墙及底板的动力系数。

结构构件的动力系数k_d，应按下列规定确定。

①当常规武器爆炸动荷载的波形简化为无升压时间的三角形时，根据结构构件自振圆频率ω、动荷载等效作用时间t_0及允许延性比[β]，按下列公式计算确定：

$$k_d = \frac{2}{\omega t_0}\sqrt{2[\beta]-1} + \frac{2[\beta]-1}{2[\beta]\left(1+\dfrac{4}{\omega t_0}\right)} \tag{4.6}$$

②当常规武器爆炸动荷载的波形简化为有升压时间的三角形时，根据结构构件自振圆频率

ω、动荷载升压时间 t_r、动荷载等效作用时间 t_0 及允许延性比$[\beta]$，按下列公式计算确定：

$$k_d = \bar{\xi}\,\overline{k_d} \tag{4.7}$$

$$\bar{\xi} = \frac{1}{2} + \frac{\sqrt{[\beta]}}{\omega t_r}\sin\left(\frac{\omega t_r}{2\sqrt{[\beta]}}\right) \tag{4.8}$$

式中 $\bar{\xi}$——动荷载升压时间对结构动力响应的影响系数；

$\overline{k_d}$——无升压时间的三角形动荷载作用下结构构件的动力系数，应按式(4.8)计算确定，此时式中的 t_0 改用 t_d。

③当核武器爆炸动荷载的波形简化为无升压时间的三角形时，根据结构构件的允许延性比$[\beta]$，按下列公式计算确定：

$$k_d = \frac{2[\beta]}{2[\beta]-1} \tag{4.9}$$

④当核武器爆炸动荷载的波形简化为有升压时间的平台形时，根据结构构件自振圆频率 ω、升压时间 t_{0h}、允许延性比$[\beta]$，按表4.4确定。

表4.4　动力系数 k_d

ωt_{0h}	允许延性比$[\beta]$				
	1.0	1.2	1.5	2.0	3.0
0	2.00	1.71	1.50	1.34	1.20
1	1.96	1.68	1.47	1.31	1.19
2	1.84	1.58	1.40	1.26	1.15
3	1.67	1.44	1.28	1.18	1.10
4	1.50	1.30	1.18	1.11	1.06
5	1.40	1.22	1.13	1.07	1.05
6	1.33	1.17	1.09	1.05	1.05
7	1.29	1.14	1.07	1.05	1.05
8	1.25	1.11	1.06	1.05	1.05
9	1.22	1.09	1.05	1.05	1.05
10	1.20	1.08	1.05	1.05	1.05
15	1.13	1.05	1.05	1.05	1.05
20	1.10	1.05	1.05	1.05	1.05

按等效静荷载法进行结构动力分析时，宜取与动荷载分布规律相似的静荷载作用下产生的挠曲线作为基本振型，确定自振频率时，可不考虑土的附加质量的影响。

在核武器爆炸动荷载作用下，结构底板的动力系数 k_{d3} 可取1.0，扩散室与防空地下室内部房间相邻的临空墙动力系数可取1.30。

常规武器地面爆炸动荷载及核武器爆炸动荷载作用下的各部位的等效静荷载标准值，除按上述公式进行计算外，当条件符合时，也可按规范中提供的表格直接选用。下面以核武器爆炸动荷载作用下常用结构等效静荷载为例，说明其表格的选用。

1）顶板等效静荷载标准值

当顶板为钢筋混凝土结构，且按允许延性比[β]等于3计算时，顶板上的等效静荷载标准值q_{e1}可按表4.5采用。

表4.5 顶板等效静荷载标准值q_{e1} 单位：kN/m²

顶板覆土厚度 h(m)	顶板区格最大短边净跨 l_0(m)	抗力等级				
		6B	6	5	4B	4
$h \leqslant 0.5$	$3.0 \leqslant l_0 \leqslant 9.0$	(35) 40	(55) 60	(100) 120	240	360
$0.5 < h \leqslant 1.0$	$3.0 \leqslant l_0 \leqslant 4.5$	(40) 45	(65) 70	(120) 140	310	460
	$4.5 < l_0 \leqslant 6.0$	(40) 45	(60) 70	(115) 135	285	425
	$6.0 < l_0 \leqslant 7.5$	(40) 45	(60) 65	(110) 130	275	410
	$7.5 < l_0 \leqslant 9.0$	(40) 45	(60) 65	(110) 130	265	400
$1.0 < h \leqslant 1.5$	$3.0 \leqslant l_0 \leqslant 4.5$	(45) 50	(70) 75	(135) 145	320	480
	$4.5 < l_0 \leqslant 6.0$	(40) 45	(65) 70	(120) 135	300	450
	$6.0 < l_0 \leqslant 7.5$	(35) 40	(60) 70	(115) 135	290	430
	$7.5 < l_0 \leqslant 9.0$	(35) 40	(60) 70	(115) 130	280	415

注：表内带括号项为考虑上部建筑物影响的顶板等效静荷载标准值。

2）外墙等效静荷载标准值

防空地下室土中外墙的等效静载荷标准值q_{e2}，当不考虑上部建筑物对外墙影响时，可按表4.6和表4.7采用；当按规范计入上部建筑物影响时，土中外墙的等效静荷载标准值q_{e2}应按表4.6和表4.7中的数值乘以系数λ采用。抗力等级为6级时，$\lambda=1.1$；5级时，$\lambda=1.2$；4B级时，$\lambda=1.25$。

表4.6 非饱和土中外墙等效静荷载标准值q_{e2} 单位：kN/m²

土的类别		防核武器抗力等级							
		6B		6		5		4B	4
		砌体	钢筋混凝土	砌体	钢筋混凝土	砌体	钢筋混凝土	钢筋混凝土	
碎石土		10~15	5~10	15~25	10~15	30~50	20~35	40~65	55~90
砂土	粗砂、中砂	10~20	10~15	25~35	15~25	50~70	35~45	65~90	90~125
	细砂、粉砂	10~15	10~15	25~30	15~20	40~60	30~40	55~75	80~110
粉土		10~20	10~15	30~40	20~25	55~65	35~50	70~90	100~130
黏性土	坚硬、硬塑	10~15	5~15	20~35	10~25	30~60	25~45	40~85	60~125
	可塑	15~25	15~25	35~55	25~40	60~100	45~75	85~145	125~215
	软塑	25~35	25~30	55~60	40~45	100~105	75~85	145~165	215~240

续表

土的类别	防核武器抗力等级							
	6B		6		5		4B	4
	砌体	钢筋混凝土	砌体	钢筋混凝土	砌体	钢筋混凝土	钢筋混凝土	
老黏性土	10 ~ 25	10 ~ 15	20 ~ 40	15 ~ 25	40 ~ 80	25 ~ 50	50 ~ 100	65 ~ 125
红黏土	20 ~ 30	10 ~ 20	30 ~ 45	15 ~ 30	45 ~ 90	35 ~ 50	60 ~ 100	90 ~ 140
湿陷性黄土	10 ~ 15	10 ~ 15	15 ~ 30	10 ~ 25	30 ~ 65	25 ~ 45	40 ~ 85	60 ~ 120
淤泥质土	30 ~ 35	25 ~ 30	50 ~ 55	40 ~ 45	90 ~ 100	70 ~ 80	140 ~ 160	210 ~ 240

注:①表内砖砌体数值按防空地下室净高≤3 m,开间≤5.4 m;钢筋混凝土墙数值按防空地下室净高≤5 m 计算确定。

②砖砌体按弹性工作阶段计算,钢筋混凝土墙按弹塑性工作阶段计算,[β]取 2.0。

③对碎石土及砂土,密实、颗粒粗的取小值;对黏性土,液性指数低的取小值。

表 4.7　非饱和土中钢筋混凝土外墙等效静荷载标准值 q_{e2}　　单位:kN/m²

土的类别	防核武器抗力等级				
	6B	6	5	4B	4
碎石土、砂土	30 ~ 35	45 ~ 55	80 ~ 105	185 ~ 240	280 ~ 360
粉土、黏性土、老黏性土、红黏土淤泥质土	30 ~ 35	45 ~ 60	80 ~ 115	185 ~ 265	280 ~ 400

注:①表中数值系按外墙计算高度≤4 m,允许延性比[β]取 2.0 确定。

②含气量 a_1 ≤0.1% 时取大值。

高出室外地面的 6 级防空地下室,当按弹塑性工作阶段设计直接承受空气冲击波单向作用的钢筋混凝土外墙时,其等效静荷载标准值 q_{e2} 取 130 kN/m²。

3)无桩基的防空地下室钢筋混凝土底板等效静荷载标准值

无桩基的防空地下室钢筋混凝土底板等效静荷载标准值 q_{e2} 可按表 4.8 采用。

表 4.8　顶板等效静荷载标准值 q_{e3}　　单位:kN/m²

顶板覆土厚度 h(m)	顶板区格最大短边净跨 l_0(m)	防核武器抗力等级									
		6B		6		5		4B		4	
		地下水位以上	地下水位以下	地下水位以上	地下水位以下	地下水位以上	地下水位以下	地下水位以上	地下水位以下	地下水位以上	地下水位以下
h≤0.5	3.0≤l_0≤9.0	30	20 ~ 35	40	40 ~ 50	75	75 ~ 95	140	160 ~ 200	360	240 ~ 300
0.5 < h ≤1.0	3.0≤l_0≤4.5	30	35 ~ 40	50	50 ~ 60	90	95 ~ 115	190	215 ~ 270	460	320 ~ 400
	4.5 < l_0≤6.0	30	30 ~ 35	45	45 ~ 55	85	85 ~ 110	170	195 ~ 245	425	290 ~ 365
	6.0 < l_0≤7.5	30	30 ~ 35	45	45 ~ 55	85	85 ~ 105	160	185 ~ 230	410	280 ~ 350
	7.5 < l_0≤9.0	30	30 ~ 35	45	45 ~ 55	80	80 ~ 100	155	180 ~ 225	400	265 ~ 335

续表

顶板覆土厚度 h(m)	顶板区格最大短边净跨 l_0(m)	防核武器抗力等级									
		6B		6		5		4B		4	
		地下水位以上	地下水位以下	地下水位以上	地下水位以下	地下水位以上	地下水位以下	地下水位以上	地下水位以下	地下水位以上	地下水位以下
$1.0<h\leqslant1.5$	$3.0\leqslant l_0\leqslant4.5$	35	35~45	55	55~70	105	105~130	205	235~295	480	350~440
	$4.5<l_0\leqslant6.0$	30	30~40	50	50~60	90	90~115	190	215~270	450	320~400
	$6.0<l_0\leqslant7.5$	30	30~35	45	45~60	90	90~110	175	200~250	430	300~375
	$7.5<l_0\leqslant9.0$	30	30~35	45	45~55	85	85~105	165	190~240	415	285~355

注:①表内6级防空地下室底板的等效静荷载标准值对考虑或不考虑上部建筑物影响适用。

②表内5级防空地下室底板的等效静荷载标准值按考虑上部建筑物影响计算,对不考虑上部建筑物影响计算时,可按表中数值除以0.95后采用。

③位于地下水位以下的底板,含气量 $a_1\leqslant0.1\%$ 时取大值。

4.4.3 内力分析与截面设计

1)内力分析

核爆荷载一般按同时作用于结构各部位考虑,因此结构一般不产生侧移。尽管核爆荷载产生的等效静荷载是按部位分别确定的,但在内力分析中既可按结构整体计算图形来计算内力,也可将结构拆成单个构件来分析内力。例如,对简单规整的结构形式(如竖井、通道等),可作为平面应变问题按整体计算简图确定内力;对比较复杂的附建式地下结构主体,往往分成顶板、外墙、底板、内墙、柱等构件按各自所受荷载值和不同的动力特征分别计算内力,此时各构件的边界条件按接近实际支承情况进行处理。

对砌体构件(如砌体外墙),由于它是脆性材料,所以在内力分析中只能采用弹性分析方法;对超静定钢筋混凝土结构构件,其内力分析可采用塑性内力重分布方法。众所周知,当按弹塑性工作阶段确定等效荷载时,按塑性内力重分布计算内力可获得最佳经济效果,且能与截面设计时考虑材料塑性性能相协调。附建式地下结构的一般构件(如钢筋混凝土顶板、外墙、临空墙等)都可以这样考虑。对主梁,一般采用弹性方法分析内力,当配筋率较低时,也可采用塑性内力重分布方法计算内力。

2)截面设计

防护结构设计的现行设计规范也是采用以概率论为基础的极限状态设计方法,结构可靠度用可靠指标度量,采用以分项系数表达的设计式进行设计。

附建式地下结构或构件的承载力设计,其极限状态设计表达式为:

$$\gamma_0(\gamma_G S_{Gk}+\gamma_Q S_{Qk})\leqslant R \tag{4.10}$$

$$R=R(f_{cd},f_{sd},\alpha_k) \tag{4.11}$$

$$f_d=\gamma_d f \tag{4.12}$$

式中 γ_0——结构重要性系数,取 1.0;

γ_G——永久荷载分项系数,当其效应对结构不利时取 1.2,有利时取 1.0;

S_{Gk}——永久荷载效应标准值;

γ_Q——等效静荷载分项系数,取 1.0;

S_{Qk}——等效静荷载效应标准值,可按由抗力等级选取的爆炸动荷载进行计算确定;

R—— 结构构件承载力设计值;

f_{cd}——动荷载作用下混凝土轴心抗压强度设计值;

f_{sd}——动荷载作用下钢筋抗拉强度设计值;

α_k——几何参数标准值;

f_d——动荷载作用下材料强度设计值,N/mm^2;

f——静荷载作用下材料强度设计值,N/mm^2;

γ_Q——动荷载作用下的材料强度综合调整系数,可按表 4.9 确定。

表 4.9 材料强度综合调整系数 γ_d

材料种类		综合调整系数 γ_d
热轧钢筋(钢材)	HPB235 级(Q235 钢)	1.50
	HRB335 级(Q345 钢)	1.35
	HRB400 级(Q390 钢)	1.20(1.25)
	HRB400 级(Q420 钢)	1.20
混凝土	C55 及以下	1.50
	C60 ~ C80	1.40
砌块	料石	1.20
	混凝土砌块	1.30
	普通黏土块	1.20

注:①表中同一种材料或砌体的强度综合调整系数,可适用于受拉、受压、受剪和受扭等不同受力状态。

②对于采用蒸汽养护或掺入早强剂的混凝土,其强度综合调整系数应乘以 0.90 的折减系数。

4.5 附建式地下结构的构造要求

为了适应现代战争中防核武器、化学武器、生物武器的要求,附建式地下结构设计不仅要根据强度和稳定性的要求确定其断面尺寸与配筋方案,对结构进行防光辐射和早期核辐射的验算,对其延性比加以限制不使结构的变形过大,同时要保证整体工事具有足够的密闭性和整体性。此外,根据它处于土层介质中的工作条件,有如下构造要求:

1)建筑材料强度等级

建筑材料强度等级,应不低于表4.10的值。

表4.10　材料强度等级

材料种类	钢筋混凝土		混凝土	砖	砂浆		料石
	独立柱	其他			砌筑	装配填缝	
强度等级	C30	C20	C15	MU10	M5	M10	MU30

注:①防空地下室结构不得采用硅酸盐砖和硅酸盐砌块。

②严寒地区,很潮湿的土应采用MU15砖,饱和土应采用MU20砖。

2)结构防水

附建式地下结构防水至关重要,直接关系到安全性、适用性和耐久性,故应遵循“防、排、截、堵”相结合的原则。通常防水构造宜选用“自防水+附加防水层”的双层做法,其中地下结构混凝土是最重要的一道防线,其最低抗渗标准不应小于0.6 MPa。具体的设计抗渗等级可根据工程的埋置深度按表4.11选用。附加防水层是外贴在结构表面并做好保护层,其做法有防水砂浆、卷材沥青、涂料防水等,位置宜设在迎水面或复合衬砌之间。

表4.11　防水混凝土抗渗等级

工程埋置深度/m	设计抗渗等级
<10	P6
10~20	P8
20~30	P10
30~40	P12

3)结构构件最小厚度

结构构件的最小厚度应不低于表4.12的值。

表4.12　结构构件的最小厚度

结构形式	构件类别	材料			
		钢筋混凝土/mm	混凝土/mm	砖砌体/mm	料石砌体/mm
梁板、壳体结构	平板、壳	200			
	承重外墙	200	200	490	300
	承重内墙	200	200	370	300
	非承重隔墙			240	300

续表

结构形式	构件类别	材料			
		钢筋混凝土/mm	混凝土/mm	砖砌体/mm	料石砌体/mm
拱形结构	拱	200	200	370	300
	承重外墙	200	200	490	300
	承重内墙	200	200	370	

注:①表中结构最小厚度,未考虑防早期核辐射要求。

②次要出入口通道结构的承重外墙,可用370 mm砖墙。

4)保护层最小厚度

附建式地下结构受力钢筋的混凝土保护层最小厚度,应比地面结构增加一些,因为地下结构的外侧与土壤接触,外侧的相对湿度较高。混凝土保护层的最小厚度(从钢筋的外边缘算起),可按表4.13的规定取值。

表4.13 保护层最小厚度

结构类型	部位	
	内层/mm	外层/mm
现浇	20	20
预制	15	30

注:①表中所谓的外层,是指与土壤接触的一侧。

②处在侵蚀性介质中的结构,其混凝土保护层应适当增加。

5)变形缝的设置

①在地震区设有局部地下室的建筑物应设置沉降缝,把有地下室与不设地下室的建筑物断开,以免两者相互干扰。

②在防空地下室的一个防护单元内,不允许设置沉降缝、伸缩缝等,以满足防护要求(特别是有密闭性要求的)。

③上部地面建筑需设置伸缩缝、抗震缝时,防空地下室可不设置。地下室若设置沉降缝和伸缩缝,应与上部地面建筑设缝位置相同。

④在地下室室外出入口与主体结构的连接处应设置沉降缝,以防止产生不均匀沉降时断裂。

⑤钢筋混凝土结构设置伸缩缝最大间距以及沉降缝、收缩缝和防震缝的宽度等,应按现行的有关标准执行。

6)圈梁的设置

为了保证结构的整体性,对于混合结构来说,可按以下两种情况设置圈梁:

①当防空地下室的顶盖采用叠合板、装配整体式平板或拱形结构时,应沿着内墙与外墙的

顶部设置圈梁一道。圈梁的高度不小于 180 mm，宽度与墙的厚度相同，在圈梁内上下各配 3 根直径为 12 mm 的钢筋，箍筋直径不小于 6 mm，间距不大于 300 mm；圈梁应设置在同一个水平面上，并且要相互连通，不得断开；如圈梁兼作过梁时，应对这一部分圈梁另行验算。

②当防空地下室顶盖采用现浇钢筋混凝土结构时，除沿外墙顶部的同一水平面上按上述要求设置圈梁外，还可在内隔墙上间隔设置圈梁，但是其间距不宜大于 12 m。

7）构件相接处的锚固

①钢筋混凝土顶板与内、外墙的相接处应设置锚固钢筋，一般钢筋直径为 8 mm，间距为 200 mm，伸入圈梁内的锚固长度不应小于 240 mm，伸入砖墙内的锚固长度不应小于 450 mm。图 4.8(a)为现浇钢筋混凝土顶板与砖外墙上圈梁的锚固；图 4.8(b)为叠合板与砖外墙上圈梁的锚固。图 4.9(a)为顶板与砖内墙的锚固；图 4.9(b)为顶板与砖内墙上的圈梁的锚固。

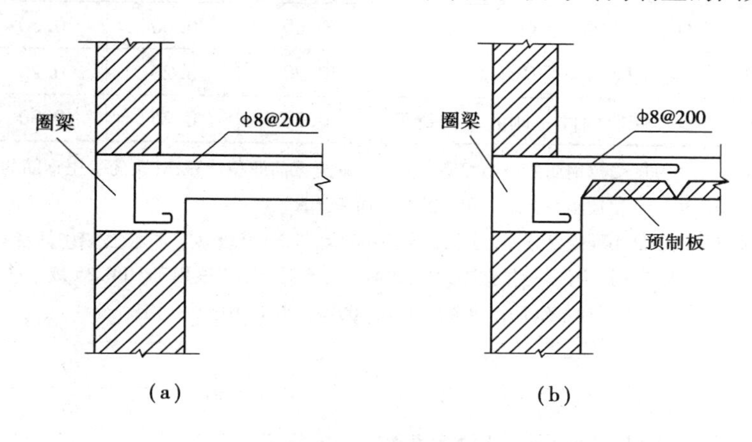

图 4.8　顶板与砖外墙上圈梁的锚固

②砖墙转角处及内外墙的交接处，除应同时咬槎砌筑外，还应沿墙高设置拉结筋，拉结筋每边伸入墙身 1 m 以上。当墙厚为 490 mm 时，其数量可取每 10 皮砖设置 4 根直径为 6 mm 的钢筋。

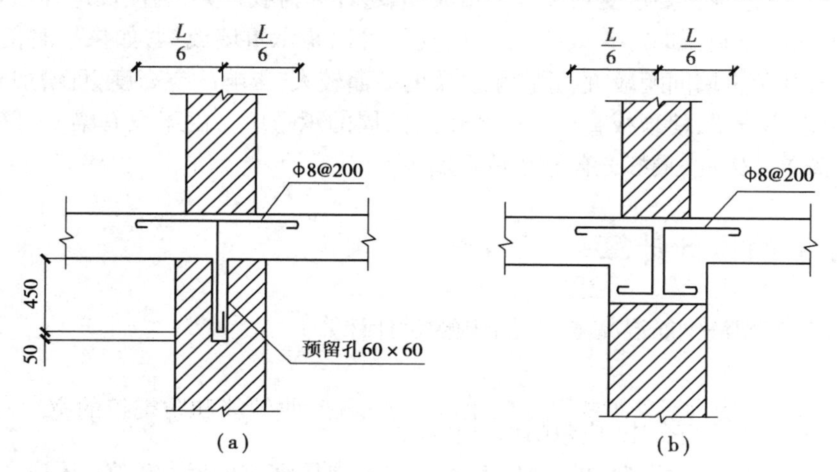

图 4.9　顶板与砖内墙上圈梁的锚固

8）其他构造要求

①对双向配筋的钢筋混凝土顶板、底板或墙板，均应设置呈梅花形排列的联系筋或拉结筋，

拉结筋的长度应能拉住最外层受力钢筋。当拉结钢筋兼作受力箍筋时,其直径及间距应符合箍筋的计算和构造要求。

②连续梁及框架在距支座边缘1.5倍梁的截面高度范围内,箍筋配筋率应不低于0.15%,箍筋间距不宜大于$h/4$,且不宜大于主筋直径的5倍。对受拉钢筋搭接处,宜采用封闭箍筋,箍筋间距不应大于主筋直径的5倍,且不应大于100 mm。

③承受核爆炸动荷载的钢筋混凝土结构构件,纵向受力钢筋的配筋率最小值应符合表4.14的规定。

表4.14 钢筋混凝土结构构件纵向受力钢筋的最小配筋率 单位:%

分类	混凝土强度等级			
	C20	C25 ~ C35	C40 ~ C55	C60 ~ C80
轴心受压构件的全部受压钢筋	0.60	0.60	0.60	0.70
偏心受压及偏心受拉构件的受压钢筋	0.20	0.20	0.20	0.20
受弯构件、偏心受压及偏心受拉构件一侧的受拉钢筋	0.20	0.25	0.30	0.35

注:①受压钢筋和偏心受压构件的受拉钢筋的最小配筋率按构件的全截面面积计算,其余的受压钢筋的最小配筋率按全截面面积扣除位于受压边或受拉较小边翼缘面积后的截面面积计算。

②受压构件的全部纵向钢筋最小配筋百分率,当采用HRB400级、RRB400级钢筋时,应按表中规定减小0.1。

③受弯构件、偏心受压及偏心受拉构件一侧的受拉钢筋的最小配筋百分率不适用于HPB235级钢筋;当采用HPB235级钢筋时,应符合《混凝土结构设计规范(2015年版)》(GB 50010—2010)中有关规定。

4.6 梁板式结构的设计计算

主要用作人员掩蔽工事的防空地下室,其顶盖常采用整体式钢筋混凝土梁板结构或无梁结构。由于防空地下室顶盖要承受核爆炸冲击波动载,计算荷载很大,为使设计合理和用料少,应对顶板的跨度加以限制(如2 ~4 m)。顶板的支承可以是承重墙或梁,如果平时使用要求大开间房间的结构,其承重墙间距较大,要设梁。梁的断面较大,影响净空高度,且增加施工难度;开间小的房间可以不设梁,使顶板直接将荷载传给四周的承重墙。由于没有梁,不仅减少了建筑高度,施工也简单。因此,最好充分利用承重墙。

4.6.1 顶板的设计计算

下面主要讲述现浇钢筋混凝土顶板结构的设计计算。

1)荷载

在顶板的战时荷载组合中,应包括以下几项:

①核爆炸冲击波超压所产生的动载,其不仅与土中压缩波的参数有关,还应考虑上部地面建筑的影响。对等级不高的大量性防空地下室来说,当上部地面建筑满足条件:上部地面建筑为多层建筑时,底层外墙为砖石砌体或不低于一般砖石砌体强度的其他墙体,且任何一面外墙开设的门窗孔面积不大于该墙面面积的一半,上部地面建筑为单层建筑时,外墙使用的材料和

开孔比例同多层建筑，且屋盖为钢筋混凝土结构，可考虑上部地面建筑对冲击波有一定的削弱作用。当防空地下室防护等级稍高，或上部地面建筑不符合上述条件时，则不考虑上部地面建筑的作用。在设计中常将冲击波动载变为相应的等效静载，对于居住建筑、办公楼和医院等类型地面建筑物下面的防空地下室顶板，需根据有关规定选用。例如，按地面超压 ΔP 和覆土层厚度 h，得出等效静载 q_{j1}。

②顶板以上的静荷载，包括设备夹层、房屋底层地坪和覆土层重以及战时不迁动的固定设备等。考虑到战时人已转移，该组合中不包括人重；又由于倒塌的上层建筑碎块被冲击波吹到顶板以外组合中也不考虑这种碎块重量。

③顶板自重，根据初步选定的断面尺寸及采用的材料估算。

2)计算简图

在计算顶板的内力之前，应将实际构造的板和梁简化为结构计算的图示，即计算简图。在计算简图中应表示出荷载的形式、位置和数量；板的跨数、各跨的跨度尺寸，板的支承条件等。在选择计算简图时，应力求计算简便，而又与实际结构受力情况尽可能符合。

作用在顶板上的荷载，一般取为垂直均布荷载。

整体式梁板结构，可分为单向板梁板结构和双向板梁板结构。当板的长边 l_2 与短边 l_1 之比大于2(即 $l_2/l_1>2$)时，板在受荷后主要沿一个方向弯曲，即沿板的短边 l_1 方向产生弯矩而沿长边 l_2 方向的弯矩很小，可略而不计，即为单向板梁板结构；当 $l_2/l_1\leqslant 2$ 时，板在两个方向均产生弯矩，即为双向板梁板结构。对于小开间的房向，顶板直接支承在承重墙上的，一般属于双向板的情况。

属于多列双向板情况的顶板可简化为单跨双向板或单向连续板进行近似计算：

(1)第一种简化——单跨双向板

各跨受均布荷载的顶板，当各跨跨度相等或相近时，中间支座的截面基本不发生转动。因此，可近似地认为每块板都固定在中间支座上，而边支座是简支的。这就可以把顶板分为每一块单独的单跨双向板计算。但实际的支承是弹性固定的，因此，其计算结果有时与实际受力情况有较大的出入。

(2)第二种简化——单向连续板

首先根据比值 l_2/l_1 将作用在每块双向板上的荷载近似地分配到 l_1 与 l_2 两个方向上，而后再按互相垂直的两个单向连续板计算。其支座条件，对支承在任何支座上的钢筋混凝土整浇顶板(或次梁)，一般均按不动铰考虑。各路跨度相差不超出20%时，可近似地按等跨连续板计算。此时，在计算支座弯矩时，取相邻两跨的最大跨度计算，在计算跨中弯矩时，则取所在该跨的计算跨度。

3)内力计算

(1)单向连续板

凡连续板两个方向的跨度 $l_2/l_1>2$，及双向板的荷载已经分配而简化为单向连续板的情况，均可按下述方法计算内力。

连续板的计算有按弹性理论和按塑性理论两种方法。当防水要求较高时，整浇钢筋混凝土顶板应按弹性法计算；当防水要求不高时，可按塑性法计算。按弹性法计算连续板，对于等跨情况可直接按《建筑结构静力计算手册》计算；对于不等跨情况可用弯矩分配法或其他方法。按

塑性法计算连续板,分等跨与不等跨两种情况介绍如下:

当属于等跨情况(两跨相差小于20%),已有简化公式如下:

弯矩:
$$M=\beta q l^2 \tag{4.13}$$

剪力:
$$Q=\alpha q l \tag{4.14}$$

式中 β——弯矩系数,按表4.15采用;

α——剪力系数,按表4.16采用;

q——作用于单向板上的均布荷载;

l——连续板计算跨度,取净跨。

表4.15 弯矩系数取值

截面	边跨中	第一内支座	中跨中	中间支座
β值	+1/11	−1/14	+1/15	−1/16

表4.16 剪力系数取值

截面	边支座	第一内支座左边	第一内支座右边	中间支座边
α值	0.42	0.58	0.50	0.50

当属于不等跨情况时,先按弹性法求出内力图,再将各支座负弯矩减少30%,并相应地增加跨中正弯矩,使每跨调整后两端支座弯矩的平均值与跨中弯矩绝对值之和不小于相应的简支梁跨中弯矩。如前者小于后者时,应将支座弯矩的调整值减少(例如从30%减到25%或20%),使不因支座负弯矩过小而造成跨中最大正弯矩的过分增加。最后,再根据调整后的支座弯矩计算剪力值。前面等跨计算公式中的内力系数,就是根据这原则给出的。

(2)多列双向板

多列双向板的计算也分弹性法和塑性法两种。按弹性法计算时,可简化为单跨双向板或将荷载分配后再按两个互相垂直的单向连续板计算;按塑性法计算时(图4.10),任何一块双向板的弯矩可表示为:

$$2\overline{M}_1+2\overline{M}_2+\overline{M}_x+\overline{M}'_x+\overline{M}_z+\overline{M}'_z=\frac{q l_1^2}{12}(3l_2-l_1) \tag{4.15}$$

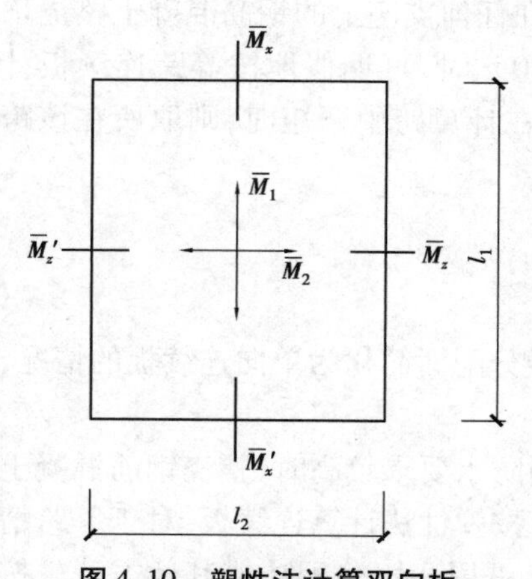

图4.10 塑性法计算双向板

式中 $\overline{M}_1$——平行l_1方向板的跨中弯矩;

$\overline{M}_2$——平行l_2方向板的跨中弯矩;

$\overline{M}_x$、$\overline{M}'_x$——平行l_1方向板的支座弯矩;

$\overline{M}_z$、$\overline{M}'_z$——平行l_2方向板的支座弯矩;

q——作用在该板上的均布荷载;

l_1——板的短跨计算长度,取轴线距离;

l_2——板的长跨计算长度,取轴线距离。

当板中有自由支座时,则该支座的弯矩应为零。

为了解出双向板的跨中及支座弯矩的比例关系,按经济特点和构造要求,提出如下建议:

①跨中两个方向正弯矩之比$\overline{M}_2/\overline{M}_1$应根据$l_2/l_1$的比

值按表4.17确定。

表4.17　跨中两方向正弯矩之比取值

l_2/l_1	$\overline{M_2}/\overline{M_1}$	l_2/l_1	$\overline{M_2}/\overline{M_1}$
1.0	1.0～0.8	1.6	0.5～0.3
1.1	0.9～0.7	1.7	0.45～0.25
1.2	0.8～0.6	1.8	0.4～0.2
1.3	0.7～0.5	1.9	0.35～0.2
1.4	0.6～0.4	2.0	0.3～0.15
1.5	0.55～0.35		

②各支座与跨中弯矩之比各值，在1.0～2.5采用；同时，对于中间区格最好采用接近的2.5比值。

计算多区格双向板时，可从任何一区格（最好是中间区格）开始选定弯矩比，以任一弯矩（例如$\overline{M}_1$）来表示其他的跨中及支座弯矩，再将各弯矩代表值代入式(4.19)，即可求得此弯矩$\overline{M}_1$；其余弯矩则由比例求出。这样，便可转入另一相邻区格，此时，与前一区格共同的支座弯矩是已知的。第二区格其余内力可由相同方法计算，以此类推。

4）截面设计

防空地下室顶板的截面，由战时动载作用的荷载组合控制，可只验算强度，但要考虑材料动力强度的提高和动荷安全系数。当按弹塑性工作阶段计算时，为防止钢筋混凝土结构的突然脆性破坏，保证结构的延性，应满足下列条件：

①对于超静定钢筋混凝土梁、板和平面框架结构，同时发生最大弯矩和最大剪力的截面，应验算斜截面抗剪强度。

②受拉钢筋配筋率μ，不宜大于1.5%；对于受弯、大偏心受压构件当$\mu>1.5\%$时，其延性比[β]值，按下式确定：

$$[\beta]\leqslant\frac{0.5}{x/h_0} \tag{4.16}$$

当[β]<1.5时，仍取1.5。

③连续梁的支座，以及框架和刚架的节点，当验算抗剪强度时，混凝土轴心抗压动力强度R_{ad}应乘以折减系数0.8，且箍筋配筋率μ_k不小于0.15%。构件跨中受拉钢筋的μ_1和支座受拉钢筋的μ_2（当两端支座配筋不等时μ_2取平均值），二者之和应满足：

$$\mu_1+\mu_2<0.3\frac{R_{ad}}{R_{gd}} \tag{4.17}$$

式中　R_{ad}——混凝土轴心抗压动力强度；

R_{gd}——钢筋抗拉动力强度。

应当指出，双向板的受力钢筋是纵横叠置的，跨中顺短边方向的应放在顺长边方向的下面，计算时取其各自的截面有效高度。

由于板的弯矩从跨中向两边逐渐减小，为了节省材料，可将双向板在两个方向上分为3个板带；中间板带按最大正弯矩配筋，两边板带适当减少，但当中间板带配筋不多或当板跨较小时,可不分板带。

4.6.2 侧墙的设计计算

1)侧墙的战时荷载组合

①压缩波形成的水平方向动载,可通过计算将动荷载转变为等效静载。对于大量性防空地下室侧墙,可按表4.18取值。

表4.18 侧墙的战时荷载组合

单位:kN/m^2

土壤类别		结构材料	
		砖、混凝土	钢筋混凝土
碎石土		20~30	20
砂土		30~40	30
黏性土	硬塑	30~50	20~40
	可塑	50~80	40~70
	软塑	90	70
地下水以下土壤		90~120	70~100

注:①取值原则,碎石及砂土取密实颗粒组的取小值,反之取大值;黏性土取液性指数低的取小值,反之取大值;地下水以下土壤取砂土取小值,黏性土取大值。

②在地下水位以下的侧墙未考虑砌体。

③砖及素混凝土侧墙按弹性工作阶段计算,钢筋混凝土侧墙按弹塑性工作阶段计算并取[β]=2.0。

④计算时按净空≤3.0 m、开间≤4.2 m考虑。

⑤地下水位标高按室外地坪以下0.5~1.0 m考虑。

②顶板传来的动荷载与静荷载,可由前述顶板荷载计算结果根据顶板受力情况所求出的反力来确定。

③上部地面建筑自重,与作用在顶板上的冲击波动载类似,考虑上部地面建筑自重是个比较复杂的问题。在实际工程中可能有两种情况:一是当为大量性防空地下室时,所受的冲击波超压不大,只有一部分上部地面建筑破坏并随冲击波吹走,残余的一部分重量仍作用在地下室结构上。在这种情况下,有人建议取上部地面建筑自重的一半作为荷载作用在侧地上。二是当冲击波超压较大,上部地面建筑全部破坏并吹走。在这种情况下可不考虑作用在侧墙上的上部地面建筑重量。

④侧墙自重,根据初步假设的墙体确定。

⑤土壤侧压力及水压力,处于地下水位以上的侧墙所受的侧向土压力按下式计算:

$$e_{kt} = \sum_{1}^{n} \gamma_i h_i \tan\left(45^\circ - \frac{\varphi}{2}\right) \tag{4.18}$$

式中 e_{kt}——侧墙上位置 k 处的土壤侧压强度;

γ_i——第 i 层土在天然状态下的容重;

h_i——各层土壤厚度;

φ——位置 k 处土层的内摩擦角，工程上常因不考虑内聚力而将 φ 值提高。

处于地下水位以下的侧墙上所受的土、水侧压力，可将土、水分别计算，其中土压力仍按上式计算，但土层容重 γ_i 应以土壤浸水容重 γ_i' 代替，而侧向水压力按下式计算：

$$e_{ks} = \gamma_s h_s \tag{4.19}$$

式中 e_{ks}——侧墙在位置 k 处的水压力强度；

h_s——k 处离开地下水位距离。

2）计算简图

为了便于计算，常将侧墙所受的荷载及其支承条件等进行一些简化，因此按计算简图计算是近似的。其简化的基本原则如下：侧墙上所承受的水平方向荷载，例如水平动载及侧向水土压力，那是随深度而变化的，在简化时一般取为均布荷载。有时为了简单和偏于安全起见，甚至不考虑墙顶所受的轴向压力，而将受压弯作用的墙板简化为受弯构件。

砖砌外墙的高度：当为条形基础时，取顶板或圈梁下皮至室内地坪；当基础为整体式底板时，取顶板或圈梁下皮至底板上表面。

支承条件按下述不同情况考虑：在混合结构中，当砖墙厚度 d 与基础宽度 d' 之比 $d/d' \leqslant 0.7$ 时，按上端简支、下端固定计算；当基础为整体式底板时，按上端和下端均为简支计算。在钢筋混凝土结构中，当顶板、墙板与底板分开计算时，将和顶板连接处的墙顶视为铰接，和底板连接处的墙底视为固定端（因为底板刚度比墙板刚度大），此时墙板成为上端铰支、下端固定的压弯构件。这种将外墙和顶板、底板分开计算的方法比较简单，一般防空地下室结构常采用这样的计算简图[图 4.11（a）]进行计算。此外，有将墙顶与顶板连接处视为铰接，而侧墙与底板当整体考虑的[图 4.11（b）]；也有将顶板、侧墙和底板作为整体框架的[图 4.11（c）]。

根据两个方向上长度比值的不同，墙板可能是单向板或双向板。当墙板按双向板计算时，在水平方向上，如外纵墙与横墙或山墙整体砌筑（砖墙）或整体浇筑（混凝土或钢筋混凝土墙），且横向为等跨，则可将横墙视作纵墙的固定支座，按单块双向板计算内力。

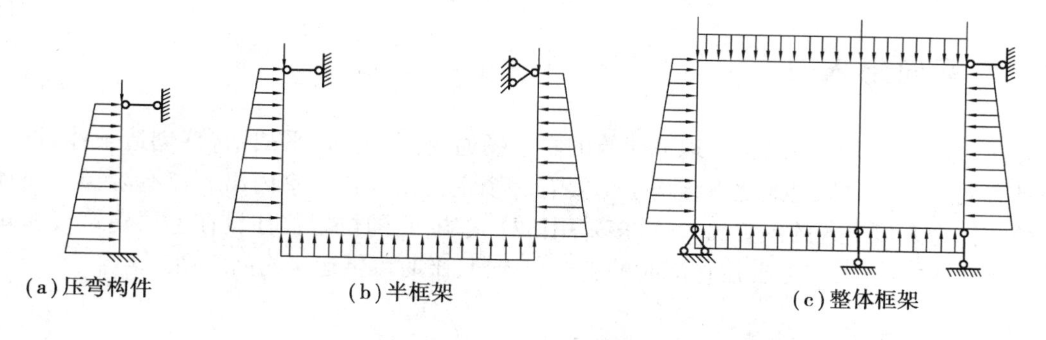

（a）压弯构件　（b）半框架　（c）整体框架

图 4.11　计算简图

3）内力计算

根据上述原则确定计算简图后则可求出其内力。对于由砖砌体及素混凝土构筑的侧墙，计算内力时按弹性工作阶段考虑；在等跨情况下，可利用《建筑结构静力计算手册》直接求出内力。

对于钢筋混凝土构筑的侧墙，按弹塑性工作阶段考虑，可将按弹性法计算出的弯矩进行调整；或更简单些，直接取支座和跨中截面弹性法计算的弯矩平均值，作为按弹塑法的计算弯矩。

4)截面设计

在偏心受压砌体的截面设计中;当考虑核爆炸动载与静荷载同时作用时,荷载偏心距 e_0 不宜大于 0.95y,其中 y 为截面重心至纵向力所在方向的截面边缘的距离。当 $e_0 \leqslant 0.95y$ 时,可仍由抗压强度控制进行截面选择。

在钢筋混凝土侧墙的截面设计中,一般多为双向配筋,通常有 $x > 2a'_g$,则有:

$$A_s = A'_s = \frac{M_{max}}{f_{yd}(h_0 - a'_s)} \tag{4.20}$$

其中

$$M_{max} = Ne' \tag{4.21}$$

$$e' = e'_0 - \frac{h}{2} + a'_s \tag{4.22}$$

式中 N——对应最大受弯截面的轴力。

当不考虑作用在墙上的轴向压力时(即按受弯构件计算时),M_{max} 就是受弯截面的最大弯矩值。

应当指出,在防空地下室侧墙的强度与稳定性计算时,应将“战时动载作用”阶段和“平时正常使用”阶段所得出的结构截面及配筋进行比较,取其较大值,因为侧墙不一定像顶板那样由战时动载作用控制截面设计。

4.7 口部结构设计

附建式地下结构的口部,是整个建筑物的一个薄弱部位,又是一个很重要的部位。在战时它比较容易被摧毁,造成口部的堵塞,从而影响整个工事的使用和人员的安全。因此,设计中必须给予足够的重视。

4.7.1 室内出入口

为使附建式地下建筑结构与地面建筑的联系畅通,特别是为“平战结合”创造条件,每个独立的具有战时防空的附建式地下结构至少要有一个室内出入口。室内出入口有阶梯式和竖井式两种。作为人员出入的主要出入口,多采用阶梯式的,它的位置往往设在上层建筑楼梯间的附近。竖井式的出入口,主要用作战时的安全出入口,平时可供运送物品之用。

1)室内出入口形式及特点

(1)阶梯式

设在楼梯间附近的阶梯式出入口,以平时使用为主。在战时(或地震时)它倒塌堵塞的可能性很大,这是个严重的问题,因此很难作为战时的主要出入口。位于防护门(或防护密闭门)以外通道内的防空地下室外墙称为临空墙(图 4.12)。临空墙的外侧没有土层,它的厚度应满足防早期核辐射的要求,同时它是直接受冲击波作用的,所受的动荷载要比一般外墙大得多。因此在平面设计时,首先要尽量减少临空墙;其次,在可能的条件下,要设法改善临空墙的受力条件。例如,在临空墙的外侧填土,使它变成非临空墙,或在其内侧布置小房间(如通风机室、洗涤间等),以减少临空墙的计算长度。还有的设计,为了满足平时利用需要大房间的要求,暂时不修筑其中的隔墙,只根据设计做出留槎,临战前再行补修。临空墙承受的水平方向荷载较大,需采用混凝土或钢筋混凝土结构,其内力计算与侧墙类似。为了节省材料,这种钢筋混凝土临空墙可按弹塑性工作阶段计算,$[\beta]=2.0$。

防空地下室的室内阶梯式出入口,除临空墙外其他与防空地下室无关的墙、楼梯板、休息平台板等,一般均不考虑核爆炸动载,可按平时使用的地面建筑进行设计。当进风口设在室内出入口处时,可将按出入口附近的楼梯间适当加强,避免堵塞过死,难以清理。为了避免建筑物倒塌堵塞出入口,有建议设置坚固棚架的。

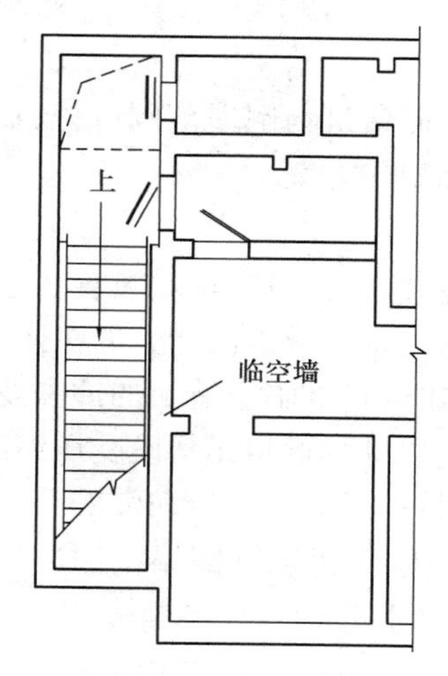

图 4.12　临空墙示意图

(2)竖井式

在处于市区建筑物密集区,场地有限,难以做到把室外安全出入口设在倒塌范围以外,而又没有条件与人防支干道连通,或几个工事连通合用适当安全出入口的情况下,可设置内径为 1.0 m×1.0 m 的钢筋混凝土方筒形室内竖井式出入口,其顶端位于底层地面建筑的顶板之下,且与其他结构完全分离,以避免互相干扰。

2)室内出入口设置

室内出入口设置,主要取决于防空地下室及地面建筑平时的使用要求。当上部建筑底层与防空地下室的平时使用功能一致时(如上、下均为商场的营业厅等),室内出入口可设置在建筑楼梯间内,以便于上下联通,有利于平时的管理和使用;当防空地下室的平时功能与上部建筑关联不大时,其平时使用的室内出入口宜与上部建筑的出入口分开设置,这样既可避免互相干扰,又方便防空地下室的管理。

4.7.2　室外出入口

每一个独立的具有战时防空功能的地下建筑结构(包括人员掩蔽室的每个防护单元),应设有一个室外出入口,作为战时的主要出入口。室外出入口的口部应尽量布置在地面建筑的倒塌范围以外。室外出入口也有阶梯式与竖井式两种形式。

1)室外出入口形式及特点

(1)阶梯式

当把室外出入口作为战时主要出入口时,为了人员进出方便,一般采用阶梯式的。设于室外阶梯式出入口的伪装遮雨棚,应采用轻型结构,使它在冲击波作用下能被吹走,以避免堵塞出入口,而不宜修建高出地面的口部其他建筑物。由于室外出入口比室内出入口所受荷载更大一些,室外阶梯式出入口的临空墙,一般采用钢筋混凝土结构;其中除按内力配置受力钢筋外,在受压区还应配置构造钢筋,构造钢筋不应少于受力钢筋的1/3~2/3。

室外阶梯式出入口的敞开段(无顶盖段)侧墙,其内、外侧均不考虑受动载的作用,按一般挡土墙进行设计。

当室外出入口没有条件设在地面建筑物倒塌范围以外,而又不能和其他地下室连通时,也可考虑在室外出入口部设置坚固棚架的方案。

(2)竖井式

室外的安全出入口一般采用竖井式的,也应尽量布置在地面建筑物的倒塌范围以外。竖井计算时,无论有无盖板,一般只考虑由土中压缩波产生的法向均布荷载,不考虑其内部压力的作用。试验表明:作用在竖井式室外出入口处临空墙上的冲击波等效静载,要比阶梯式的小一些,但又比室内的大一些。在第一道门以外的通道结构既受压缩波外压又受冲击波内压,情况比较复杂,目前有关资料建议该通道结构一般只考虑压缩波的外压,不考虑冲击波内压的作用。

当竖井式室外出入口不能设在地面建筑物倒塌范围以外时,也可考虑设在建筑物外墙一侧,其高度可在建筑物底层的顶板水平上。

2)室外出入口设置

核武器爆炸所造成的地面建筑破坏范围很大,作为设置在室外出入口的战时主要出入口,要求尽可能布置在倒塌范围之外,以免被倒塌物堵塞。由于投弹点和倒塌物飞散的任意性,即使在倒塌范围之外,也需要注意防堵塞问题。当室外出入口的通道出地面段设置在地面建筑倒塌范围以外时,可根据平时使用要求设置单层的轻型口部建筑,但要设置相应的安全围护设施,也可根据平时使用需求设置单层的轻型口部建筑。目前,有的室外出入口虽然设置在地面建筑的倒塌范围之外,但为了便于平时使用,随便增加建筑面积,使口部建筑成为一幢小型地面建筑物,有的甚至成为一幢具有相当规模的建筑,这样的室外出入口,实际上变成了“室内出入口”,这种做法是不符合战时使用要求的,所以在倒塌范围之外的口部建筑一般采用轻型建筑,因为轻型建筑一旦遭核袭击,很容易被冲击波“吹走”,不会使塌落物直接造成堵塞。如果在密集的建筑群中,室外出入口确无条件布置在地面建筑倒塌范围之外时,则其口部建筑应按防倒塌棚架设计,其顶盖和柱子应该具有足够的抗力。

此外,室外出入口应考虑防雨措施,同时在有暴雨或有江河泛滥可能的地区,应考虑室外出入口防地面水倒灌措施,主要内容有:

①出地面的平台应高出自然地面,其值按当地具体条件确定,一般取值为450 mm。

②在踏步最外侧的自然地面处设置雨水截水沟。

③敞开式出入口应考虑一定的围合设施,同时在防护密闭门外的通道内及踏步平台处增设雨水截水沟。

4.7.3　通风采光洞

为给平时使用所需自然通风和天然采光创造条件，可在地下室侧墙开设通风采光洞（图4.14），但必须在设计上采取必要的措施，以保证地下室防核爆炸冲击波和早期核辐射的能力。现根据已有经验介绍如下：

1）设计的一般原则

①仅大量性防空地下室才开设通风采光洞。等级稍高的防空地下室不宜开设通风采光洞，而以采用机械通风为好。

②沿防空地下室外墙开设的洞口宽度，不应大于地下室开间尺寸的1/3，且不应大于1.0 m。

③临战前必须用黏性土对通风采光井填土。

④在通风采光洞上，应设防护挡板一道。

⑤洞口的周边应采用钢筋混凝土柱和梁予以加强。

⑥开设通风采光洞的侧墙，在洞口上缘的圈梁应按过梁进行验算。

2）洞口的构造措施

①砖外墙洞口两侧钢筋混凝土柱的上端主筋应伸入顶板，其锚固长度不小于30d（d为柱内主筋直径，下同）；柱下端如为条形基础，应嵌入室内地面以下500 mm（图4.13）；如为钢筋混凝土整体基础，应将主筋伸入底板其锚固长度不小于30d（图4.14）；柱断面尺寸不应小于240 mm×墙厚。

②砖砌外墙，应在沿洞口两侧每6皮砖加3根直径6 mm的拉结筋，拉结筋的一端伸入墙身长度不小于500 mm，另一端与柱内的钢筋扎结（图4.14）。

③素混凝土外墙，在洞口两侧沿墙高设钢筋混凝土柱，柱的上、下两端的主筋应分别伸入顶板与底板，其锚固长度不小于30d（图4.15）。

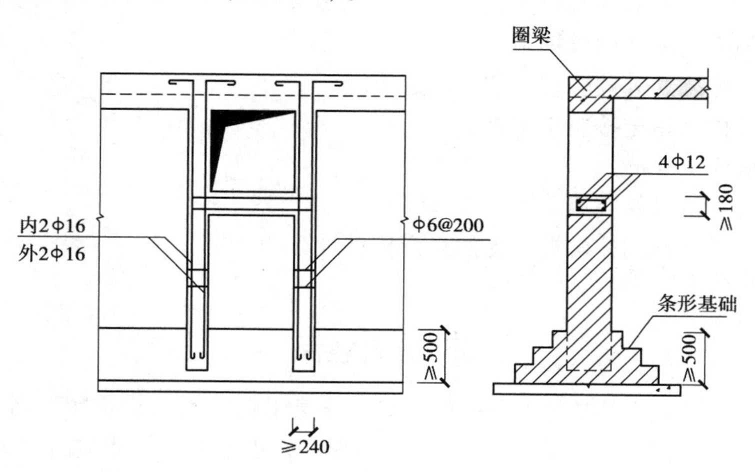

图4.13　条形基础伸入尺寸（单位：mm）

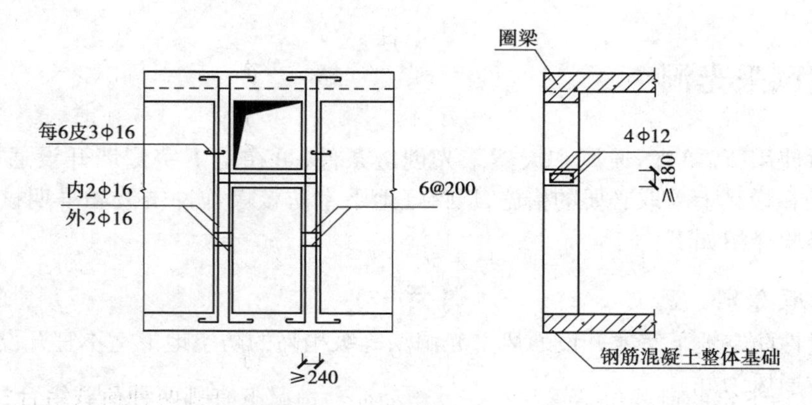

图 4.14 整体基础伸入尺寸及砖砌外墙拉结筋(单位:mm)

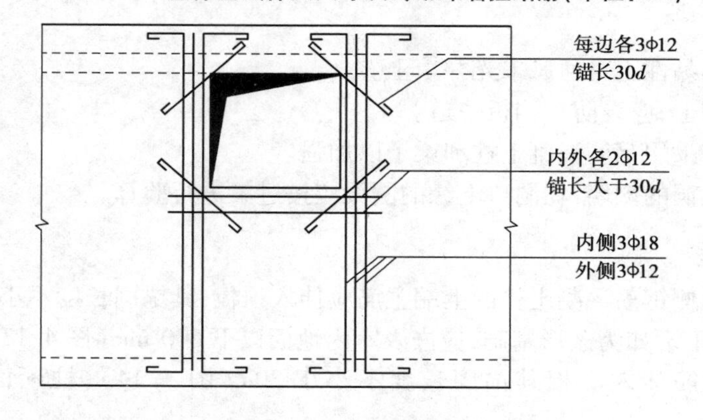

图 4.15 斜向构造钢筋布置图

④钢筋混凝土外墙,除按素混凝土外墙在洞口两侧设置加固钢筋外,应将洞口范围内被截断的钢筋与洞口周边的加固钢筋扎结。

⑤钢筋混凝土和混凝土外墙开设有通风采光洞时,洞口四角应设置斜向构造钢筋,洞口四角各配 3 根,直径为 12 mm,一端锚固长度不小于 $30d$(图 4.15)。

洞口周边加强钢筋配置的依据是:

a. 防空地下室侧墙的等效静载应按规定选取。

b. 通风采光井内回填土按黏土考虑。

c. 洞口宽度取为 1.0 m。

d. 钢筋混凝土柱的计算高度取为 2.6 m。

e. 钢筋混凝土梁与柱均按两端铰支的受弯构件计算。

本章小结

(1)附建式地下结构是指根据一定的防护要求修建于较坚固的建筑物下面的地下室,又称防空地下室或附建式人防工事。此外,在已建成的掘开式工事上方修建地面建筑物或在已有的地面建筑内构筑掘开式工事所形成的地下结构,也可称为附建式地下结构。

(2)附建式地下结构的主要结构形式可分为梁板式结构、板柱结构、箱形结构、框架结构和拱壳结构。

(3)附建式地下结构的设计主要包括荷载组合、内力分析和截面计算。

(4)附建式地下结构的构造要求包括材料强度等级、钢筋混凝土抗渗等级、结构构件最小厚度、保护层最小厚度、变形缝设置、圈梁设置、构件相接处的锚固,以及其他构造要求。

(5)梁板式附建式地下结构的设计计算为顶板的设计计算。

(6)附建式地下结构的口部设计包括室内出入口、室外出入口和通风采光洞。

思考题

4.1 何谓附建式地下结构?附建式地下结构的形式和特点有哪些?

4.2 防空地下室的荷载包括哪些?在承受动荷载情况下有哪两种荷载组合?

4.3 简述附建式地下结构其设计要点。

4.4 简述附建式地下结构的口部结构的重要性及特点。

4.5 简述附建式地下结构主要构造要求。

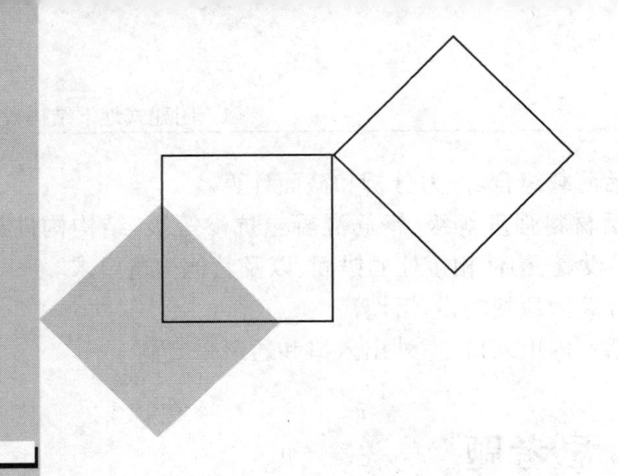

5 钻爆法隧道支护结构设计

本章导读：

- **内容** 钻爆法隧道支护结构设计的概念、分类、作用和特点；钻爆法隧道支护结构的组成，支护结构设计的一般程序与内容。
- **基本要求** 了解钻爆法隧道支护结构计算理论的发展过程；掌握钻爆法隧道支护结构的一般程序与内容。
- **重点** 钻爆法隧道支护结构的设计原理及主要内容。
- **难点** 钻爆法隧道支护结构的设计原理及主要内容。

5.1 概述

钻爆法施工全称为“钻眼爆破法施工”，是指用炸药爆破来破碎岩体、开挖出洞室的一种施工方法。我国绝大部分隧道工程均采用该方法。钻爆法开挖的基本工序为钻眼、装药爆破、通风、必要的施工支撑、出渣清场。由于地质条件、工程造价等因素的限制，在今后较长时间内，在岩层中开挖隧道或地下洞室修建中仍将采用钻爆法。此外，在岩层中开挖地下洞室进行修建地下建筑结构，围岩既是荷载源也是支护结构，其最重要的设计内容是设计被挖掘岩体的钻爆参数和保证围岩稳定的支护参数。

隧道支护结构的基本作用是保持隧道断面的使用净空，防止岩体质量的进一步恶化。支护结构同围岩一起组成一个有足够安全度的隧道结构体系，承受可能出现的各种荷载，如水压力、土压力以及一些特殊使用要求的外荷载。此外，支护结构必须能够提供一个能满足使用要求的工作环境，保持隧道内部的干燥和清洁。因此，任何一种类型的支护结构都应具有与上述作用相适应的构造、力学特性和施工可能性。这两个要求是密切关联的。许多地下结构形成灾害和破损的重要原因之一就是衬砌的漏水,特别是在饱和软土地层中采用装配式管片结构,尤以衬砌防水这个矛盾最为突出,与工程成败关系重大,必须予以足够的重视。

按支护作用机理,目前采用的支护结构大致可以归纳为3类,即刚性支护结构、柔性支护结构和复合式支护结构。

1)刚性支护结构

刚性支护结构具有足够大的刚性和断面尺寸,一般用来承受强大的松动地压,但需避免松动压力的发生。刚性支护结构只有很小的柔性而且常采用完全支护。这类支护通常采用现浇混凝土,或采用石砌块或混凝土砌块。从构造上看,它有贴壁式结构和离壁式结构两种。贴壁式结构使用泵送混凝土,可以和围岩保持紧密接触,但其防水和防潮的效果较差。离壁式结构围岩没有直接接触和保护到承载结构,一般容易出现事故。

立模板灌注混凝土支护分为人工灌注和混凝土泵灌注两种形式。泵灌混凝土支护因取消了回填层,故能和围岩大面积牢固接触,是当前比较通用的一种支护形式。因工艺和防水要求,立模板灌注混凝土需要有一定的硬化时间(不少于8 h),不能立即承受荷载,故这种支护结构通常用作二次支护,在早期支护的变形基本稳定后再灌注或围岩稳定无须早期支护的场合下使用。

2)柔性支护结构

柔性支护结构既能及时地进行支护限制围岩过大变形面出现松动,又允许围岩出现一定的变形,同时还能根据围岩的变化情况及时调整参数。锚喷支护是一种主要的柔性支护类型,其他如预制的薄型混凝土支护、硬塑性材料支护及钢支撑等也属于柔性支护。

锚喷支护是指锚杆支护、喷射混凝土支护以及它们与其他支护结构的组合。国内广泛应用的锚喷支护类型有如下6种:①锚杆支护;②喷射混凝土支护;③锚杆喷射混凝土支护;④钢筋网喷射混凝土支护;⑤锚杆钢支撑喷射混凝土支护;⑥锚杆钢筋网喷射混凝土支护。

锚喷支护可以在不同岩类、不同跨度、不同用途的地下工程中,在承受静载或动载时作临时支护、永久支护、结构补强以及冒落修复等情况下使用。此外,还能与其他结构形式结合组成复合式支护。锚喷支护能充分发挥围岩的自承能力和支护材料的承载能力,适应现代支护结构原理对支护的要求。锚喷支护能够及时、迅速地阻止围岩出现松动、塌落。从主动加固围岩的观点出发,在防止围岩出现有害松动方面要比模筑混凝土优越得多。另外,锚喷支护容易调节围岩变形,发挥围岩自承能力,同时也能充分发挥支护材料的承载能力。

3)复合式支护结构

复合式支护结构是柔性支护与刚性支护的组合支护结构。复合式支护结构是根据支护结构原理中需要“先柔后刚”的思想,通常初期支护一般采用锚喷支护,让围岩释放掉大部分变形和应力,然后再施加二次衬砌。一般采用现浇混凝土支护或高强钢架,承受余下的围岩变形和地压以维持围岩稳定。可见,复合式支护结构中的初期支护和最终支护一般都是承载结构。

隧道复合式支护结构

复合式支护结构的种类较多,但都是上述基本支护结构的某种组合。根据复合式衬砌层与层之间的传力性能又可以分为单层衬砌和双层衬砌。双层衬砌是由初期支护、二次衬砌以及二层衬砌之间的防水层组成。设置二次衬砌的时间分为两种情况，一种是待初期支护的变形基本稳定之后再设置二次衬砌，此时，二次衬砌承受后续荷载，包括水压力、围岩和衬砌的流变荷载以及由于锚杆等支护的失效而产生的围岩压力等。另一种是根据需要较早地设置二次衬砌，特别是在超浅埋隧道对地表沉降有严格控制的情况下，此时二次衬砌和初期支护共同承受围岩压力。此外，在塑性流变地层中，围岩的变形和地压都很大，而且作用持续时间很长，通常需要在开挖之前采取辅助施工措施对围岩进行预加固，同时采取能吸收较大变形的钢支撑（如可缩性钢拱架），允许混凝土和钢支撑发生变形和位移，待变形和位移基本得到控制后，再施作二次衬砌。

由于防水层的设置，二层衬砌之间只能传递径向应力，不能传递切向应力。因此，二层衬砌之间不能形成一个整体承载。近年来，复合式支护结构常用于一些重要工程或内部需要装饰的工程，以提高支护结构的安全度或改善美观程度。支护结构类型的选择应根据客观需要和实际可能相结合的原则。客观需要是指围岩和地下水的状况应与围岩的等级相适应；实际可能就是支护结构本身的能力、适应性、经济性以及施工的可能性。

5.2 单层衬砌结构设计

隧道单层衬砌技术是20世纪70年代发展起来的一种新型隧道支护体系。在复合式衬砌出现之前，采用的都是单层衬砌，但当时的单层衬砌受技术条件的限制，主要是由模筑混凝土衬砌加上背后的压浆构成，这种衬砌称为整体式衬砌（图5.1）。近年来，随着纤维混凝土材料研发及在地下工程中的应用，部分地下洞室也开始采用纤维喷射混凝土作为单层衬砌结构。目前，复合式衬砌依然是衬砌技术的主流，但单层衬砌的技术也在发展。与复合式衬砌比较，单层衬砌最显著的特点就是在支护层间取消了防水板，层间可以充分传递剪力，其力学动态是一体的。

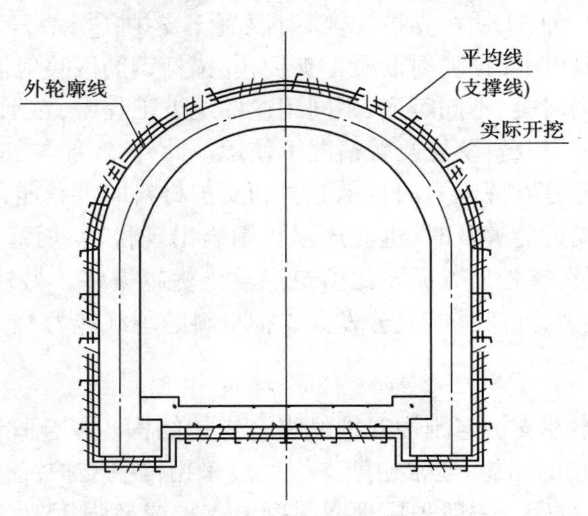

图5.1　隧道整体式衬砌轮廓线

整体式衬砌截面可设计为等截面或变截面。设置仰拱时，仰拱厚度不应小于边墙底厚度，仰拱与边墙的连接部位最小截面厚度不应小于边墙底设计厚度。

采用整体式衬砌，出现下列情况时宜采用钢筋混凝土结构：

①存在明显偏压的地段；

②净宽大于3 m的横通道、通风道、避难洞室等与主隧道交叉的地段；

③V级围岩地段；
④单洞四车道隧道；
⑤地震动峰值加速度大于0.20g的地区洞口段及软弱围岩地段。
整体式衬砌采用钢筋混凝土结构时，应符合下列规定：
①混凝土强度等级不应低于C30；
②结构厚度不宜小于300 mm；
③受力主筋的间距不宜小于100 mm。
整体式衬砌应设置变形缝，并应符合下列规定：
①明洞衬砌与洞内衬砌交界处、不设明洞的洞口段衬砌在距洞口5～12 m的隧道内应设沉降缝；
②地质条件明显变化处、不同衬砌类型交界处宜设置沉降缝；
③在连续软弱围岩中，每30～100 m宜设一道沉降缝；
④严寒与酷热温差变化大地区，特别是最冷月平均气温低于－15 ℃的寒冷地区，距洞口100～200 m范围的衬砌段应根据情况设置伸缩缝；
⑤沉降缝、伸缩缝缝宽不应小于20 mm，缝内可填塞沥青木板或沥青麻丝；伸缩缝、沉降缝宜垂直于隧道轴线竖向设置；拱墙、仰拱的沉降缝、伸缩缝应设在同一断面位置；
⑥沉降缝、伸缩缝可兼作施工缝，在需设沉降缝或伸缩缝地段，应结合施工缝进行设置。
不设仰拱的整体式衬砌，衬砌边墙基础应符合下列规定：
①应置于稳固的地基之上，基底承载力应满足设计要求；
②基础底面不应高于电缆沟的设计开挖底面，路侧边沟开挖底面低于基础底面时，边沟开挖边界距边墙基础的距离应大于500 mm；
③在洞门墙厚度范围内，边墙基础应加深到与洞门墙基础底相同的高程；
④边墙底截面应适当加大。

5.2.1 单层衬砌结构类型

1）纤维混凝土单层衬砌

在普通喷射混凝土的组成成分中掺入纤维（金属纤维、有机纤维和无机纤维），可以改变喷射混凝土的物理力学性能，可以使喷射混凝土结构的抗裂隙能力、耐冲击能力、抗拉强度、抗挠强度、抗剪强度、耐冻融性、耐磨耗性都得到相应的提高。但是，掺入纤维会使喷射机械管路的磨损率增加，并且增加了喷射混凝土造价。目前，在隧道工程中使用钢纤维喷射混凝土的实例已逐渐增多。

（1）钢纤维长径比

钢纤维的长度、直径都影响喷射混凝土的施工性能和喷射混凝土结构的性能。纤维短粗，喷射混凝土增强效果下降；纤维细长，在拌和时纤维容易结团，施工性下降。根据实验结果，钢纤维最适宜的长度为25～30 mm，钢纤维的最适宜直径为0.35～0.71 mm。钢纤维的最佳长径比约为50。

（2）钢纤维掺入率

钢纤维掺入率影响喷射混凝土的压送性能和回弹率。掺入率高，压送性能不好，回弹率亦增大。一般情况，钢纤维掺入率为喷射混凝土体积的 1.0% ~1.5%，最常用的掺入率为 1%。通过钢纤维喷射混凝土结构取样检查，由于受喷射中回弹的影响，喷层结构中的钢纤维掺入率为喷射混凝土体积的 0.8% ~1.0%。

(3)钢纤维喷射混凝土的配合比

采用干式喷射时，钢纤维喷射混凝土的配合比：水泥用量为 400 ~520 kg/m³，水灰比 50% 左右，粗骨料 500 ~600 kg/m³，砂量 1 050 ~1 260 kg/m³，速凝剂用量为水泥用量的 5%，钢纤维掺入率为 1%，粗骨料最大粒径为 10 mm。

2)模筑混凝土单层衬砌

运用传统松弛荷载理论设计，并采用传统矿山法施工的隧道，其支护结构均采用就地模筑混凝土单层衬砌。就地模筑混凝土单层衬砌结构，是在隧道内设置模板台车，然后浇灌混凝土而成。它是作为一种永久性支护结构，从外部支撑着坑道围岩。混凝土的就地模筑工艺对各种不同的地质条件适应性强，易于按需要成形，而且适用于多种施工方法，因此在我国各类隧道工程中被广泛采用。

由于单层衬砌主要是通过调整断面形状和衬砌厚度来适应不同的围岩级别和围岩压力的分布情况，因而，单层衬砌的形状和厚度变化比较多。就形状而言，单层衬砌常分为直墙式衬砌和曲墙式衬砌两种形式，曲墙式衬砌下部有时设仰拱，有时不设仰拱。就其厚度而言，单层衬砌厚度少则 40 ~60 cm，多则可达到 100 cm。

(1)直墙式衬砌

在地质条件比较好的Ⅱ和Ⅲ级围岩情况下，岩体坚硬完整，围岩压力一般以竖向压力为主，几乎没有或仅有很小的水平侧向压力，因此可采用直墙式衬砌。直墙式衬砌横断面由上部拱圈、两侧竖直边墙和下底板 3 个部分组成。

上部拱圈以大小不等的半径分别做成 3 段圆弧线，正中约 90°范围内用较小的半径，两边用较大的半径，总体来看其矢跨比较大。为了施工方便，上部拱圈多采用半圆形，但有不少拱圈出现内缘开裂现象，为了改善结构受力状态，后改为尖拱。

拱圈是等厚的，所以外弧是各自增加了一个拱圈厚度。由于它们是同心圆弧，所以内外半径的圆心是重合的。两侧边墙是与拱圈等厚的竖直墙，与拱圈平齐衔接。由于洞内一侧设有排水沟，所以有水沟一侧的边墙要深一些。整个结构下部是敞口的，并不闭合；底部多以素混凝土铺底，称之为底板，以便铺设轨道或路面。

在地质条件好、岩层坚硬完整也没有地下水侵入的情况下，边墙部位围岩水平侧压力很小，可省去两边墙衬砌，只设上部拱圈衬砌，称为半衬砌。此时，为了洞壁岩体有足够能力支承拱圈衬砌传来的压力，在洞壁顶上应保留 15 ~20 cm 的平台。如不设边墙，则应在两侧岩壁表面喷浆敷面，以保护岩面不受风化作用的剥蚀，同时也可以阻止少量地下水的渗透。在地质条件尚好，侧压力不大，但又不宜采用半衬砌时，为了节省边墙圬工，可以简化边墙。简化的方法有两种：一种是降低边墙建筑材料的等级，如将混凝土边墙改为石砌边墙；另一种是采用柱式边墙或连拱式边墙，统称为花边墙。柱式边墙是做成一排均匀间隔的立柱，其间是孔洞，立柱的高度一般不宜小于 3 m，柱间间隔不宜大于 3 m。连拱墙做成带支墩的连拱形式，支墩的纵向尺寸不小于 2 m，墙上拱形孔洞的纵向跨度不宜大于 5 m，墙拱顶至拱圈起拱线的高度距离不宜小于 100 cm。

(2)曲墙式衬砌

在地质条件比较差的Ⅲ～Ⅴ级围岩情况下，岩体松散破碎，围岩压力比较大，又有地下水，此时可采用曲墙式衬砌。

曲墙式衬砌由上部拱圈、两侧曲边和底部仰拱组合而成。上部拱圈的内轮廓与直墙式衬砌一样，但拱圈截面厚度是变化的，拱顶处薄而拱角处厚，因而不但拱部的外弧与内弧的半径不同而且它们各自的圆心位置也不是互相重合的。侧墙内轮廓也是一段圆弧，半径较大；侧墙外轮廓上段也是一个圆弧，但半径更大，其下段变为直线形，并稍稍向内偏斜。

在Ⅲ～Ⅳ级围岩、无地下水、基础不产生沉陷的情况下，可以不设仰拱，只设底板。对于Ⅳ～Ⅴ级围岩、有地下水、可能产生下沉的情况，则必须设置仰拱，且曲墙地面应予以加宽(厚度)，以抵抗上鼓力，防止结构整体下沉。仰拱是用一个半径作出的弧段。在Ⅴ～Ⅵ级围岩且有地下水时，竖向压力和水平压力都很大，则衬砌宜设成近圆形(蛋形)或圆形断面。

5.2.2　单层衬砌的支护对象

隧道支护的对象是什么？不同的支护理论对此有着不同的认识和理解。较早的支护理论(普氏、泰沙基等)将坍落拱内的岩体重量作为支护荷载，并据此进行支护设计，即支护对象是坍落拱内岩体重力。而现代岩石力学中的弹塑性支护理论认为：开挖后围岩中塑性区的形成和变形是产生地压的原因，主张通过支护手段限制塑性区的发展，阻止围岩的松动破坏，支护对象显然是围岩的弹塑性变形和处于弹塑性状态的围岩。然而这种支护理论以介质连续体各向同性为条件，假设支护结构体一开始就与围岩接触良好，不考虑围岩破碎后体积变化，这些都与地下工程的实际情况很不相符。

试验和实践证明，围岩破裂过程中的岩石碎胀变形或碎胀力是单层衬砌支护的主要对象，支护的作用有：一方面是维护破裂的岩石在原位不垮落，另一方面是限制隧道围岩松动圈形成过程中的有害变形。隧道在开挖之前，围岩处于三向原岩应力压缩状态，围岩内积累大量的膨胀势能，开挖隧道后，对围岩来说意味着卸载，卸载则使大量积蓄在围岩内部的膨胀势能释放出来，促使岩块向洞内移动而导致岩石破裂。尽管从理论上讲，可以采用“硬支”的方式阻止其释放出来，但在实际上却是行不通的，有效的方法只有等到能量释放到一定程度之后才能进行永久支护。这种膨胀势能在岩块刚刚破坏时为最大，变形一段时间之后逐渐变小；若是自由膨胀，膨胀势能将下降为零。岩石的膨胀势能是破裂岩块运动变形的动力源，在它的作用下，破裂岩块变形运动，深部围岩的膨胀势能推动浅部破裂岩块向洞内移动，从而产生较大的碎胀变形量。

在破裂岩体的碎胀变形过程中，如岩块周围无任何约束，碎胀变形可以自由释放，当其受到外界的约束时则会产生碎胀变形力。由于岩石碎胀变形对周围介质(支护)产生的变形压力称为碎胀力。碎胀力是一种被动力，它不仅与破碎岩体碎胀变形有关，而且还与周围介质力学性质及约束状况有关，如图5.2所示。若试件破裂后没有外界约束，允许破裂块体自由滑移，则试件只有碎胀变形而没有碎胀力[图5.2(a)]；若对试件施以刚性约束，则会产生很大的碎胀力，其数值与膨胀势能相当而不会有碎胀变形[图5.2(b)]；若外界有约束而有非刚性约束(围岩与支护相互作用，共同变形)时，才会既产生碎胀变形，又有碎胀力[图5.2(c)]，其数值与支护阻力及刚度有关。

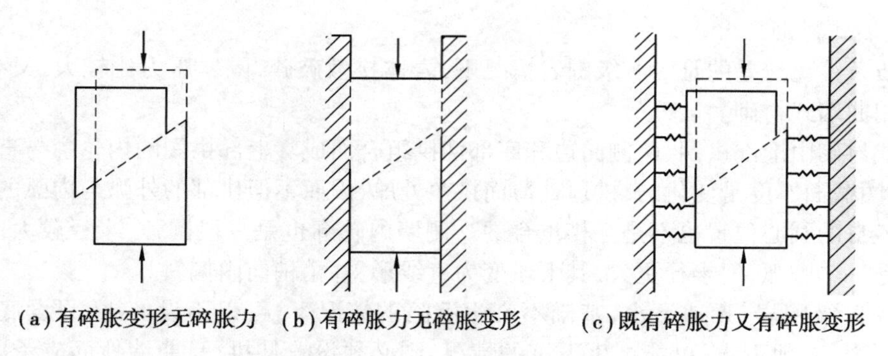

图 5.2 破裂试件碎胀力与碎胀变形

5.2.3 隧道单层衬砌的力学传递

在单层衬砌系统中，应力的内部传递机理是比较好的，但被约束的应力、流变及温度变化产生的应力等在第二层中非常早的时期就发生了，因此，不能充分传递因避免开裂造成损伤的压力。首先，结合面完全附着的场合，能够最好地控制因被约束的应变而发生的应力从围岩传递到第一层及全体衬砌，同时也是从第一层向第二层传递的最佳条件；其次，由于各个工程的地质及地下水等条件的不同，在修筑第二层衬砌时，必须给予合理的施设时间。

单层衬砌在支护过程中经历不同的荷载状况，隧道开挖后产生的围岩松弛及碎胀形变压力是荷载的主要来源。图 5.3 表示隧道单层衬砌的荷载经历过程，在荷载经历过程中能够分出两种不同的力学传递机理。

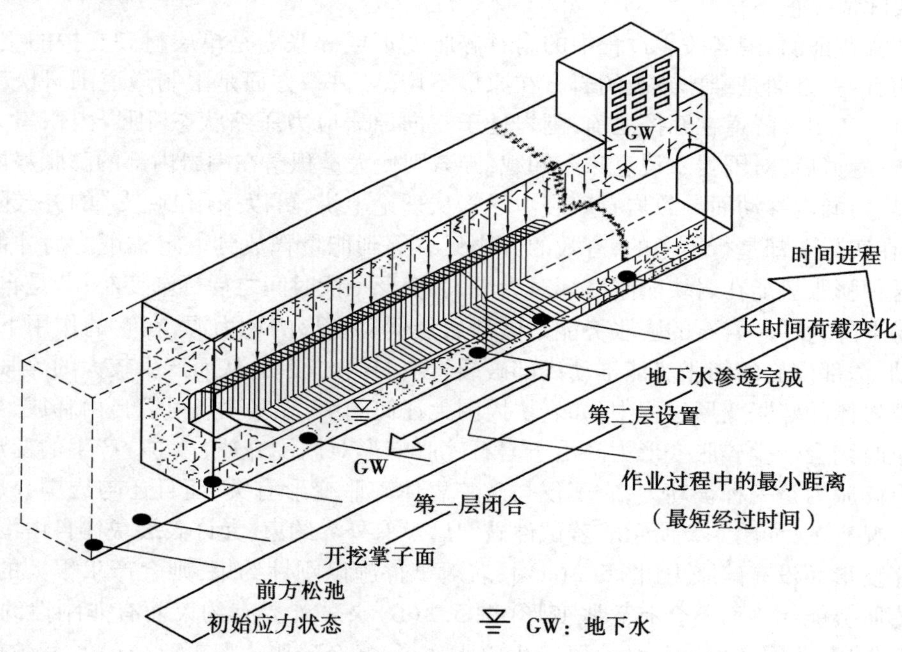

图 5.3 不同阶段的荷载状态

1）围岩压力的传递

这种压力的传递形态是洞室开挖后二次应力状态的调整过程。支护施工前围岩内形成一定的变形和松弛范围，隧道开挖后，逐渐形成的形变压力（包括弹塑性变形、围岩松弛和碎胀变形等）作用在第一层衬砌上。如图5.3所示，在第一层衬砌的施工到第二层衬砌施工完成的最短时间，是图5.4中所示的t_4（第二层）和t_1（第一层）闭合的时间差。如果围岩变形还在增大的过程中就修筑第二层衬砌，两层衬砌将与围岩产生共同变形以达到新的平衡状态，此时需要第二层衬砌有足够的承载力，如今纤维喷混凝土可以满足这个要求；如果围岩变形基本稳定后再施工第二层衬砌，第二层衬砌将起到防水或耐久的作用，很少甚至不承担围岩压力，这也体现了荷载按支护时间分配的原则，即"先支护、先受力"。

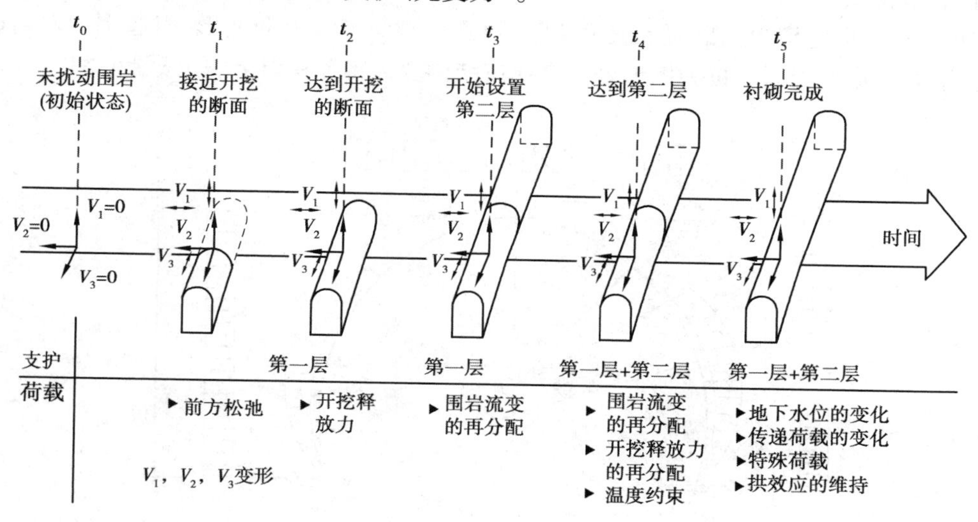

图5.4　荷载的时间历程

2）应力的内部传递

应力内部传递特征如下：

①第一层的变形传递；

②第二层的水化热冷却时产生温差的传递；

③第二层的收缩传递。

根据这样的传递机理，整个衬砌中因被约束应变而产生的应力是上升的，这样的应力在第二层完成后，在非常早的时期有一定效果，能够避免开裂的发生。因此，为满足单层衬砌的力学传递特性，单层衬砌构造必须满足两个条件：一是喷射混凝土要有一定的早期强度；二是必须尽可能地形成紧密咬合的一体化断面，也就是要求喷射混凝土与围岩之间、喷射混凝土层与喷射混凝土层有足够的黏结强度，包括沿着接触面切线方向产生"错位"的抗剪黏结力和沿着接触面法线方向的"因拉拔引起的剥落"的抗拉黏结力。

5.2.4 单衬砌结构计算

1) 曲墙式衬砌计算

在衬砌承受较大的垂直方向和水平方向的围岩压力时,常采用曲墙式衬砌型式。它由拱圈、曲边墙和底板组成,有向上的底部压力时设仰拱。曲墙式衬砌常用于Ⅳ～Ⅵ级较差围岩中,拱圈和曲边墙作为一个整体按无铰拱计算,施工时仰拱是在无铰拱也已受力之后修建的,所以一般不考虑仰拱对衬砌内力的影响。

(1)计算图式

在顶部衬砌向隧道内变形而形成脱离区,两侧衬砌向围岩方向变形,引起围岩对衬砌的被动弹性抗力,形成抗力区。抗力图形分布规律按结构变形特征作以下假定(图5.5):

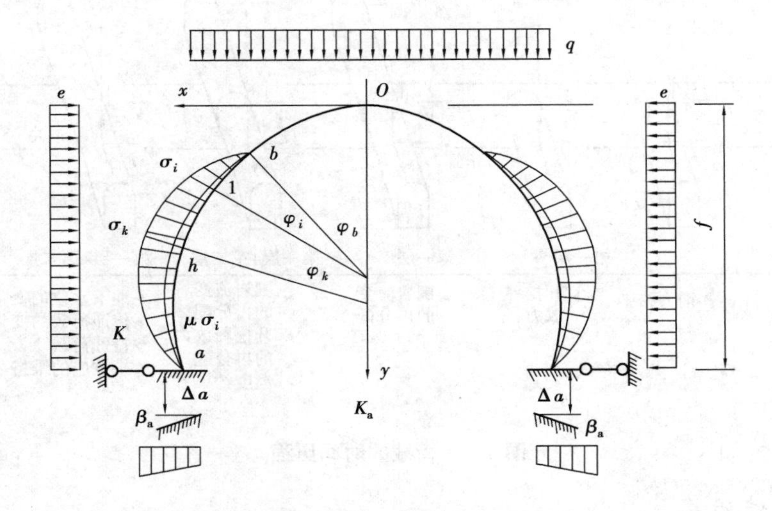

图5.5 按结构变形特征的抗力图形分布

①上零点 b(即脱离区与抗力区的分界点)与衬砌垂直对称中线的夹角假定为 $\varphi_b=45°$。

②下零点 a 在墙脚。墙脚处摩擦力很大,无水平位移,故弹性抗力为零。

③最大抗力点 h 假定发生在最大跨度附近,计算时一般取 $ah\approx\frac{2}{3}ab$,为简化计算可假定在分段的接缝上。

④抗力图形的分布按以下假定计算:

拱部 bh 段抗力按二次抛物线分布,任一点的抗力 σ_i 与最大抗力 σ_h 的关系为:

$$\sigma_i=\frac{\cos^2\varphi_b-\cos^2\varphi_i}{\cos^2\varphi_b-\cos^2\varphi_h}\sigma_h \tag{5.1}$$

边墙 ha 段的抗力为:

$$\sigma_i=\left[1-\left(\frac{y'_i}{y'_h}\right)^2\right]\sigma_h \tag{5.2}$$

式中 $\varphi_i,\varphi_b,\varphi_h$——$i,b,h$ 点所在截面与垂直对称轴的夹角;

y'_i——i 点所在截面与衬砌外轮廓线的交点至最大抗力点 h 的距离;

y'_h——墙底外缘至最大抗力点 h 的垂直距离。

ha 段边墙外缘一般都作成直线形，且比较厚，因刚度较大，故抗力分布也可假定为与高度呈直线关系。若 ha 段的一部分外缘为直线形，则可将其分为两部分分别计算，即曲边墙段按式(5.2)计算，直边墙段按直线关系计算。

两侧衬砌向围岩方向的变形引起弹性抗力，同时也引起摩擦力 s_i，其大小等于弹性抗力和衬砌与围岩间的摩擦系数的乘积：

$$s_i = \mu\sigma_i \tag{5.3}$$

计算表明，摩擦力影响很小，可以忽略不计，而忽略摩擦力的影响是偏于安全的。墙脚弹性地固定在地基上，可以发生转动和垂直位移。如前所述，在结构和荷载均对称时，垂直位移对衬砌内力不产生影响。因此，若不考虑仰拱的作用，可将计算简图表示为图5.6的形式。

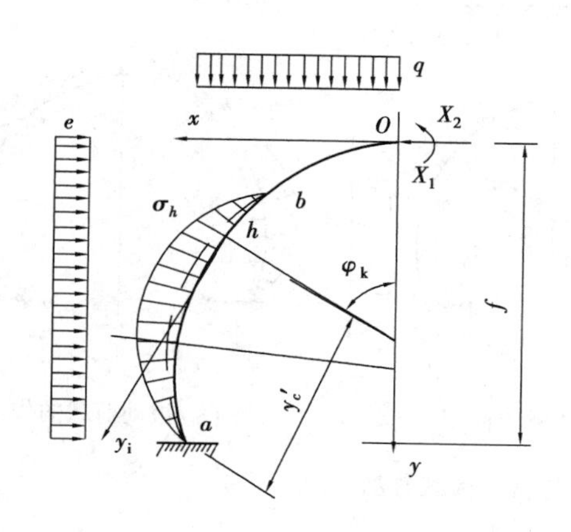

图5.6　曲墙衬砌的计算简图

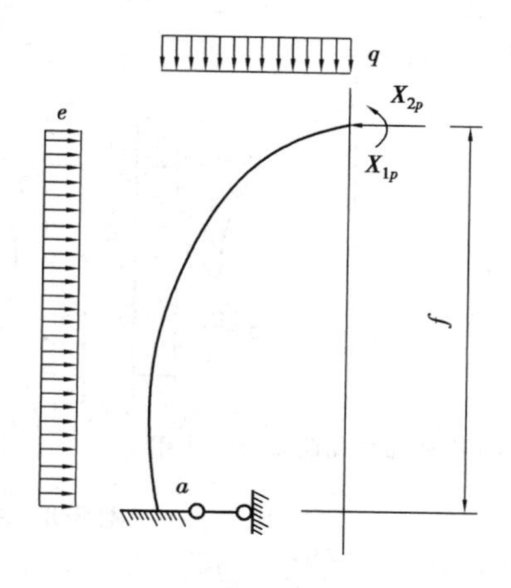

图5.7　曲墙衬砌的基本结构

(2)主动荷载作用下的力法方程和衬砌内力

取基本结构如图5.7所示，未知力为 X_{1p}、X_{2p}，根据拱顶截面相对变位为零的条件，可以列出力法方程式：

$$\begin{aligned} X_{1p}\delta_{11} + X_{2p}\delta_{12} + \Delta_{1p} + \beta_{ap} = 0 \\ X_{1p}\delta_{21} + X_{2p}\delta_{22} + \Delta_{2p} + f\beta_{ap} + u_{ap} = 0 \end{aligned} \tag{5.4}$$

式中　β_{ap}, u_{ap}——墙底位移，分别计算 X_{1p}, X_{2p} 和外荷载的影响，然后按照叠加原理相加得到：

$$\beta_{ap} = X_{1p}\overline{\beta}_1 + X_{2p}(\overline{\beta}_2 + f\overline{\beta}_1) + \beta_{ap}^0 \tag{5.5}$$

由于墙底无水平位移，故 $u_{ap}=0$，代入式(5.4)整理可得：

$$\begin{aligned} X_{1p}(\delta_{11} + \overline{\beta}_1) + X_{2p}(\delta_{12} + f\overline{\beta}_1) + \Delta_{1p} + \beta_{ap} = 0 \\ X_{1p}(\delta_{21} + f\overline{\beta}_1) + X_{2p}(\delta_{22} + f^2\overline{\beta}_1) + \Delta_{2p} + f\beta_{ap} = 0 \end{aligned} \tag{5.6}$$

式中　δ_{ik}, Δ_{ip}——基本结构的单位位移和主动荷载位移；

$\overline{\beta}_1$——墙底单位转角；

β_{ap}^0——基本结构墙底的荷载转角；

f——衬砌的矢高。

求得 X_{1p}, X_{2p} 后，在主动荷载作用下，衬砌内力可得：

$$\begin{aligned} M_{ip} = X_{1p} + X_{2p}y_i + M_{ip}^0 \\ N_{ip} = X_{2p}\cos\varphi_i + N_{ip}^0 \end{aligned} \tag{5.7}$$

在具体进行计算时，还需进一步确定被动抗力 σ_h 的大小，这需要利用最大抗力点 h 处的变形协调条件。在主动荷载作用下，通过式(5.7)可解出内力 M_{ip}，N_{ip}，并求出 h 点的位移 δ_{hp}，如图5.8(b)所示。在被动荷载作用下的内力和位移，可以通过 $\overline{\sigma}_h=1$ 的单位弹性抗力图形作为外荷载时所求得的任一截面内力 $\overline{M}_{i\sigma}$，$\overline{N}_{i\sigma}$ 和最大抗力点 h 处的位移 $\delta_{h\sigma}$，如图5.8(c)所示，并利用叠加原理求出 h 点的最终位移：

$$\delta_h=\delta_{hp}+\sigma_h\delta_{h\sigma} \tag{5.8}$$

由温克尔假定可以得到 h 点的弹性抗力与位移的关系：$\sigma_h=k\delta_h$，代入式(5.8)可得：

$$\sigma_h=\frac{k\delta_{hp}}{1-k\delta_{h\sigma}} \tag{5.9}$$

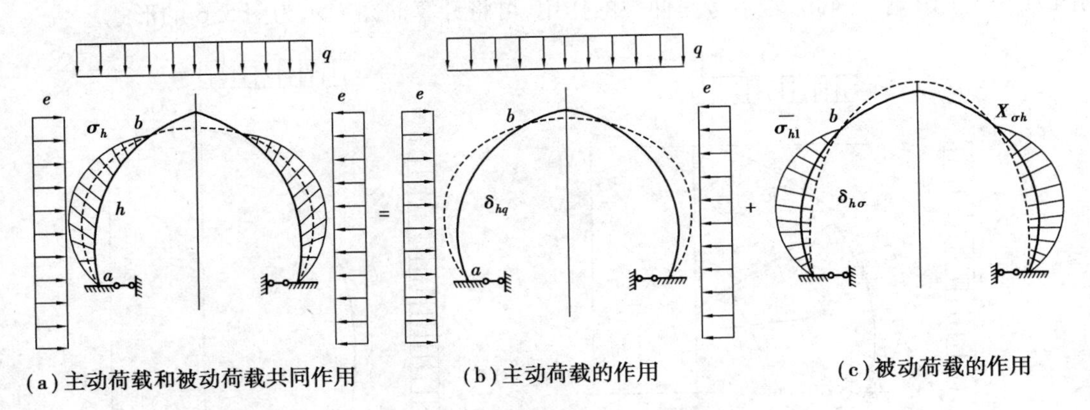

(a)主动荷载和被动荷载共同作用　(b)主动荷载的作用　(c)被动荷载的作用

图5.8　主动荷载与被动荷载叠加

(3)最大抗力值的计算

由式(5.9)可知，欲求 σ_h 则应先求出 δ_{hp} 和 $\delta_{h\sigma}$。变位由两部分组成，即结构在荷载作用下的变位和因墙底变位(转角)而产生的变位之和。前者按结构力学方法，先画出 $\overline{M}_{i\sigma}$，$\overline{N}_{i\sigma}$ 图，如图5.9(a)、(b)所示，再在 h 点处的所求变位方向上加一单位力 $p=1$，绘出 $\overline{M}_{ih}$ 图，如图5.9(c)所示，墙底变位在 h 点处产生的位移可由几何关系求出。位移可以表示为：

$$\begin{aligned}\delta_{hp}&=\int\frac{M_p\overline{M}_h}{EJ}\mathrm{d}s+y_{ah}\beta_{\mathrm{ap}}\approx\frac{\Delta s}{E}\sum\frac{M_p\overline{M}_h}{J}+y_{ah}\beta_{\mathrm{ap}}\\ \delta_{h\sigma}&=\int\frac{M_\sigma\overline{M}_h}{EJ}\mathrm{d}s+y_{ah}\beta_{a\sigma}\approx\frac{\Delta s}{E}\sum\frac{M_\sigma\overline{M}_h}{J}+y_{ah}\beta_{a\sigma}\end{aligned} \tag{5.10}$$

β_{ap} 是因主动荷载作用而产生的墙底转角，可参照式($\beta^0_{\mathrm{ap}}=M^0_{\mathrm{ap}}\overline{\beta}_1+H^0_{\mathrm{ap}}\overline{\beta}_2=M^0_{\mathrm{ap}}\overline{\beta}_1$)计算；$\beta_{a\sigma}$ 是因单位抗力作用而产生的墙底转角，可参照式 $u^0_{\mathrm{ap}}=M^0_{\mathrm{ap}}\overline{u}_1+H^0_{\mathrm{ap}}\overline{u}_2=N^0_{\mathrm{ap}}\dfrac{\cos\varphi_{\mathrm{a}}}{k_{\mathrm{a}}bh_{\mathrm{a}}}$计算；$y_{ah}$ 为墙底中心 a 至最大抗力截面的垂直距离。

如果 h 点所对应的 $\varphi_h=90°$，则该点的径向位移和水平位移相差很小，故可视为水平位移。又由于结构与荷载对称时，拱顶截面的垂直位移对 h 点径向位移的影响可以忽略不计。因此计算该点水平位移时，可以取如图5.10所示的结构，使计算得到简化。按照结构力学方法，在 h 点加一单位力 $p=1$，可以求得 δ_{hp} 和 $\delta_{h\sigma}$。

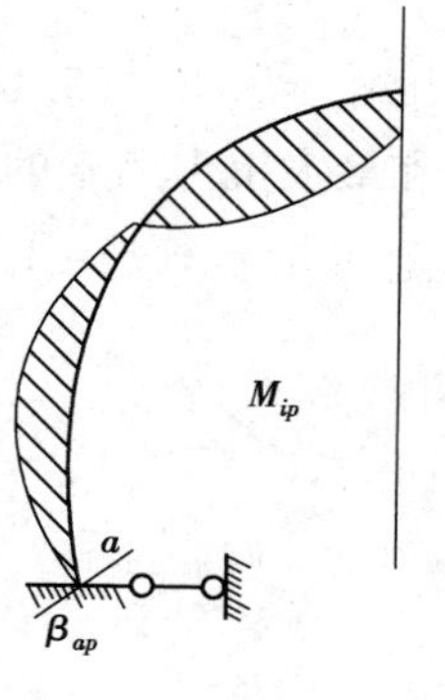

(a)外载弯矩图

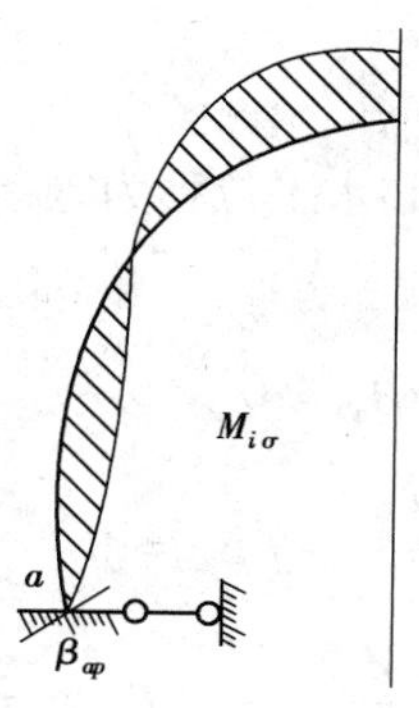

(b)抗力弯矩图

(c) 变位点单位力弯矩图

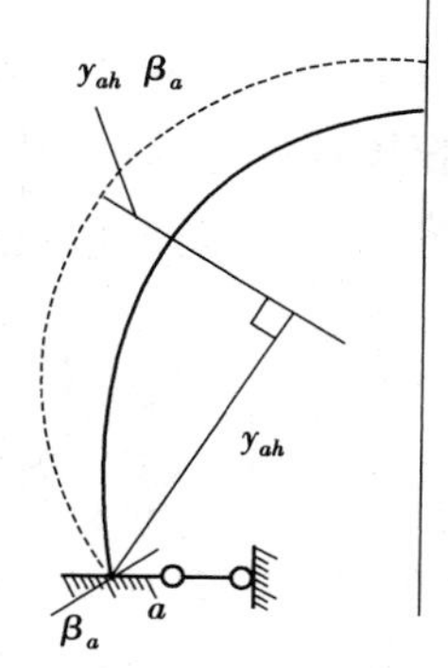

(d)墙脚变位引起的h点位移

图 5.9　指定点的内力与变位图

$$\delta_{hp} = \int \frac{M_p(y_h - y)}{EJ}\mathrm{d}s \approx \frac{\Delta s}{E}\sum \frac{M_p}{J}(y_h - y)$$
$$\delta_{h\sigma} = \int \frac{M_\sigma[(y_h - y)]}{EJ}\mathrm{d}s \approx \frac{\Delta s}{E}\sum \frac{M_\sigma}{J}(y_h - y) \tag{5.11}$$

式中　y_h, y——h 点和任一点的垂直坐标。

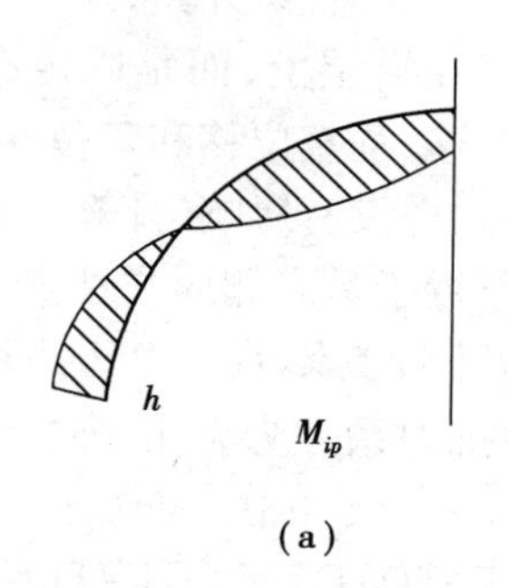

(a)

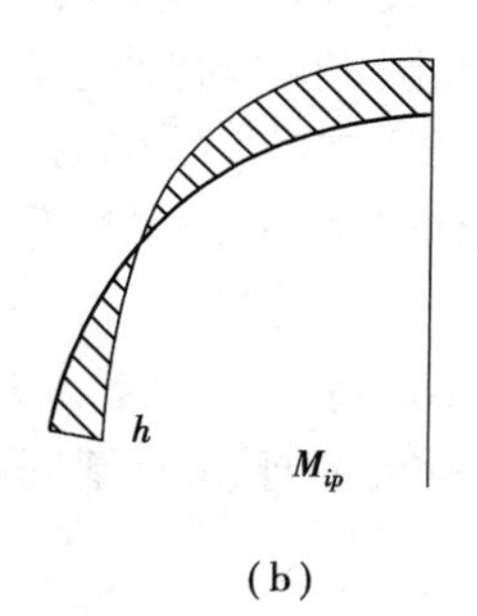

(b)

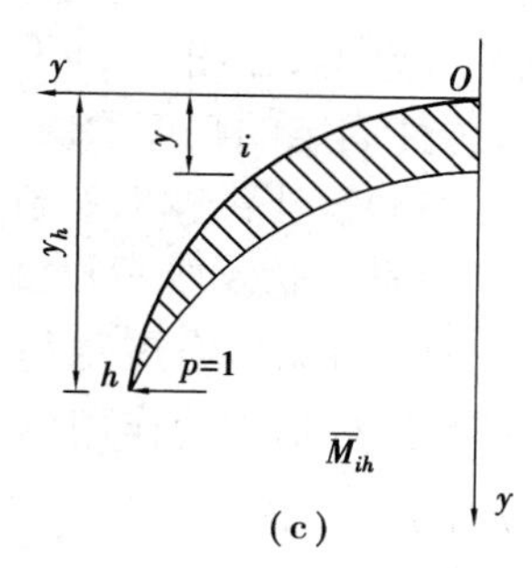

(c)

图 5.10　外载及单位荷载的弯矩图

(4)在单位抗力作用下的内力

将$\overline{\sigma}_h = 1$ 抗力视为外荷载单独作用时,未知力 $X_{1\sigma}$及 $X_{2\sigma}$可以参照 X_{1p}及 X_{2p}的求法得出,可以列出力法方程:

$$X_{1\sigma}(\delta_{11} + \overline{\beta}_1) + X_{2\sigma}(\delta_{12} + f\overline{\beta}_1) + \Delta_{1\sigma} + \beta_{a\sigma} = 0$$
$$X_{1\sigma}(\delta_{21} + f\overline{\beta}_1) + X_{2\sigma}(\delta_{22} + f^2\overline{\beta}_1) + \Delta_{2\sigma} + f\beta_{a\sigma} = 0 \tag{5.12}$$

式中　$\Delta_{1\sigma}, \Delta_{2\sigma}$——单位抗力引起的基本结构在 $X_{1\sigma}$及 $X_{2\sigma}$方向的位移;

$\beta_{a\sigma}^0$——单位抗力引起的基本结构墙底转角,$\beta_{a\sigma}^0 = M_{a\sigma}^0\overline{\beta}_1$;

其余符号意义同前。

解出 $X_{1\sigma}$及 $X_{2\sigma}$后,即可求出衬砌在单位抗力单独作用下任一截面内力:

$$M_{i\sigma} = X_{1\sigma} + X_{2\sigma}y_i + M_{i\sigma}^0$$
$$N_{i\sigma} = X_{2\sigma}\cos\varphi_i + N_{i\sigma}^0 \tag{5.13}$$

(5)衬砌最终内力计算及校核

衬砌任一截面最终内力值可利用叠加原理求得:

$$M_i = M_{ip} + \sigma_h M_{i\sigma}$$
$$N_i = N_{ip} + \sigma_h N_{i\sigma} \tag{5.14}$$

校核计算结果正确性时，可以利用拱顶截面转角和水平位移为零条件和最大抗力点 a 的位移条件：

$$\begin{aligned}
&\int \frac{M_i \mathrm{d}s}{EJ} + \beta_a \approx \frac{\Delta s}{E}\sum \frac{M_i}{J} + \beta_a = 0 \\
&\int \frac{M_i y_i \mathrm{d}s}{EJ} + f\beta_a \approx \frac{\Delta s}{E}\sum \frac{M_i y_i}{J} + f\beta_a = 0 \\
&\int \frac{M_i y_{ih} \mathrm{d}s}{EJ} + y_{ah}\beta_a \approx \frac{\Delta s}{E}\sum \frac{M_i y_{ih}}{J} + y_{ah}\beta_a = \frac{\sigma_h}{k}
\end{aligned} \tag{5.15}$$

式中　β_a——墙底截面最终转角，$\beta_a = \beta_{ap} + \sigma_h \beta_{a\sigma}$。

2）直墙式衬砌计算

直墙式衬砌的计算方法很多，如力法、位移法及链杆法等，本节仅介绍力法。这种直墙式衬砌由拱圈、直边墙和底板组成。计算时仅计算拱圈及直边墙，底板不进行衬砌计算，需要时按道路路面结构计算。

（1）计算原理

拱圈按弹性无铰拱计算，拱脚支承在边墙上，边墙按弹性地基上的直梁计算，并考虑边墙与拱圈之间的相互影响，如图 5.11 所示。由于拱脚并非直接固定在岩层上，而是固定在直墙顶端，所以拱脚弹性固定的程度取决于墙顶的变形。拱脚有水平位移、垂直位移和角位移，墙顶位移与拱脚位移一致。当结构对称、荷载对称时，垂直位移对衬砌内力没有影响，计算中只需考虑水平位移与角位移。边墙支承拱圈并承受水平围岩压力，可看作置于具有侧向弹性抗力系数为 k 的弹性地基上的直梁。有展宽基础时，其高度一般不大，可以不计其影响。由于边墙高度远远大于底部宽度，对基础的作用可以看作是置于具有基底弹性抗力系数为 k_a 的弹性地基上的刚性梁。

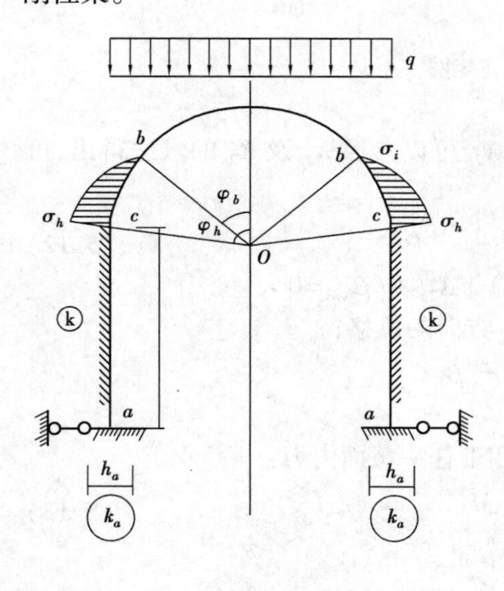

图 5.11　直墙与拱圈的相互影响

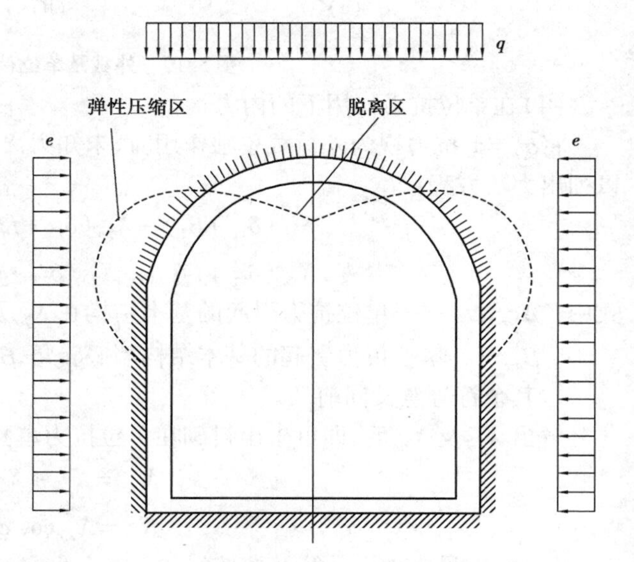

图 5.12　主动荷载下的脱离区与抗力区

衬砌结构在主动荷载(围岩压力和自重等)的作用下,拱圈顶部向坑道内部产生位移,如图5.12所示,这部分结构能自由变形,没有围岩弹性抗力。拱圈两侧压向围岩,形成抗力区,引起相应的弹性抗力。在实际施工中,拱圈上部间隙一般很难做到回填密实,因而拱圈弹性抗力区范围一般不大。弹性抗力的分布规律及大小,与多种因素有关。由于拱圈是弹性地基上的曲梁,尤其是曲梁刚度改变时,其计算非常复杂,因而仍用假定抗力分布图形法。直墙式衬砌拱圈变形与曲墙式衬砌拱圈变形近似,计算时可用曲墙式衬砌关于拱部抗力图形的假定,认为按二次抛物线形状分布。上零点 φ_b 位于45°~55°之间,最大抗力 σ_h 在直边墙的顶面(拱脚)c 处,b,c 间任一点 i 处的抗力为 φ_i 的函数,即:

$$\sigma_i = \frac{\cos^2\varphi_b - \cos^2\varphi_i}{\cos^2\varphi_b - \cos^2\varphi_h}\sigma_h \tag{5.16}$$

当 $\varphi_b = 45°$,$\varphi_h = 90°$时,可以简化为:

$$\sigma_i = (1 - 2\cos^2\varphi_i)\sigma_h \tag{5.17}$$

弹性抗力引起的摩擦力,可由弹性抗力乘摩擦系数 μ 求得,但通常可以忽略不计。弹性抗力 σ_i(或 σ_h)为未知数,但可根据温克尔假定建立变形条件,增加一个 $\sigma_i = k\delta_i$ 的方程式。

由上述可以看出,直墙式衬砌的拱圈计算原理与曲墙式衬砌计算相同,可以参照相应公式计算。

(2)边墙的计算

由于拱脚不是直接支承在围岩上,而是支承在直边墙上,所以直墙式衬砌的拱圈计算中的拱脚位移,需要考虑边墙变位的影响。直边墙的变形和受力状况与弹性地基梁相类似,可以作为弹性地基上的直梁计算。墙顶(拱脚)变位与弹性地基梁(边墙)的弹性特征值及换算长度 αh 有关,按 αh 可以分为3种情况:边墙为短梁($1 < \alpha h < 2.75$)、边墙为长梁($\alpha h \geqslant 2.75$)、边墙为刚性梁($\alpha h \leqslant 1$)。

①边墙为短梁($1 < \alpha h < 2.75$)。

短梁的一端受力及变形对另一端有影响,计算墙顶变位时,要考虑墙脚的受力和变形的影响。

设直边墙(弹性地基梁)c 端作用有拱脚传来的力矩 M_c、水平力 H_c、垂直力 V_c 以及作用于墙身的按梯形分布的主动侧压力。求墙顶所产生的转角 β_{cp}^0 及水平位移 u_{cp}^0,然后即可按以前方法求出拱圈的内力及位移。由于垂直力 V_c 对墙变位仅在有基底加宽时才产生影响,而目前直墙式衬砌的边墙基底一般均不加宽,所以不需考虑。根据弹性地基上直梁的计算公式可以求得边墙任一截面的位移 y、转角 θ、弯矩 M 和剪力 H,再结合墙底的弹性固定条件,得到墙底的位移和转角。这样就可以求得墙顶的单位变位和荷载(包括围岩压力及抗力)变位。由于短梁一端荷载对另一端的变形有影响,墙脚的弹性固定状况对墙顶变形必然有影响,所以计算公式的推导是复杂的。下面仅给出结果,参见图5.13。

墙顶在单位弯矩 $\overline{M}_c = 1$ 单独作用下,墙顶的转角 $\overline{\beta}_1$ 和水平位移 $\overline{u}_1$ 为:

$$\overline{\beta}_1 = \frac{4\alpha^3}{c}(\varphi_{11} + \varphi_{12}A)$$

$$\overline{u}_1 = \frac{2\alpha^2}{c}(\varphi_{13} + \varphi_{11}A) \tag{5.18}$$

墙顶在单位水平力 $H_c = 1$ 单独作用下,墙顶位移为 $\overline{\beta}_2$ 和 $\overline{u}_2$ 为:

$$\bar{\beta}_2 = \bar{u}_1 = \frac{2\alpha^2}{c}(\varphi_{13} + \varphi_{11}A) \tag{5.19}$$
$$\bar{u}_2 = \frac{2\alpha}{c}(\varphi_{10} + \varphi_{13}A)$$

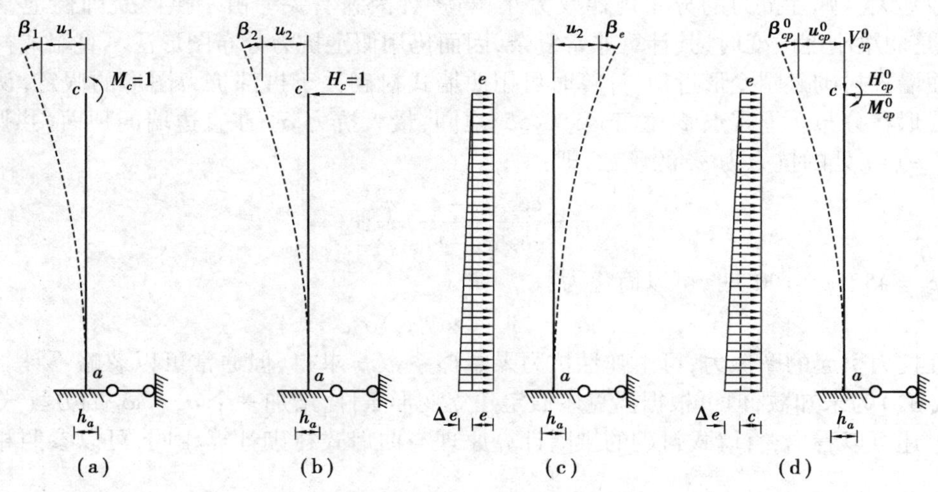

图 5.13　直墙在单位荷载和外荷载下的变位图

在主动侧压力(梯形荷载)作用下,墙顶位移 β_e, u_e 分别为:

$$\beta_e = -\frac{\alpha}{c}(\varphi_4 + \varphi_3 A)e - \frac{\alpha}{c}\left[\left(\varphi_4 - \frac{\varphi_{14}}{\alpha h}\right) + \left(\varphi_3 - \frac{\varphi_{10}}{\alpha h}\right)A\right]\Delta e \tag{5.20}$$

$$u_e = -\frac{1}{c}(\varphi_{14} + \varphi_{15}A)e - \frac{1}{c}\left(\frac{\varphi_2}{2\alpha h} - \varphi_1 + \frac{\varphi_4}{2}A\right)\Delta e \tag{5.21}$$

式中　$\alpha = \sqrt[4]{\frac{k}{4EJ}}; A = \frac{k\beta_a}{2\alpha^3} = \frac{6}{nh_a^3\alpha^3}; n = \frac{k_0}{k}; c = k(\varphi_9 + \varphi_{10}A)$;

k_0——基底弹性抗力系数;

k——侧向弹性抗力系数;

β_a——基底作用有单位力矩时所产生的转角,$\beta_a = 1/k_0 J_a$;

h——边墙的侧面高度,在边墙顶 $x = 0$,在墙底 $x = h$。

$$\begin{aligned}
&\varphi_1 = \mathrm{ch}\alpha x \cos\alpha x; \varphi_2 = \mathrm{ch}\alpha x \sin\alpha x + \mathrm{sh}\alpha x \cos\alpha x \\
&\varphi_3 = \mathrm{sh}\alpha x \sin\alpha x; \varphi_4 = \mathrm{ch}\alpha x \sin\alpha x - \mathrm{sh}\alpha x \cos\alpha x \\
&\varphi_5 = (\mathrm{ch}\alpha x - \mathrm{sh}\alpha x)(\cos\alpha x - \sin\alpha x); \varphi_6 = \cos\alpha x(\mathrm{ch}\alpha x - \mathrm{sh}\alpha x) \\
&\varphi_7 = (\mathrm{ch}\alpha x - \mathrm{sh}\alpha x)(\cos\alpha x + \sin\alpha x); \varphi_8 = \sin\alpha x(\mathrm{ch}\alpha x - \mathrm{sh}\alpha x) \\
&\varphi_9 = \frac{1}{2}(\mathrm{ch}^2\alpha x + \cos^2\alpha x); \varphi_{10} = \frac{1}{2}(\mathrm{sh}\alpha x\,\mathrm{ch}\alpha x - \sin\alpha x \cos\alpha x) \\
&\varphi_{11} = \frac{1}{2}(\mathrm{sh}\alpha x\,\mathrm{ch}\alpha x + \sin\alpha x \cos\alpha x); \varphi_{12} = \frac{1}{2}(\mathrm{ch}^2\alpha x - \sin^2\alpha x) \\
&\varphi_{13} = \frac{1}{2}(\mathrm{ch}^2\alpha x + \sin^2\alpha x); \varphi_{14} = \frac{1}{2}(\mathrm{ch}\alpha x + \cos\alpha x)^2 \\
&\varphi_{15} = \frac{1}{2}(\mathrm{sh}\alpha x + \sin\alpha x)(\mathrm{ch}\alpha x - \cos\alpha x)
\end{aligned} \tag{5.22}$$

墙顶单位变位求出后，由基本结构传来的拱部外荷载（包括主动荷载及被动荷载使墙顶产生的转角及水平位移），即不难求出。当基础无展宽时，墙顶位移为：

$$\beta_{cp}^{0}=M_{cp}^{0}\bar{\beta}_{1}+H_{cp}^{0}\bar{\beta}_{2}+e\bar{\beta}_{e}=0$$
$$u_{cp}^{0}=M_{cp}^{0}\bar{u}_{1}+H_{cp}^{0}\bar{u}_{2}+e\bar{u}_{e}=0 \tag{5.23}$$

墙顶截面的弯知 M_c，水平力 H_c，转角 β_c 和水平位移 u_c 为：

$$M_c=M_{cp}^{0}+X_1+X_2f$$
$$H_c=H_{cp}^{0}+X_2$$
$$\beta_c=X_1\bar{\beta}_1+X_2(\bar{\beta}_2+f\bar{\beta}_1)+\beta_{cp}^{0}$$
$$u_c=X_1\bar{u}_1+X_2(\bar{u}_2+f\bar{u}_1)+u_{cp}^{0} \tag{5.24}$$

以 M_c，H_c，β_c 及 u_c 为初参数，即可由初参数方程求得距墙顶为 x 的任一截面的内力和位移。若边墙上无侧压力作用，即 $e=0$ 时，则：

$$M=-u_c\frac{k}{2\alpha^2}\varphi_3+\beta_c\frac{k}{4\alpha^3}\varphi_4+M_c\varphi_1+H_c\frac{1}{2\alpha}\varphi_2$$
$$H=-u_c\frac{k}{2\alpha}\varphi_2+\beta_c\frac{k}{2\alpha^2}\varphi_3-M_c\alpha\varphi_4+H_c\varphi_1$$
$$\beta=u_c\alpha\varphi_4+\beta_c\varphi_1-M_c\frac{2\alpha^3}{k}\varphi_2-H_c\frac{2\alpha^2}{k}\varphi_3 \tag{5.25}$$
$$u=u_c\varphi_1-\beta_c\frac{1}{2\alpha}\varphi_2+M_c\frac{2\alpha^2}{k}\varphi_3+H_c\frac{\alpha}{k}\varphi_4$$

②边墙为长梁（$\alpha h\geqslant 2.75$）。

换算长度 $\alpha h\geqslant 2.75$ 时，可将边墙视为弹性地基上的半无限长梁（简称长梁）或柔性梁，近似看作为 $\alpha h=\infty$。此时边墙具有柔性，可认为墙顶的受力（除垂直力外）和变形对墙底没有影响。这种衬砌应用于较好围岩中，不考虑水平围岩压力作用。由于墙底的固定情况对墙顶的位移没有影响，故墙顶单位位移可以简化为：

$$\bar{\beta}_1=\frac{4\alpha^3}{k}$$
$$\bar{u}_1=\bar{\beta}_2=\frac{2\alpha^2}{k}$$
$$\bar{u}_2=\frac{2\alpha}{k} \tag{5.26}$$
$$\beta_e=-\frac{\alpha}{c}(\varphi_4+\varphi_3A)$$
$$u_e=-\frac{1}{c}(\varphi_{14}+\varphi_{15}A)$$

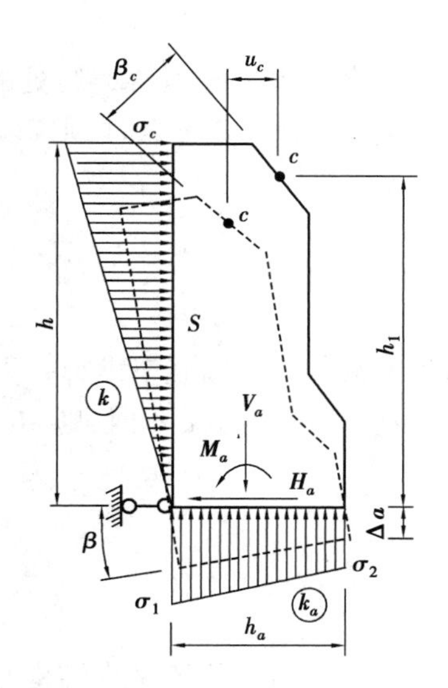

图 5.14　刚性边墙的受力图

③边墙为刚性梁（$\alpha h\leqslant 1$）。

换算长度 $\alpha h\leqslant 1$ 时，可近似作为弹性地基上的绝对刚性梁，近似认为 $\alpha h=0$（即 $EJ=\infty$）。认为边墙本身不产生弹性变形，在外力作用下只产生刚体位移，即只产生整体下沉和转动。由于墙底摩擦力很大，所以不产生水平位移。当边墙向围岩方向位移时，围岩将对边墙产生弹性抗力，墙底处为零，墙顶处为最大值 σ_h，中间呈直线分布。墙底面的抗力按梯形分布，如图 5.14 所示。由静力平衡条件，对墙底中点 a 取矩，可得：

$$M_a - \left[\frac{\sigma_h h^2}{3} + \frac{(\sigma_1 - \sigma_2)h_a^2}{12} + \frac{s h_a}{2}\right] = 0 \tag{5.27}$$

式中　s——边墙外缘由围岩弹性抗力所产生的摩擦力，$s = \mu \dfrac{\sigma_h h}{2}$；

μ——衬砌与围岩间的摩擦系数；

σ_1, σ_2——墙底两边沿的弹性应力。

由于边墙为刚性，故底面和侧面均有同一转角 β，二者应相等，所以有：

$$\beta = \frac{\sigma_1 - \sigma_2}{k_a h_a} = \frac{\sigma_h}{kh} \tag{5.28}$$

$$\sigma_1 - \sigma_2 = n\sigma_h \frac{h_a}{h} \tag{5.29}$$

式中，$n = k_a / k$，对同一围岩，因基底受压面积小，压缩得较密实，可取为 1.25。

将式(5.29)代入式(5.27)得：

$$\sigma_h = \frac{12 M_a h}{4h^3 n h_a^3 + 3\mu h_a h^2} = \frac{M_a h}{J_a'} \tag{5.30}$$

式中　J_a'——刚性墙的综合转动惯量，$J_a' = \dfrac{4h^3 n h_a^3 + 3\mu h_a h^2}{12}$，因而墙侧面的转角为：

$$\beta = \frac{\sigma_h}{kh} = \frac{M_a}{kJ_a'} \tag{5.31}$$

由此可求出墙顶(拱脚)处的单位位移及荷载位移：

$M_c = 1$ 作用于 c 点时，则 $M_a = 1$，故：

$$\left.\begin{aligned} \bar{\beta}_1 &= \frac{1}{kJ_a'} \\ \bar{u}_1 &= \bar{\beta}_1 h_1 = \frac{h_1}{kJ_a'} \end{aligned}\right\} \tag{5.32}$$

式中　h_1——自墙底至拱脚 C 点的垂直距离。

$H_c = 1$ 作用于 c 点时，则 $M_a = h_1$，故：

$$\left.\begin{aligned} \bar{\beta}_2 &= \frac{h_1}{kJ_a'} = \bar{\beta}_1 h_1 \\ \bar{u}_2 &= \bar{\beta}_2 h_1 = \frac{h_1^2}{kJ_a'} = \bar{\beta}_1 h_1^2 \end{aligned}\right\} \tag{5.33}$$

主动荷载作用于基本结构时，则 $M_a = M_{ap}^0$，故：

$$\left.\begin{aligned} \beta_{cp}^0 &= \frac{M_{ap}^0}{kJ_a'} = \bar{\beta}_1 M_{ap}^0 \\ u_{cp}^0 &= \beta_{cp}^0 h_1 = \frac{M_{ap}^0 h_1}{kJ_a'} \end{aligned}\right\} \tag{5.34}$$

由此不难进一步求出拱顶的多余未知力和拱脚(墙顶)处的内力，以及边墙任一截面的内力。

5.2.5　单衬砌结构验算

隧道结构应按破损阶段法验算构件截面的强度。结构抗裂有要求时，对混凝土构件应进行抗裂验算，对钢筋混凝土构件应验算其裂缝宽度。深埋隧道中的整体式衬砌、浅埋隧道中的整体或复合式衬砌的二次衬砌及明洞衬砌等宜采用荷载结构法计算。

采用荷载结构法计算隧道衬砌的内力和变形时，应考虑弹性抗力等因素。弹性抗力的大小及分布，对回填密实的衬砌可采用局部变形理论，按式(5.35)计算确定。

$$\sigma = k\delta \tag{5.35}$$

式中　σ——弹性抗力的强度，MPa；

k——围岩弹性抗力系数；

δ——衬砌朝向围岩的变形值，m，变形朝向洞内时取零。

按破损阶段验算构件截面的强度时，应根据不同的荷载组合，分别采用不同的安全系数，并不应小于表5.1和表5.2的数值。验算施工阶段的强度时，安全系数可采用表5.1和表5.2“永久荷载+基本可变荷载+其他可变荷载”栏内的数值乘以折减系数0.9。

表5.1　混凝土和砌体结构各种荷载组合的强度安全系数

破坏原因	混凝土			砌体		
	永久荷载+基本可变荷载	永久荷载+基本可变荷载+其他可变荷载	永久荷载或永久荷载+偶然荷载	永久荷载+基本可变荷载	永久荷载+基本可变荷载+其他可变荷载	永久荷载+偶然荷载
混凝土或砌体达到抗压极限强度	2.4	2.0	1.8	2.7	2.3	2.0
混凝土达到抗拉极限强度	3.6	3.0	2.7			

表5.2　钢筋混凝土结构各种荷载组合的强度安全系数

破坏原因	永久荷载或永久荷载+基本可变荷载	永久荷载+基本可变荷载+其他可变荷载	永久荷载+偶然荷载
钢筋达到极限强度或混凝土达到抗压或抗剪极限强度	2.0	1.7	1.5
混凝土达到抗拉极限强度	2.4	2.0	1.8

围岩稳定性分析时，可采用有限元强度折减法验算施工过程中的围岩安全系数。可将初期支护施工后的围岩安全系数作为判断围岩稳定性的依据。进行衬砌计算时，围岩的特性参数值应按地质资料选用。隧道开挖后，应根据实际地质和监控量测结果对其修正。

整体式衬砌、明洞衬砌的混凝土偏心受压构件，其轴向力的偏心距不宜大于截面厚度的0.45倍；对于半路堑式明洞外墙、棚洞、明洞边墙和砌体偏心受压构件，不应大于截面厚度的0.3

倍。基底偏心距应符合表 5.3 的规定。

表 5.3　隧道衬砌结构主要验算规定

墙身截面荷载效应值 S_d	≤结构抗力效应值 R_d（按极限状态计算）
墙身截面偏心距 e	≤0.3 倍截面厚度
基底应力 σ	≤地基容许承载力
基底偏心距 e	岩石地基≤$B/5 \sim B/4$；土质地基≤$B/6$（B 为墙底厚度）
滑动稳定安全系数 K_c	≥1.3
倾覆稳定安全系数 K_0	≥1.6

混凝土和砌体矩形截面轴心及偏心受压构件的抗压强度应按式(5.36)计算：

$$KN \leqslant \varphi \alpha R_a bh \tag{5.36}$$

式中　K——安全系数，按表 5.1 采用；

N——轴向力，kN；

φ——构件纵向弯曲系数，对于隧道衬砌、明洞拱圈及墙背紧密回填的边墙，可取 $\varphi=1$，对于其他构件，应根据其长细比按表 5.4 采用；

α——轴向力的偏心影响系数，按表 5.5 采用；

R_a——混凝土或砌体的抗压极限强度；

B——截面宽度，m；

H——截面厚度，m。

表 5.4　混凝土及砌体构件的纵向弯曲系数

H/h	<4	4	6	8	10	12	14	16
纵向弯曲系数 φ	1.00	0.98	0.96	0.91	0.86	0.82	0.77	0.72
H/h	18	20	22	24	26	28	30	
纵向弯曲系数 φ	0.68	0.63	0.59	0.55	0.51	0.47	0.44	

注：①H 为构件的高度，h 为截面短边的边长（当中心受压时）或弯矩作用平面内的截面边长（当偏心受压时）；
②当 H/h 为表列数值的中间值时，可按内插法求得。

表 5.5　偏心影响系数 α

e_0/h	α	e_0/h	α	e_0/h	α	e_0/h	α	e_0/h	α
0.00	1.000	0.10	0.954	0.20	0.750	0.30	0.480	0.40	0.236
0.02	1.000	0.12	0.923	0.22	0.698	0.32	0.426	0.42	0.199
0.04	1.000	0.14	0.886	0.24	0.645	0.34	0.374	0.44	0.170
0.06	0.996	0.16	0.845	0.26	0.590	0.36	0.324	0.46	0.142
0.08	0.979	0.18	0.799	0.28	0.535	0.38	0.278	0.48	0.123

注：①e_0 为轴向力偏心距；
②$\alpha = 1.000 + 0.648(e_0/h) - 12.569(e_0/h)^2 + 15.444(e_0/h)^3$。

按抗裂要求，混凝土矩形截面偏心受压构件的抗拉强度应按下式计算：

$$KN \leqslant \frac{1.75R_1 bh}{\frac{6e_0}{h}-1} \tag{5.37}$$

式中 K——安全系数，按表 5.1 采用；

N——轴向力，kN；

R_1——混凝土的抗拉极限强度；

b——截面宽度，m；

h——截面厚度，m；

e_0——轴向力偏心距，m。

整体式衬砌的拱脚截面，当混凝土为间歇浇筑或边墙用砌体、拱圈用混凝土时，其偏心距不应大于截面厚度的 0.3 倍，计算截面抗压强度安全系数应采用表 5.1 对砌体规定的数值。

隧道采用分步开挖方法施工时，支护结构在较长时间内分步建成时，支护结构应考虑施工过程的受力。洞口段衬砌结构计算，宜考虑边仰坡与隧道结构的相互影响。可根据影响程度加强衬砌结构或增加纵向配筋。

5.3 复合式衬砌结构设计

5.3.1 复合式衬砌的构造及设计方法

复合式衬砌是指分内外两层先后施作的隧道衬砌，如图 5.15 所示。在隧道开挖后，先及时施作与围岩密贴的外层柔性支护（一般为喷锚支护），也称初期支护，如图 5.15(a)所示，容许围岩产生一定的变形，而又不至于造成松动压力的过度变形。待围岩变形基本稳定以后再施作内层衬砌（一般是模筑的），也称二次衬砌，如图 5.15(b)所示。两层衬砌之间应根据需要设置防水层，也可灌筑防水混凝土内层衬砌而不做防水层。

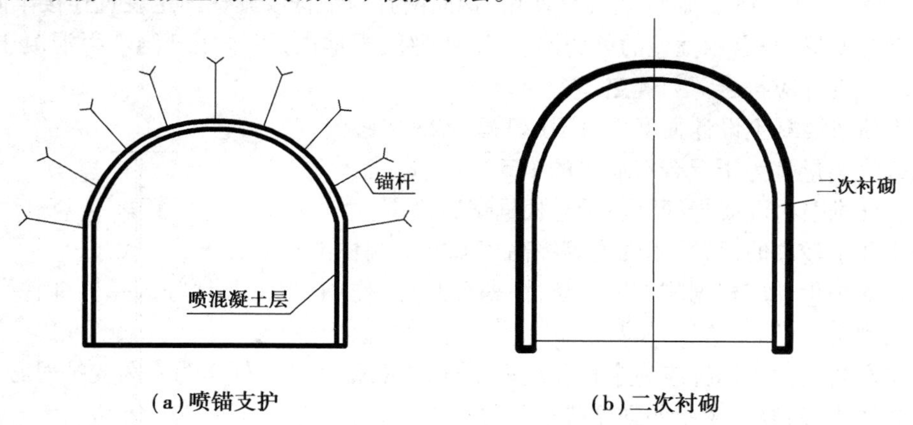

(a)喷锚支护 (b)二次衬砌

图 5.15 喷锚衬砌与复合衬砌

初期支护也可以帮助围岩获得初步稳定,并保证隧道施工期间的安全,以便挖除坑道内岩体的一系列支护结构和工程措施。锚喷支护是初期支护结构最基本的几种形式,也是隧道工程中使用最多的工程措施。锚喷支护就是锚杆(主要指系统锚杆)加喷射混凝土(素喷、网喷或钢纤维喷射混凝土),有时加设钢拱架(型钢拱架或格栅拱架)的组合。因此,也常将“锚喷支护”称为“常规支护”。

初期支护也可以泛指包括“锚喷支护”(锚杆、喷混凝土、钢拱架)等“常规”的支护,以“超前支护”(超前锚杆、超前管棚)、“注浆加固”(超前小导管预注浆及超前深孔帷幕注浆)等“特殊”支护的一系列支护结构和工程措施。这些支护形式和工程措施可以单独使用,也可以组合使用。组合使用时,各部分的比例也可以根据实际需要选择和调整。

二次衬砌主要是承受后期围岩压力并提供安全储备,保证隧道的长期稳定和行车安全。二次衬砌一般多采用就地模筑混凝土或钢筋混凝土,也可以采用喷射混凝土或喷射钢纤维混凝土,还可以采用拼装衬砌。其结构形状和尺寸可根据界限要求、成拱作用和结构受力要求予以调整。

复合衬砌的设计,目前以工程类比为主,理论验算为辅,并结合施工现场监控取得数据,不断修改和完善设计。复合式衬砌中的初期支护应按永久支护结构设计,宜采用喷射混凝土、锚杆、钢筋网和钢架等支护单独或组合使用,其设计参数应符合以下规定:

①喷射混凝土的强度等级应不低于C20,厚度不应小于50 mm,不宜大于300 mm。

②喷射混凝土钢筋网设计应符合下列规定:

a. 钢筋网钢筋直径不应小于6 mm,不应大于12 mm。

b. 钢筋网网格应按矩形布置,钢筋间距宜为150 ~ 300 mm。

c. 钢筋网钢筋的搭接长度不应小于30d(d为钢筋直径),并不应小于1个网格长度。

d. 钢筋网喷射混凝土保护层厚度不应小于20 mm,当采用双层钢筋网时,两层钢筋网之间的间隔距离不应小于60 mm。

e. 单层钢筋网喷射混凝土厚度不应小于80 mm,双层钢筋网喷射混凝土厚度不应小于120 mm。

f. 钢筋网可配合锚杆或临时短锚杆使用,钢筋网宜与锚杆或其他固定装置连接牢固。

③在围岩变形大、自稳性差的软弱围岩、膨胀性围岩地段,可采用纤维喷射混凝土支护,纤维喷射混凝土设计应符合下列规定:

a. 纤维喷射混凝土设计强度等级不应低于C25。

b. 钢纤维掺量宜为干混合料质量的1.5% ~4%。

c. 合成纤维喷射混凝土纤维掺量应根据试验确定。

d. 防水要求较高时,可采用强度等级高于C30的高性能喷混凝土。

④锚杆支护设计应根据隧道围岩条件、断面尺寸、作用、施工条件等选择锚杆种类和参数,并符合下列规定:

a. 用作永久支护的锚杆应为全长黏结型锚杆,端头锚固型锚杆作为永久支护时必须在孔内注满砂浆或树脂,砂浆或树脂的强度等级不得小于M20。

b. 自稳时间短的围岩,宜采用全黏结树脂锚杆或早强水泥砂浆锚杆。

c. 软岩、变形较大的围岩地段,可采用预应力锚杆,预应力锚杆的预加力不应小于100 kPa。预应力锚杆的锚固端必须锚固在稳定岩层内。

d. 岩体破碎、成孔困难的围岩，宜采用自进式锚杆。

e. 锚杆直径宜采用 20 ~ 32 mm。

f. 锚杆露头应设垫板，垫板尺寸不应小于 150 mm（长）、150 mm（宽）、6 mm（厚）。

⑤系统锚杆设计应符合下列规定：

a. 锚杆宜沿隧道周边径向布置，当结构面或岩层层面明显时，锚杆宜与岩体主结构面或岩层层面成大角度布置。

b. 锚杆宜按梅花形排列，如图 5.16 所示。

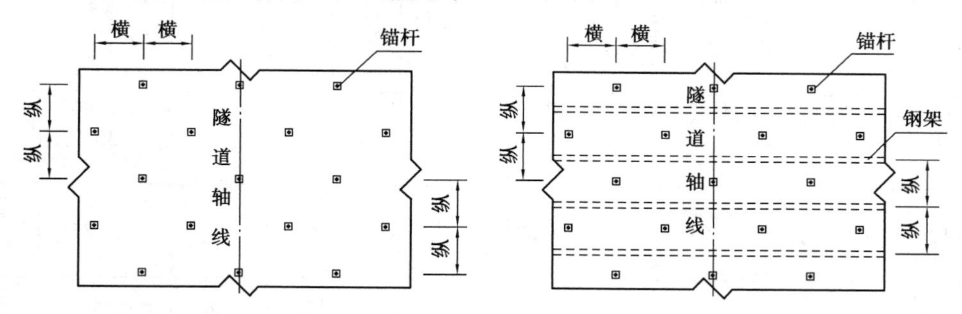

图 5.16　系统锚杆布置方式

c. 系统锚杆长度和间距应根据围岩条件、隧道宽度，按计算或工程类比法确定。

d. 锚杆间距不宜大于锚杆长度的 1/2、且不宜大于 1.5 m，锚杆间距较小时，可采用长短锚杆交错布置。

e. 两车道隧道系统锚杆长度不宜小于 2.0 m，三车道隧道系统锚杆长度不宜小于 2.5 m，且不宜大于 4.0 m。

f. 土质围岩不设系统锚杆时，应采用其他支护方式加强。

⑥局部不稳定的岩块宜设置局部锚杆，可采用全长黏结型锚杆、端头锚固型锚杆、预应力锚杆，锚固端应置于稳定岩体内，锚杆参数可根据工程类比或通过计算确定。

⑦在围岩条件较差地段、洞口段、浅埋段或地面沉降有严格限制地段，可在喷射混凝土层内增设钢架。

喷锚衬砌支护参数可采用工程类比法或数值计算确定，并结合现场监控量测调整。复合衬砌结构中的二次衬砌应采用模筑混凝土或模筑钢筋混凝土衬砌结构，宜采用连接圆顺、等厚的衬砌断面，并应符合第 5.2 节的规定。

对于复合式衬砌，两车道隧道、三车道隧道支护参数可按表 5.6、表 5.7 选用。四车道隧道应根据工程类比和计算分析确定。在施工过程中应根据超前地质预报及现场围岩监控量测信息对设计支护参数进行必要的调整。围岩地质条件较差或隧道跨度较大、需要采用分部开挖施工时，应进行开挖方法设计，明确各部开挖顺序和临时支护参数。对于软弱流变围岩、膨胀性围岩，高地应力条件下的特殊围岩，隧道支护参数可通过现场试验确定，应考虑围岩形变压力继续增长的作用。

表 5.6　两车道隧道复合式衬砌设计参数

围岩级别	初期支护								二次衬砌厚度/cm	
	喷射混凝土厚度/cm		锚杆/m			钢筋网间距/cm	钢架		拱、墙混凝土	仰拱混凝土
	拱、墙	仰拱	位置	长度	间距		间距/m	截面高/cm		
Ⅰ	5	—	局部	2.0~3.0	—	—	—	—	30	—
Ⅱ	5~8	—	局部	2.0~3.0	—	—	—	—	30	—
Ⅲ	8~12	—	拱、墙	2.0~3.0	1.0~1.2	局部 @25×25	—	—	30~35	—
Ⅳ	12~20	—	拱、墙	2.5~3.0	0.8~1.2	拱、墙 @25×25	拱、墙 0.8~1.2	0 或 12~16	35~40	0 或 35~40
Ⅴ	18~26	18~26	拱、墙	3.0~3.5	0.6~1.0	拱、墙 @20×20	拱、墙、仰拱 0.6~1.0	14~22	35~50 钢筋混凝土	35~50 钢筋混凝土
Ⅵ	通过试验、计算确定									

注:①有地下水时可取大值,无地下水时可取小值;

②采用钢架时,宜选用格栅钢架;

③喷射混凝土厚度小于 18 cm 时,可不设钢架;

④"0 或—"表示可以不设,要设时,应满足最小厚度要求。

表 5.7　三车道隧道复合式衬砌的设计参数

围岩级别	初期支护								二次衬砌厚度/cm	
	喷射混凝土厚度/cm		锚杆/m			钢筋网间距/cm	钢架		拱、墙混凝土	仰拱混凝土
	拱、墙	仰拱	位置	长度	间距		间距/m	截面高/cm		
Ⅰ	5~8	—	局部	2.0~3.5	—	—	—	—	30~35	—
Ⅱ	8~12	—	局部	2.0~3.5			—	—	30~35	—
Ⅲ	12~20	—	拱、墙	2.5~3.5	1.0~1.2	拱、墙 @25×25	拱、墙 1.0~1.2	0 或 14~16	35~45	—

续表

围岩级别	初期支护								二次衬砌厚度/cm	
	喷射混凝土厚度/cm		锚杆/m			钢筋网间距/cm	钢架		拱、墙混凝土	仰拱混凝土
	拱、墙	仰拱	位置	长度	间距		间距/m	截面高/cm		
Ⅳ	16~24	—	拱、墙	3.0~3.5	0.8~1.2	拱、墙@20×20	拱、墙 0.8~1.2	16~20	40~50 钢筋混凝土	0 或 40~50 钢筋混凝土
Ⅴ	20~28	20~28	拱、墙	3.5~4.0	0.5~1.0	拱、墙@20×20	拱、墙、仰拱 0.5~1.0	18~22	50~60 钢筋混凝土	50~60 钢筋混凝土
Ⅵ	通过试验、计算确定									

注:①有地下水时可取大值,无地下水时可取小值;

②采用钢架时,宜选用格栅钢架;

③喷射混凝土厚度小于 18 cm 时,可不设钢架;

④“0 或—”表示可以不设,要设时,应满足最小厚度要求。

5.3.2 初期支护及其作用机理

1)喷射混凝土的作用机理

喷射混凝土可以作为隧道工程中的临时性或永久性支护,也可以与各种形式的锚杆、钢纤维、钢拱架、钢筋网等构成复合式支护结构。它的灵活性也很大,可以根据需要分次追加厚度,因此广泛应用于地下工程中。喷射混凝土的主要优点如下:

①施作速度较快,支护及时,施工安全。喷射混凝土支护可在隧洞开挖后几小时内施作,具有立即提供连续的支护抗力的特性。隧洞开挖后立即施作喷射混凝土支护,就可以避免围岩处于单轴或双轴受力状态,有效地限制围岩变形的发展,保持围岩的稳定。喷射混凝土支护的及时性,也表现于它能紧跟掌子面施作,这样就能充分利用空间效应(即端部支承效应),以限制支护前变形的发展,阻止围岩发生过大变形,防止围岩进入松弛状态和岩体松散。因此,锚喷支护的及时性对于迅速控制围岩的扰动、发挥围岩的自承能力具有明显的影响。

②支护质量较好,强度高,密实度好。这主要反映在喷射混凝土的黏结性上,喷射混凝土能与围岩紧密黏结,黏结效应使喷射混凝土在围岩结合面上产生抗力,传递剪应力、拉应力和压应力,改变了围岩表面的受力状态,使围岩处于三向受力的有利状态,防止围岩强度恶化,而且喷层本身的抗冲切能力也能阻止不稳定块体的滑落。喷射混凝土可充填围岩表层节理裂隙,填充围岩表面凹穴,使被裂隙分割的岩块联合起来,保持岩块间的咬合镶嵌作用,提高其黏聚力、摩阻力,防止围岩松动,避免或缓和围岩应力集中,使不稳定危岩的荷载得到转移,提高围岩的自支承能力;黏结性对于防止裂隙水渗流,减小地下水对支护结构强度的破坏也起到了一定的作用。

③施工灵活性大,可以根据需要分次喷射混凝土追加厚度,满足工程设计与使用要求。

④同锚杆结合使用,必要时喷层可设置纵向变形缝。喷射混凝土的良好柔性对于控制塑性流变围岩的初始变形显得特别重要,它容许围岩塑性区有一定发展,避开应力峰值,能充分发挥围岩的自支承能力和有效地利用支护结构支撑能力。

⑤与普通浇注混凝土相比,喷射混凝土具有高水泥含量、低水灰比和封闭的毛细孔,使得它有高度的密封性和良好的不透水性。喷射混凝土支护覆盖在围岩表面,阻止或限制了水流从地层中流出,反之亦然。这样就大大降低了地下水或潮湿空气对岩体的侵蚀,阻止了节理间充填物和断层泥的流失,保持了岩块间的摩擦力,有利于保持岩体的固有强度,也提高了岩体的抗冻性,有助于岩层的稳定。

喷射混凝土的支护作用主要有两个方面:

①加固围岩,提高围岩的强度。隧道开挖后,立即喷射一定厚度的混凝土层,及时封闭围岩表面,由于喷层与围岩密贴,故能有效地隔绝水和空气对岩体的侵蚀,防止围岩风化脱落,对围岩的松胀变形起到一定的抑制作用,防止围岩强度的丧失。同时,混凝土料在高压下可充填于张开的裂隙中,起到胶结加固作用,从而可提高围岩的强度。

②改善围岩的应力状态。含有速凝剂的混凝土搅拌料在喷射后数分钟即可凝固,在围岩表面形成一层硬壳,及时向围岩提供径向支护力,使围岩表面岩体由未支护时的二向受力状态(在平面问题中为单向受力状态)转变为三向受力状态(在平面问题中为双向受力状态),如图5.17所示,提高了围岩的强度和稳定性。

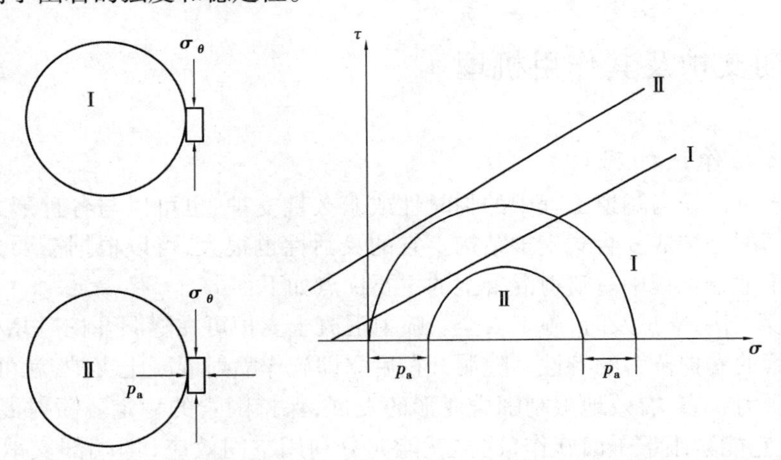

图5.17 混凝土支护前后的洞周的应力状态

无喷层时,假设原岩应力 σ_0 为静水压力状态,围岩中距隧道中心为 r 的任一点的径向应力 σ_r 和切向应力 σ_θ 分别为:

$$\sigma_r = \sigma_0\left(1 - \frac{a^2}{r^2}\right)$$
$$\sigma_\theta = \sigma_0\left(1 + \frac{a^2}{r^2}\right) \tag{5.38}$$

在隧道洞壁上,则有:

$$\sigma_r = 0 \qquad \sigma_\theta = 2\sigma_0 \tag{5.39}$$

喷射混凝土后,喷层对围岩提供支撑力 p_a,按照围岩附加应力理论,围岩中距隧道中心为 r 的任一点的径向应力 σ_r 和切向应力 σ_θ 又分别为:

$$\sigma_r = \sigma_0\left(1 - \frac{a^2}{r^2}\right) + p_a \frac{a^2}{r^2}$$
$$\sigma_\theta = \sigma_0\left(1 + \frac{a^2}{r^2}\right) - p_a \frac{a^2}{r^2} \tag{5.40}$$

在洞壁上($r = a$)则有:

$$\sigma_r = p_a \quad \sigma_\theta = 2\sigma_0 - p_a \tag{5.41}$$

2)锚杆的作用机理

锚杆或锚索是用金属或其他高抗拉性能的材料制作的一种杆状构件,并使用某些机械装置或黏土介质,通过一定的施工操作,将其安置在隧道及地下工程的围岩体中或其他工程结构中,利用杆端锚头的膨胀作用(或利用灌浆黏结),增加岩体的强度和抗变形能力,从而提高围岩的自稳能力,实现对围岩体或工程结构体的加固。

按其对围岩加固的区域来分,可分为系统锚杆、局部锚杆和超前锚杆3种。

①系统锚杆是指在一个掘进进尺范围内的岩体被挖除后,沿隧道横断面的径向安装于围岩内的锚杆,它可形成对已暴露围岩的锚固,并在已加固且稳定的坑道中进行下一个循环的开挖等作业。

②局部锚杆是指为维护围岩的局部稳定或对初期支护的局部加强,只在一定的区域和要求的方向安装局部锚杆。

③超前锚杆是指沿开挖轮廓线,以稍大的外插角向开挖面前方围岩内安装的锚杆,形成对前方围岩的预锚固,在提前形成的围岩锚固圈的保护下进行开挖等作业。

锚杆间距一般不宜大于其长度的1/2,Ⅳ~Ⅴ类围岩中的锚杆间距宜为1.0 m左右,且不得大于规范规定的最大的间距。另外,对于大跨度隧道,为节省钢材,可以采用长短相间的锚杆形成支护。

锚杆的作用效果归纳起来有如下几个方面:

①加固围岩作用。围岩多数处于受剪破坏状态,由于锚杆具有抗剪能力,从而提高了围岩锚固区的c、φ值,尤其是在节理发育的岩体中,加固作用更为显著。

②加固不稳定岩体。局部锚杆一般是用于加固不稳定块体的,如利用锚杆的悬吊作用阻止拱顶不稳定块体的塌落,利用锚杆的抗剪作用阻止变强不稳定块体的滑落。显然,锚杆加固软弱结构面的作用是极为卓越的。

③形成沿开挖面的受力环区,将开挖面处的高应力延伸到岩体深处。

④改善"岩石-混凝土结构体系"的承重效果,起到锁定岩石共同受力的作用。

⑤限制围岩位移,部分减少开挖过程中引起的松动。

⑥梁作用。在层状岩体中,其作用如叠合梁一样,由于锚杆使用使层间紧密,使之能传递剪力,具有组合梁的效果。

3)钢支撑的作用机理

钢拱架因其整体刚度和强度均较大,对围岩松弛变形的限制作用更强,可及时阻止有害松动,也可以承受已产生的松弛荷载,保证坑道稳定与安全,还可以作为超前支护的反支点。钢拱架有花钢拱架和型钢拱架两种结构形式。

花钢拱架(或称为格栅钢架)是采用螺纹钢筋焊接而成的拱形钢桁架。花钢拱架一般在工地加工现场拼装。由于花钢拱架与混凝土及其他材料有更好的相融性，所以现代隧道工程中广泛用作初期支护。

型拱钢架是采用型钢（工字钢、钢管、U 型钢）弯制而成的拱形钢架。型钢拱架一般是在工厂加工现场拼装的。由于型钢拱架的表面积较小，与混凝土及其他材料的相容性较差，所以现代隧道工程中一般只在工程抢险和塌方处理时作为临时支撑用。

钢拱架的截面高度一般为 100 ~ 200 mm。当隧道断面较大或围岩压力很大时，则钢拱架的截面高度可取 200 ~ 250 mm，当隧道断面很大、围岩压力也很大时，钢拱架的截面高度可取 250 ~ 300 mm。

在软弱围岩隧道中，隧道开挖后围岩的自稳时间很短，而喷射混凝土、锚杆不能及时提供足够的支护抗力，为了维持围岩的稳定和保证隧道的设计断面，这时往往需采用钢支撑进行支护，以保证在开挖后的短时间内就给围岩强有力的支护。钢支撑的作用机理有：

①在围岩强度低和在松散、颗粒状的地层条件下，或在外界压力较大时，可在隧道开挖面的拱部或沿隧道的全截面上安装钢拱架，它与喷射混凝土、锚杆、钢筋网一起，构成钢筋混凝土支护结构——初期支护，以提高支护结构的强度和刚度，稳定围岩，防止位移。

②作为顶部保护。

③作为喷射混凝土的环形构造钢筋，提高喷射混凝土的承载力。

④作为保证横截面几何形状的模板。

4）钢筋网的作用机理

钢筋网支护一般同喷射混凝土一起工作，其作用机理有：

①防止收缩裂缝出现或减小裂缝数量和限制裂缝宽度。

②使喷射混凝土应力得到比较均匀的分布，增强锚喷支护的整体性，防止围岩局部破坏。

③提高喷射混凝土的承载能力，主要表现在提高喷射混凝土的抗剪和抗拉能力。

④增强喷射混凝土的柔性，改变其变形性能。

⑤提高支护的抗动载能力。

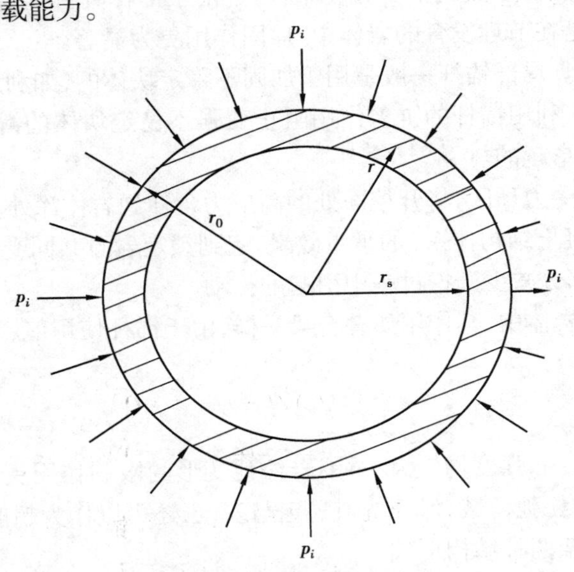

图 5.18　等厚圆环隧道受力示意图

5）初期支护提供的支护抗力

现在研究一下在隧道开挖后初期支护所提供的支护抗力，或者说是围岩对初期支护所施加的力。假设支护为最简单的等厚圆环形喷射混凝土，设该支护层上受到均匀的径向压力 P_{ic}，如图5.18所示。由弹性力学可知，圆环中应力和变形为：

$$
\begin{aligned}
\sigma_{rc} &= \frac{p_{ic} r_0^2}{r_0^2 - r_s^2}\left(1 - \frac{r_s^2}{r^2}\right) \\
\sigma_{\theta c} &= \frac{p_{ic} r_0^2}{r_0^2 - r_s^2}\left(1 + \frac{r_s^2}{r^2}\right) \\
\sigma_{yc} &= \frac{2\mu_0 p_{ic} r_0^2}{r_0^2 - r_s^2} \\
u_c &= \frac{p_{ic} r_0}{E_0}\left(\frac{t^2+1}{t^2-1} - \mu_0\right)
\end{aligned} \tag{5.42}
$$

式中　$\sigma_{rc},\sigma_{\theta c},\sigma_{yc}$——喷射混凝土支护层中的径向、切向以及纵向应力；

r_0,r_s,r——混凝土支护层外半径、内半径及所研究点的半径；

u_c——喷射混凝土外缘各点的径向位移（变形）。

$$
t = \frac{r_0}{r_s},E_0 = \frac{E_c}{1-\mu_c^2},\mu_0 = \frac{\mu_c}{1-\mu_c} \tag{5.43}
$$

式中　E_c,μ_c——喷射混凝土的弹性模量和泊松比。

式（5.42）可改写为：

$$
p_{ic} = \frac{E_0}{r_0[(t^2+1)/(t^2-1)-\mu_0]}u_c \tag{5.44}
$$

或

$$
p_i = K_c u \tag{5.45}
$$

式中　K_c——喷射混凝土层支护刚度，其值取决于支护材料的性质、类型及尺寸等，有

$$
K_c = \frac{E_0}{r_0[(t^2+1)/(t^2-1)-\mu_0]} \tag{5.46}
$$

同理，可得钢拱架的支护刚度为：

$$
K_S = \frac{E_s A_s}{d_s(r_0 - h_s/2)^2} \tag{5.47}
$$

式中　E_s,A_s,h_s,d_s——钢拱架的弹性模量、截面积、高度和纵向间距；

r_0——隧道的半径。

径向锚杆的支护刚度为：

$$
K_b = \frac{1}{S_t S_l[(4l_b)/(\pi d_b E_b)+Q]} \tag{5.48}
$$

式中　E_b,d_b,l_b,S_t,S_l,Q——锚杆的弹性模量、直径、长度、环向间距、纵向间距和锚头的变形常量。

式（5.48）锚杆的支护刚度一般仅适用于点状锚杆（仅在锚杆深入围岩内部的杆端进行锚固的锚杆），对于全粘结式锚杆支护，可通过提高围岩的黏聚力 c 和内摩擦角 φ 来近似处理。有人认为，如果锚杆与围岩的黏结质量良好，一般可将 c、φ 值提高20%左右。

考虑喷-锚-架联合支护与围岩的相互作用，其联合支护刚度 K 可认为是喷射混凝土支护刚度 K_c、锚杆支护刚度 K_S 和钢拱架支护刚度 K_b 之和。

$$K = K_c + K_S + K_b \tag{5.49}$$

若喷-锚-架联合支护是同时施作在同一断面上的，并假设支护前洞壁周边变形量为 u_{in}，则联合支护上的径向压力为：

$$p_i = K(u - u_{in}) \tag{5.50}$$

式中 p_i——(径向)支护力；

K——支护结构刚度；

u——洞壁周边变形；

u_{in}——支护前洞壁周边变形。

6)隧道围岩与初期支护的相互作用机理

围岩和支护结构共同组成了承载的支护体系。其中围岩是主要的承载结构，而支护结构是辅助性的，但也是不可缺少的。在软弱围岩中，它还是一个主要的承载结构。对于一个支护结构来说，它的作用在于保持坑道端面的使用净空，防止岩体质量的进一步恶化，承受可能出现的各种荷载，确保隧道支护体系有足够的安全度。任何一种支护结构，如钢拱支撑、锚杆、喷混凝土层等，只要有一定的刚度，并和围岩紧密接触，总能对围岩变形提供一定的约束力，即支护阻力。现以圆形隧道为研究对象，并假定围岩给支护结构的反力也是径向均匀分布的，支护结构的力学特性可以表达为：

$$p = f(K) \tag{5.51}$$

式中 K——支护阻力 p 与其位移 u 的比值，称之为支护结构的刚度，即：

$$K = \frac{dp}{du} \tag{5.52}$$

基于上述概念，可把各种支护结构力学特性用所谓的支护结构特征曲线来表示。在不考虑支护结构与围岩的接触状态对支护结构刚度的影响时，可以认为作用在支护结构上的径向压力只和它的径向位移成正比，由下式决定：

$$p_i = K\frac{u_{ir_0}}{r_0} \tag{5.53}$$

式中 r_0——开挖隧道的半径。

通常，支护结构都是在隧道围岩已经出现一定量值的收敛变形后才施设的，若用 u_0 来表示这个初始径向位移，则：

$$u_{ir_0} = u_0 + \frac{p_i r_0}{K} \tag{5.54}$$

根据式(5.54)绘制支护结构的径向压力与径向位移图，如图 5.19 所示。

当提供多种支护时，可以假定组合支护体系的刚度等于每个组成部分刚度的总和。在已知支护结构的刚度后，可画出支护结构提供的支护阻力和它的径向位移的关系曲线。

围岩与支护特征曲线法是伴随着喷锚等柔性支护的应用和新奥法的发展，将弹塑性理论和岩石力学应用到地下工程中，进一步解释围岩和支护相互动态作用过程的一种理论和方法。特征曲线法可用图 5.20 中的几条曲线来说明支护与围岩作用原理，图中横坐标是隧道毛洞内壁(也是支护外缘)的径向位移 u_r；图中上半部分的纵坐标是洞室内壁在围岩原始应力作用下的

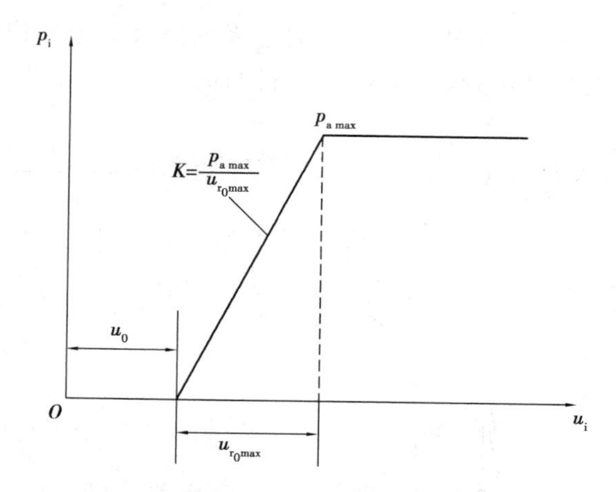

图 5.19 支护结构的径向压力与径向位移图

径向应力 σ_r，或支护施加于洞壁的反力 P_i，图中下半部的纵坐标为时间 t。

从图 5.20 中可以看出，隧道围岩变形可分成 3 个部分：弹塑性变形区、碎胀变形区和松散压力区。曲线①代表隧道侧壁径向位移 u_r 与侧壁径向压力 σ_r 的关系曲线，在隧道开挖前，围岩在初始地应力 σ_0 的作用下处于平衡状态，无变形，对应于曲线①上的 A 点；隧道开挖后，隧道周边应力变为零，围岩首先产生弹性变形，但由于隧道掌子面对其变形有一定的约束作用，实际上隧道周边应力没有真正达到零，此时对应于曲线①上的某一点（B 点）。此时，如果原岩应力值不足以产生塑性变形区，则围岩不产生碎胀。但随着掌子面的继续前进，掌子面的约束作用也将消失，此时隧道周边应力才真正为零，围岩最终弹塑性变形到达 C 点稳定下来。

如果原岩应力大到足以产生松动塑性区，围岩将产生碎胀变形，围岩压力突然增大，如曲线②所示，位移也持续增大，此时必须进行支护才能确保洞室的稳定，图中 CF 段即为碎胀变形阶段。但是碎胀变形后，由于松动区的岩体性质、碎胀率以及塑性区的大小等因素的影响，碎胀后曲线②出现了不同的峰值。在洞室变形到达 D 点时开始支护，经过一段时间后，围岩与支护达到平衡，曲线③、④为支护特征曲线，但由于支护的刚度不同，所以分别平衡于 E、F 点，曲线 DE 虽然支护偏早、刚性偏高，支护结构要承受高承载力，但还不至于破坏。当洞周位移到达 F 点时，此时碎胀变形基本结束，荷载主要来源于塑性区范围内岩体的自重，此时支护最好；由于塑性区域不断扩大，在塑性区范围内出现松弛压力，叠加结果使曲线向上翘曲。如果围岩的强度高，不产生塑性变形，或塑性区范围小，不发生松弛压力，则不会出现曲线翘曲，出现了如图中水平的 HI 段，从理论上讲，此时所需的支护阻力最小，如曲线⑤所示，此处支护承受的压力最小，但已经发生了有害变形，支护不及时，围岩将出现垮塌冒落。图中下半部分曲线⑥、⑦则是位移时态曲线。

综上所述，如果围岩不产生松动塑性区，理论上则不存在支护问题，或支护不起作用。但实际上，为防止风化或局部危岩，仍会有喷射混凝土等支护形式。有塑性变形时，岩体释放的松弛压力使支护结构受力，围岩与支护结构共同作用。支护刚度对支护结构的受力与变形影响很大：一方面要具有一定的强度，以对围岩的变形有足够的约束作用，有效控制围岩的变形，防止因岩体破坏和坍塌而形成的松散压力积聚；另一方面，必须使结构物具有一定的柔度，以充分利用岩体的卸载作用，改善支护结构的静力工作条件。因此，为达到支护结构与围岩共同作用的最佳点，使支护充分发挥其支护效果，应根据工程的实际情况选择支护形式，或从施工工艺上解决支护刚度大小问题；同时，通过对围岩变形的监测，及时掌握隧道周边位移、岩体和支护结构的变形情况，以达到支护衬砌结构合理、经济、安全的目的。

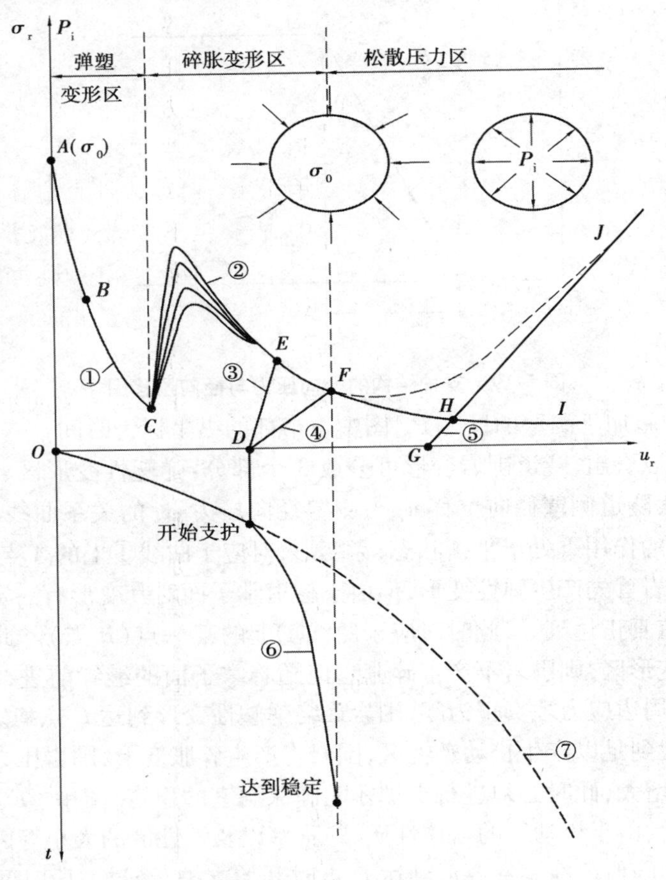

图 5.20 围岩与支护特征曲线法原理图

5.3.3 二次衬砌

二次衬砌是在初期支护发挥支护作用的前提下，待围岩变形稳定后所构筑的模筑混凝土衬砌结构。它除了起装修作用外，还对隧道的耐久性、防水性、安全性都有不可忽视的作用。目前，对二次衬砌的作用有两种观点：

①认为二次衬砌主要起装修作用。这种观点认为，在初期支护内空变位达到稳定后才构筑的二次衬砌，除自重荷载外是处于无外荷载作用的状态，因此主要起装修作用。对于交通隧道，其目的是增加通行安全感，改善通风和照明条件，固定通风、照明、通信、防火等管线设备，改善隧道防水条件，防止漏水。对于水工隧道，它可以减少糙率，降低能量损失，可以防止岩块剥落损坏水轮机。但是，对于初期支护到底是起暂时的还是起永久的支护作用，目前还没有统一认识。假如它主要支护结构是喷混凝土和锚杆，则经过一个相当长的时期以后会发生腐蚀而失去支护作用，这时二次衬砌就可承受一定的荷载，防止隧道发生突然的破坏。因此，以起装修作用为目的、按构造设计的二次衬砌亦可以起到提高隧道安全度的作用。

②认为二次衬砌主要起承载作用。其一是认为二次衬砌承受隧道完工后产生的荷载。对于长时间达不到变位稳定的隧道，由于工期的要求，在内空变位接近稳定的时候就构筑了二次衬砌；尤其是在膨胀性地层中，由于内空变位达到完全稳定所需要的时间很长，常常在变位未稳定前就构筑二次衬砌。这样二次衬砌应当承受围岩变位引起的荷载；在地下水位变动的地层中构筑隧道时，或在地下水丰富的地层中采用降低地下水位的办法构筑隧道时，当地下水位升高或恢复时，二次衬砌要承受地下水压荷载；浅埋隧道建成后，当地表有新荷载作用时，二次衬砌要承受从地面传来的荷载。其二是认为二次衬砌承担了全部或大部分的外荷载，而不考虑或很少考虑初期支护的作用。如德国地下铁隧道设计中，就完全不考虑初期支护的作用。所设计的单线断面二次衬砌厚度为 30 ~35 cm，双线断面二次衬砌厚度为 40 ~50 cm。德国公路隧道是按照二次衬砌承担 75% 外荷载进行设计的。这些做法虽然可以增加隧道的安全度，却也增加成本，增加了材料消耗，没能更好地体现新奥法的原理和优越性。

二次衬砌的构造形式、材料和施作方法与单层衬砌基本相同。为了防止地下水渗流进入隧道内，常在外村与内衬之间敷设一层防水层，如塑料防水板等。

二次衬砌厚度不仅与围岩变形速度和变形量有关，更与其施作时机和建筑材料有关。二次衬砌材料主要采用就地模筑混凝土或钢筋混凝土，也有采用预制钢筋混凝土衬砌块拼装二次衬砌的。二次衬砌一般均为等厚截面，只将两侧边墙下部稍作加厚，以降低基地应力。铁路单线隧道二次衬砌厚度一般为 25 cm，双线隧道内层衬砌厚度一般为 30 cm。双线高速铁路隧道和公路隧道断面尺寸较大时，二次衬砌厚度稍厚。

修建隧道衬砌的材料应具有足够的强度和耐久性，在某些环境中，还必须具有抗冻、抗渗和抗侵害性，此外，还应满足就地、降低造价、施工方便及易于机械化施工等要求。

隧道工程常用的衬砌建筑材料有：

①混凝土与钢筋混凝土。隧道衬砌所用的混凝土强度等级，不低于 C20。钢筋混凝土材料主要用在明洞衬砌及地震区、偏压、通过断层破碎带或淤泥、流沙等不良地质地段的隧道衬砌中，其强度等级不低于 C20。在特殊情况下可采用旧钢轨或焊接钢筋骨架进行加强。

②片石混凝土。为了节省水泥，对岩层较好地段的边墙衬砌，可采用片石混凝土（片石的掺量不应超过总体积的 20%）。此外，当起拱线以上 1 m 以外部位有超挖时，其超挖部分也可用片石混凝土进行回填。选用的石料要坚硬，其抗压强度不应低于 30 MPa，严禁使用风化片石，以保证质量。

③料石或混凝土块。料石或混凝土预制块应用强度等级不低于 M10 的水泥砂浆衬砌。其优点是：就地取材，大量节约水泥和模板，可保证衬砌厚度并能较早地承受荷载；但缺点是：整体性和防水性差，施工速度慢，砌筑技术要求高，在现代隧道工程中已经很少使用。

④喷射混凝土。在普通铁路隧道工程中，喷射混凝土材料可用作中内层衬砌，但其强度等级不低于 C20，并优先选用普通硅酸盐水泥。细骨料采用坚硬耐久的中砂或粗砂，细度模数宜大于 15，砂的含水率宜控制为 5% ~7%；粗骨料采用坚硬耐久的卵石或砾石，粒径不应大于 15 mm。隧道中衬砌建筑材料的强度等级不应低于表 5. 8 的规定。

表 5.8　衬砌建筑材料强度等级

工程部位	材料种类				砌　体
	混凝土	片石混凝土	钢筋混凝土	喷射混凝土	
拱圈	C20	—	C25	C20	M10 水泥砂浆粗料石或混泥土块
边墙	C20	—	C25	C20	M10 水泥砂浆砌片石
仰拱	C20	—	C25	C20	
棚洞盖板	—	—	C25	—	
底板	C20	—	C25	—	
仰拱、填充	C15	C15	—	—	
水沟、电缆槽身	C25	—	C25	—	
水沟、电缆槽盖板	—	—	C25	—	

注：①砌体包括石砌体和混凝土块砌体；
②严寒地区洞门用混凝土整体灌注时，其强度等级不应低于 C25；
③片石砌体的胶结材料采用小石子混凝土灌注时，其最低强度等级相应的适用范围与水泥砂浆相同。

5.3.4　复合式衬砌结构计算

模型试验及理论分析表明，隧道衬砌承载后的变形受到围岩的约束，从而改善了衬砌的工作状态，提高了衬砌的承载能力。采用荷载结构模型设计时，需考虑围岩对衬砌变形的约束作用。围岩与衬砌切向的摩擦力对衬砌内力的影响，视为衬砌结构的安全储备。在设仰拱衬砌的地段，仰拱先于边墙和拱圈施作，应考虑仰拱对隧道衬砌结构内力的影响，仰拱按弹性地基上的曲梁计算。

检算施工阶段强度时，因隧道衬砌结构处于施工阶段的时间比使用阶段短得多，围岩压力等荷载一般不会立即达到使用阶段的最大值，且在检算施工阶段强度的计算假定中，受力较好的空间结构常被简化为内力较大的平面结构，一些对衬砌受力有利的因素，如施工缝的黏结强度、围岩的弹性抗力及衬砌与围岩的摩擦力作用、黏结作用等常忽略或取很小的数值，故规定对施工阶段安全系数可按使用阶段的值乘以折减系数 0.9 后采用，安全系数见表 5.1 和表 5.2。

岩土体介质的性质具有明显的不确定特征，工程类比是工程常用的设计方法，由于初期支护与围岩紧密接触的特点，所以初期支护主要按工程类比法设计。对于两车道、三车道隧道，经验表明Ⅰ～Ⅲ级围岩具有较强的自支承能力，对其施作薄层喷射混凝土和少量锚杆后即可保持稳定，不必计算；Ⅳ、Ⅴ级围岩则在根据经验选定支护参数后仍需进行验算。对于四车道隧道，Ⅲ～Ⅴ级围岩在根据经验选定支护参数后仍需进行验算。

初期支护验算采用连续介质力学的有限元方法，按地层结构法设计模型计算内力和变形，能较好模拟开挖施工步骤的影响。采用地层结构法计算时，可通过对释放荷载设置释放系数控制初期支护的受力，以使初期支护和二次衬砌能按较为合理的分担比例共同承受释放荷载的作用。二次衬砌的分担比例要保证支护结构的永久安全性，围岩及初期支护的释放荷载分担比例要保证工程施工的安全。对使用阶段具体分担比例可参考说明表 5.9 选定。

表 5.9 两车道隧道释放荷载分担比例建议值表

围岩级别	分担比例	
	围岩+初期支护	二次衬砌
Ⅳ	60% ~80%	40% ~20%
Ⅴ	20% ~40%	80% ~60%

注:①围岩条件较好时,初期支护取大值,二次衬砌取小值。围岩条件较差时,则相反。

②施工阶段二次衬砌未施作,对围岩及初期支护共同承受释放荷载的作用的验算,其分担比例比表中值大,最大可达 100%。

在采用地层结构法计算围岩和初期支护稳定性时,为了更加科学、合理地判断围岩稳定性,引入隧道强度储备安全系数的概念。在施工期间,主要是由于开挖、施工爆破或水渗入围岩与潮湿空气等原因使围岩强度弱化,最终造成隧道在施工中破坏;在运行期间,一般隧道受力变化不大,对于深埋隧道即使地面荷载有所变化,其对隧道稳定的影响也不大,一般也是由于水渗入围岩或风化等原因使围岩强度降低而出现病害,因此可以采用强度储备安全系数。对于均质隧道,强度储备安全系数是指隧道破坏部位(破裂面上)的实际岩土强度与破坏时强度的比值。

对于岩土中常用的莫尔-库仑材料,强度折减安全系数可以定义为:

$$\tau=(c+\sigma\tan\varphi)/\omega=c'+\sigma\tan\varphi' \quad (5.55)$$

$$c'=c/\omega \quad (5.56)$$

$$\tan\varphi'=(\tan\varphi)/\omega \quad (5.57)$$

式中 τ——围岩的抗剪强度,kPa;

c——围岩的黏聚力,kPa;

σ——剪切滑动面上的法向应力,kPa;

φ——围岩的内摩擦角,(°);

c'——折减后围岩的黏聚力,kPa;

φ'——折减后围岩的内摩擦角,(°)。

设计计算中,隧道需要考虑 3 种安全系数:第一种是初期支护后的围岩安全系数,这个安全系数会直接影响施工安全。如果施作初期支护后围岩安全系数达到 1.30 以上,则表明围岩和初期支护都安全,二次衬砌可作为安全储备;如果安全系数在 1.15 ~1.30,表明二次衬砌需要承受一定荷载;如果安全系数小于 1.15 ~1.20 则初期支护支护能力不足,不能满足施工安全,需要加强初期支护,或进行其他辅助措施以满足施工安全要求。第二种是二次衬砌施作后围岩安全系数,此时围岩安全系数会较第一种围岩安全系数有所提高,可保证在 1.3 以上。第三种就是二次衬砌的安全系数,如果二次衬砌只作为安全储备,这时依据经验来确定二次衬砌厚度;如果二次衬砌承受一定荷载,则应对二次衬砌进行力学分析。

复合式衬砌的二次衬砌,对于两车道隧道,用于Ⅰ ~Ⅲ级围岩时,由于初期支护作为永久结构可使围岩保持稳定,因而二次衬砌可按构造要求选定厚度,不必进行验算。对于三、四车道等大断面隧道,Ⅲ级围岩条件下初期支护和围岩不能确保稳定,二次衬砌也应承担一定的荷载。二次衬砌应按承载结构进行力学分析,计算原理和方法与同类围岩中的初期支护相同。由于已有采用荷载结构法计算的经验,也可采用荷载结构法计算。

由于地层岩性的力学性能具有明显的随机性特征,工程设计中按地质资料选用或按规范查取的参数值与工程实际存在差异，因此在隧道开挖后，应根据施工现场的实际地质情况和监控量测结果对其作修正。

由于二次衬砌一般采用模筑混凝土，与单层衬砌结构相似，对其强度的验算与单衬砌结构的验算类似，可参考单衬砌结构的验算进行二次衬砌结构的验算。对于混凝土间歇灌筑或边墙用砌体、拱圈用混凝土的拱脚截面，其特性与砌体构件截面相似，可按砌体截面考虑，仅需检算其抗压强度。事实上砌体灰缝开裂并不影响结构的使用，如果砌筑质量不好，灰缝处早已存在裂缝，则砌体偏压构件只检算抗压强度，并按($e_0 \leqslant 0.3h$)控制，使裂缝开展不致过大。

根据《公路隧道设计规范》(JTG 3370.1—2018)和《混凝土结构设计规范(2015 年版)》(GB 50010—2010)中有关截面配筋的计算规则，对隧道二次衬砌进行配筋设计，并对钢筋混凝土结构进行抗拉、抗压、裂缝及正截面强度验算。

1)截面配筋计算

(1)偏心受压计算

结合隧道二次衬砌受力情况，按照矩形截面偏心受压构件进行配筋设计，并采用对称配筋。根据下式计算出其相对界线受压区高度 ξ_b。

$$\xi_b = \frac{\beta_1}{1 + \dfrac{f_y}{E_s \varepsilon_{cu}}} \tag{5.58}$$

式中 ξ_b——相对界限受压区高度，$\xi_b = x_b / h_0$，x_b 为界限受压区高度，h_0 为截面有效高度，纵向受拉钢筋合理点至截面受压边缘的距离；

E_s——钢筋的弹性模量；

ε_{cu}——非均匀受压时混凝土的极限压应变；

β_1——无量纲参数；

f_y——普通钢筋抗拉强度设计值。

计算轴向压应力作用点至钢筋合力点距离 e：

$$h_0 = h - a_s \tag{5.59}$$

偏心矩：

$$e_0 = \frac{M}{N} \tag{5.60}$$

附加偏心矩：

$$e_a = \max\{20, h/30\} \tag{5.61}$$

$$e_i = e_0 + e_a \tag{5.62}$$

$$e = e_i + \frac{h}{2} - a_s \tag{5.63}$$

①当 $e_i > 0.3h_0$ 时，按大偏心受压构件来进行设计，可按式(5.64)、式(5.65)进行配筋计算：

受压区高度：

$$x = \frac{N}{a_1 f_c b} \tag{5.64}$$

式中 f_c——混凝土轴心抗压强度设计值；

b——截面宽度，取单宽；

a_1——系数，当混凝土强度等级没达到C50时，取$a_1=1.0$；

N——轴向压力设计值。

$$A_s=A'_s=\frac{Ne-a_1f_cbx\left(h_0-\frac{x}{2}\right)}{f'_y(h_0-a'_s)} \tag{5.65}$$

式中 f'_y——钢筋抗拉强度设计值；

A_s,A'_s——受拉和受压截面的钢筋面积；

h——截面厚度；

a_s,a'_s——自钢筋A_s,A'_s重心分别至最近截面边缘的距离。

②当$e_i\leqslant0.3h_0$时，按照小偏心受压构件进行设计，可按式(5.66)进行截面配筋计算。

$$A_s=A'_s=\frac{Ne-a_1f_cbh_0^2\xi(1-0.5\xi)}{f'_y(h_0-a'_s)} \tag{5.66}$$

(2)轴心受压计算

根据表5.10，结合二衬截面l_0/b的值的大小，可确定钢筋混凝土轴心受压构件的稳定系数φ的大小。

表5.10 钢筋混凝土轴心受压构件的稳定系数

l_0/b	≤8	10	12	14	16	18	20	22	24	26	28	30	32
l_0/d	≤7	8.5	10.5	12	14	15.5	17	19	21	22.5	24	26	28
l_0/i	≤28	35	42	48	55	62	69	76	83	90	97	104	111
φ	1.0	0.98	0.95	0.92	0.87	0.81	0.75	0.70	0.65	0.6	0.56	0.52	0.48

注：l_0为构件的计算长度，对钢筋混凝土柱，可根据《混凝土结构设计规范》(GB 50010—2010)取值；b为矩形截面的短边尺寸；i为截面的最小回转半径；d为圆形截面的半径。

根据《混凝土结构设计规范》(GB 50010—2010)，对于轴心受压衬砌截面可按式(5.67)进行配筋计算：

$$A'_s=\frac{\frac{N}{0.9\varphi}-f_cA}{f'_y} \tag{5.67}$$

式中 A——截面面积。

2)截面复核

假定截面为大偏心受压，取$\sigma_s=f_y$，代入式(5.68)进行计算：

$$f_cbx\left(e_s-h_0+\frac{x}{2}\right)=f_yA_se_s-f'_yA'_se'_s \tag{5.68}$$

当解得混凝土受压区高度$x<\xi_bh_0$时，截面为大偏心受压；当解得混凝土受压区高度$x\geqslant\xi_bh_0$时，截面为小偏心受压。当截面为小偏心受压时，联立式(5.69)、式(5.70)重新计算混凝土受压区高度x：

$$f_c bx\left(e_s - h_0 + \frac{x}{2}\right) = \sigma_s A_s e_s - f'_y A'_s e'_s \tag{5.69}$$

$$\sigma_s = \varepsilon_{cu} E_s\left(\frac{\beta h_0}{x} - 1\right) \tag{5.70}$$

根据上式求解建立关于混凝土受压区高度 x 的一元三次方程为：

$$Ax^3 + Bx^2 + Cx + D = 0 \tag{5.71}$$

式中 $A = 0.5 f_c b$；

$B = f_c b(e_s - h_0)$；

$C = \xi_{cu} E_s A_s e_s + f_y A'_s e'_s$；

$D = -\beta \xi_{cu} E_s A_s e_s h_0$。

3）截面验算

（1）正截面承载力验算

当钢筋混凝土矩形截面的大偏心受压构件时（图 5.21），其正截面力承载力按下式进行验算：

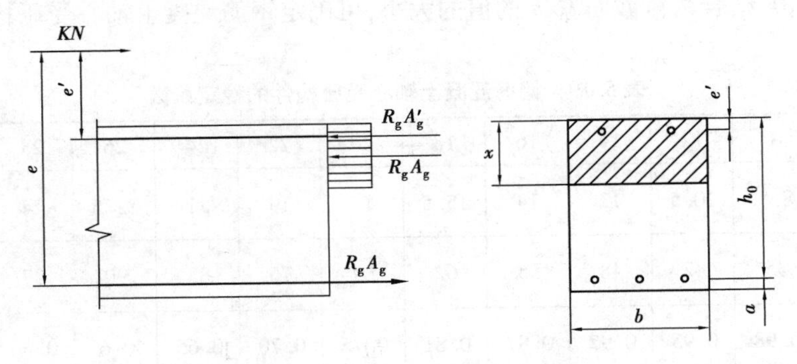

图 5.21　大偏心受压计算示意图

$$KN \leqslant R_w bx + R_g(A'_g - A_g) \tag{5.72}$$

$$KNe \leqslant R_w bx(h_0 - x/2) + R_g A'_g(h_0 - a') \tag{5.73}$$

式中 K——安全系数；

N——轴力，kN；

R_w——混凝土弯曲抗压极限强度标准值，$R_w = 1.25 R_a$；

R_g——钢筋的抗拉或抗压计算强度标准值；

A_g, A'_g——受拉和受压区钢筋的截面面积，m^2；

a, a'——至钢筋 A_g 或 A'_g 的重心分别至截面最近边缘的距离，m；

h——截面高度，m；

h_0——截面的有效高度，m；

x——混凝土受压区的高度，m；

b——矩形截面的宽度。

中性轴由式（5.74）确定：

$$Rg(A_g \mp A_g'e') = R_\omega bx\left(e - h_0 + \frac{x}{2}\right) \tag{5.74}$$

式中　e,e'——偏心压力 N_u 作用点至钢筋 A_s 合力作用点和钢筋 A_s 合力作用点的距离。

$$e = e_0 + e_a + \frac{h}{2} - a_s = e_0 + \max(20 + h/30) + \frac{h}{2} - a_s \tag{5.75}$$

$$e' = e_0 + e_a - \frac{h}{2} + a_s' = e_0 + \max(20 + h/30) - \frac{h}{2} + a_s' \tag{5.76}$$

式中　e_0——轴力对截面重心轴的偏心距，$e_0 = M_d/N_d$。

当 N 作用于 A_g 和 A_g' 的重心之间时，式中左边第二项取正号，否则取负号。如考虑受压钢筋，则受压区高度应符合 $x > 2a'$，如不符合，应按式(5.77)计算：

$$KNe' \leqslant R_g A_g(h_0 - a') \tag{5.77}$$

若按式(5.77)算得到的构件截面强度比不考虑受压钢筋小，则在计算中不应考虑受压钢筋。

当钢筋混凝土矩形截面为小偏心受压构件时($x > 0.55h_0$)，其计算图示如图5.22所示，其截面强度按式(5.78)及式(5.79)进行验算。

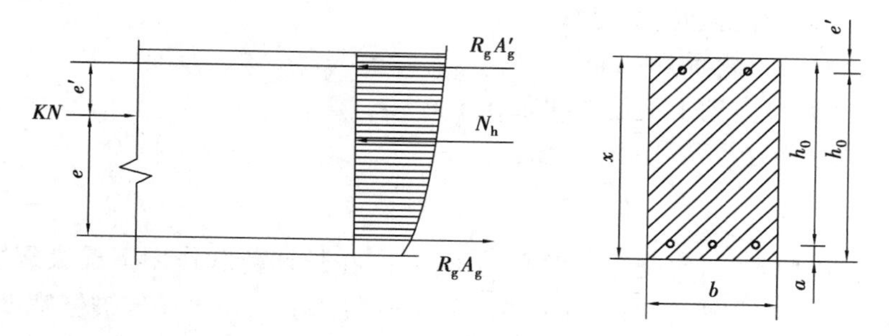

图5.22　小偏心受压计算示意图

$$KNe \leqslant 0.5R_a bh_0^2 + R_g A_g'(h_0 - a') \tag{5.78}$$

如 N 作用于 A_g 和 A_g' 的重心之间，则应符合下列条件：

$$KNe' \leqslant 0.5R_a bh_0'^2 + R_g A_g(h_0' - a) \tag{5.79}$$

式中符号意义同前。

表5.11　钢筋混凝土结构的强度安全系数

破坏原因	荷载组合	
	永久荷载+基本可变荷载	永久荷载+基本可变荷载+其他可变荷载
钢筋达到计算强度或混凝土达到抗压或抗剪极限强度	2.0	1.7
混凝土达到抗拉极限强度	2.4	2.0

(2)斜截面抗剪验算

根据《混凝土结构设计规范》(GB 50010—2010)规定，矩形截面及T形截面的受弯构件，其截面应符合式(5.80)要求。

$$KQ \leqslant 0.3R_a bh_0 \tag{5.80}$$

式中 K——安全系数；

Q——剪力，MN；

其余符号意义同前。

根据《混凝土结构设计规范》(GB 50010—2010)规定，矩形截面及T形截面的受弯构件，其截面应符合式(5.81)要求。

$$KQ \leqslant 0.07R_a bh_0 \tag{5.81}$$

如不满足要求，需进行斜截面的抗剪强度计算配筋计算(箍筋)。根据《公路隧道设计规范》(JTG 3370.1—2018)中的规定，衬砌斜截面抗剪强度应按式(5.82)进行验算：

$$KQ \leqslant Q_{kh}, Q_{kh} = 0.07R_a bh_0 + \alpha_{kh} R_g \frac{A_k}{S} h_0, A_k = na_k \tag{5.82}$$

式中 Q_{kh}——斜截面上受压区混凝土和箍筋的抗剪强度，MPa；

α_{kh}——抗剪强度影响系数，当 $KQ/(bh_0) \leqslant 0.2R_a$ 时，取 $\alpha_{kh}=2.0$，当 $KQ/(bh_0) \geqslant 0.3R_a$ 时，取 $\alpha_{kh}=1.5$，当 $KQ/(bh_0)$ 为中间数值时，α_{kh} 按直线内插法取用；

A_k——配置在同一截面内箍筋各肢的全部截面面积，m^2；

n——在同一截面内箍筋的肢数；

a_k——单肢箍筋的截面面积，m^2；

S——沿构件长度方向上箍筋的间距，m；

R_g——箍筋的抗拉计算强度标准值。

4)裂缝验算

针对于隧道衬砌此类受拉、受弯和偏心受压构件，在长期荷载作用下最大裂缝宽度可按式(5.83)—(5.86)进行验算，对于 $e_0/h_0 \leqslant 0.55$ 的偏心受压构件，可不验算裂缝宽度。

$$w_{max} = \alpha\varphi \frac{\sigma_s}{E_s}\left(1.9c_s + 0.08\frac{d}{\rho_{te}}\right) \tag{5.83}$$

$$\varphi = 1.1 - 0.65\frac{f_{tk}}{\rho_{te}\sigma_s} \tag{5.84}$$

$$d = \frac{\sum n_i d_i^2}{\sum n_i v_i d_i} \tag{5.85}$$

$$\rho_{te} = \frac{A_s}{A_{te}} \tag{5.86}$$

式中 w_{max}——最大裂缝宽度，mm；

α——构件受力特征系数，对轴心受拉构件取 $\alpha=2.7$，对受弯和偏心受压构件取 $\alpha=1.9$，对偏心受拉构件取 $\alpha=2.4$；

φ——裂缝间纵向受拉钢筋应变不均匀系数。当 $\varphi<0.2$ 时取 $\varphi=0.2$，当 $\varphi>1.0$ 时取 $\varphi=1.0$，对直接承受重复荷载的构件取 $\varphi=1.0$；

σ_s——纵向受拉钢筋的应力，MPa；

E_s——钢筋的弹性模量，MPa；

c_s——最外层纵向受拉钢筋外边缘至受拉区底边的距离，mm，当 $c_s<20$ 时取 $c_s=20$，当 $c_s>65$ 时取 $c_s=65$；

d——受拉区纵向钢筋的等效直径,mm;

ρ_{te}——按有效受拉混凝土截面面积计算的纵向受拉钢筋的配筋率,当 $\rho_{te}<0.01$ 时,取 $\rho_{te}=0.01$。

5.4　超前支护结构设计

由于初期锚喷支护强度的增长速度不能满足洞体稳定的要求,可能导致洞体失稳,或由于大面积淋水、涌水地段难以保证洞体稳定,可采用超前锚杆或超前小钢管支护、管棚钢架超前支护、超前小导管预注浆、超前围岩深孔预注浆、地表砂浆锚杆或地表注浆等辅助施工措施,对地层进行预加固,超前支护或止水。在进行设计时可根据表 5.12 选用隧道辅助施工措施。

表 5.12　辅助工程措施及其适用条件

辅助施工措施		适用条件
地层稳定措施	管棚法	Ⅴ级和Ⅵ级围岩,无自稳能力或浅埋隧道及其地面有荷载
	超前导管法	Ⅴ级围岩,自稳能力低
	超前钻孔注浆法	Ⅴ级和Ⅵ级软弱围岩地段、断层破碎带地段,水下隧道或富水围岩地段、塌方或涌水事故处理地段以及其他不良地质地段
	超前锚杆法	Ⅳ～Ⅴ级围岩,开挖数小时内可能剥落或局部坍塌
	拱脚导管锚固法	Ⅴ级围岩,自稳能力低
	地表锚杆与注浆加固法	Ⅴ级围岩浅埋地段和埋深≤50 m 的隧道
	墙式遮挡法	浅埋隧道,且隧道上方两侧(或一侧)地面有建筑物
涌水处理措施	注浆止水法	地下水丰富且排水时挟带泥沙引起开挖面失稳,或排水后对其他用水影响较大的地段
	超前钻孔排水法	开挖面前方有高压地下水或有充分补给源的涌水,且排放地下水不会影响围岩稳定及隧道周围环境条件
	超前导洞排水法	同上
	井点降水法	渗透系数为 0.6～80 m/d 的匀质砂土及亚黏土地段
	深井降水法	覆盖较浅的均质砂土及亚黏土地层

5.4.1　超前锚杆和超前小钢管

隧道施工过程中,当遇到软弱破碎围岩时,其自支护能力是比较弱的。因此,隧道开挖过程中,在无地下水的软弱地层、薄层水平层状岩层、开挖数小时内拱顶围岩可能剥落或局部坍塌的地段,通常采用超前锚杆和超前小钢管对掌子面前方地层进行预加固。此法的要点是开挖掘进前,在开挖面顶部一定范围内,沿坑道设计轮廓线,向岩体内打入一排纵向锚杆(或型钢,或小钢管),以形成一道顶部加固的岩石棚,在此棚保护下进行开挖等作业(图 5.23),至一定距离后(在尚未开挖的岩体中必须保留一定的超前长度)。重复上述步骤,如此循环前进。结合规范和现场施工经验可知，超前锚杆和超前小钢管的设计参数可按表5.13选用，并且超前锚杆、超前小钢管的设置应充分考虑岩体结构面特性，一般仅在拱顶部设置，必要时也可在边墙局部设置，如图5.23所示。超前锚杆，超前小钢管纵向两排的水平投影应有不小于100 cm的搭接长度。

根据施工经验可知，为保证地层加固质量，提高隧道施工安全性，超前锚杆宜采用早强砂浆锚杆，直径宜为22~28 mm。当穿越围岩十分破碎且不易成孔的地段时，可采用自进式锚杆。自进式注浆锚杆(又称迈式锚杆)是将超前锚杆与超前小导管注浆相结合一种超前措施。它是在小导管的前端安装了一次性钻头，从而将钻孔和顶管同时完成，缩短了导管的安装时间，尤其适用于钻孔易坍塌的地层。当采用自进式锚杆时，直径可取28~76 mm，长度宜为3.0~5.0 m，环向间距宜为300~400 mm，外插角宜为5°~15°，纵向水平搭接长度不应小于1.0 m。并且，为了增强超前锚杆、超前小钢管对地层间的整体支护作用，超前锚杆、超前小钢管尾端一般应置于钢架腹部或焊接于系统锚杆尾部的环向钢筋。超前锚杆施作时应根据地层情况实时调整设计参数，并根据围岩情况，可采用双层或三层超前支护。

表5.13　超前锚杆超前小导管设计参数

锚杆直径/mm	小导管直径/mm	锚杆、小导管长度/m	环向间距/cm	外插角	
				锚杆	小钢管
22~28	42~50	3~5	30~40	5°~15°	5°~12°

注：①外插角为锚杆(小钢管)与隧道纵向开挖轮廓线间的夹角；

②超前锚杆，超前小钢管的长度与掘进循环一起考虑并应根据实际施工能力适当选择。

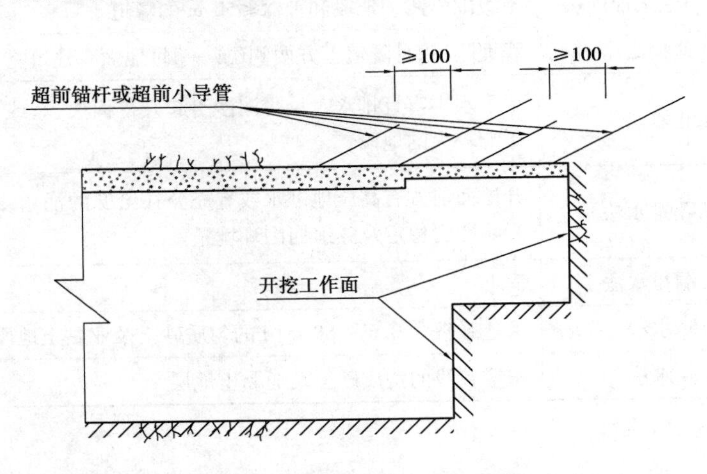

图5.23　超前锚杆、超前小钢管布置示意图(单位:cm)

超前锚杆、超前小钢管是一种起超前预支护作用措施，设计时应根据围岩的具体情况、实际施工能力、工序进度安排等因素选择。

使用超前锚杆、超前小钢管隧道，一般岩体很破碎，开挖工作面有可能塌滑，因此，纵向两排锚杆或小钢管应采用不小于100 cm的水平搭接长度，如图5.23所示。由于施工进展的要求，超前锚杆设置后一般随即进行下一次掘进循环，当采用一般砂浆作胶结物时，则爆破能影响其强度。为此，要求采用早强砂浆作为超前锚杆与岩层孔壁间胶结物，以及早发挥超前支护作用。

5.4.2 超前管棚加强支护

管棚(也称超前大管棚)是在隧道开挖前,将一系列钢管(导管)顺隧道轴线方向沿隧道开挖轮廓线外以较小的外插角排列布置形成的钢管棚,为增加钢管外围岩的抗剪切强度,从插入的钢管内压注充填水泥浆或砂浆,使钢管与围岩一体化。随着隧道开挖,管棚钢管与及时施作的钢架连接形成纵横向的支护体系(图 5.24)。由于管棚是在隧道开挖前施作,对掌子面前方拱顶围岩形成纵向支护,隧道开挖过程中在钢架支撑的共同作用下,对阻止围岩下沉、防止掌子面拱顶塌方和维护掌子面稳定等有显著效果,所以超前大管棚具有很强的超前支撑能力和控制沉降能力,在松散破碎地层、地面沉降有严格控制的浅埋段、塌方地段都可以采用。

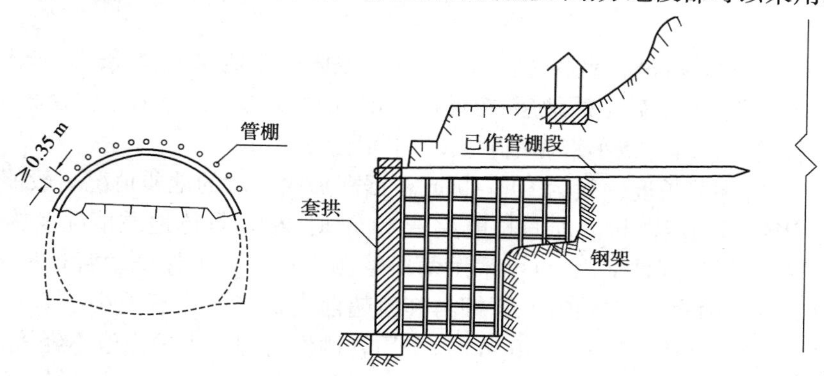

图 5.24 管棚超前支护

1)应用条件

管棚由钢架和钢管组成,管棚对围岩变形的限制能力较强,且能提前承受早期围岩压力,因此主要适用于围岩压力来得快、来得大,且对围岩变形及地表下沉有较严格限制要求的软弱破碎地层隧道工程中,如土砂质地层、强膨胀性地层、强流变性地层、裂隙发育的岩体、断层破碎带、浅埋有显著偏压等地层的隧道中。在隧道穿越极特殊困难地质(如极破碎岩体、塌方段、岩堆等)地段,在钢管内辅以灌浆会极大增强注浆加固效果,当遇流塑状岩体或岩溶严重流泥地段,采用管棚与围岩内预注浆相结合的手段也是行之有效的方法。

2)超前管棚设计规定

管棚钢管布置的形状与隧道开挖面形状相似,钢管中心距开挖轮廓线的距离为 100 ~ 200 mm,如图 5.25 所示。为保证管棚钢管不侵入隧道开挖轮廓线内,拱部管棚钢管应设置一定的外倾角,结合实际施工经验,一般外倾角大小可设为 0.5° ~ 2°。

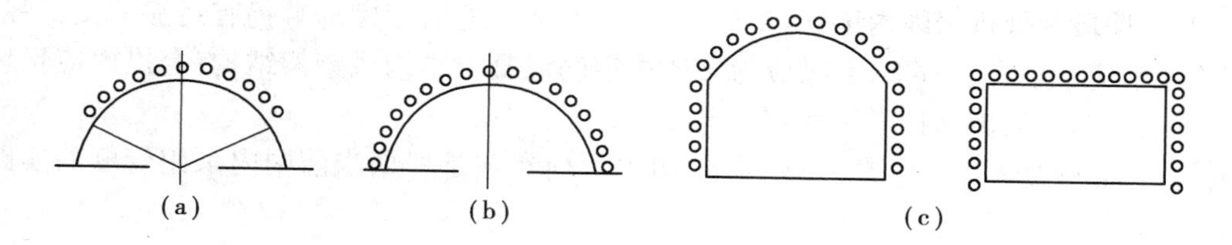

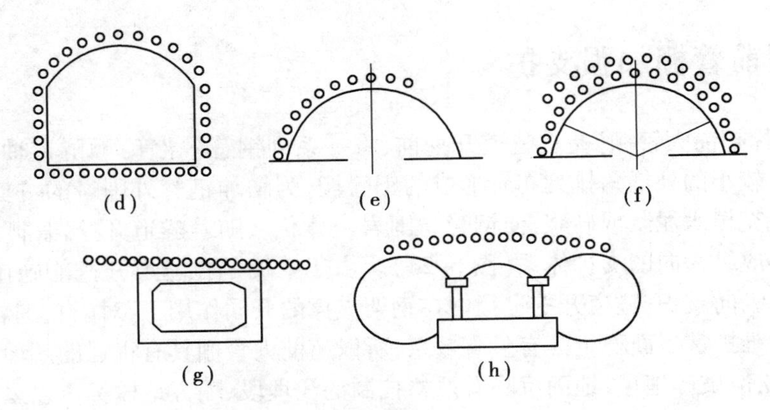

图 5.25　管棚形状

为保证两管之间不掉渣，管棚钢管环向间距根据隧道地层地质条件一般取为 350 ~ 500 mm。当隧道穿越含水的砂土质地层、松散碎石层、回填地层、破碎围岩粒径较小的地层时，应适当加密管棚钢管的布置，减小管棚钢管的环向间距。

管棚一次支护的钢管长度一般为 10 ~ 45 m 根据需加固地层的地质情况一般能加固地层长度为 8 ~ 40 m。当隧道地层需超前加固长度大于 40 m 时，根据具体地质情况及施工经验可结合其他超前支护措施进行延伸加固，也可采用两次管棚支护。为了保证钢管远端的有效支撑，确保地层施工稳定性，两次管棚支护间、管棚与其他超前支护之间应有不小于 3.0 m 的水平搭接长度。当地层需超前加固长度小于 10 m 时，采用管棚作为超前支护措施不经济，此时应考虑采用其他超前支护措施。当地层需作超前支护的地段长度在 10 ~ 40 m 时，为保证开挖后管棚远端仍有足够的超前支护长度，钢管需伸入稳定地层不小于 3.0 m。

为保证地层的超前加固质量，管棚支护钢管宜选用热轧无缝钢管，外径宜为 80 ~ 180 mm，钢管分节段采用"V"形对焊或丝扣连接，钢管节段长度宜为 1.6 ~ 4.0 m。钢管每一连接头与相邻钢管接头应错开不小于 500 mm 的距离，并保证同一断面钢管接头不大于 50%。

为保证钢管的连续性和强度，管内应设钢筋笼或钢筋束并注满砂浆(图 5.26)，砂浆强度等级不小于 M20。钢管节段之间一旦连接不好容易发生断管，使管棚失效，插入钢筋笼或钢筋束能保证钢管整体连续；管棚内注满具有一定强度的砂浆是为保证钢管强度和刚度，受力后钢管不产生折、瘪，保证整个管棚支撑体系的支撑能力。注浆一般采用有限注浆法进行设计，注浆浆液水灰比 1:0.5 ~ 1:1.0，注浆压力初压 0.5 ~ 1.0 MPa。双液注浆强度很难达到 M20，所以不宜采用双液注浆。

管棚钢管管壁应钻注浆小孔(图 5.26)，这样能使部分浆液将渗透到围岩体内，对加固围岩和提高围岩的自稳能力可起到一定作用。为保证注浆效果，注浆孔孔径宜为 6 ~ 10 mm，间距宜为 200 ~ 300 mm，呈梅花形布置。且应注意的是，为增强钢管尾端强度，钢管尾端设置有不钻孔的止浆段，止浆段为伸入岩体内 1.0 ~ 2.0 m 范围，保证开挖后管棚远端仍有足够的支护强度。管棚钢管尾端应支承在套拱上，套拱应为整体式钢筋混凝土结构或钢架结构，套拱内应预埋钢管导向管，套拱基础应能保证套拱稳定。

管棚具体布置如图 5.27、图 5.28 所示，图中所列参数是根据当前国内采用管棚的实践经验得出，有待进一步完善。

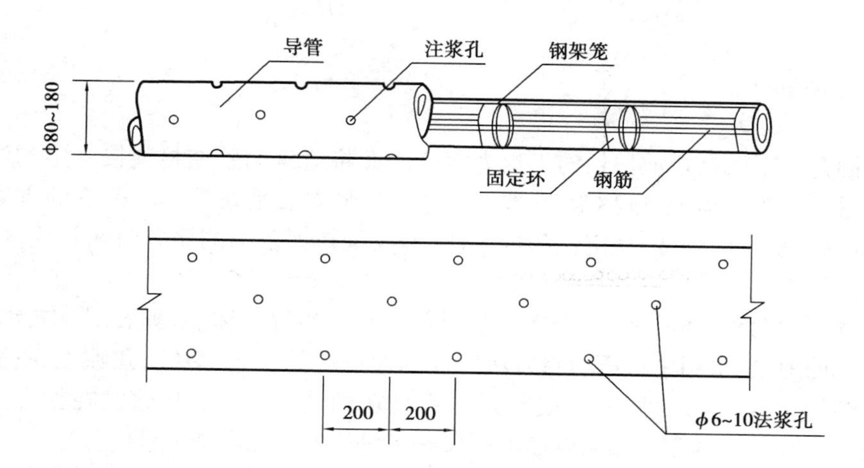

图 5.26 管棚钢管构造(单位:mm)

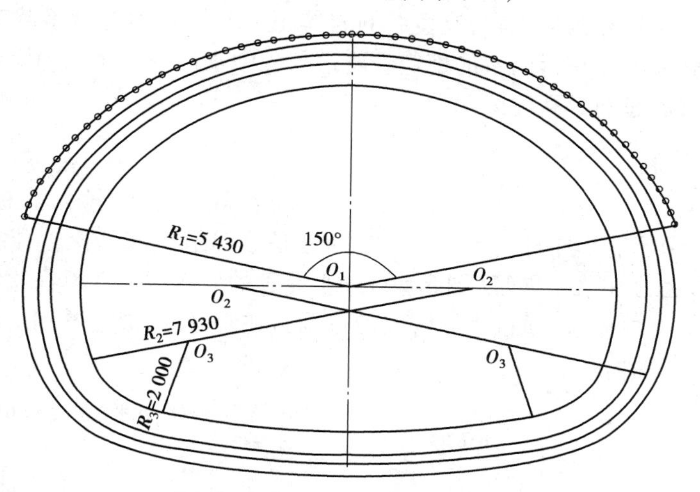

图 5.27 隧道管棚布置示意图

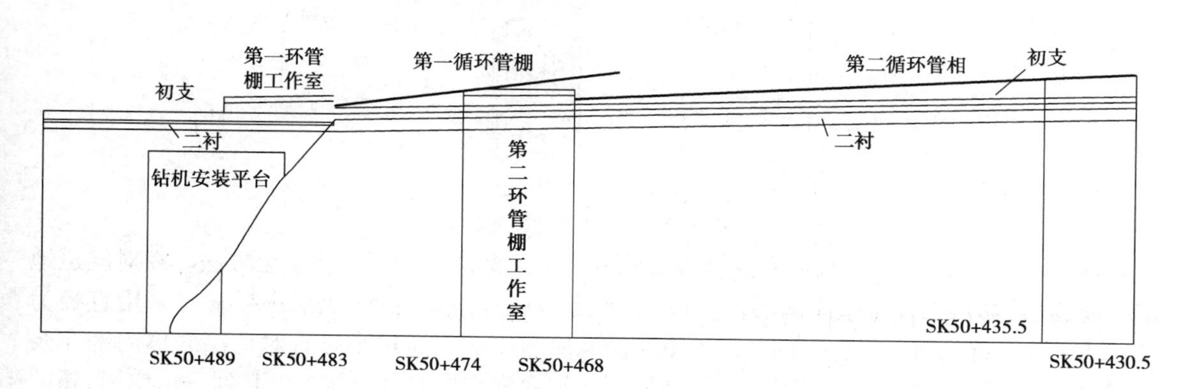

图 5.28 隧道洞内管棚纵向布置示意图

5.4.3　注浆加固

注浆加固是为了改良松散地层的工程力学性能而将适宜的胶结材料按一定的注浆工艺注入到松散地层中的工程措施，也称为“地层改良”。注浆方法是在掌子面前方的围岩中将浆液注入，从而提高了地层的强度、稳定性和抗渗性，形成了较大范围的筒状封闭加固区，然后在其范围内进行开挖作业。

注浆机理分为两种：第一种是“浸透注浆”，就是对于破碎岩体、砂卵石层、中、细、粉砂层等有一定渗透性的地层，采用中低压力将浆液压注到地层中的空穴、裂缝、孔隙里，凝固后将岩土或土颗粒胶结为整体。第二种是“劈裂”注浆，它是在黏性土中用高压浆液在钻孔周围土层中先劈裂出缝隙，然后再充填之，从而对黏土层起到了挤压加固和增加强度的作用。

胶结材料在松散地层中凝结后，一定区域内的松散岩体就变得完整而坚硬起来，其力学性能将得到改善。就结构和构造而言，改良后的岩体很容易转化为隧道承载结构，不需要采取过多的其他工程措施就可以获得洞室的稳定。隧道工程中常用的注浆加固措施按工艺的不同，分为超前小导管注浆和超前钻孔注浆两种。

1）超前小导管注浆

在隧道开挖后，掌子面不能自稳地段拱部易出现剥落或局部坍塌、塌方段、浅埋段、地质较差的洞口段，可采用超前小导管支护。超前小导管是沿隧道拱部开挖轮廓线布置，向纵向前方外倾5°~12°打设密排注浆小导管（图5.29）。小导管的外露端需支承在紧邻开挖面的钢架上，与钢架组成纵横向支撑体系，通过小导管向前方围岩注浆，使浆液渗透到围岩，能加固一定范围内的围岩，又能支托围岩。

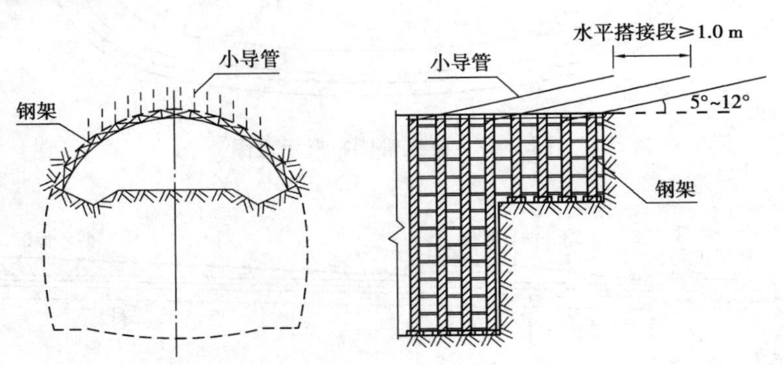

图5.29　小导管超前支护

根据规范及现场施工经验，对超前小导管的设计逐渐总结出了一些规定方法。在对隧道地层的超前加固施工中，为保证地层加固质量，确定地层施工稳定性，超前小导管宜采用直径为42~50 mm无缝钢管，长度宜为3.0~5.0 m。地层超前加固通过小导管对地层岩体内部注浆实现，为使浆液充分渗透到围岩体内，对加固围岩和提高围岩的自稳能力可起到一定作用，超前小导管管壁应钻注浆孔，孔径宜为6~8 mm，注浆孔间距宜为150~250 mm，呈梅花形布置，尾部留有长度不小于500 mm长的止浆段（图5.30）。

为保证地层充分注浆，提高地层整体强度，根据需加固地层的地质情况，超前小导管环向设置间距宜为 300 ~ 400 mm，外插角宜为 5° ~ 12°，纵向水平搭接长度不应小于 1.0 m。当遇到地层较软弱、较松散情况时，应适当加密小导管的布置，减少小导管的环向间距。

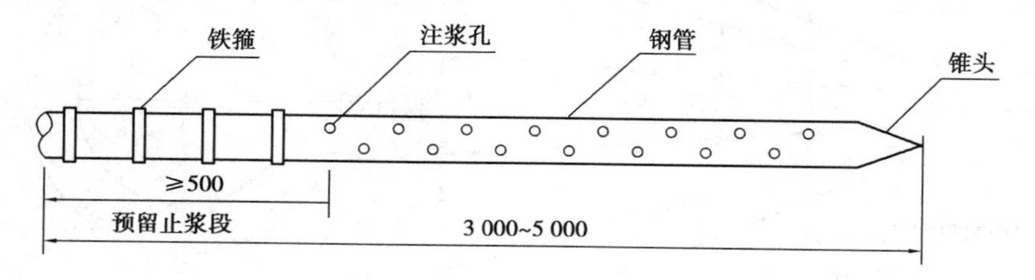

图 5.30 小导管构造（单位：m）

压注水泥砂浆的水灰比一般为 1∶0.5 ~ 1∶1.0。当围岩破碎，岩体止浆效果不好时，也可采用水泥——水玻璃双液注浆，将浆液凝结时间控制在数分钟之内，注浆压力宜为 0.5 ~ 1.0 MPa。

浆液扩散半径 R 可根据导管排列密度确定，考虑注浆扩散范围相互重叠的情况，可按式（5.87）计算：

$$R = (0.6 \sim 0.7)L \tag{5.87}$$

式中 L——导管中心间距，m。

单根导管注浆重 Q 按式（5.88）计算：

$$Q = \pi R^2 ln \tag{5.88}$$

式中 R——浆液扩散半径，m；

l——导管长度，m；

n——围岩空隙率，%。

在岩体破碎时，导管间岩体坍落可能塌落，可考虑设双层小导管，洞内内层小导管外插角 5° ~ 12°、外层小导管外插角 10° ~ 30°，交错布置。当洞口采用双层小导管时，两层小导管间距不宜大于 300 mm。

2）超前钻孔注浆

在软弱围岩及断层破碎带、堆积土地层，隧道开挖可能引起掌子面突泥、流塌等灾害，可采用超前钻孔注浆对隧道周边围岩或开挖掌子面进行加固。超前钻孔注浆加固是把具有充填和凝胶性能的浆液材料，通过配套的注浆机具设备压入所需加固的地层中，经过凝胶硬化作用后充填和堵塞地层中缝隙，提高注浆区围岩密实性或减小渗水系数及隧道开挖时的渗漏水量，并能固结软弱和松散岩体，使围岩强度和自稳能力得到提高。超前钻孔注浆的注浆孔布置可由工作面向开挖方向呈伞形辐射状，在开挖面正面分层布置，根据隧道施工开挖方式分全断面一次布孔和半断面多次布孔，钻孔布置成一圈或数圈，长短孔相结合，如图 5.31 所示。

超前钻孔注浆加固范围，可能是整个开挖范围及其周边、也可能是一侧、拱部或其他局部区域，包括纵向范围，如图 5.32 所示。注浆孔布置受孔底间距控制，孔底间距可取 1.4 ~ 1.7 倍浆液扩散半径，浆液扩散半径可按 1.0 ~ 2.0 m 控制。

超前钻孔注浆设计应符合下列规定：应根据地质条件及地下水情况，确定加固范围，选用注浆材料。应根据加固范围、浆液材料、扩散半径以及工程要求等条件布置注浆孔，应使各注浆孔浆液扩散范围相互重叠。为保证地层注浆加固质量，注浆范围宜控制在开挖轮廓线外 3.0 m 以内。注浆钻孔孔径应不小于 75 mm，注浆压力应根据现场试验确定，一次注浆加固段纵向长度可取 30 ~ 50 m。

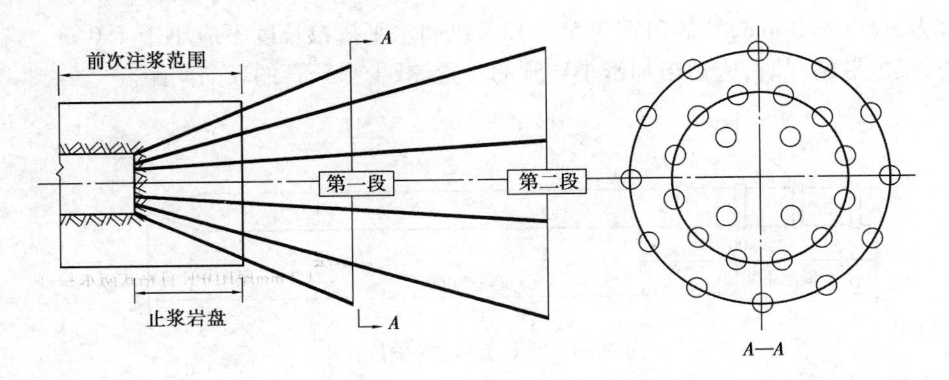

图 5.31　超前钻孔注浆钻孔布置

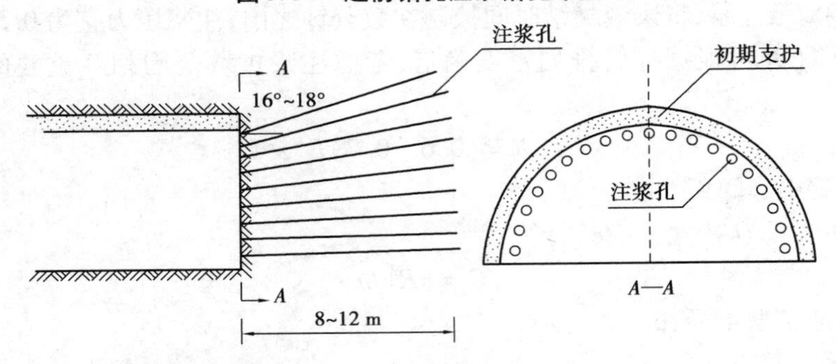

图 5.32　周边孔预注浆

5.5　设计实例

1)工程概况

分水隧道位于重庆市綦江县篆塘镇分水办事处境内,其东侧分水岭山体脚下沿綦江河边与川黔公路和川黔铁路相通,交通较方便。隧道穿越地层为朱罗系中统沙溪庙上亚组之粉砂质泥岩,暗紫红色,紫红色,粉砂泥质结构,块状构造,局部夹泥质粉砂岩,受地质构造影响较重,裂隙较发育,裂隙水微弱,层间结合一般,进口表层风化裂隙发育,强风化层厚度可达 6 m,岩石质量指标 RQD = 62% ~ 82%。围岩稳定性较差,综合判定隧道围岩级别为Ⅳ级,隧道围岩地下水以裂隙水为主,对施工无太大影响。隧道是单洞双车道,设计车速 80 km/h,总长约 564 m。隧道进口桩号为 LK87 + 283,设计标高为 381.812 6 m,出口桩号为 LK87 + 835,设计标高为 367.930 8,单向纵坡为 -2.514 8%。

2)隧道衬砌支护设计

Ⅳ级围岩衬砌支护设计如下:超前支护长 L 为 4.5 m ϕ25 超前中空锚杆,锚杆间距为 50 cm × 300 cm,初期支护为长 2.5 m ϕ22 砂浆锚杆,系统锚杆纵横间距为 100 cm × 120 cm,梅花形布置,ϕ6 钢筋网(拱部),网格间距为 25 cm × 25 cm,格栅钢架 100 cm/榀,初次衬砌采用 15 cm C25 厚喷射混凝土,二次衬砌为 35 cm C30 模筑混凝土,初衬和二衬之间设置 1.2 mm 厚的 HDPE 自粘式防水卷材。衬砌支护断面如图 5.33 所示。

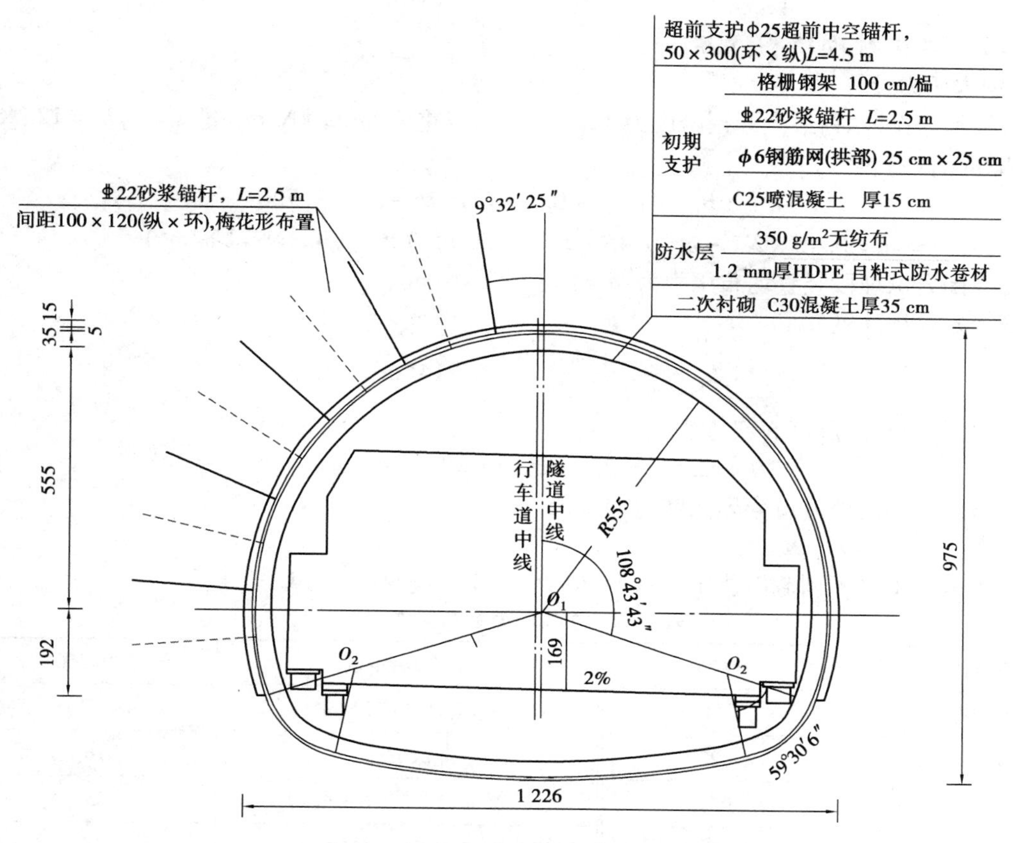

图 5.33 隧道Ⅳ级围岩衬砌支护断面图(单位:cm)

锚杆及钢筋网布置示意图如图 5.34 所示。

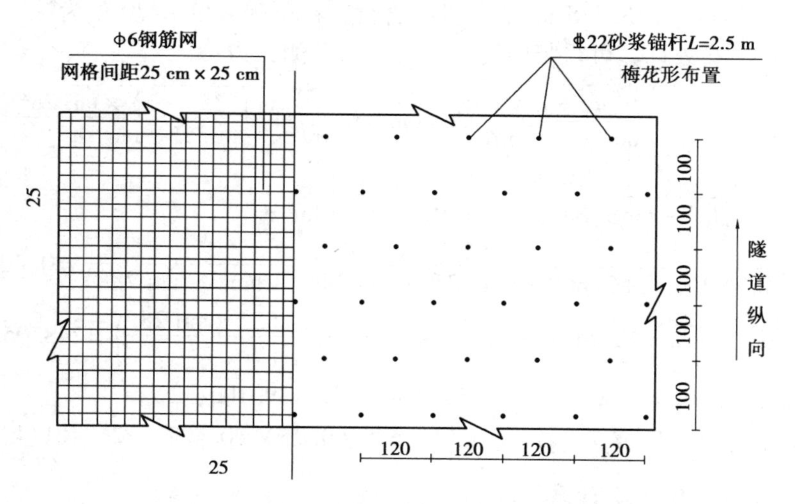

图 5.34 锚杆及钢筋网布置示意图(单位:cm)

3)隧道洞身二次衬砌结构计算

(1)围岩压力计算

围岩级别为Ⅳ级时,最大开挖跨度为 12.26 m,围岩重度为 22 kN/m³,即 $s=4$,$B_t=12.26$,$\gamma=22$ kN/m³,故有:

$$\omega=1+i(B_t-5)=1+0.1\times(12.26-5)=1.726$$

$$q=\gamma h=0.45\times 2^{s-1}\gamma\omega=0.45\times 2^{4-1}\times 22\times 1.726=136.699(\text{kN/m}^2)$$

故Ⅳ级围岩深埋段竖直均布压力为:$q=136.699$ kN/m²。

计算等效荷载高度 h_q:

$$h_q=\frac{q}{\gamma}=\frac{136.699}{22}=6.214(\text{m})$$

深浅埋隧道分界深度(Ⅳ级围岩):

$$H_p=2.5h_q=2.5\times 6.214=15.535(\text{m})$$

故Ⅳ级围岩深浅埋隧道分界深度为 15.535 m。

(2)围岩衬砌荷载计算

Ⅳ级围岩衬砌最不利截面位于 K99+470 处,基本情况见表 5.14。

表 5.14　衬砌断面基本参数

围岩类型	灰岩	地面高程/m	500.766
围岩等级 S	4	隧道顶部高程/m	484.766
围岩重度 λ/(kN·m^{-3})	22	埋深 H/m	16
隧道开挖高度 H_t/m	9.75	计算围岩摩擦角 φ_c/(°)	35
隧道开挖跨度 B_t/m	12.26	围岩弹性反力系数/(MPa·m^{-1})	400

由于埋深 16 m$\geqslant H_p=15.535$ m,故Ⅳ级围岩衬砌在里程 K99+470 处为深埋。

根据表 5.14 中参数计算可得竖向均布压力及水平侧压力:

$$\tan\beta=\tan\varphi_c+\sqrt{\frac{(\tan^2\varphi_c+1)\tan\varphi_c}{\tan\varphi_c-\tan\theta}}=\tan 35°+\sqrt{\frac{(\tan^2 35°+1)\times\tan 28°}{\tan 35°-\tan 28°}}=2.869$$

$$\begin{aligned}\lambda&=\frac{\tan\beta-\tan\varphi_c}{\tan\beta[1+\tan\beta(\tan\varphi_c-\tan\theta)+\tan\varphi_c\tan\theta]}\\&=\frac{2.869-\tan 35°}{2.869\times[1+2.869\times(\tan 35°-\tan 28°)+\tan 35°\tan 28°]}=0.407\end{aligned}$$

$$q=\gamma H\left(1-\frac{\lambda H\tan\theta}{B_t}\right)=22\times 15.535\times\left(1-\frac{0.407\times 15.535\times\tan 28°}{12.26}\right)=248.052(\text{kN/m}^2)$$

$$e_1=\gamma H\lambda=22\times 15.535\times 0.407=139.100(\text{kN/m}^2)$$

$$e_2=\gamma h\lambda=\gamma\times(H+H_t)\times\lambda=22\times(15.535+9.75)\times 0.407=226.401(\text{kN/m}^2)$$

4)隧道二次衬砌结构内力计算

根据《公路隧道设计规范》(JTG 3370.1—2018)中计算二次衬砌内力的相关规定,采用荷载结构法对二次衬砌结构进行内力计算。

荷载结构法设计原理:隧道开挖后地层的作用主要是对衬砌结构产生荷载,衬砌结构应能安全可靠地承受地层压力等荷载的作用。计算时先按实用公式确定地层压力,然后按弹性地基上结构物的计算方法计算衬砌的内力。对于荷载结构法计算衬砌结构内力过程,采用 Midas GTS 结构有限元软件进行分析。有限元计算模型如图 5.35 所示。

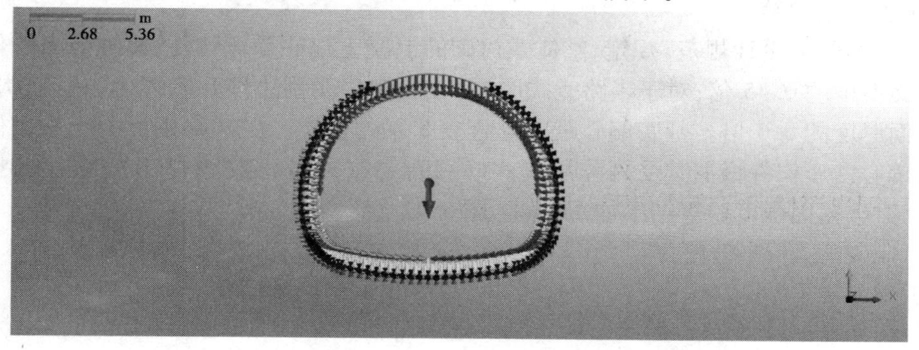

图 5.35 隧道有限元模型图

设计基本参数如下:

二次衬砌截面尺寸:$b \times h = 0.35\ \text{m} \times 1.0\ \text{m}$

C30 混凝土参数:弹性模量:$E = 3.0 \times 10^4$ MPa,泊松比:$\mu = 0.2$

弹性抗力系数:$K = 400$ MPa/m

荷载:垂直荷载:$q = 248.052$ kN/m²;水平荷载:$e_1 = 139.100$ kN/m²,$e_2 = 225.401$ kN/m²

GTS 建模分析结果如图 5.36—图 5.39 所示。

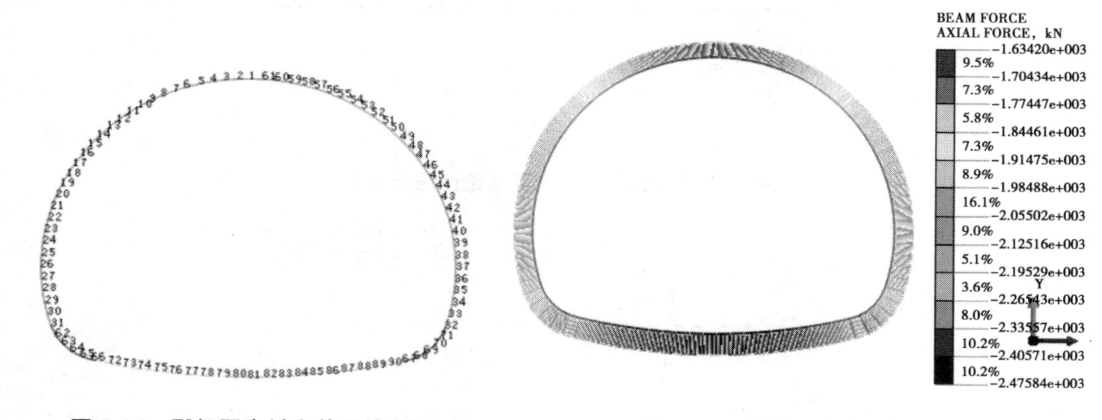

图 5.36 Ⅳ级围岩衬砌单元编号图

图 5.37 Ⅳ级围岩衬砌轴力图

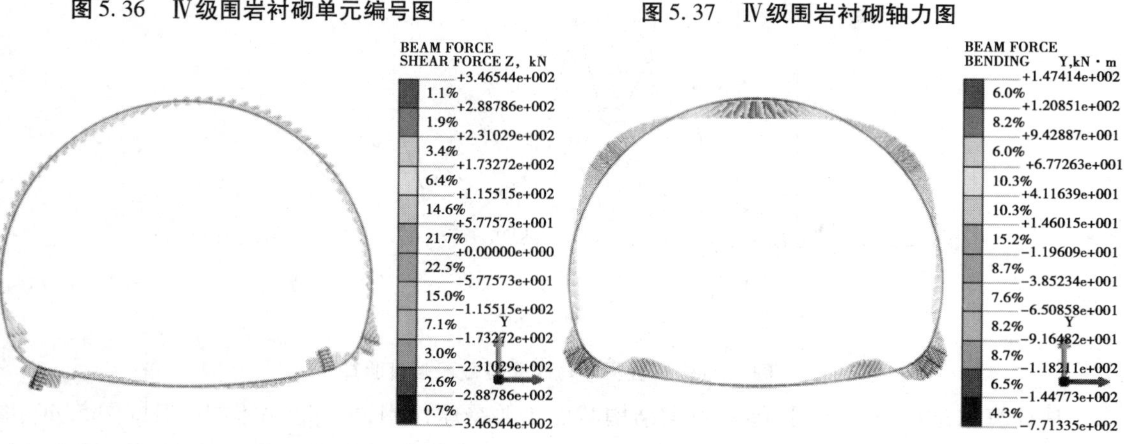

图 5.38 Ⅳ级围岩衬砌剪力图

图 5.39 Ⅳ级围岩衬砌弯矩图

5)配筋设计基本原理

(1)截面强度验算

根据《公路隧道设计规范》规定,整体式衬砌的混凝土偏心受压构件,其轴向力的偏心距不宜大于截面厚度的0.45倍;对于半路堑式明洞外墙、棚式明洞边墙和砌体偏心受压构件,则不应大于截面厚度的0.3倍。基底偏心距应符合表5.4的规定。二次衬砌混凝土和砌体矩形截面轴心及偏心受压构件根据其受力作用按式(5.40)、式(5.41)分别对其抗压强度和抗拉强度进行验算,衬砌截面强度验算结果如图5.40、图5.41所示。

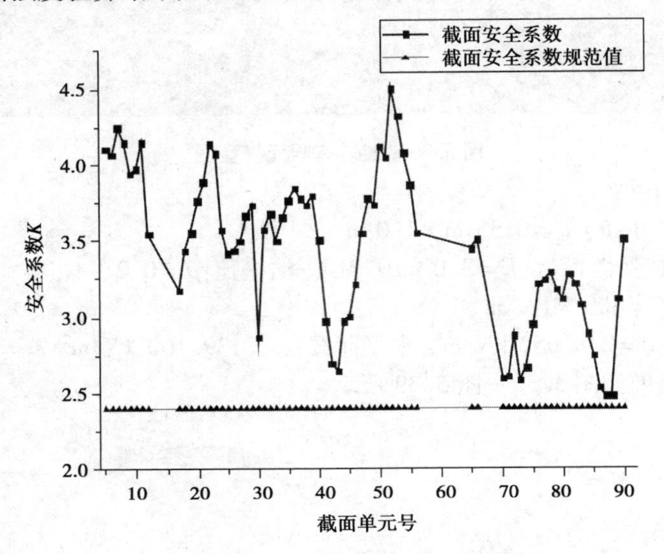

图5.40 Ⅳ级围岩衬砌受压截面强度验算

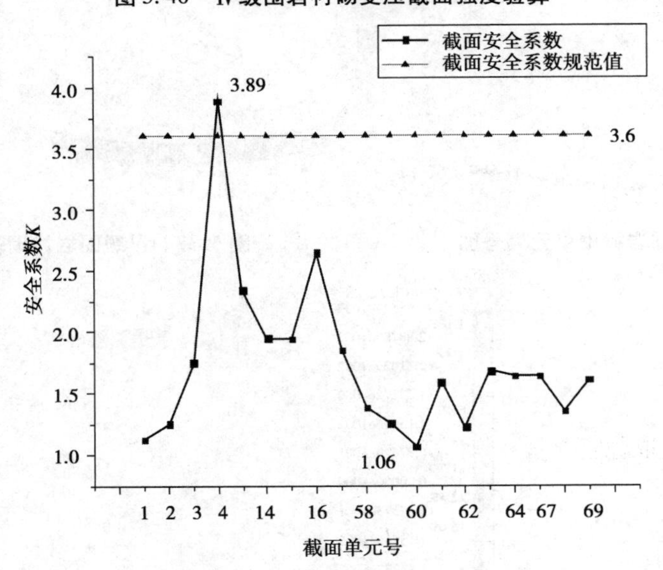

图5.41 Ⅳ级围岩衬砌受拉截面强度验算

从计算结果可以得出,Ⅳ围岩衬砌结构截面主要受压作用,局部受拉作用,根据图5.40、图5.41可知Ⅳ围岩衬砌结构受压截面均满足强度要求,受拉截面除4号单元外均不满足抗拉强度要求,需根据规范按最大弯矩截面配筋,其中最不利截面位置处于拱顶处。

(2)二次衬砌截面配筋验算

衬砌结构按钢筋混凝土偏心受压构件计算。

计算截面为 $b \times h = 1\ 000\ \text{mm} \times 350\ \text{mm}$ 的矩形截面受压杆件计算长度:$l_0 = 1.00\ \text{m}$

混凝土强度等级:C30,$f_c = 14.3\ \text{MPa}$,$f_t = 1.43\ \text{MPa}$

纵筋级别 HRB400,$f_y = f'_y = 360\ \text{MPa}$

轴力设计值 $N = 2\ 172\ \text{kN}$,弯矩设计值 $M = 105.8\ \text{kN} \cdot \text{m}$,剪力设计值 $V = 309.5\ \text{kN}$。

Ⅰ类环境条件,取保护层厚度 $c = 40\ \text{mm}$,$a_s = a'_s = 50\ \text{mm}$。

①偏压计算。

计算相对界限受压区高度 ξ_b:

$$\xi_b = \frac{\beta}{1 + \dfrac{f_{sd}}{\varepsilon_{cu} E_s}} = \frac{0.80}{1 + \dfrac{360}{0.003\ 3 \times 200\ 000}} = 0.517\ 6$$

②计算轴向压力作用点至钢筋合力点距离 e。

偏心矩:$e_0 = \dfrac{M}{N} = \dfrac{105.8 \times 10^6}{2\ 172 \times 10^3} = 48.71(\text{mm})$

附加偏心矩:$e_a = \max\{20, h/30\} = 20\ \text{mm}$,$e_i = e_0 + e_a = 68.71\ \text{mm}$

$$e_s = e_i + \frac{h}{2} - a_s = 193.71\ \text{mm}$$

③计算配筋。

$e_0 = 48.71\ \text{mm} < 0.3h_0 = 0.3 \times 300 = 90\ \text{mm}$,为小偏心受压构件。

$$\begin{aligned} A_s &= \frac{Ne_s - f_{cd} b h_0^2 \xi(1 - 0.5\xi)}{f'_{sd}(h_0 - a'_s)} \\ &= \frac{2\ 172 \times 10^3 \times 193.71 - 14.3 \times 1\ 000 \times 300^2 \times 0.434 \times (1 - 0.5 \times 0.434)}{360 \times (300 - 50)} \\ &= -184.59(\text{mm}^2) \end{aligned}$$

取 $A_s = \rho'_{\min} bh = 0.002 \times 1\ 000 \times 350 = 700(\text{mm}^2)$

故钢筋设置为Φ 12 mm@110 mm,实际钢筋面积 $A_s = A'_s = 1\ 028\ \text{mm}^2$。

(3)轴压计算

计算稳定系数 φ:

$$\frac{l_0}{b} = \frac{1\ 000}{1\ 000} = 1.0 < 8.0$$

根据混凝土规范取稳定系数 $\varphi = 1.000$。

计算配筋:

$$A_s = \frac{\dfrac{N}{0.9\varphi} - f_c A}{f'_y} = \frac{\dfrac{2\ 172 \times 1\ 000}{0.9} - 14.3 \times 1\ 000 \times 350}{360} = -7\ 199(\text{mm}^2)$$

即按照构造配筋。

偏压计算配筋:$A_s = A'_s = 1\ 028\ \text{mm}^2$。

根据《公路隧道设计规范》表 8. 6. 4 要求钢筋混筋土结构构件中纵向受力钢筋的截面最小配筋率，受压构件全部纵向钢筋最小配筋率，当采用 HRB400 钢筋时，应按表 8. 6. 4 中规定减小 0. 1，即全部纵向钢筋最小配筋为 0. 5%。

$$\rho=\frac{A_s+A_s'}{bh}=\frac{1\ 028+1\ 028}{1\ 000\times350}=0.58\%>0.5\%$$

满足轴心受压要求。

6）截面复核

衬砌结构按钢筋混凝土偏心受压构件计算：计算截面为 $b\times h=1\ 000\ \text{mm}\times350\ \text{mm}$ 的矩形截面，受压杆件计算长度 $l_0=1.00\ \text{m}$，混凝土强度等级 C30，$f_c=14.3\ \text{MPa}$，$f_t=1.43\ \text{MPa}$，纵筋级别 HRB400，$f_y=f_y'=360\ \text{MPa}$，轴力设计值 $N=2\ 172\ \text{kN}$，弯矩设计值 $M=105.8\ \text{kN}\cdot\text{m}$，剪力设计值 $V=309.5\ \text{kN}$，Ⅰ类环境条件，取保护层厚度 $c=40\ \text{mm}$，$a_s=a_s'=50\ \text{mm}$。

（1）混凝土受压区高度 x 计算

$$h_0=h-a_s=350-50=300(\text{mm})$$

$$e_0=\frac{M}{N}=\frac{105.8\times10^6}{2\ 172\times10^3}=48.71(\text{mm})$$

$$e_a=\max\{20,h/30\}=20\ \text{mm}$$

$$e_i=e_0+e_a=48.71+20=68.71(\text{mm})$$

$$e_s=e_i+\frac{h}{2}-a_s=68.71+\frac{350}{2}-50=193.71(\text{mm})$$

$$e_s'=e_i-\frac{h}{2}+a_s=68.71-\frac{350}{2}+50=-56.29(\text{mm})$$

假定截面为大偏心受压，取 $\sigma_s=f_y$，由式子

$$f_cbx\left(e-h_0+\frac{x}{2}\right)=f_yA_se-f_y'A_s'e'$$

可解得混凝土受压区高度 x 为：

$$x=(h_0-e)+\sqrt{(h_0-e)^2+\frac{2f_yA_s(e-e')}{f_cb}}$$

$$=261.97\ \text{mm}>\xi_bh_0=155.28\ \text{mm}$$

故截面应为小偏心受压，应重新计算截面受压区高度 x，即

$$Ax^3+Bx^2+Cx+D=0$$

其中

$$A=0.5f_{cd}b=0.5\times14.3\times1\ 000=7\ 150$$

$$B=f_{cd}b(e_s-h_0)=14.3\times1\ 000\times(193.71-300)=-1\ 519\ 947$$

$$C=\varepsilon_{cu}E_sA_se_s+f_{sd}'A_s'e_s'$$

$$=0.003\ 3\times2\times10^5\times1\ 028\times193.71+360\times1\ 028\times(-56.29)$$

$$=11.060\times10^7$$

$$D=-\beta\varepsilon_{cu}E_sA_se_sh_0=-0.8\times0.003\ 3\times2\times10^5\times1\ 028\times193.71\times300$$

$$=-3.154\times10^{10}$$

将 A、B、C、D 代入式中，整理得：

$$7\ 150x^3 - 1\ 519\ 947x^2 + 11.060 \times 10^7 x - 3.154 \times 10^{10} = 0$$

解得 $x = 212\ \text{mm} > \xi_b h_0 = 155.28\ \text{mm}$。

现取截面受压区高度 $x = 212\ \text{mm}$，则 $\xi = 0.706 > \xi_b = 0.517\ 6$，为小偏心受压构件。

(2)截面验算

①正截面承载力验算：钢筋混凝土矩形截面的小偏心受压构件($x > 0.55h_0$)，计算强度安全系数 K：

$$K = \frac{0.5R_a bh_0^2 + R_g A_s'(h_0 - a_s')}{Ne} = \frac{0.5 \times 22.5 \times 1\ 000 \times 300^2 + 400 \times 1\ 028 \times (300 - 50)}{2\ 172 \times 1\ 000 \times 193.71} = 2.65 > 2.0$$

则截面尺寸满足正截面承载力要求。

②斜截面承载力验算：矩形截面及 T 形截面的受弯构件，计算抗剪强度安全系数 K：

$$K = \frac{0.3R_a bh_0}{Q} = \frac{0.3 \times 22.5 \times 1\ 000 \times 300}{309.5 \times 1\ 000} = 6.54 > 2.0$$

则斜截面尺寸满足要求。

$$K = \frac{0.07R_a bh_0}{Q} = \frac{0.07 \times 22.5 \times 1\ 000 \times 300}{309.5 \times 1\ 000} = 1.52 < 2.0$$

斜截面抗剪不满足要求，需进行斜截面的抗剪强度计算。

配筋计算：箍筋Φ10，材料为 HRB335

已知数据：$R_a = 22.5\ \text{MPa}$，$S = 0.15\ \text{m}$，$Q = 309.5\ \text{kN}$，$K = 2.0$，$a_k = 7.85 \times 10^{-5}\text{m}^2$

$R_g = 335\text{MPa}$，$\alpha_{kh} = \dfrac{KQ}{bh_0 R_a} = \dfrac{2 \times 309.5 \times 1\ 000}{1\ 000 \times 300 \times 22.5} = 0.09 < 0.2$，取 $\alpha_{kh} = 0.2$，

则在同一截面内箍筋的肢数：

$$n \geqslant \frac{(KQ - 0.07R_a bh_0)S}{\alpha_{kh} R_g h_0 a_k} = \frac{(2.0 \times 309.5 \times 10^3 - 0.07 \times 22.5 \times 1\ 000 \times 300) \times 0.15}{2.0 \times 335 \times 0.3 \times 78.5} = 3.4$$

取 $n = 4$；根据验算结果可得：受力主筋：10Φ12，每一侧按单层钢筋配置；

箍筋：在纵向布置为Φ10@250，在环向布置间距为Φ10@150。

③裂缝验算。

A.左右侧裂缝计算。

根据《公路隧道设计规范》(JTG 3370.1—2018)，偏压计算 $\dfrac{e_0}{h_0} = \dfrac{0}{300} = 0 < 0.55$，不需要验算裂缝。

B.上下侧裂缝计算。

根据《公路隧道设计规范》(JTG 3370.1—2018)，偏压计算 $\dfrac{e_0}{h_0} = \dfrac{48.71}{300} = 0.16 < 0.55$，不需要验算裂缝。

衬砌配筋设计如图 5.42 所示。

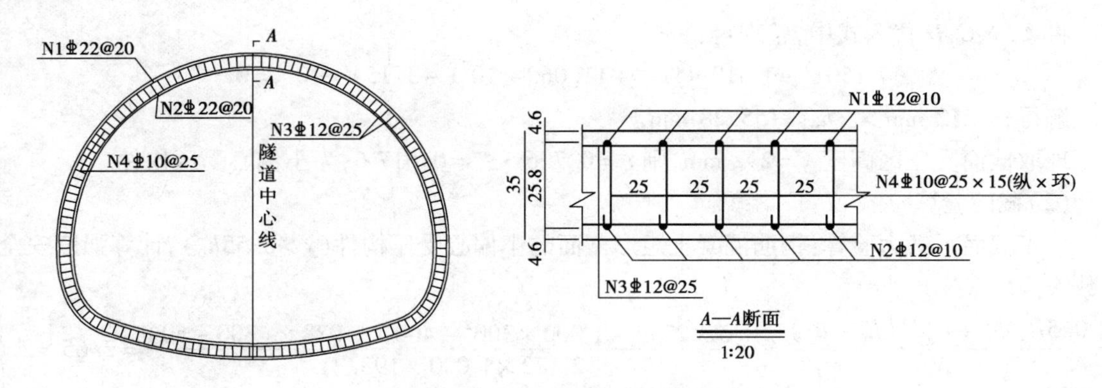

图 5.42　Ⅳ级围岩衬砌配筋示意图

本章小结

(1)钻爆法施工全称“钻眼爆破法施工”,指用炸药爆破来破碎岩体、开出洞室的一种施工方法。钻爆法开挖基本工序如下:钻眼、装药爆破、通风、必要的施工支撑、出渣清场。

(2)单层衬砌最显著的特点就是在支护层间取消了防水板,层间可以充分传递剪力,其力学动态是一体的。围岩破裂过程中的岩石碎胀变形或碎胀力是单层衬砌支护的主要对象,支护的作用一方面是维护破裂的岩石在原位不垮落,另一方面是限制隧道围岩松动圈形成过程中的有害变形。

(3)复合式衬砌是指分内外两层先后施作的隧道衬砌,初期支护也可以帮助围岩获得初步稳定,并保证隧道施工期间的安全,以便挖除坑道内岩体的一系列支护结构和工程措施;二次衬砌主要是承受后期围岩压力并提供安全储备,保证隧道的长期稳定和行车安全。围岩的变形是个动态过程,采用钻爆法在坚硬岩石里建造地下建筑结构时,最重要的设计内容是设计被挖掘岩体的钻爆参数和保证围岩稳定的支护参数。

(4)复合衬砌是将支护结构分成多层,在不同的时间先后施作的。复合衬砌主要是通过调整断面形状和初期支护参数来适应地质条件变化,其初期支护参数变化幅度较大,而内层衬砌厚度变化不大。

(5)为了保证在软弱破碎围岩中隧道开挖面的稳定性或控制隧道产生过大的变形,需要对围岩采取预加固措施以提高其自稳能力。隧道施工过程中,遇到软弱破碎围岩时,采用的预支护措施有超前锚杆、插板或小导管,管棚,超前小导管注浆,开挖工作面及围岩预注浆等。

思考题

5.1　简述单层衬砌的构造原理。

5.2　单层衬砌的类型有哪些?

5.3　单层衬砌和复合衬砌的本质区别是什么?

5.4　复合衬砌的优缺点有哪些?

5.5　初期支护中锚杆的作用机理是什么?

5.6　简述超前支护的分类、适用情况及原理。

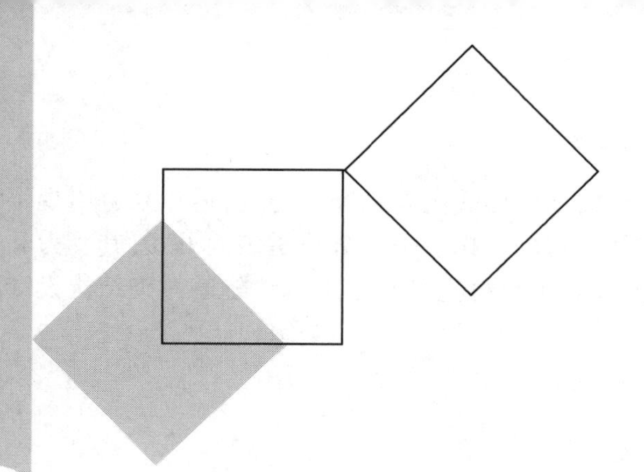

6 掘进机法隧道衬砌结构设计

本章导读：

- **内容** 掘进机类型；掘进机适用条件及选型；衬砌形式和构造；圆形衬砌设计流程及方法；衬砌结构防水和综合处理等。
- **基本要求** 了解掘进机的种类；了解不同掘进机的形式和构造；了解衬砌结构的形式和构造；掌握圆形衬砌结构设计方法；了解衬砌接缝防水设计要点。
- **重点** 衬砌结构设计方法和内力计算。
- **难点** 衬砌圆环内力计算。

6.1 概述

人类隧道开挖的历史经历了早期的人工开凿、19 世纪伊始的钻爆法施工以及现今的机械法施工。随着科技的进步及人们工程经验的增加，不同类型隧道施工工法和工艺都得到了长足的发展。掘进机法因其掘进效率高、对周围环境扰动较小、对地层的适应性好及施工人员更加安全等优点，逐渐成为现代隧道开挖特别是城市区域隧道开挖的主要施工方法。

根据适用地层的不同，掘进机可分为软土盾构及硬岩掘进机。前者主要应用于含水量较高、物理力学性质较差的砂土或黏土地层，通常需要通过刀盘后方的压力舱来维持开挖面的稳定；而后者主要用于自稳性较好、强度较高的岩石地层，靠刀盘的机械支撑，一般不需要单独的压力舱来维持开挖面的稳定。掘进机在推进过程中，刀盘动态切削前方岩土体，并通过一定的传输装置将切削下来的渣土运送至后方，其机体结构对围岩起到支护的作用，同时也保护内部施工人员的安全。掘进机机体不仅提供和决定隧道的周界，必要时还起到支撑掌子面的作用，直至初支或二次衬砌稳定。

由于其特殊的工作机理，掘进机法隧道的断面形式主要以圆形为主，近年来也出现了矩形和类矩形等非圆形断面。此外，掘进机法隧道衬砌结构多采用分块拼装的方式，其受力和变形特性与传统的整体浇筑衬砌有着明显的差异。本章将重点对掘进机法隧道衬砌结构设计的几个关键问题进行介绍。

6.2 掘进机的分类与选型

6.2.1 掘进机的发展历史

无论是软土盾构还是硬岩掘进机，其历史均可追溯至布鲁诺尔(Marc Isambard Brunel)于1818年申请的盾构机发明专利。世界上第一个盾构隧道是1825年建成的泰晤士隧道(尽管直到1843年它才开始对外开放)，其断面为矩形。Peter W. Barlow对Brunel最初的设计进行了改进，将盾构机由矩形截面修改成了圆形截面，这样的设计使得施工更加简便，并且圆形截面能够更好地支撑周围土体的压力。Barlow的设计后来被James Henry Greathead于1884年在建议伦敦南区城市铁路(今伦敦地铁的北部线一部分)时进行了推广和改进。现代盾构机多是以Greathead盾构为蓝本的。

早期的盾构隧道主要为人工掘进盾构隧道，盾构的主要作用是为了保护进行人工挖掘作业的工人。J. Price在Greathead盾构的基础上研发了采用旋转刀盘进行开挖的盾构，并于1897年用于伦敦地铁施工。而后为了防止开挖面前方涌水，Thomas Cochrane爵士研发了空气锁，可以让工人在逐渐增加的气压环境中进行开挖作业。世界上首个气压平衡式盾构出现于1886年，被应用于伦敦地铁施工。考虑到气体容易从土体孔隙中逃逸，气压平衡隧道开挖面稳定性较难维持，Greathead于1874年提出采用带压液体来维持开挖面稳定性。该思想经过不断的发展和改进，最终于1967年在日本进行了首次应用。德国人Wayss和Freytag则研发了世界上第一台采用膨润土泥浆支护的盾构。而土压平衡盾构最早出现在日本，于1963年由日本佐藤工业株式社研发。

世界上首台硬岩掘进机1881年诞生于英国福克斯顿，被用于开挖一个英法隧道的先导洞，其开挖采用的是两个带有齿状挖头的旋转机械臂。1919年挪威工程师I. Bøhn提出通过刀盘在开挖面敲出圆形切槽，并将相邻切槽间的岩体破碎的开挖方法，这也是现代硬岩掘进机的雏形。1950年前后，随着James S. Robbins研发出滚刀，硬岩掘进机得到了重大发展。世界上第一台采用滚刀切割的硬岩掘进机被用于美国奥阿希坝一直径8 m的隧道开挖。

随着科技的进步和技术革新，软土盾构及硬岩掘进机均得到了长足的发展，其功能更加齐全，构造也愈发复杂，施工效率和安全性也得到了极大的提升。例如，世界范围内超大断面盾构施工技术发展迅猛，若以大于14 m直径定义超大断面盾构隧道，自从1994年日本东京湾隧道建成以来，据不完全统计，世界范围内已建成的超大断面盾构隧道接近50条，其中中国香港屯门—赤腊角的连接线隧道工程使用了一台直径达17.6 m的盾构为目前已建成的最大断面盾构隧道，而即将应用于俄罗斯圣彼得堡NEVA河下公路隧道的盾构机直径将达到19.25 m。另外，掘进机断面形状也呈现多样化：日本已研制出矩形、双圆、三圆、球型和子母型盾构等；我国也在类矩形土压平衡盾构和硬岩掘进机的研发上取得了重大突破，如上海隧道工程有限公司和中铁工程装备集团有限公司均研发出了具有自主知识产权的大断面类矩形盾构机(图6.1)。

图6.1　上海隧道工程有限公司研发的“阳明号”类矩形盾构机

目前应用较为广泛的软土盾构机主要有土压平衡盾构、泥水平衡盾构,而硬岩掘进机根据其构造型式及支撑条件又可分为敞开式盾构、单护盾盾构和双护盾盾构。近年来又出现了可适用于软硬交互地层的混合式盾构。

6.2.2　软土盾构

1)土压平衡盾构

典型的土压平衡盾构如图6.2所示。盾构开挖土体后会引起开挖面的土体扰动从而降低稳定性,为了防止开挖面失稳,必须要提供一个支撑力。土压平衡盾构机工作时,黏土被刀盘①切削并起到挡土的作用,这是土压平衡盾构不同于其他盾构支撑的地方。盾构刀盘转动的部位称为开挖土舱②,它与盾构的气仓由压力隔板③隔开。

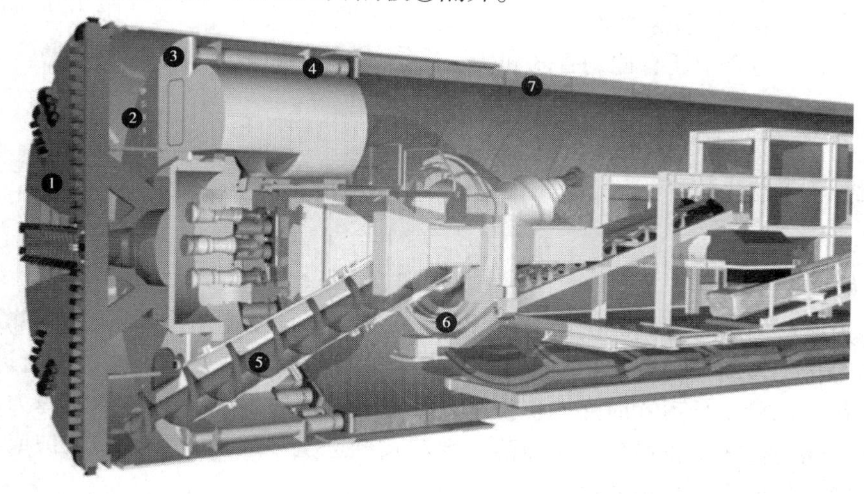

图6.2　土压平衡盾构(Herrenknecht公司,2008)

土体被刀盘切削后,由刀盘的空隙进入开挖土舱,并与里面的塑性土混合。推进油缸④的压力通过压力隔板作用到开挖土舱内的土体上,这样可以有效地控制切削下来的土体向开挖土舱的涌进。当开挖土舱内的土在气缸和开挖面原状土的挤压下不能再被压缩时,便达到了平衡的状态。

开挖出来的土最后会被螺旋输送机⑤送出开挖土舱。排土量是由螺旋输送机的速度和螺旋向上开口处截面大小控制的。螺旋输送机把弃土送到第一级传送带上,再传输至下一个反向螺旋带,当反向螺旋带反转时,可以起到土塞的作用。

隧道通常使用钢筋混凝土管片⑦作为衬砌。管片由压力隔墙后面的管片拼装机⑥依靠气压安装并初步固定。通过同步注浆填充管片与隧道侧壁间的空隙以降低地层损失。

2)泥水平衡盾构

泥水平衡盾构如图6.3所示,作为一种综合式盾构机,它常被用在开挖面不稳定的碎石地区或复杂多变的复合地层。

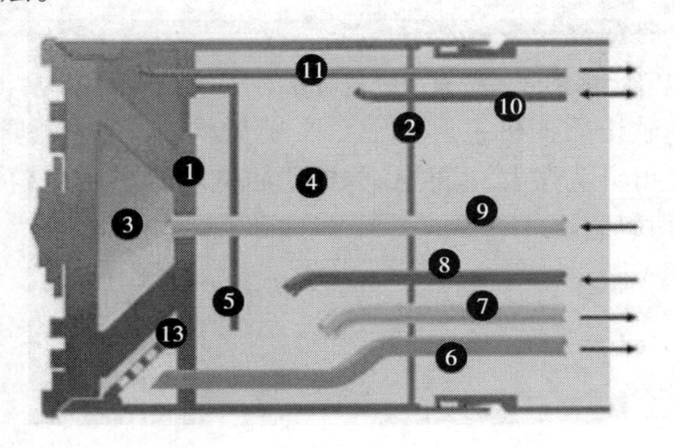

图6.3 泥水平衡盾构(Herrenknecht公司,2008)

在开挖模式下,开挖土仓③被浆液完全充满,而压力仓④是位于潜水墙①后方的,浆液由气压垫⑫和压力隔板②合力支撑。气压的大小是由一个气压调节设备(⑩+⑪)自动控制的,这样可以用来避免开挖面发生喷涌或者塌陷。开挖土舱③以及压力仓的泥浆之间的压力补给都是靠联通管⑤来平衡的。注浆管⑨将浆液注入开挖土舱,泥浆导管⑥又从吸力架⑬后面的排出舱将泥浆导出。压力仓中还有冲刷管⑧和传送管⑦,它们不断地冲刷以避免连通管下沉积物的积累。

6.2.3 硬岩掘进机

1)敞开式掘进机

图6.4为典型的敞开式掘进机构造。敞开式掘进机整体结构由主梁④支撑,并通过设置在机体前方的刀盘①转动带动安装在刀盘上的滚刀②切削岩体形成岩屑。掘进机行进时,设置在机体后方的径向撑靴千斤顶⑥向外伸长挤压岩壁作为推进千斤顶⑤行进的支撑力。掘进机机头顶部有未封闭壳体③防止局部岩块掉落。敞开式掘进机一般用于不需要支护或者仅采用类似矿山法喷锚支护的岩体隧道开挖。

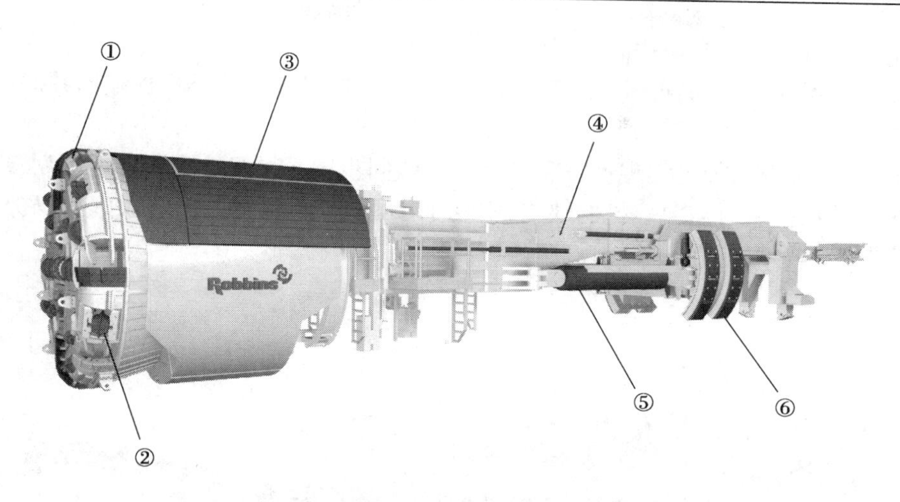

图 6.4　敞开式盾构（Robbins，2020）

2）单护盾式掘进机

图 6.5 为典型的单护盾式掘进机的构造。单护盾掘进机通过安装在刀盘后方的驱动装置⑤驱动刀盘①旋转，带动安装在刀盘上的滚刀②将岩体切割成岩屑，切割后的岩屑通过皮带式传输机④运送至后方。单护盾式掘进机环向推进千斤顶③作用于后方已拼装完毕的衬砌结构，通过推进千斤顶的伸缩驱动掘进机前进。当推进至环宽管片长度时，通过顺序收缩环向压力千斤顶，由设置在压力隔墙后方的管片拼装机⑥依靠气压安装衬砌管片并初步固定。单护盾式盾构一般用于自稳时间较短、容易出现岩块掉落的岩体隧道施工。

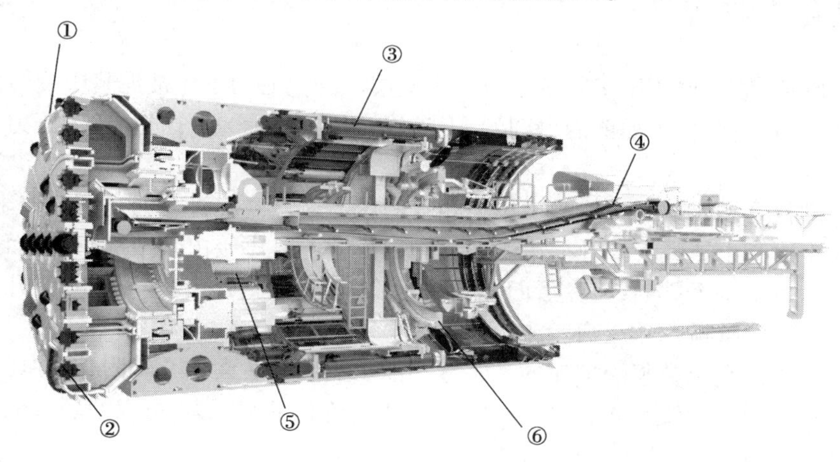

图 6.5　单护盾式掘进机（Robbins，2020）

3）双护盾式掘进机

如图 6.6 所示，双护盾式掘进机在纵向可分为刀盘①、前护盾③、伸缩护盾⑤及尾盾⑥。掘进时通过刀盘①旋转带动安装在刀盘上的滚刀②将岩体切割成岩屑，切割后的岩屑通过皮带传输机⑨运送至后方。带衬砌操作的双护盾掘进机工作周期分为两个阶段：

阶段Ⅰ：行进和管片安装。径向撑靴千斤顶⑦撑紧在洞壁上，支撑在伸缩护盾连接处环向推进千斤顶④，将刀盘向前推进直至油缸行程结束。同时，设置于压力隔墙后部的管片拼装机

⑧依靠气压安装衬砌管片并初步固定。

阶段Ⅱ:尾盾换位。环向推进千斤顶④油缸卸载,随后径向撑靴千斤顶缩回并卸载,尾盾盾壳前移。

重复上述两个过程,即可实现掘进和管片拼装的同步进行。双护盾式掘进机克服了单护盾式掘进机衬砌结构拼装时需要停机的缺陷,实现了边拼边推,提高了掘进效率。双护盾式掘进机主要用于干燥、破碎岩体中的隧道施工。

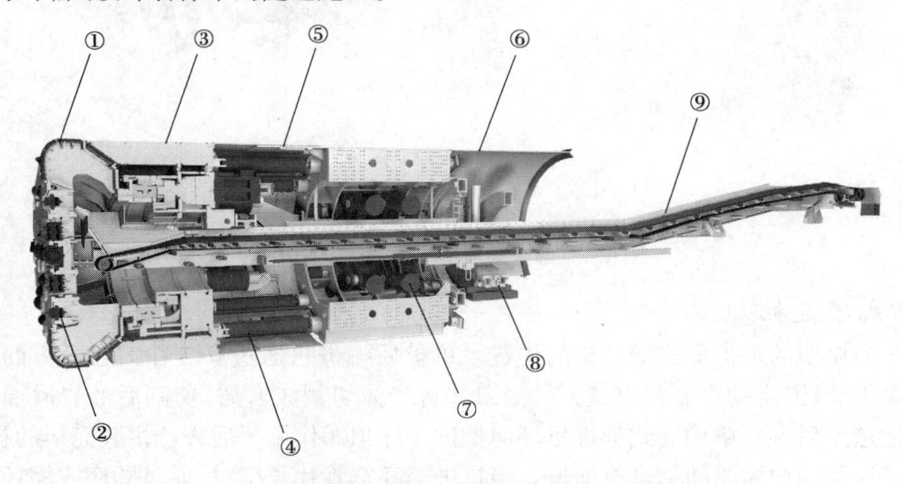

图 6.6　双护盾式掘进机（Robbins，2020）

6.2.4　混合式盾构

如图 6.7 所示,该盾构适用于碎石土或复合地层。开挖面的土体被泥浆中旋转的刀盘①切削后,与注入的泥浆混合。正如前面提到的,刀盘旋转的部分称为开挖土舱②,压力隔墙③将开挖土舱与气压分开。

膨润土由供料管线④以和自然水土压力相等的压力通过气泡管⑤输送到开挖土舱,这样可以防止开挖面土体涌出或失稳。开挖土舱的支撑压力并不是直接由浆液提供的,而是通过压缩气垫提供。正是由于这个原因,刀盘后面的开挖土舱与压力隔墙被潜水隔墙⑥隔开。潜水隔墙和压力隔墙所在的位置被称作压力舱或工作舱。

开挖面的前方是完全被浆液填充的。浆液在潜水隔墙的后面中心轴附近,在压缩气垫的控制下可以保持稳定的压力值。通过气压控制系统精确控制浆液压力,可以使后方的膨润土泥浆进行有效的补给供应。

切削下来的土体与泥浆混合后,泵送到隧道外面的分离装置。为了防止闭塞,同时确保排出管道的正常运作,可能诱发堵塞的大块石子和土块在进入吸水管之前就会被筛选出来。

混合式盾构施工的隧道同样使用钢筋混凝土管片⑦作衬砌。管片由压力隔墙后面的管片安装器⑧依靠气压安装并初步固定。在管片与隧道侧壁的空隙里会进行注浆,以填补空隙。

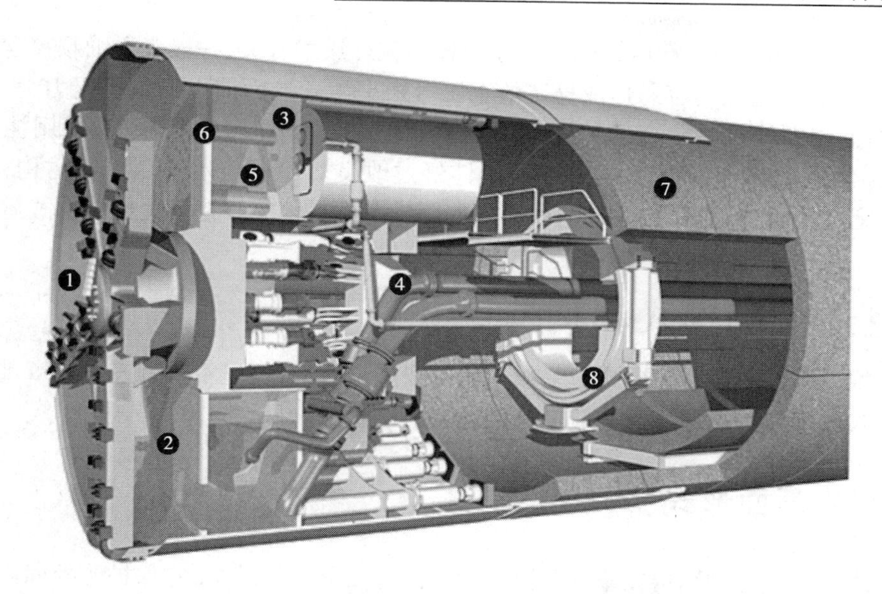

图 6.7 混合式盾构(Herrenknecht 公司, 2008)

6.2.5 掘进机选型

掘进机类型的选择需依据适用性、技术先进性和经济适用性的原则,综合考虑地层条件、地下水、隧道尺寸、支护条件、开挖条件、开挖环境以及经济性。用来考虑选择盾构机的参量数量非常之多,日本和欧美国家已经有了盾构机选型系统化的雏形,而我国还没有进行系统化的尝试。

地层适应性是掘进机选型需要重点考虑的因素,Robbins 公司根据长期的工程经验总结了不同地层条件下适用掘进机的型式(图 6.8)。其中完整坚硬岩体敞开式掘进机最为适用,含水流裂隙岩体则宜采用单护盾式掘进机,干燥裂隙岩体可采用双护盾式掘进机加快施工进度,混合式盾构适用于软硬交替地层,而软土地层则宜采用泥水平衡或土压平衡式盾构。

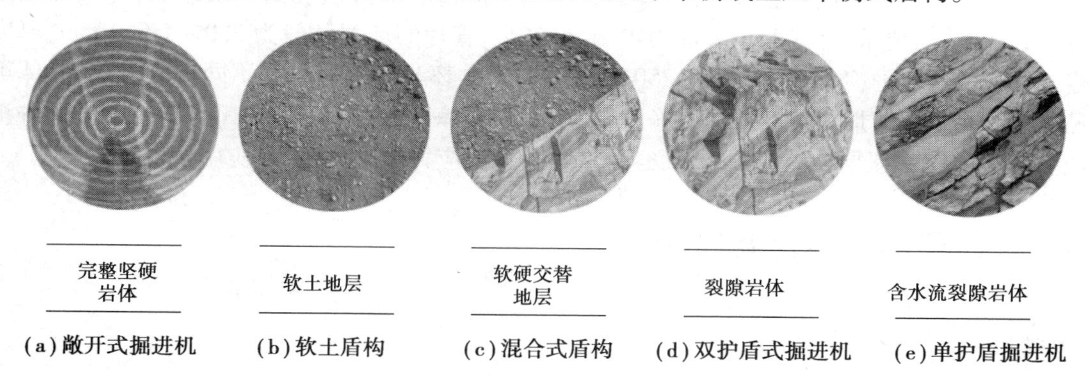

图 6.8 掘进机地层适应性(Robbins,2020)

地层渗透性是影响软土盾构选型的重要因素,根据欧美和日本的施工经验,当地层渗透系数小于 10^{-7} m/s 时,可以采用土压平衡盾构;当地层渗透系数大于 10^{-4} m/s 时,宜采用泥水平衡盾构;当地层渗透系数介于二者之间时,泥水平衡和土压平衡式盾构均可采用。

泥水平衡盾构和土压平衡盾构的选型还与地层粒径级配有关，一般来说细颗粒含量较多的地层（如黏土地层），土舱内容易形成稳定的土压力来平衡开挖面前方的水土压力，宜采用土压平衡式盾构；而粗颗粒含量较高的地层（如卵砾石地层）渣土流塑性较差，宜采用泥水平衡盾构；当粗颗粒含量适中时（如中粗砂地层），土体经过改良后也可使用土压平衡盾构；但当地层粒径超过一定尺寸后，则需要对地层进行提前加固或考虑其他的开挖方式如混合式盾构。

6.3 隧道衬砌形式和构造

敞开式掘进机法隧道支护形式与一般的矿山法隧道类似，这里不再赘述。本章重点针对预制拼装装配式衬砌结构的形式及构造进行阐述。

6.3.1 衬砌断面形式

掘进机法隧道的衬砌结构在施工阶段作为隧道施工的支护结构，它保护开挖面以防止地层变形，岩土体坍塌及泥水渗入，并承受掘进机推进时千斤顶顶力及其他施工荷载；在隧道竣工后作为永久性支撑结构，并防止泥水渗入，同时支承衬砌周围的水、土压力以及使用阶段和某些特殊需要的荷载，以满足结构的预期使用要求。因而，必须依据隧道的使用目的、围岩条件以及施工方法，合理选择衬砌的强度、结构、形式和种类等。

掘进机隧道横断面一般有圆形、矩形、半圆形、马蹄形等形式，其中最常用的衬砌横断面形式为圆形。相比其他断面形式，圆形隧道断面具有以下优点：

①可以等同地承受各种内外部压力，尤其是在饱和含水软土地层中修建地下隧道，隧道周围地层压力较为接近，圆形隧道断面受力尤为有利。

②与当前主流的圆形掘进机匹配，易于盾构选型，施工中易于盾构推进。

③便于管片的制作、拼装。

④盾构即使发生转动，对断面的利用也影响不大。

用于圆形隧道的装配式管片衬砌一般由若干块标准块、邻接块和封顶块组成，分块的数量由隧道直径、受力要求、运输和拼装能力等因素确定。管片的环宽一般为 700 ~ 1 500 mm，厚度为隧道外径的 5% ~6%，且不宜小于 250 mm。块与块、环与环之间采用不同形式连接，具体可参见第 6.3.4 节。矩形隧道断面具有净空大、面积使用率高等优点，但与其适应的矩形掘进机机械构造及工作原理复杂，且矩形断面容易在角部形成应力集中，故目前应用较少。

6.3.2 衬砌的分类及其比较

1）按材料及形式分类

（1）钢筋混凝土管片

①箱形管片一般用于较大直径的隧道。单块管片重量较轻，管片本身强度不如平板形管片，特别在盾构顶力作用下易开裂（图 6.9）。

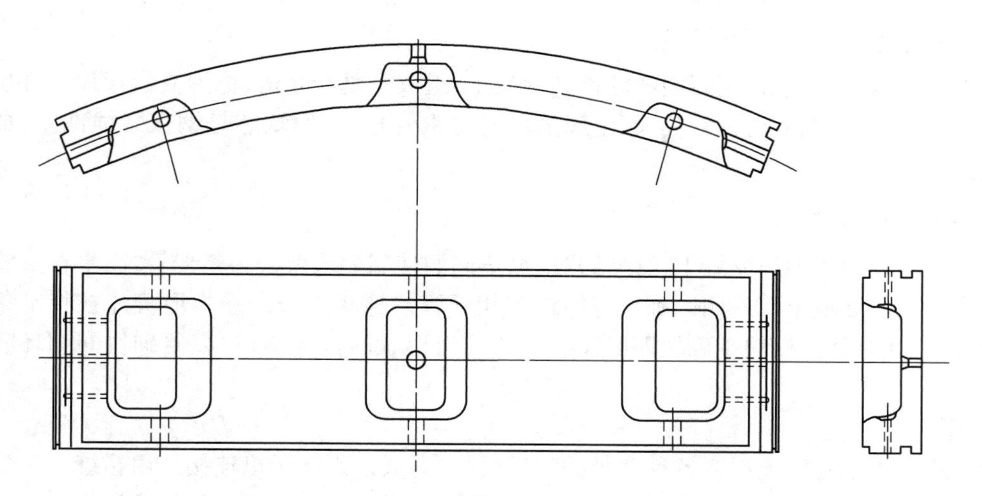

图 6.9 箱形管片(钢筋混凝土)

②平板形管片用于较小直径的隧道,单块管片质量较大,对盾构千斤顶顶力具有较大的抵抗能力,正常运营时隧道通风阻力较小(图 6.10)。

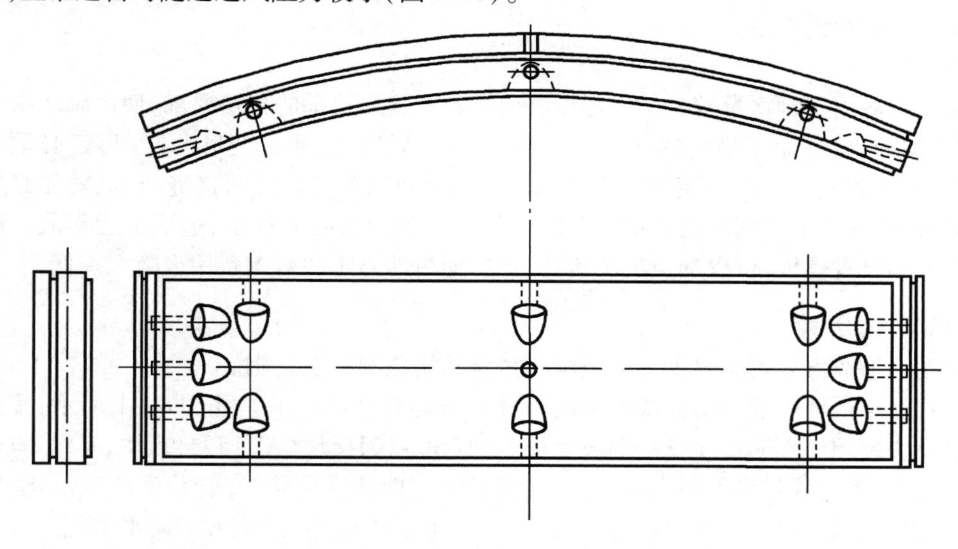

图 6.10 平板形管片(钢筋混凝土)

(2)铸铁管片

国外在饱和含水不稳定地层中修建隧道时较多采用铸铁管片。最初采用的铸铁材料全为灰口铸铁,第二次世界大战后逐步改用球墨铸铁,其延性和强度接近于钢材,因此管片就显得较轻,且耐蚀性好,机械加工后管片精度高,能有效地防渗抗漏。缺点是金属消耗量大,机械加工量也大,价格昂贵,故近年来已逐步由钢筋混凝土管片所取代。此外,铸铁管片具有脆性破坏的特性,故不宜用作承受冲击荷重的隧道衬砌结构。

(3)钢管片

钢管片质量小、强度高,但刚度小、耐锈蚀性差,需进行机械加工,以满足防水要求。且钢管片成本昂贵,金属消耗量大。国外在使用钢管片的同时,一般会在其内浇注混凝土或钢筋混凝土内衬。

(4)复合管片

外壳采用钢板制成,在钢壳内浇注钢筋混凝土,组成一复合结构,称为复合管片。其质量比钢筋混凝土管片小,刚度比钢管片大,金属消耗量比钢管片小,但缺点是钢板耐蚀性差,加工复杂冗繁。

2)按结构形式分类

隧道外层装配式钢筋混凝土衬砌结构根据不同的使用要求可分为箱形管片、平板形管片等结构形式。钢筋混凝土管片四侧都设有螺栓与相邻管片连接起来。平板形管片在特定条件下可不设螺栓,此时称为砌块。砌块四侧设有不同几何形状的接缝槽口,以便砌块间和环间相互衔接起来。

(1)管片

管片适用于不稳定地层内各种直径的隧道,接缝间通过螺栓予以连接。由错缝拼装的钢筋混凝土衬砌环近似地可视为一均质刚度圆环,接缝由于设置了一排或二排的螺栓可承受较大的正、负弯矩。环缝上设置了纵向螺栓,使隧道衬砌结构具有抵抗隧道纵向变形的能力。管片由于设置了数量众多的环、纵向螺栓,这样使管片拼装进度大为降低,增加工人劳动强度,也相应地增高了施工和衬砌费用。

(2)砌块

砌块一般适用于含水量较少的稳定地层内。由于隧道衬砌的分块要求,使由砌块拼成的圆环(超过3块)成为一个不稳定的多铰圆形结构。衬砌结构在通过变形后(变形量必须予以限制)地层介质对衬砌环的约束使圆环得以稳定。砌块间以及相邻环间接缝防水、防泥必须得到满意的解决,否则会引起圆环变形量的急剧增加而导致圆环丧失稳定,造成工程事故。砌块由于在接缝上不设置螺栓,可以加快施工拼装进度,隧道的施工和衬砌费用也随之降低。

3)按形成方式分类

按衬砌的形成方式可将衬砌分为装配式衬砌和挤压混凝土衬砌。

装配式衬砌圆环一般是由分块的预制管片在盾尾拼装而成的。如图6.11所示,按照管片所在位置及拼装顺序不同可将管片划分为标准块(SB)、邻接块(AB)和封顶块(K)。与整体式现浇衬砌相比,装配式衬砌的特点在于:①安装后能立即承受荷载;②管片生产工厂化,质量易于保证;③管片安装机械化,方便快捷;④在其接缝处需要采取特别有效的防水措施。

近年来,国外发展出在盾尾后现浇混凝土的挤压式衬砌工艺,即使盾尾刚浇捣而未硬化的混凝土处在高压作用下,作为盾尾推进的后座。盾尾在推进的过程中,不产生建筑空隙,空隙由注入的混凝土直接填充。挤压混凝土衬砌施工方法的特点是:①自动化程度高,施工速度快;②整体式衬砌结构可以达到理想的受力、防水要求;③采用钢纤维混凝土能提高薄型衬砌的抗裂性能;④在渗透性较大的砂砾层中要达到防水要求尚有困难。德国豪赫帝夫国际建筑工程公司研制的掺钢纤维挤压混凝土衬砌,已在汉堡、罗马和里昂等地的地铁工程中得到了成功的应用。日本也在不少软土隧道的施工中采用了这种施工方法。

4)按构造形式分类

大致可分为单层和双层衬砌两种形式。双层衬砌外层是装配式衬砌结构,内层是内衬混凝土或钢筋混凝土层。双层衬砌的使用容易导致开挖断面增大、出土量增加、施工工序复杂,施工期限延长等问题,导致了隧道建设成本的增加。另一种做法是在目前隧道防水尚未得到较为满

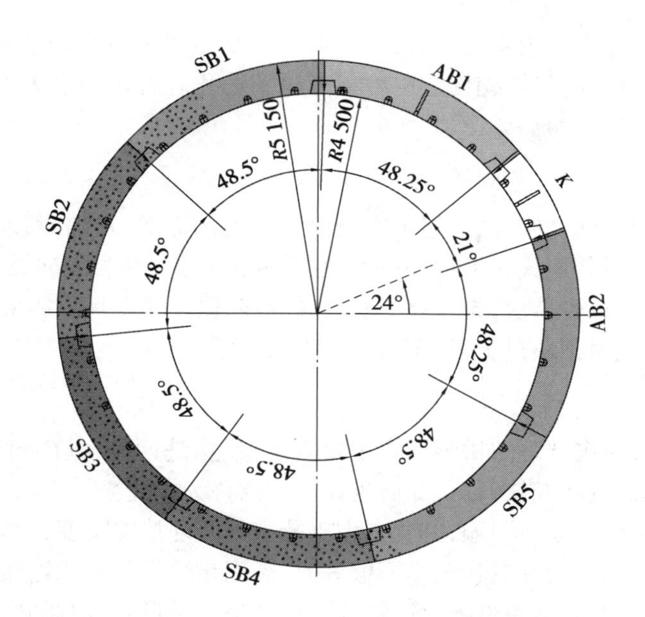

图 6.11　某装配式衬砌管片分块示意图

意解决的条件下，把外层衬砌视作施工临时支撑结构，这样就简化了外层衬砌的要求。在内层现浇衬砌施工前，对外层衬砌进行清理和堵漏，做必要的结构构造处理，然后再浇捣内衬层，并使内层衬砌与外层衬砌连成一起视作整体结构（或近似整体结构）以共同抵抗外荷载。

6.3.3　装配式钢筋混凝土管片

国内外目前应用装配式钢筋混凝土管片较为普遍，本节着重介绍钢筋混凝土管片的构造。

1）环宽

根据国内外实践经验，无论是钢筋混凝土管片或金属管片，环宽一般为 300 ~ 1 500 mm，常用的是 750 ~ 900 mm。环宽过小会导致接缝数量的增加进而加大隧道防水的困难，过大的环宽虽对防水有利，但也会使盾尾长度增长而影响盾构的灵敏度，单块管片重量也相应增大。一般而言，环宽随着隧道直径的增加而增大。

盾构在曲线段推进时还必须设有楔形环，楔形环的楔形量可按隧道曲率半径及衬砌环组合排版计算。表 6.1 列出了隧道外径与管片环宽楔形量的经验关系。

表 6.1　隧道外径与管片环宽楔形量的经验关系

隧道外径（m）	$D_{外}<4$	$4\leqslant D_{外}<6$	$6\leqslant D_{外}<8$	$8\leqslant D_{外}<10$	$10\leqslant D_{外}$
楔形量（mm）	15 ~ 75	30 ~ 80	30 ~ 90	40 ~ 90	40 ~ 70

2）分块

单线地下铁道衬砌一般可分为 6 ~ 8 块，双线地下铁道衬砌可分为 8 ~ 10 块。小断面隧道可分为 4 ~ 6 块。衬砌圆环的分块主要考虑在管片制作、运输、安装等方面的实践经验而定。但也有少数从受力角度考虑采用 4 等分管片,把管片接缝设置在内力较小的 45°或 135°处,使衬砌环具有较好的刚度和强度,接缝构造也可相应得到简化。管片的最大弧、弦长一般较少超过 4 m,管片越薄其长度应越短。

3)封顶管片形式

根据隧道施工的实践经验,考虑施工方便以及受力的需要,目前封顶块一般趋向于采用小封顶形式。封顶块的拼装形式有两种:一种为径向楔入,另一种为纵向插入。采用后者形式的封顶块受力情况较好,在受荷后,封顶块不易向内滑移,但其缺点是需加长盾构千斤顶行程。在一些隧道工程中,也把封顶块设置于 45°、135°和 185°处。

4)拼装形式

如图 6.12 所示,衬砌圆环的拼装型式主要有通缝、错缝两种,其中衬砌环的纵缝环环对齐的称为通缝,而环间纵缝相互错开,犹如砖砌体一样的称为错缝。

圆环衬砌采用错缝拼装较普遍,其优点在于能加强圆环接缝刚度,约束接缝变形,圆环近似地可按匀质刚度考虑。当管片制作精度不够好时,采用错缝拼装形式容易使管片在盾构推进过程中顶碎。另外,在错缝拼装条件下,环、纵缝相交处呈丁字形式,而通缝拼装时则为十字形式,故丁字缝比十字缝更易进行防水处理。

在某些场合中(如需要拆除管片后修建旁侧通道或某些特殊需要时),管片常采用通缝型式,以便于进行结构处理。

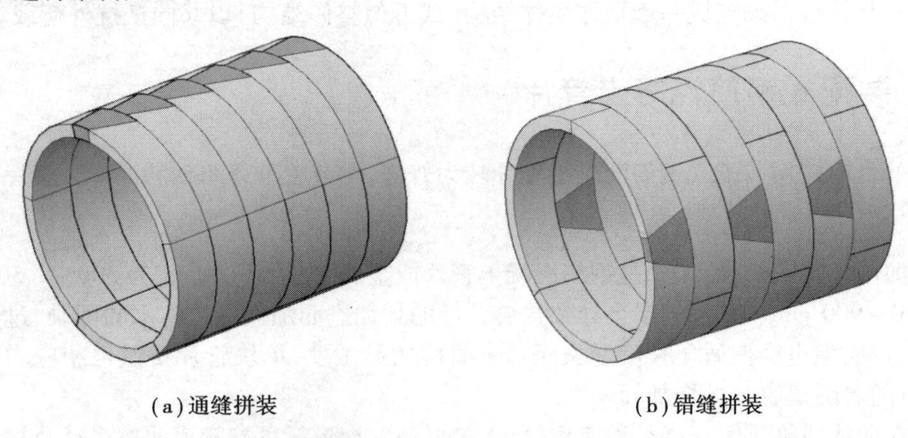

(a)通缝拼装　　(b)错缝拼装

图 6.12　圆形衬砌拼装形式(Liu et al., 2020)

6.3.4　管片接缝构造

管片间的接缝有两类:沿纵向(接缝面平行于纵轴)的称纵向接缝,沿环向(接缝面垂直于纵轴)的称环向接缝。从其力学特性来看,可分为柔性接缝和刚性接缝,前者要求相邻管片间允许产生微小的转动与压缩,使整个衬砌能屈从于内力的方向产生一定的变形;后者则是通过增加螺栓数量等手段,力图在构造上使接缝的刚度与构件本身相同。早期设计理念认为接缝刚度越大管片结构越安全,故管片接缝多为刚性。经过长期的试验、实践和研究,这种传统观念逐渐为后来的柔性结构思想所打破,管片的连接方式也经历了从刚性到柔性方式的转变。

目前,采用的基本的接缝结构有螺栓接缝、铰接缝、销插入式接缝、楔形接缝、榫接缝等。

①螺栓接缝:利用螺栓将接缝板紧固起来,将管片环组装成抗拉连接结构,是环向接缝和纵向接缝最为常用的接缝结构。

环向螺栓根据衬砌接缝内力情况设置成单排或双排。一般在直径较大的隧道内,接内力设计的管片厚度也较大,常在管片的纵向缝上设置双排螺栓,外排螺栓抵抗负弯矩,内排螺栓抵抗正弯矩,每一排螺栓配有 2 ~3 只螺栓;对于小直径隧道则常采用单排螺栓,单排螺栓孔一般设置在离隧道内侧 $1/3h$(h 为衬砌厚度)处。纵向螺栓是接管片分块(拼装形式)结构受力等要求配置,其数量不一。纵向螺栓孔位置设置在离隧道内侧的$(1/4 \sim 1/3)h$ 处。环、纵向螺栓孔一般比螺栓直径大 3 ~6 mm。

环、纵向螺栓形式有直螺栓、弯螺栓两种:直螺栓受力性能好,效果显著,加工简单,但常扩大了螺栓手孔的尺寸,影响了管片承受盾构千斤顶顶力的承载能力;弯螺栓(图 6.13)的设置能缩小螺栓手孔的尺寸,降低对管片纵向承受能力的影响,但其对抵抗圆环横向内力的结构效能差,且加工麻烦。实验表明,弯螺栓接缝比直螺栓接缝易变形,且实践也说明弯螺栓在施工中不方便,用料又大,已逐渐被直螺栓取代。

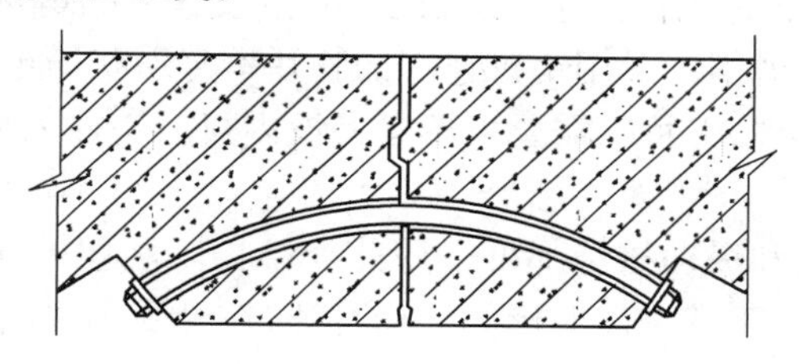

图 6.13 弯螺栓连接形式

直螺栓连接通过管片的钢端肋的,称为小钢盒形式。这种连接形式虽然可减短螺栓长度,减少钢材用量,但却增大了端肋板的耗钢量,加上预埋钢盒时精度往往得不到保证,现已逐渐被钢筋混凝土端肋取代,如图 6.14 和图 6.15 所示。

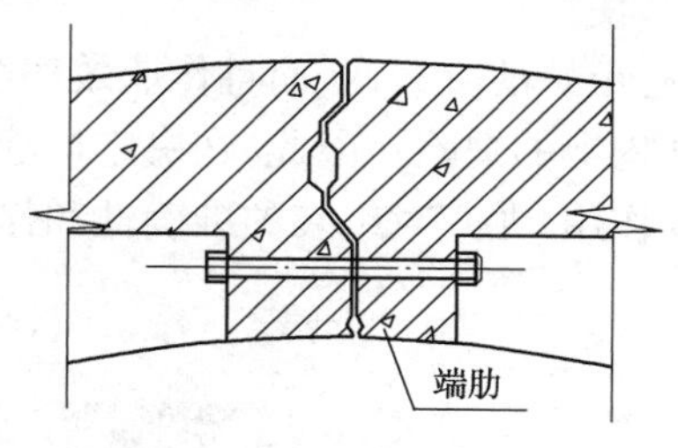

图 6.14 直螺栓连接形式

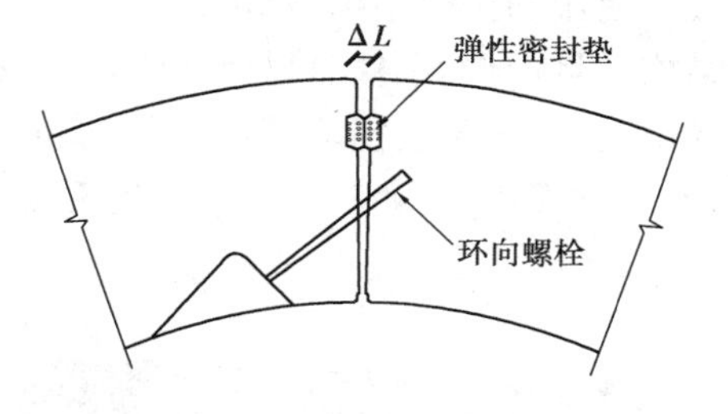

图 6.15 斜直螺栓连接形式

②铰接缝:作为多铰环的环向接缝进行使用,一般多为转向接缝结构,在地基条件良好的英国和俄国得到广泛应用。由于其几乎不产生弯曲,轴向压力占主导地位,在良好地基条件下是一种合理的结构;但在地基软弱、地下水位高的日本几乎未被采用。为了防止从管片组装到壁后注浆硬化为止这段时间内的变形,最好在采用不损坏其结构特性的接缝的同时,也采取防止变形的辅助手段。另外,此类接缝一般不能依靠紧固力,所以对于地下水位以下的隧道,对防水要作特殊的考虑。

③插销式接缝结构:主要是作为纵向接缝使用的接缝结构(图 6.16),有时也可以作为环向接缝来使用(图 6.17)。

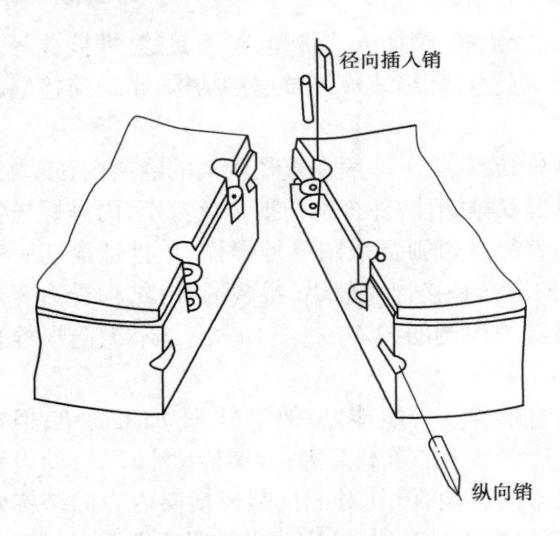

图 6.16 纵缝径向销接缝

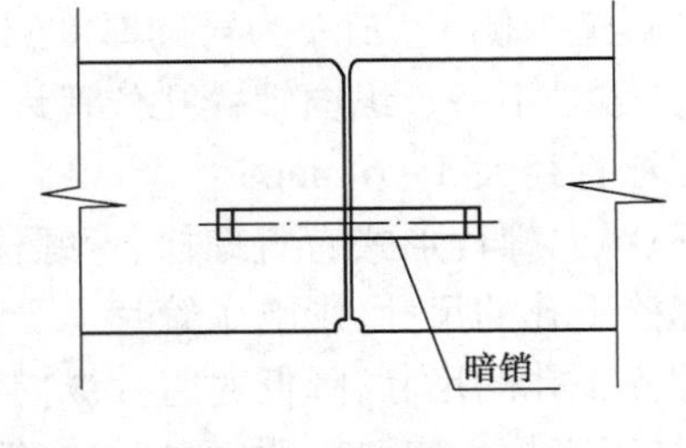

图 6.17 环缝暗销接缝

插销式构造结构上的作用是加强构件间联结,承担接缝上的剪力,防止接缝两边发生相对错动,所以有时也被称为抗剪销。采用销钉连接的管片本身形状简单,各截面强度一致,所成的隧道内壁光滑平整,易于清理,无特殊需要可不必另设内衬。销插入型接缝结构作业效率高,对自动化施工的适应性强。

④楔形接缝:环向接缝和纵向接缝都可采用此类结构。利用楔作用将管片拉合紧固,主要用于混凝土平板型管片。由于其难以变形的结构特征,在会受到强制变位隧道的环向接缝应慎用此类接缝构造。

⑤榫接缝(图 6.18):接缝部分设有阴榫(凹)和阳榫(凸),通过凹凸部位的啮合作用进行力的传递。用于接缝时,衬砌环的组装精度高,但对施工管理的要求也相应提高。此外,从确保隧道轴向的连续性和防水的观点出发,一般都要同时使用有紧固力的接缝结构。榫接缝主要是作为纵向接缝使用的接缝结构,也可以作为环向接缝来使用。

接缝结构一旦误选,不仅难以指望管片环的组装有很好的可靠性,而且作业效率会下降,施工上还容易出漏洞,甚至会损坏接缝功能,形成衬砌结构上的缺陷。因此,在决定接缝结构的细节时,要从所有方面进行研究,以便接缝能充分发挥其作用,尤其对组装的准确性和作业方便性需特别注意。

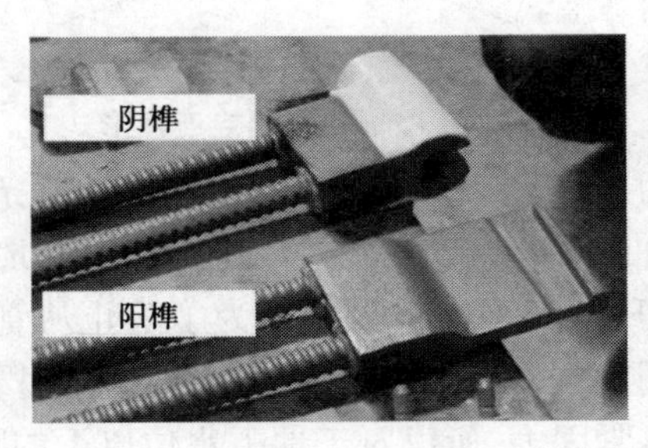

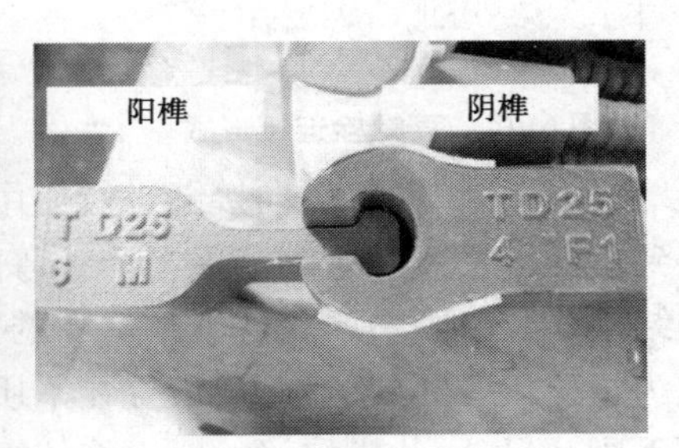

(a)阴榫和阳榫

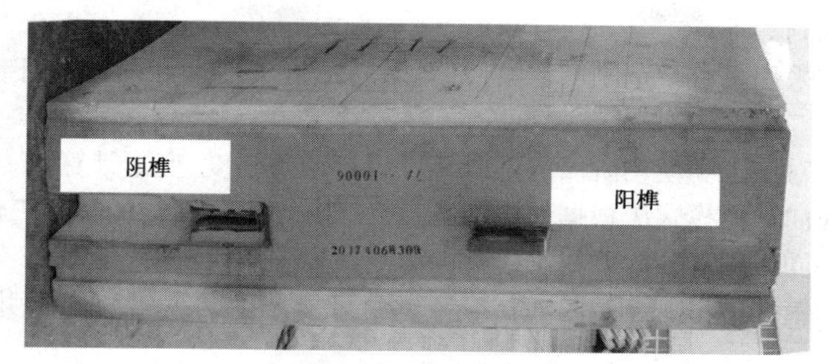

(b)带阴榫和阳榫接缝

图 6.18　榫接缝构造(Liu et al.,2020)

6.3.5　其他构造

1)纵肋

对于钢筋混凝土箱型管片以及钢管片,纵肋配置必须保证千斤顶推力均匀传递。钢制管片上的纵肋必须考虑等间隔配置,至少要按 2 条纵肋支承 1 块压力垫的比例配置,否则就不能均匀地传递千斤顶推力,主肋等结构上也会产生无法预估的应力。为了防止千斤顶推力产生主肋平面外的弯曲应力,纵肋需沿隧道轴方向连续配置。另外,纵肋的形状也要综合考虑管片组装和二次衬砌施工的方便性。对于箱型管片,纵肋的配置方法与钢制管片类似,而其数量一般和盾构千斤顶数量相同。

2)注浆孔

为了能够均匀地注浆,衬砌管片上需设置注浆孔,通常每个管片上设置一个或多个注浆孔。由于注浆孔数量的增加会增加可能的渗漏水通道,并且目前广泛采用盾尾同步壁后注浆的注浆方式,管片上的注浆孔往往用作二次注浆。因此,国内采用较多的是每个管片上仅设置一个注浆孔。注浆孔的直径必须依据使用的注浆材料确定,一般内径在 50 mm 左右。

3)起吊环

盾构法隧道的管片上必须考虑设置起吊环。混凝土平板型管片和球墨铸铁管片大多为壁后注浆孔同时兼作起吊环使用,而钢管片则需另设置起吊配件。无论哪种情况,其设计必须保证对搬运和施工时的荷载等来说都是安全的。如果采用自动组装管片的管片方式时,要求管片牢固地固定在组装机上。

6.4　隧道衬砌结构设计

6.4.1　设计原则

掘进机法隧道衬砌结构设计应考虑施工期和服役期的各类受力情况,选择最不利的受力工况,根据不同的荷载组合,按照承载能力极限状态和正常使用极限状态分别对整体和局部进行受力计算。一般原则如下：

①隧道衬砌宜采用具有一定刚度的柔性结构，应限制其变形和接缝张开量，满足结构受力和防水要求。

②隧道结构应对施工和使用阶段的不同工况进行结构强度、变形计算。

③衬砌结构横向计算模式应根据地层情况、衬砌构造特点、结构的实际工作条件等确定，宜考虑衬砌与地层共同作用及装配式衬砌接缝的影响。

④在进行结构横向应力、变形计算时，应考虑由可能产生的纵向变形所引起的横向内力及变形值。

⑤隧道在荷载、结构、地质条件发生变化的部位或因抗震要求需设置变形缝时，应采取可靠的工程技术措施，确保变形缝两侧的结构不产生影响使用的差异沉降。变形缝的形式、宽度和间距应根据允许纵向沉降曲率、沉降差、防水和抗震要求等确定。

6.4.2 设计方法

现有隧道衬砌设计方法可分为四大类型：

①基于过去隧道建设的经验设计法；

②基于原位测试和实验室试验的设计方法；

③圆环－弹性地基梁法；

④连续介质模型法，包括理论分析法和数值法。

国际隧道协会（ITA）在1978年成立了一个研究隧道结构设计的工作组，来收集和总结在不同的国家使用的掘进法隧道设计方法。圆形掘进机隧道装配式衬砌设计典型方法见表6.2。

表6.2　不同国家盾构隧道典型设计方法（ITA，2000）

国家	方法
美国	圆环-弹性地基梁法
英国	圆环-弹性地基梁法；Muir Wood 法
中国	自由变形圆环法或圆环-弹性地基梁法
日本	圆环-局部弹性地基梁法
法国	圆环-弹性地基梁法；有限元法
德国	圆环或完全弹性地基梁法；有限元法
澳大利亚	圆环-弹性地基梁法

其中，圆环－弹性地基梁法是迄今为止应用最为广泛的设计方法。按照混凝土管片接缝的处理方式，圆环－弹性地基梁法被分为以下几类：

①不考虑刚度折减的均质圆环法：假设整个衬砌为刚度相同的均质环，即衬砌与刚性环管片自身具有相同刚度。

②考虑刚度折减的均质圆环法：假设整个衬砌为刚度相同的均质环，将均质环刚度乘以一定的折减系数 η 来考虑由于接缝存在而导致的整体刚度降低。

③接缝0刚度的多铰圆环法：衬砌被简化为铰接的圆环，接缝被假定为完全的铰接，在周围地层的约束下，衬砌形成一个超静定结构，承受包括地层侧压力在内的周围压力。

④接缝有限刚度的多铰圆环法：衬砌被简化为铰接的圆环，将接缝假设为具有恒定刚度的弹性铰。

上述方法各有不同的特点，已经广泛应用于各类工程中。第一种方法很简单，但是会引起很大的误差。第二种方法虽然看上去更合理，但是 η 值只能根据在各种不同地层的经验获得，已有研究表明 η 与接缝形式、位置及受力情况相关而非定值。第四种方法可以用来研究不同侧压力下接缝刚度对内力和位移的影响，进而模拟不同的地层响应条件，在地层条件较好的情况下是十分经济合理的，但接缝刚度通常需要通过足尺或缩尺试验确定。

6.4.3 设计流程

拟建隧道应按照相应的规范、标准或条文进行设计。国际隧道协会（ITA）工作组于 2000 年对盾构隧道的一般设计流程提出了以下指导性意见：

（1）确定内部使用限界

隧道内部轮廓净尺寸应根据建筑限界或工艺要求并考虑曲线影响及施工偏差和隧道不均匀沉降等因素来确定。内部空间大小的确定还和隧道功能有关：①铁路隧道应考虑建筑限界和车辆限界；②公路隧道应考虑交通量和车道的数量；③上下水管道应考虑排水量；④共同沟应考虑各种设施及其规模尺寸。

（2）确定设计计算断面

设计计算断面应包括：①埋深最深断面；②埋深最浅断面；③地下水水位最高断面；④地下水水位最浅断面；⑤地面超载最大断面；⑥偏压断面；⑦地表倾斜断面；⑧临近已有或拟规划隧道断面；⑨其他风险较高断面。

（3）确定荷载条件

确定各个计算断面包括水土压力、恒载、反力、附加荷载和千斤顶推力等作用在衬砌结构上的荷载，应选择最不利荷载组合进行衬砌结构设计。

（4）确定衬砌形式

初步确定衬砌形式，如衬的尺寸（厚度）、材料强度、配筋等。

（5）构件内力计算

应通过适当的模型和设计计算构件的内力，如弯矩、轴力和剪力等，确定最不利断面。

（6）安全验算

依据计算的构件内力进行衬砌的安全验算。

（7）复核计算

对于不满足安全验算的初始设计，应改变衬砌的形式重新设计衬砌。如果设计衬砌安全但不经济，也应重新进行设计。

（8）设计审批

确认衬砌设计是安全、经济和最优之后，由项目负责人签发文件审批通过。

完成初步设计并投入使用后，设计人员还应经常深入现场实地考察，根据现场实际工程条件和实测数据对原始设计方案做进一步的修改和完善。

6.4.4 设计荷载

衬砌的设计不仅应满足服役阶段的承载及使用功能，还应满足施工安全的要求。其中，服役期隧道结构的典型荷载模式如图 6.19 所示。

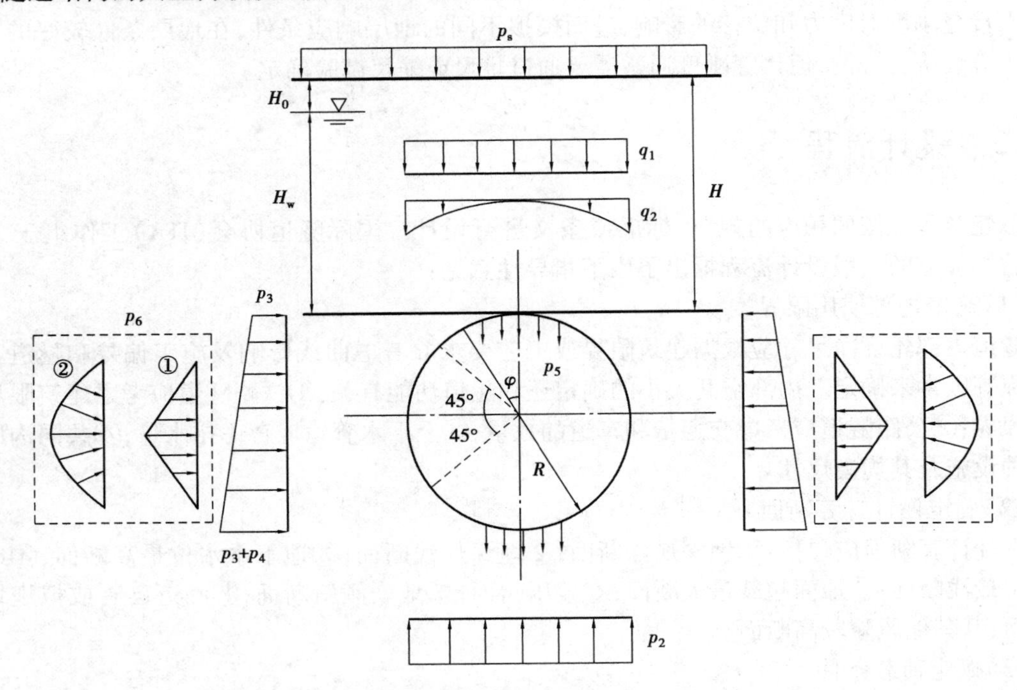

图 6.19 服役期作用在隧道衬砌结构上荷载示意图(水土合算)

图中：p_1—上覆地层荷载；p_2—拱底地层反力荷载；p_s—地面超载；p_3—拱顶水平地层压力；p_4—顶底水平地层压力；p_5—衬砌自重；p_6—地层侧向抗力；H—隧道拱顶埋深；H_w—地下水位与隧道拱顶距离；H_0—地下水位与地表距离；R—隧道计算半径

1) 地层压力

隧道开挖后衬砌结构周围地层的压力主要包括岩土体竖向和侧向压力、水压力、两侧土体抗力及底部地基反力。详细的地层压力计算方法可参见第 2 章，本节重点介绍按照水和地层压力合算的地层压力计算方法。

(1) 拱顶竖向地层压力 p_1

由隧道上方总的竖向地层压力和隧道拱背地层压力组成：

$$p_1 = q_1 + q_2 \tag{6.1}$$

①q_1 是隧道上方总的竖向地层压力，kPa，即：

$$q_1 = \sum_{i=1}^{n} \gamma_i h_i \tag{6.2}$$

式中 γ_i——第 i 层地层的天然容重，kN/m^3；

h_i——第 i 层地层的厚度，m；

n——隧道上方地层的总层数。

②q_2 是隧道拱背地层压力，kPa，可表示为：

$$q_2 = \frac{2\left(1-\frac{\pi}{4}\right)R^2\gamma_{as}}{2R} = 0.215R\gamma_{as} \tag{6.3}$$

式中 R——隧道计算半径，m；

γ_{as}——拱背地层重度，kN/m^3。

在抗剪强度较好的地层，当隧道埋深超过衬砌外径时，竖向土压力可能会小于式(6.2)所给出的全覆土重，这时可按照太沙基公式或普式理论对竖向土压力进行折减，具体计算公式可参见本书第2章内容。但在我国，对于土体软弱且含水率较高的地区(如上海等地)，为安全起见通常还是采用全覆土计算方法进行竖向土压力计算。

若地层为岩体，则 q_1 可遵循下面的计算方法：

$$q_1 = \gamma(0.45 \times 2^{s-1}\omega) \tag{6.4}$$

式中 S——围岩等级；

ω——宽度影响系数，$\omega = 1 + i(B-5)$；

B——隧道开挖宽度，m；

i——B 每增加 1 m 的围岩压力增减率，当 $B<5$ m 时，取 $i=0.2$，$B\geqslant5$ m 时，取 $i=0.1$。

(2)基地反力 p_2

基地反力 p_2 产生于隧道衬砌的底部，由 p_1 和衬砌的自重求得：

$$p_2 = p_1 + \frac{2\pi Rt\gamma_c}{2R} = p_1 + \pi t\gamma_c \tag{6.5}$$

式中 t——衬砌厚度，m；

γ_c——衬砌的平均重度，kN/m^3。

(3)作用在衬砌上的侧向压力 p_3

$$p_3 = K_0\gamma' h + \gamma_w h \tag{6.6}$$

其中 K_0——地层侧向压力系数；

γ'——地层的平均有效重度，kN/m^3；

γ_w——水的重度，kN/m^3；

h——隧道顶部地层的厚度，m。

(4)作用在隧道上的附加水土压力 p_4

$$p_4 = 2K_0\gamma' R + 2\gamma_w R \tag{6.7}$$

式中各参数定义与前述公式相同。

(5)地层侧向抗力 p_6

衬砌结构在荷载作用下发生的向外变形会受到周围地层的约束作用，产生与衬砌结构变形方向相反的力，这就是地层抗力。一般情况下衬砌结构的变形是非均匀的，局部向内收缩，局部向外扩展，地层侧向抗力仅考虑向外变形的部位。

①我国设计规范[如《铁路隧道设计规范》(TB 10003—2016)等]通常假设地层抗力作用范围为隧道水平直径上下各45°范围呈等腰三角形分布；

$$p_6 = p_h(1-\sqrt{2}|\cos\varphi|) \tag{6.8}$$

②Lee 等学者(2001)假设抗力分布在隧道周围与竖直方向呈45°～135°的范围内，呈抛物

线形式：

$$p_6 = p_h(1 - 2\cos^2\varphi) \tag{6.9}$$

式中 p_h——拱脚处的地层抗力，kN/m^2；

φ——与隧道垂直方向的夹角。

为了服从温克尔模型，p_h 可表示为：

$$p_h = K_s \Delta_h \tag{6.10}$$

其中 K_s——土的抗力系数，kN/m^3，可按表 6.3 中的建议取值；

Δ_h——衬砌在拱脚线处的水平位移，m。

表 6.3 不同土壤条件下典型城市隧道（直径 3～11 m）地层的抗力系数 K_s 单位：kN/m^3

	黏土或粉砂土				砂性土			
	淤泥质	软	适中	坚硬	非常松散	松散	适中	密实
$K_s(\times 10^4\ kN/m^3)$	0.3～1.5	1.5～3.0	3.0～15.0	>15.0	0.3～1.5	1.5～3.0	3.0～10.0	>10.0

2）衬砌自重 p_5

作用于隧道横断面，可按下式计算：

$$p_5 = \begin{cases} \gamma_c t/(2\pi R), & \text{圆形} \\ \gamma_c t, & \text{矩形} \end{cases} \tag{6.11}$$

式中 γ_c——管片重度，kN/m^3；

t——管片厚度，m。

3）地面超载 p_s

地面交通及建构筑物荷载 p_s，ITA2019 年出版的《隧道衬砌管片设计指南》中建议一般公路交通荷载建议取值为 10 kPa，铁路交通荷载建议取值为 25 kPa，地面建构筑物建议荷载为 20 kPa。

4）内部荷载

内部设备、车辆荷载及水压力应根据实际情况取值。

5）特殊荷载

地震及其他突发事件如邻近开挖或不均匀沉降等引起的荷载。

除此之外，衬砌结构设计时还应考虑施工期作用在衬砌结构上的荷载，这些荷载包括：

①盾构千斤顶顶推力，一般采用的盾构总的推力除以衬砌环环缝面积计算；

②管片运输和处理时产生的荷载；

③壁后注浆压力；

④管片拼装机传递的力；

⑤其他荷载：盾构机后部车架静载、管片形状调整时的千斤顶顶力、盾尾密封油脂压力和刀盘扭矩等。

6.4.5 衬砌材料

衬砌结构材料应根据结构类型、受力条件、使用要求及所处环境等因素选用,并满足可靠性、耐久性和经济性要求。

管片本体结构宜采用钢筋混凝土材料,也可采用钢材、球墨铸铁、型钢混凝土组合材料和纤维混凝土材料。

(1)钢筋混凝土管片

一般环境下混凝土强度等级不应低于C50,二衬混凝土强度等级不应低于C30,防水混凝土抗渗等级和配比还应符合现行相关国家标准规定。受力钢筋宜采用HRB400和HRB500钢筋,箍筋宜采用HPB300和HRB400钢筋。

(2)钢管片

钢管片中结构所用钢材宜采用Q235及Q345钢,其质量等级均不应低于B级,其材质与材料应分别符合现行国家标准规定。

(3)球墨铸铁管片

球墨铸铁管片宜选用QT400。

(4)连接螺栓

管片连接螺栓的机械性能宜选用4.6,5.6,6.8和8.8级,并应具有较好的耐腐蚀性和抗冲击韧性。

6.4.6 衬砌圆环内力计算

如第6.4.2节所述,根据对接缝处理的方式不同,衬砌圆环计算方法可分为均质圆环法及多铰圆环法,二者计算结果存在一定差异。本节将对上述两种方法的内力计算分别进行阐述。

1)多铰圆环法

如图6.19所示的衬砌结构荷载模型,若衬砌接缝的布置也沿隧道竖向中心线对称,则可将其简化为图6.20所示的内力计算模型,侧向地层抗力假设为抛物线分布模式。此时衬砌顶部的剪力为零,视为一个二次超静定结构,可采用“力法”来求解衬砌结构的内力及变形。按多铰圆环计算的方法有多种,这里仅介绍Lee等(2001)提出的方法。

为了便于分析,隧道半径记作R;衬砌的刚度(每单位长度)取作EI;接缝抗弯刚度(每单位长度)假定为一个定值K_θ。假设每半个圆环有n个铰接(n_1个铰位于$0 \leqslant \varphi < 45°$范围内,$n_2$个铰位于$45° \leqslant \varphi < 90°$范围内,$n_3$个铰位于$90° \leqslant \varphi < 135°$范围内,$n_4$个铰位于$135° \leqslant \varphi < 180°$范围内,因此$n = n_1 + n_2 + n_3 + n_4$)。计算中,符号的规定如下:衬砌内表面受拉时弯矩为正;衬砌截面受压时的轴力为正;使其产生顺时针旋转的趋势的剪力为正。

力法方程可以由隧道顶部和底部的零转动和零水平位移确定

$$\begin{cases}\delta_{11}x_1 + \delta_{12}x_2 + \Delta_{1p} = 0 \\ \delta_{21}x_1 + \delta_{22}x_2 + \Delta_{2p} = 0\end{cases} \tag{6.12}$$

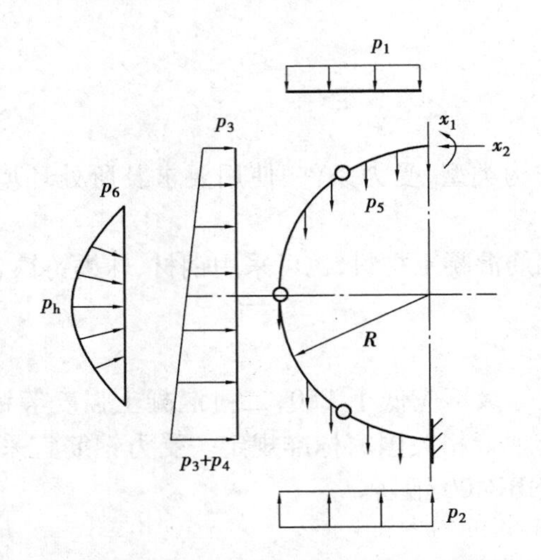

图 6.20 接缝对称分布多铰圆环法计算简图

式中 x_1,x_2——作用在拱顶每单位长度未知弯矩和轴力，即为多余约束(图 6.18)；

δ_{ii}——在单位力 $x_i=1$ 的作用下在 x_i 的作用点沿着 x_i 方向的位移；

δ_{ij}——在单位力 $x_j=1$ 的作用下在多余约束 x_i 的作用点上沿着 x_i 方向的位移；

Δ_{ip}——多余约束 x_i 的位置处沿着 x_i 方向由周围土压力引起的位移($i=1\sim2$，$j=1\sim2$)。

解方程(6.12)得 x_1 和 x_2：

$$\begin{cases} x_1=\dfrac{\delta_{12}\Delta_{2p}-\delta_{22}\Delta_{1p}}{\delta_{11}\delta_{22}-\delta_{12}\delta_{21}} \\ x_2=\dfrac{\delta_{21}\Delta_{1p}-\delta_{11}\Delta_{2p}}{\delta_{11}\delta_{22}-\delta_{12}\delta_{21}} \end{cases} \tag{6.13}$$

由单位力 $x_1=1$ 和 $x_2=1$ 引起的每单位长度弯矩($\overline{M}$)，轴力($\overline{N}$)和剪力($\overline{Q}$)可表示为：

$$\begin{cases} \overline{M}_1=1 \\ \overline{N}_1=0 \\ \overline{Q}_1=0 \\ \overline{M}_2=R(1-\cos\varphi) \\ \overline{N}_2=\cos\varphi \\ \overline{Q}_2=-\sin\varphi \end{cases} \tag{6.14}$$

由于轴力和剪力对位移的影响很小，所以只考虑弯矩的影响。根据虚功原理，δ_{11}，δ_{12}，δ_{21}和δ_{22}可以表示为：

$$\begin{cases} \delta_{11}=\displaystyle\int\frac{\overline{M}_1^2}{EI}\mathrm{d}s+\sum_{i=1}^{n}\frac{1}{K_\theta^{(i)}}\overline{M}_1^{(i)}\ \overline{M}_1^{(i)}=\frac{R\pi}{EI}+\sum_{i=1}^{n}\frac{1}{K_\theta^{(i)}} \\ \delta_{12}=\displaystyle\int\frac{\overline{M}_1\ \overline{M}_2}{EI}\mathrm{d}s+\sum_{i=1}^{n}\frac{1}{K_\theta^{(i)}}\overline{M}_1^{(i)}\ \overline{M}_2^{(i)}=\frac{R^2\pi}{EI}+R\sum_{i=1}^{n}\frac{1}{K_\theta^{(i)}}(1-\cos\varphi_i) \\ \delta_{22}=\displaystyle\int\frac{\overline{M}_2^2}{EI}\mathrm{d}s+\sum_{i=1}^{n}\frac{1}{K_\theta^{(i)}}\overline{M}_2^{(i)}\ \overline{M}_2^{(i)}=\frac{3R^3\pi}{2EI}+R^2\sum_{i=1}^{n}\frac{1}{K_\theta^{(i)}}(1-\cos\varphi_i)^2 \end{cases} \tag{6.15}$$

式中 i——第 i 个节点；

s——衬砌的曲线长度,m;

n——半圆中的节点总数。

衬砌结构内力可由各分项外部荷载引起的内力叠加获得:

$$\begin{cases} M_{\mathrm{P}} = \sum_{j=1}^{6} M_{\mathrm{P}j} \\ N_{\mathrm{P}} = \sum_{j=1}^{6} N_{\mathrm{P}j} \\ Q_{\mathrm{P}} = \sum_{j=1}^{6} Q_{\mathrm{P}j} \end{cases} \tag{6.16}$$

式中 $M_{\mathrm{P}j}, N_{\mathrm{P}j}, Q_{\mathrm{P}j}$——第 j 种荷载引起每单位长度弯矩(单位:N),轴力(单位:N/m)和剪力(单位:N/m)。

①由顶部竖向荷载 p_1 引起的内力:

$$\begin{cases} M_{\mathrm{p1}} = -\frac{1}{2}p_1 R^2 \sin^2\varphi \\ N_{\mathrm{p1}} = p_1 R \sin^2\varphi \qquad (0 \leqslant \varphi \leqslant \pi) \\ Q_{\mathrm{p1}} = p_1 R \sin\varphi \cos\varphi \end{cases} \tag{6.17}$$

②由底部竖向反力 p_2 引起的内力:

$$\begin{cases} M_{\mathrm{p2}} = -\frac{1}{2}(p_2 - p_1)R^2(1 - \sin\varphi)^2 \\ N_{\mathrm{p2}} = -(p_2 - p_1)R(1 - \sin\varphi)\sin\varphi \qquad \left(\frac{\pi}{2} \leqslant \varphi \leqslant \pi\right) \\ Q_{\mathrm{p2}} = -(p_2 - p_1)R(1 - \sin\varphi)\cos\varphi \end{cases} \tag{6.18}$$

③作用在衬砌上的侧向压力 p_3 引起的内力:

$$\begin{cases} M_{\mathrm{p3}} = -\frac{1}{2}p_3 R^2(1 - \cos\varphi)^2 \\ N_{\mathrm{p3}} = -p_3 R(1 - \cos\varphi)\cos\varphi \qquad (0 \leqslant \varphi \leqslant \pi) \\ Q_{\mathrm{p3}} = p_3 R(1 - \cos\varphi)\sin\varphi \end{cases} \tag{6.19}$$

④作用在衬砌上的附加侧向压力 p_4 引起的内力:

$$\begin{cases} M_{\mathrm{p4}} = -\frac{1}{12}p_4 R^2(1 - \cos\varphi)^3 \\ N_{\mathrm{p4}} = -\frac{1}{4}p_4 R(1 - \cos\varphi)^2\cos\varphi \qquad (0 \leqslant \varphi \leqslant \pi) \\ Q_{\mathrm{p4}} = \frac{1}{4}p_4 R(1 - \cos\varphi)^2\sin\varphi \end{cases} \tag{6.20}$$

⑤衬砌自重 p_5 引起的内力:

$$\begin{cases} M_{\mathrm{p5}} = -p_5 R^2(\cos\varphi + \varphi\sin\varphi - 1) \\ N_{\mathrm{p5}} = p_5 R\varphi\sin\varphi \qquad (0 \leqslant \varphi \leqslant \pi) \\ Q_{\mathrm{p5}} = p_5 R\varphi\cos\varphi \end{cases} \tag{6.21}$$

⑥地层侧向抗力 p_6 引起的内力:

$$
\begin{cases}
M_{\mathrm{p6}} = -\dfrac{p_{\mathrm{h}}R^2}{3}\left[\cos 2\varphi - 2\cos\left(\varphi + \dfrac{\pi}{4}\right)\right] \\
N_{\mathrm{p6}} = \dfrac{p_{\mathrm{h}}R}{3}\left[\cos 2\varphi - 2\cos\left(\varphi + \dfrac{\pi}{4}\right)\right] \qquad \left(\dfrac{\pi}{4} \leqslant \varphi \leqslant \dfrac{3\pi}{4}\right) \\
Q_{\mathrm{p6}} = -\dfrac{2p_{\mathrm{h}}R}{3}\left[\sin 2\varphi - 2\sin\left(\varphi + \dfrac{\pi}{4}\right)\right] \\
M_{\mathrm{p6}} = \dfrac{2\sqrt{2}p_{\mathrm{h}}R^2}{3}\cos\varphi \\
N_{\mathrm{p6}} = -\dfrac{2\sqrt{2}p_{\mathrm{h}}R}{3}\cos\varphi \qquad \left(\dfrac{3\pi}{4} \leqslant \varphi \leqslant \pi\right) \\
Q_{\mathrm{p6}} = \dfrac{2\sqrt{2}p_{\mathrm{h}}R}{3}\sin\varphi
\end{cases}
\tag{6.22}
$$

根据虚功原理，可以将式(6.14)和式(6.16)—式(6.22)代入方程式(6.23)中，求得$\Delta_{1\mathrm{p}}$和$\Delta_{2\mathrm{p}}$，即：

$$
\begin{cases}
\Delta_{1\mathrm{p}} = \displaystyle\int \frac{\overline{M}_1 M_P}{EI}\mathrm{d}s + \sum_{i=1}^{n}\frac{1}{K_\theta^{(i)}}\overline{M}_1^{(i)}\,\overline{M}_{\mathrm{p}}^{(i)} = \sum_{j=1}^{6}\left(\int \frac{\overline{M}_1 M_{\mathrm{p}j}}{EI}\mathrm{d}s + \sum_{i=1}^{n}\frac{1}{K_\theta^{(i)}}\overline{M}_1^{(i)}\,\overline{M}_{\mathrm{p}j}^{(i)}\right) = \sum_{j=1}^{6}\Delta_{1\mathrm{p}j} \\
\Delta_{2\mathrm{p}} = \displaystyle\int \frac{\overline{M}_2 M_P}{EI}\mathrm{d}s + \sum_{i=1}^{n}\frac{1}{K_\theta^{(i)}}\overline{M}_1^{(i)}\,\overline{M}_{\mathrm{p}}^{(i)} = \sum_{j=1}^{6}\left(\int \frac{\overline{M}_2\,\overline{M}_{\mathrm{p}j}}{EI}\mathrm{d}s + \sum_{i=1}^{n}\frac{1}{K_\theta^{(i)}}\overline{M}_2^{(i)}\,\overline{M}_{\mathrm{p}j}^{(i)}\right) = \sum_{j=1}^{6}\Delta_{2\mathrm{p}j}
\end{cases}
\tag{6.23}
$$

上式中$\Delta_{1\mathrm{p}}$和$\Delta_{2\mathrm{p}}$可由式(6.24)—式(6.35)确定。

$$
\Delta_{1\mathrm{p}1} = -\frac{\pi p_1 R^3}{4EI} - \frac{1}{2}p_1R^2\sum_{i=1}^{n}\frac{1}{K_\theta^{(i)}}\sin^2\varphi_i \tag{6.24}
$$

$$
\Delta_{1\mathrm{p}2} = -\frac{(p_2 - p_1)R^3}{4EI}\left(\frac{3\pi}{4} - 2\right) - \frac{(p_2 - p_1)R^2}{2}\sum_{i=n_1+n_2+1}^{n}\frac{1}{K_\theta^{(i)}}(1 - \sin\varphi_i)^2 \tag{6.25}
$$

$$
\Delta_{1\mathrm{p}3} = -\frac{3\pi p_3 R^3}{4EI} - \frac{p_3R^2}{2}\sum_{i=1}^{n}\frac{1}{K_\theta^{(i)}}(1 - \cos\varphi_i)^2 \tag{6.26}
$$

$$
\Delta_{1\mathrm{p}4} = -\frac{5\pi p_4 R^3}{24EI} - \frac{p_4R^2}{12}\sum_{i=1}^{n}\frac{1}{K_\theta^{(i)}}(1 - \cos\varphi_i)^3 \tag{6.27}
$$

$$
\Delta_{1\mathrm{p}5} = -p_5R^2\sum_{i=1}^{n}\frac{1}{K_\theta^{(i)}}(\cos\varphi_i + \varphi_i\sin\varphi_i - 1) \tag{6.28}
$$

$$
\Delta_{1\mathrm{p}6} = -\frac{p_{\mathrm{h}}R^2}{EI} - \frac{p_{\mathrm{h}}R^2}{3}\sum_{i=n_1+1}^{n-n_4}\frac{1}{K_\theta^{(i)}}\left[\cos 2\varphi_{\mathrm{i}} - 2\cos\left(\varphi_{\mathrm{i}} + \frac{\pi}{4}\right)\right] + \frac{2\sqrt{2}p_{\mathrm{h}}R^2}{3}\sum_{i=n_1-n_4+1}^{n}\frac{1}{K_\theta^{(i)}}\cos\varphi_i \tag{6.29}
$$

$$
\Delta_{2\mathrm{p}1} = -\frac{\pi p_1 R^4}{4EI} - \frac{p_1R^3}{2}\sum_{i=1}^{n}\frac{1}{K_\theta^{(i)}}(1 - \cos\varphi_{\mathrm{i}})\sin^2\varphi_i \tag{6.30}
$$

$$
\Delta_{2\mathrm{p}2} = -\frac{(p_2 - p_1)R^4}{2EI}\left(\frac{3\pi}{4} - \frac{5}{3}\right) - \frac{(p_2 - p_1)R^3}{2}\sum_{i=n_1+n_2+1}^{n}\frac{1}{K_\theta^{(i)}}(1 - \cos\varphi_{\mathrm{i}})(1 - \sin\varphi_i)^2 \tag{6.31}
$$

$$\Delta_{2p3} = -\frac{5\pi p_3 R^4}{4EI} - \frac{p_3 R^3}{2}\sum_{i=1}^{n}\frac{1}{K_\theta^{(i)}}(1-\cos\varphi_i)^3 \tag{6.32}$$

$$\Delta_{2p4} = -\frac{35\pi p_4 R^4}{96EI} - \frac{p_4 R^3}{12}\sum_{i=1}^{n}\frac{1}{K_\theta^{(i)}}(1-\cos\varphi_i)^4 \tag{6.33}$$

$$\Delta_{2p5} = \frac{\pi p_5 R^4}{4EI} - p_5 R^3\sum_{i=1}^{n}\frac{1}{K_\theta^{(i)}}(1-\cos\varphi_i)(\cos\varphi_i+\varphi_i\sin\varphi_i-1) \tag{6.34}$$

$$\Delta_{2p6} = -\frac{p_h R^4}{3EI}\left(3+\frac{\pi\sqrt{2}}{2}\right) - \frac{p_h R^3}{3}\sum_{i=n_1+1}^{n-n_4}\frac{1}{K_\theta^{(i)}}\left[\cos 2\varphi_i - 2\cos\left(\varphi_i+\frac{\pi}{4}\right)\right](1-\cos\varphi_i) + \frac{2\sqrt{2}p_h R^3}{3}\sum_{i=n_1-n_4+1}^{n}\frac{1}{K_\theta^{(i)}}\cos\varphi_i(1-\cos\varphi_i) \tag{6.35}$$

根据由上述方程得出的系数 δ_{11},δ_{12},δ_{22},Δ_{1p},Δ_{2p},多余约束 x_1 和 x_2 可由方程式(6.13)得出,即可获得衬砌结构总的内力方程(即每单位长度总弯矩 M,总轴力 N,总的剪力 Q)如下:

$$\begin{cases} M = \overline{M}_1 x_1 + \overline{M}_2 x_2 + M_P \\ N = \overline{N}_1 x_1 + \overline{N}_2 x_2 + N_P \\ Q = \overline{Q}_1 x_1 + \overline{Q}_2 x_2 + Q_P \end{cases} \tag{6.36}$$

2)均质圆环法

采用结构力学弹性中心法,根据结构荷载对称性取如图 6.21 所示的基本结构。为了便于内力计算,图 6.21 中采用水土压力分算的方法,隧道外部水压采用静水压力计算沿径向作用于衬砌结构。因此,在计算竖向和侧向地层压力时地层重度应以浮重度代入。侧向抗力采用三角形分布模式。图 6.21 中各荷载符号定义与图 6.19 和图 6.20 有所不同。

由于结构及荷载对称,拱顶剪力等于零,整个圆环为二次超静定结构。根据弹性中心处的相对角变位和相对水平位移等于零的条件,可列出力法方程:

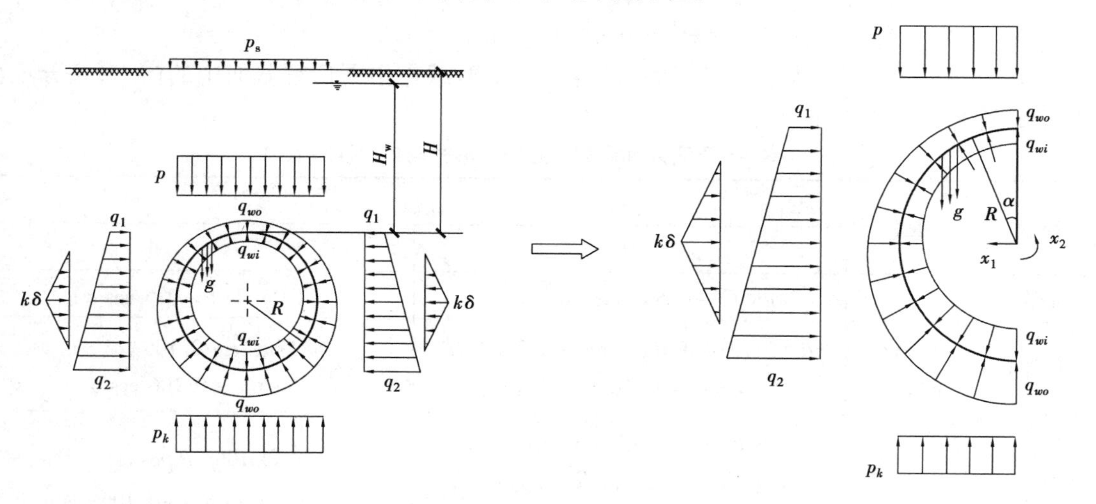

图 6.21 弹性中心法基本结构

$$\begin{cases} \delta_{11} x_1 + \Delta_{1p} = 0 \\ \delta_{22} x_2 + \Delta_{2p} = 0 \end{cases} \tag{6.37}$$

其中

$$\begin{cases}\delta_{11} = \dfrac{1}{EI}\displaystyle\int_0^{\pi} \overline{M}_1^2 R\mathrm{d}\alpha = \dfrac{1}{EI}\int_0^{\pi} R\mathrm{d}\alpha = \dfrac{\pi R}{EI} \\ \delta_{22} = \dfrac{1}{EI}\displaystyle\int_0^{\pi} \overline{M}_2^2 R\mathrm{d}\alpha = \dfrac{1}{EI}\int_0^{\pi} (-R\cos\alpha)^2 \mathrm{d}\alpha = \dfrac{\pi R^3}{2EI} \\ \Delta_{1\mathrm{p}} = \dfrac{R}{EI}\displaystyle\int_0^{\pi} M_{\mathrm{p}} \mathrm{d}\alpha \\ \Delta_{2\mathrm{p}} = -\dfrac{\pi R^2}{EI}\displaystyle\int_0^{\pi} M_{\mathrm{p}} \cos\alpha \mathrm{d}\alpha \end{cases} \tag{6.38}$$

式中　M_{p}——基本结构中外荷载 p 对圆环任意截面产生的单位长度弯矩,N;

x_1——未知单位长度轴力,N/m;

x_2——未知单位长度弯矩,N;

δ_{11}、δ_{22}——基本结构在 x_1、x_2 作用下沿 1 和 2 方向产生的变形;

Δ_{11}、Δ_{22}——基本结构在外荷载作用下于 1 和 2 方向产生的变形;

α——与竖直方向的夹角。

求解式(6.37)可得:

$$\begin{cases} x_1 = -\dfrac{\Delta_{1\mathrm{p}}}{\delta_{11}} \\ x_2 = -\dfrac{\Delta_{2\mathrm{p}}}{\delta_{22}} \end{cases} \tag{6.39}$$

将求解所得 x_1、x_2 代入式(6.40)可得到圆环任意截面上的内力:

$$\begin{cases} M_{\alpha} = x_1 - x_2 R\cos\alpha + M_{\mathrm{P}} \\ N_{\alpha} = x_2\cos\alpha + N_{\mathrm{P}} \end{cases} \tag{6.40}$$

式中　M_{α}——任意截面(角度 α)单位长度弯矩,N;

N_{α}——任意截面(角度 α)单位长度轴力,N/m。

通过上述公式可计算如图 6.21 所示的各种外部荷载作用下任意截面中的内力,各分项荷载内力计算公式见表 6.4。

表 6.4　不同外部荷载引起的圆形衬砌内力计算表

荷载	截面	内力	
		M	N
自重 g	$0\sim\pi$	$gR^2(1-0.5\cos\alpha-\alpha\sin\alpha)$	$gR^2(\alpha\sin\alpha-0.5\cos\alpha)$
竖向荷重 p	$0\sim\pi/2$	$pR^2(0.193+0.106\cos\alpha-0.5\sin^2\alpha)$	$pR(\sin^2\alpha-0.106\cos\alpha)$
	$\pi/2\sim\pi$	$pR^2(0.693+0.106\cos\alpha-\sin\alpha)$	$pR(\sin\alpha-0.106\cos\alpha)$
底部反力 p_{k}	$0\sim\pi/2$	$p_{\mathrm{k}}R^2(0.057-0.106\cos\alpha)$	$0.106p_{\mathrm{k}}R\cos\alpha$
	$\pi/2\sim\pi$	$p_kR^2(-0.443+\sin\alpha-0.106\cos\alpha-0.5\sin^2\alpha)$	$p_{\mathrm{k}}R(\sin^2\alpha-\sin\alpha+0.106\cos\alpha)$
水压	$0\sim\pi$	$-R^3(0.5-0.25\cos\alpha-0.5\alpha\sin\alpha)\gamma_{\mathrm{w}}$	$R^2(1-0.25\cos\alpha-0.5\alpha\sin\alpha)\gamma_{\mathrm{w}}+HR\gamma_{\mathrm{w}}$

续表

荷载	截面	内力	
		M	N
均布荷载 q_1	$0 \sim \pi$	$q_1R^2(0.25-0.5\cos^2\alpha)$	$q_1R\cos^2\alpha$
侧压 q_1-q_2	$0 \sim \pi$	$\Delta qR^2(0.25\sin^2\alpha+0.083\cos^3\alpha-0.063\cos\alpha-0.125)$	$\Delta qR(0.063\cos\alpha+0.5\cos\alpha-0.25\cos^2\alpha)$

抗力计算采用三角形分布法。各种土层中的隧道衬砌在外荷载作用下,衬砌两侧产生向地层方向的水平变形,地层抵抗衬砌变形而产生抗力。假定地层抗力 q_k 与衬砌水平变形 δ 呈正比例增加,在水平直径各45°范围内近似三角形分布,在水平直径处抗力最大,如图6.22所示。

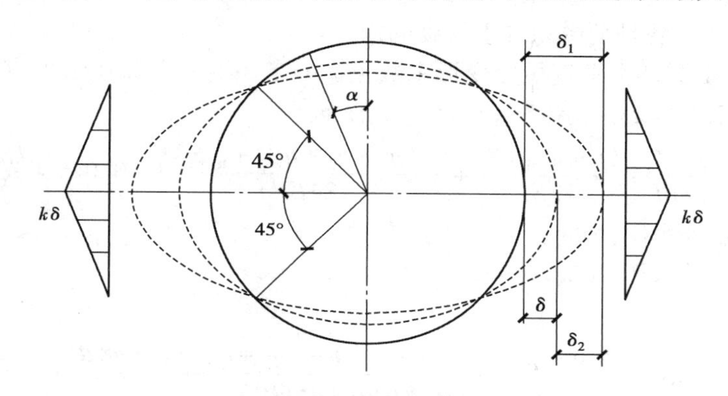

图6.22　侧向变形及抗力分布示意图

根据温克尔假定,水平直径 ±45°范围内地层抗力 q_k 可以表示为:

$$q_k = k\delta(1-\sqrt{2}|\cos\alpha|) \tag{6.41}$$

$$\delta = \delta_1 + \delta_2 \tag{6.42}$$

$$\delta_2 = f(k\delta) \tag{6.43}$$

式中　δ——水平直径处变形量,m;

δ_1——实际水土荷载作用下水平直径处变形量,m;

δ_2——经验抗力作用下水平直径处变形量,m,方向与 δ_1 相反。

抗力计算需要计算管片水平变形 δ,然后通过式(6.41)求得抗力。图6.22中不同荷载作用下管片的水平变形可通过结构力学能量法求得。

弹性中心法 $P=1$ 时管片基本结构如图6.23所示,通过求解可得 $P=1$ 作用下管片内力:

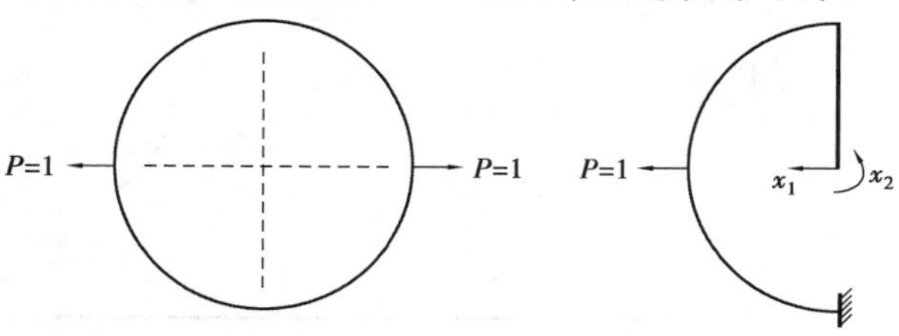

图6.23　$P=1$ 时管片基本结构

$$M_{P=1}=\begin{cases}-\dfrac{PR}{\pi}+\dfrac{PR}{2}\cos\alpha & \alpha\leqslant\dfrac{\pi}{2}\\ -\dfrac{PR}{\pi}+\dfrac{PR}{2}\cos\alpha & \dfrac{\pi}{2}<\alpha\leqslant\pi\end{cases}\tag{6.44}$$

$$N_{P=1}=\begin{cases}-\dfrac{P}{2}\cos\alpha & \alpha\leqslant\dfrac{\pi}{2}\\ \dfrac{P}{2}\cos\alpha & \dfrac{\pi}{2}<\alpha\leqslant\pi\end{cases}\tag{6.45}$$

将 $P=1$ 时衬砌内力与表 6.4 中各种荷载下衬砌内力进行能量法计算,即可求得各种荷载下圆环水平直径处的变形:

$$\delta=\int_s\frac{M_{P=1}M}{EI}\mathrm{d}s\tag{6.46}$$

式中 M——表 6.4 中各种荷载条件下衬砌的内力。

各种荷载条件下圆环水平直径处变形系数见表 6.5。将表中圆环水平直径处变形代入式(6.41)可求得外部水土荷载作用下管片水平变形为:

$$\delta=\left[\frac{\pi gR^4}{24EI}+\frac{(p+q_{\mathrm{wo1}})R^4}{12EI}+\frac{-(q_1+q_2+q_{\mathrm{wo1}}+q_{\mathrm{wo2}})}{24EI}\right]-0.045\,4\frac{k\delta R^4}{EI}\tag{6.47}$$

式中 q_{wo1}——拱顶外水压,N/m;

q_{wo2}——拱底外水压,N/m。

求解得:

$$\delta=\frac{[2(p+q_{\mathrm{wo1}})-(q_1+q_{\mathrm{wo1}})-(q_2+q_{\mathrm{wo2}})+\pi g]R^4}{24(EI+0.045kR^4)}\tag{6.48}$$

若考虑整环接头存在,将整环刚度进行折减,折减系数为 η,则

$$\delta=\frac{[2(p+q_{\mathrm{wo1}})-(q_1+q_{\mathrm{wo1}})-(q_2+q_{\mathrm{wo2}})+\pi g]R^4}{24(\eta EI+0.045kR^4)}\tag{6.49}$$

将式(6.47)或式(6.48)代入式(6.40)便可以得到无内水压作用下的经验抗力 q_k,由此求得 q_k 作用下圆环内力 M、N 见表 6.6。把 q_k 引起的圆环内力和表 6.4 中其他荷载引起的圆环内力进行叠加得到最终的圆环内力,即为圆环衬砌的设计内力。

表 6.5 不同荷载下圆形衬砌水平直径处变形

荷载形式	水平直径处变形	图示
铅直分布荷重 q	$\frac{1}{12}pR^4/EI$	p p

续表

荷载形式	水平直径处变形	图示
水平均布荷重 p	$-\frac{1}{12}qR^4/EI$	q q
自重 g	$\frac{1}{24}\pi gR^4/EI$	g
等腰三角形分布 $k\delta$	$-0.0454k\delta R^4/EI$	$k\delta$ $k\delta$

表 6.6 水平抗力引起的圆形衬砌内力

内力	$0\leqslant\alpha\leqslant\frac{\pi}{4}$	$\frac{\pi}{4}\leqslant\alpha\leqslant\frac{\pi}{2}$
M	$(0.2346-0.3536\cos\alpha)k\delta R^2$	$(-0.3487+0.5\sin^2\alpha+0.2357\cos^3\alpha)k\delta R^2$
N	$0.3536\cos\alpha k\delta R$	$(-0.707\cos\alpha+\cos^2\alpha+0.707\sin^2\alpha\cos\alpha)k\delta R$

6.4.7 设计安全性检验

计算获得衬砌结构内力后，还应确定最不利断面进行强度、刚度和承载力检验，同时还需要进行变形验算。在基本试验荷载阶段，需进行抗裂或裂缝限值、强度和变形等验算；而在组合基本荷载阶段和特殊荷载阶段，一般仅进行强度检验，变形和裂缝开展可不考虑。

1）衬砌断面强度验算

衬砌结构应根据不同工作阶段的最不利内容，按偏压构件根据现行《混凝土结构设计规范》（GB 50010—2010）进行强度计算。对于采用错缝拼装的衬砌结构，由于接缝处的刚度较弱，接缝部位的部分弯矩可通过纵向构造设置传递到相邻环的钢筋混凝土截面上去。国内外的资料表明,这种弯矩纵向传递比例为20%～40%。定义由接缝部位传递至相邻环的弯矩比例为弯矩传递系数ξ,在强度验算时,接缝部位弯矩应在基于均质圆环计算结果的基础上乘以$(1-\xi)$,而相邻环钢筋混凝土截面弯矩应在基于均质圆环计算结果的基础上乘以$(1+\xi)$。接缝强度计算中,近似将螺栓看作受拉钢筋按钢筋混凝土界面进行安全度验算。

2)衬砌圆环收敛变形验算

为了满足隧道使用和结构计算的要求,必须控制衬砌圆环的收敛变形。由于在外荷载作用下衬砌各个部位的变形量存在一定差异,定义沿水平或竖向直径方向衬砌尺寸的变化为衬砌圆环收敛变形,不同类型荷载引起的衬砌圆环沿水平直径的收敛变形计算可参见表6.5。收敛变形与衬砌圆环的刚度有关,考虑到接缝对衬砌结构整体刚度的折减作用,需要对理论刚度EI进行折减,该折减系数η称为刚度有效率。η与衬砌结构尺度、断面厚度、接缝构造、位置及刚度等密切相关,国内外的工程资料表明η介于0.25～0.8。

3)纵向接缝张开量验算

接缝张开量验算时需要综合螺栓预紧力在接缝处产生的应力和其余外部荷载在接缝处产生的应力。其中外部荷载在接缝处产生的应力可通过1)中类似的方法获得,而衬砌管片拼装时由于螺栓预紧力σ_1的作用,会在接缝上产生预压应力σ_{c1}和σ_{c2},满足如下计算公式:

$$\begin{cases}\sigma_{c1}=\dfrac{N}{F}+\dfrac{N\cdot e_0}{W}\\[2ex]\sigma_{c2}=\dfrac{N}{F}-\dfrac{N\cdot e_0}{W}\\[2ex]N=\sigma_1\cdot A_g\end{cases}\tag{6.50}$$

式中 N——螺栓预紧力引起的轴向力,N;

e_0——螺栓与重心轴偏心距,m;

F——衬砌截面面积,m^2;

W——衬砌截面面积矩,m^3;

A_g——螺栓计算面积,m^2。

4)抗裂及裂缝限制计算

对于一些使用要求较高的隧道工程,衬砌必须进行抗裂或裂缝宽度验算,以防止钢筋锈蚀而影响工程使用寿命。裂缝宽度限制的计算可根据工程性质参阅相关的混凝土结构设计规范、水工结构设计规范等,如现行《地铁设计规范》(GB 50157—2013)中规定盾构隧道衬砌管片最大容许裂缝宽度为0.2 mm。

6.5 衬砌防水设计及其综合处理

潮湿的工作环境会加速衬砌结构(特别是一些金属附件)和设备锈蚀,且隧道内的湿度增加会使人感到不舒适。隧道防水不但应在隧道正常运营期间能满足预期的要求,且即使在盾构施工期间也应严加注意。若不及时对流入隧道的泥、水进行堵塞和处理,则会引起较严重的隧道不均匀纵向沉陷和横向变形,导致工程事故的发生。因此,掘进机法隧道采用装配式钢筋混凝土管片作为隧道衬砌,除应满足结构强度和刚度的要求外,还应解决隧道防水问题,这对在含水量高的软土地层修建的隧道尤为重要。

装配式衬砌结构防水问题需从管片生产工艺、衬砌结构设计、接缝防水材料等几个方面进行综合处理,其中接缝防水材料的选择和设计是关键。

6.5.1　衬砌构件自身的抗渗

衬砌埋设在含水地层内,承受着一定静水压力,衬砌在这种静水压的作用下必须具有相当的抗渗能力,衬砌本身的抗渗能力在下列几个方面得到满足后才能具有相应的保证:

①衬砌本身的合理抗渗指标。

②经过抗渗试验的混凝土的合适配合比。应严格控制水灰比,一般不大于0.4,另加塑化剂以增加混凝土的和易性。

③保证衬砌构件的最小混凝土厚度和钢筋保护层。

④管片生产工艺,即振捣方式和养护条件的选择。

⑤严格的产品质量检验制度。

⑥减少管片在堆放、运输和拼装过程中的损坏率。

6.5.2　衬砌管片制作精度

从已有国内外隧道施工实践情况来看,衬砌管片制作精度对于隧道防水效果具有很大的影响。制作精度较差的管片,再加上拼装误差的累积,往往导致衬砌接缝不密贴而出现较大的初始间隙,当管片防水密封垫的弹性变形量不能适应这一初始间隙时,就出现了漏水现象。另外,管片制作精度的不足,在盾构推进过程中会造成管片的顶碎和开裂,同样容易导致漏水的现象。

钢筋混凝土管片的制作精度除了和浇筑及养护工艺相关外,钢模的精度也是需要重点解决的问题。选择的钢模必须进行机械精加工,并具有足够的刚度(特别是要确保两侧模的刚度),管片与钢模的重量比一般为1:2。高精度钢模在使用一个时期之后,通常会产生翘曲、变形、松脱等现象,影响管片的制作精度。因此,钢模的使用必须有一个严格的操作制度,应随时注意精度的检验,对钢模作相应的维修和保养,一般在生产了400~500块管片后必须进行检修。

6.5.3　接缝防水设计

1)设计内容

《地下工程防水技术规范》(GB 50108—2008)规定盾构隧道接缝常用的防水措施及设置要求见表6.7。

表6.7　盾构隧道接缝防水措施

防水等级	密封垫	嵌缝	注入密封剂	螺栓孔密封圈
一级	必选	全隧道或部分区域应选	可选	必选
二级	必选	部分区域宜选	可选	必选

续表

防水等级	密封垫	嵌缝	注入密封剂	螺栓孔密封圈
三级	必选	部分区域宜选	—	应选
四级	宜选	可选	—	—

(1)密封垫防水

管片接缝密封垫一般设置在管片的外缘,是盾构隧道管片接缝防水的重要内容。其止水机理是将管片压密后,靠橡胶本身的弹性复原力或膨胀压力来进行密封止水。密封材料的选择、管片上密封沟槽的斜度以及密封垫的断面形式是设计的重点。管片接缝防水密封垫在设计过程中应主要考虑以下几点:①对止水所需的接触面压力,设计时应考虑接缝的张开量与错位量的影响;②在设计确定的耐水压力条件下,接缝处不允许出现渗漏;③在千斤顶推力和管片拼装的作用力下,不致使管片端面和角部损伤等弊病发生;④要考虑远期的应力松弛和永久变形量。

(2)嵌缝防水堵漏

嵌缝防水即在管片内侧嵌缝槽内设置嵌缝材料,依靠嵌缝材料的充填和黏结力达到密封防水的目的。当嵌缝槽的形状要考虑拱顶嵌缝时,为不致使填料坠落、流淌,通常设计为口窄肚宽,嵌缝槽尺寸应满足:槽深度/宽度 >2.5。嵌缝材料应具有良好的水密性、耐侵蚀性、硬化时间短、伸缩复原性、收缩小、便于施工等特性。

管片接缝的嵌缝防水是一般要求嵌缝材料与基面有良好的黏接性(以承受衬砌外壁的静水压力)、较好的弹性(以适应隧道变形),并且它的材料性能必须保持稳定。

嵌缝作业应在衬砌变形稳定后,在无千斤顶推力影响的范围内进行。施作嵌缝前要将嵌缝槽内的油、锈、水清除干净,必要时用喷灯烘干,不得在渗水情况下施工,应在涂刷底层涂料后再进行填塞填料的捣实。嵌缝要特别注意拱顶90°范围内的嵌填质量,因为此处在运营后无法补救。

(3)接缝处注浆堵漏

接缝处的防水堵漏应遵循先易后难、先上下后两边的原则,尽量用嵌缝法堵漏。对于渗漏严重的地方,仅用嵌缝不够时,就要进行注浆。即在渗漏严重的接缝处先用电钻打直径约为5 mm的小孔,插入塑料细导管引排渗漏水,同时插入另一根注浆管,通过注浆管向外注浆,当确认不渗漏水时再剪除注浆管。注浆材料可采用聚氨酯浆材,丙烯酸铵(或丙烯酸盐)超细水泥浆材料或者二者的复合材料以及水泥、水玻璃等。

2)密封垫的材料与类型

接缝防水密封材料大致可以分为黏着性、弹性回弹类、遇水膨胀类以及复合型4类。从应用实例看,黏着性材料因缺少弹性,对盾构掘进时千斤顶的推力没有抵抗能力,易引起塑性变形,漏水较为严重,已较为少见;以德国为代表的欧洲国家通常采用非膨胀合成橡胶(主要为氯丁橡胶和三元乙丙橡胶 - EPDM),靠弹性密封垫以接触面压应力来止水,具有良好的耐水性和耐久性。日本则多采用水膨胀橡胶,靠其遇水膨胀后的膨胀压力止水。水膨胀橡胶的特点是可使密封材料变薄、施工方便,但耐久性尚待验证。

接缝密封垫按照断面形式可分为中孔形(“谢斯菲尔德”形)、梳形及梯形密封垫。目前我国盾构隧道多用如图6.24所示的“谢斯菲尔德”型密封垫。三元乙丙橡胶 EPDM(Ethylene Propylene Diene Monomer)耐久性好且价格经济，是当前盾构隧道接头弹性密封垫应用最为广泛的材料。影响密封垫压缩特性主要控制参数为密封垫宽度和高度、沟槽填充率(密封垫有效面积与沟槽横断面面积的比值)、开孔率(空洞面积与密封垫横截面面积比值)。目前“谢斯菲尔德”型密封垫开孔形状以圆形和三角形以及二者混合形式为主，也出现少量不规则形状的孔洞造型。

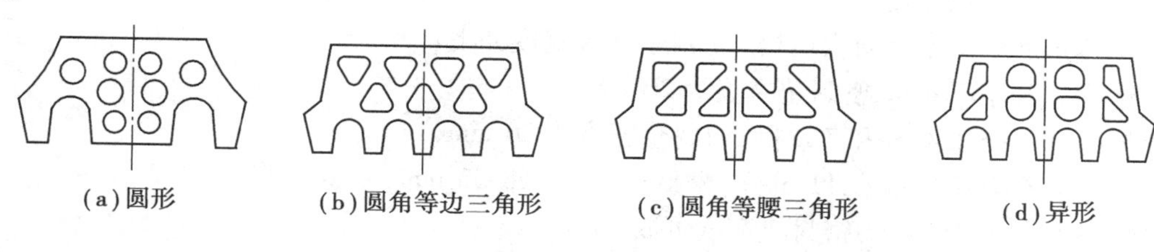

(a)圆形　(b)圆角等边三角形　(c)圆角等腰三角形　(d)异形

图6.24 “谢斯菲尔德”型密封垫不同孔洞形式

在我国，密封垫材料的选择有多种形式：上海、广州、成都及深圳地铁盾构隧道多采用非膨胀弹性密封垫；北京地铁4号线、5号线、10号线及奥运支线等盾构隧道的管片环向密封垫采用三元乙丙橡胶，在隧道变形缝部位的密封垫表面粘贴一道遇水膨胀橡胶作为加强防水处理；水下盾构隧道则多采用遇水膨胀类材料与非膨胀密封垫两者的复合型防水材料，如武汉长江隧道、南京长江隧道、杭州庆春路隧道、杭州钱江隧道等均采用复合型密封垫。

为了进一步改善密封垫的防水性能，近年来欧美国家的多个隧道工程中应用了预埋嵌入式橡胶密封垫(图6.25)。与传统的弹性橡胶密封垫为后期粘贴不同，预埋嵌入式橡胶密封垫在衬砌生产过程中将其与衬砌混凝土共同浇筑，通过设置在截面下部的一处或两处脚部延伸锚固于混凝土中。这样的设计可省去了衬砌拼装之前需要将密封垫粘贴到沟槽中的工序，且降低了密封垫圈与管片沟槽之间渗水的可能，从而提高了密封的质量。此外，将密封垫嵌入管片之中，可以减少衬砌管片脱模过程中出现问题的可能性，降低砂浆渗入接头的概率。

(a)双角式

(b)单角式

图6.25 嵌入式密封垫构造形式

3)密封垫设计要求

密封垫设计时需要考虑以下几个条件：

①保持永久的弹性状态和具有足够的承压能力，使之适应隧道长期处于“蠕动”状态而产生的接缝张开和错动；

②具有令人满意的弹性龄期和工作效能；

③与混凝土构件具有一定的黏结力；

④能适应地下水的侵蚀。

环、纵缝上的防水密封垫除了要满足上述基本要求外,还应满足各自所工作效能的要求。环缝密封垫需要有足够的承压能力和弹性复原力,能承受和均布盾构千斤顶顶力防止管片顶碎,并在千斤顶顶力往复作用下,密封垫仍保持良好的弹性变形性能。纵缝密封垫具有比环缝密封垫相对较低的承压能力,能对管片的纵缝初始缝隙进行填平补齐,并对局部的集中应力具有一定的缓冲和抑制作用。

国际隧道和地下空间协会(ITA)密封垫建议宽度如下:

①隧道直径小于 4 m,密封垫宽度为 20 mm;

②隧道直径介于 4 m 和 7 m 间,密封垫宽度为 26 mm;

③隧道直径介于 7 m 和 11 m 间,密封垫宽度可取 33 mm 或 36 mm;

④隧道直径大于 11 m,密封垫宽度可取 36 mm 或 44 mm。

此外,衬砌结构在内外荷载作用下接缝会发生张开和错位变形,二者均会造成密封垫防水能力的降低,故一般而言实际工程中会综合考虑结构受力和施工误差对允许张开量和错位量进行规定。密封垫尺寸越大,其在隧道接缝变形条件下耐水能力也越好,但密封垫尺寸应匹配盾构机管片拼装机顶力及盾构机推进千斤顶总推力,否则容易出现接缝混凝土压碎或接缝过大等不利情况。另外,在长期使用下密封垫会发生应力松弛,导致耐水能力的下降,而国际隧道和地下空间协会(ITA)建议安全系数为 2,即 100 年后残余耐水压力为原有压力的 50%。实际设计中,应根据建构筑的重要性对残余耐水压力的要求作相应的提升。

6.5.4 二次衬砌

当隧道接缝防水尚未能完全满足要求的情况下,应当进行二次衬砌的施作。在外层装配式衬砌已趋基本稳定的情况下进行二次内衬浇捣,在内衬混凝土浇筑前应对隧道内侧的渗漏点进行修补堵漏,污泥以高压水冲浇、清理。内衬混凝土层的厚度根据防水和内衬混凝土施工的需要,至少不得小于 150 mm,也有厚达 300 mm 的。二次衬砌的做法不一,有在外层衬砌结构内直接浇捣两次内衬混凝土的,也有在外层衬砌的内侧面先喷注 20 mm 厚的找平层,再铺设油毡或合成橡胶类的防水层,在防水层上浇注内衬混凝土层的。

内衬混凝土一般都采用混凝土泵再加钢模台车配合分段进行,每段大致为 8 ~ 10 m。内衬混凝土每 24 h 进行一个施工循环。使用这种内衬施工方法往往使隧道顶拱部分混凝土质量不易保证,尚需预留压浆孔进行压注填实。一般城市地下铁道的区间隧道大都采用这种方法。除了上述方法外,也可用喷射混凝土进行二次衬砌。

6.5.5 其他

隧道防水还有其他的一些附加措施可以采用,诸如隧道外围的压浆以及地层注浆等,视不同情况予以采用。

本章小结

(1)根据其适用的地层不同,掘进机可分为软土盾构及硬岩掘进机,前者主要应用于含水量较高、物理力学性质较差的砂土或黏土地层，而后者主要用于自稳性较好、强度较高的岩石地层。

(2)掘进机选型需要综合考虑地层条件、地下水、隧道尺寸、支护条件、开挖条件、开挖环境以及经济性。

(3)根据隧道的使用目的，围岩条件以及施工方法，合理选择衬砌的强度、结构形式和种类等。根据这些条件，掘进机隧道横断面一般有圆形、矩形、半圆形、马蹄形等形式，最常用衬砌的横断面形式为圆形。

(4)装配式衬砌隧道管片接缝为衬砌结构薄弱环节，在决定接缝细部构造时，要综合考虑多方面因素，以便接缝能充分发挥其作用。

(5)掘进机法隧道衬砌设计方法可分为四大类型：①基于过去隧道建设的经验设计法；②基于原位测试和实验室实验的设计方法；③圆环-弹性地基梁法；④连续介质模型法，包括理论分析法和数值法。其中第三种方法是迄今为止最常采用的设计方法。

(6)衬砌设计荷载不仅需要考虑隧道使用阶段的承载及功能要求，还应满足施工过程中的安全要求。

(7)采用装配式钢筋混凝土管片作为隧道衬砌，特别是在饱和含水软土地层中，除应满足结构强度和刚度的要求外，还应解决隧道防水问题，以获得一个干燥的使用环境。应从管片生产工艺，衬砌结构设计，接缝防水材料等几个方面进行综合处理，其中接缝防水材料的选择和设计尤为关键。

思考题

6.1 掘进机的主要类型有哪些？其各自的适用特点和适用条件是什么？

6.2 装配式隧道衬砌圆形管片和矩形管片形式各有何优缺点？

6.3 掘进机法隧道结构考虑的主要荷载有哪些？试分析地层抗力对隧道结构内力的影响。

6.4 圆形衬砌结构的计算方法有哪几种？如何考虑接缝的影响？

6.5 装配式衬砌结构接缝构造形式包括哪几类？各自有何优缺点？

6.6 衬砌结构安全性检验主要内容有哪些？

6.7 装配式隧道衬砌结构的防水和抗渗设计需要考虑哪些内容？

6.8 某地铁隧道拟采用钢筋混凝土管片衬砌结构，已知如下设计参数，请采用多铰圆环法计算其衬砌结构内力并绘制内力图。

①管片几何尺寸。

衬砌直径：$D_0 = 11$ m；形心半径：$R_c = 5.275$ m；环宽：$b = 1\ 500$ mm；厚度 $t = 0.45$ m。管片分为 9 块，每块管片的圆心角为 40°。

②地层条件。

拟计算工况横断面图如图 6.26 所示，隧道位于砂性地层。覆土厚度：$H = 13.5$ m；地下水位：$H_w = 12.7$ m；N 值：$N = 50$；砂土天然重度：$\gamma = 18$ kN/m^3；砂土浮重度：$\gamma' = 8$ kN/m^3；砂土内摩擦角：$\varphi = 31°$；砂土内聚力：$c = 0$ kN/m^2；地基反力系数：$k = 60$ MN/m^3；侧压力系数：$\lambda = 0.4$；地面超载：$p_s = 35$ kN/m^2。

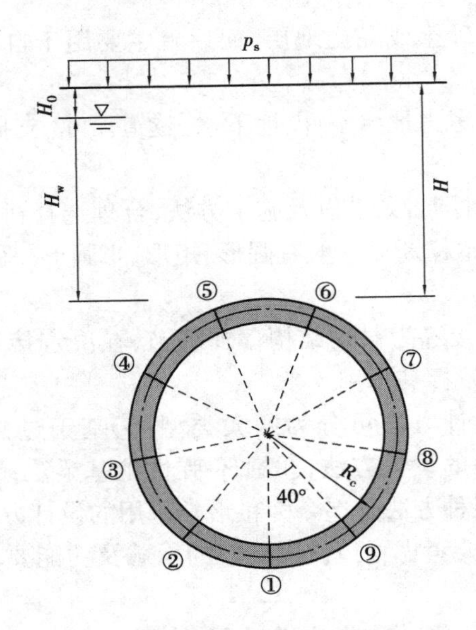

图 6.26　拟计算工况横断面图

③ 材料。

a. 混凝土等级 C30：设计强度：$f_{ck}=20.1\ \text{N/mm}^2$；容许抗压强度：$f_c=14.3\ \text{N/mm}^2$；容许抗拉强度：$f_t=1.43\ \text{N/mm}^2$；弹性模量：$E=3.0\times10^4\ \text{N/mm}^2$。

b. 钢筋：型号 HRB335；容许强度：$f_y=f'_y=300\ \text{N/mm}^2$。

c. 螺栓：屈服强度：$f_{By}=240\ \text{N/mm}^2$；抗剪强度：$\tau_B=150\ \text{N/mm}^2$。

d. 接头弹簧的参数：$K_{\theta P}=18\ 070\ \text{kN}\cdot\text{m/rad}$（如果衬砌内部受拉）；$K_{\theta N}=32\ 100\ \text{kN}\cdot\text{m/rad}$（如果衬砌外部受拉）。

7 顶管结构设计

本章导读：

- **内容**　顶管法的概念及施工流程；顶管工程设计的计算内容；工程案例分析。
- **基本要求**　掌握顶管法施工的主要流程；掌握管节截面设计方法；熟悉顶管法基本组成及其相应功能；了解顶管法与其他非开挖方法的异同。
- **重点**　顶管结构的内力计算和设计方法。
- **难点**　顶管结构的内力计算和设计方法。

7.1　概述

顶管法(Pipe Jacking Method)属于非开挖技术的一种典型方法，是采用液压千斤顶或具有顶进、牵引功能的设备，以顶管工作井作承压壁，将管节按设计高程、方位、坡度逐根顶入岩土体层，直至达到目的地的一种修建隧道或地下管道的施工方法。顶管法因其对土层有较好的适应性、可保护地面建筑及周边环境、保证地下构筑物受到较小干扰、保障施工质量、相对安全可靠以及综合成本低等特点而被广泛应用。与传统盾构法施工相比，顶管法施工将推力装置安装至始发井后座墙，也无须安装衬砌管片的设备，这些腾出的额外空间可灵活应对地面条件变化。顶管和其他非开挖方法可以为基础设施的明挖施工提供一种经济高效的替代方案，大大减少了碳排放，并将对地面环境的破坏降至最低。

20 世纪 50 年代后期，欧洲一些发达国家的顶管施工技术和工程应用方面取得较快发展，顶进长度和管径记录被不断刷新。60 年代至 70 年代，代替铸铁管的带橡胶密封环的混凝土管道、控制顶进方向的独立的千斤顶、提供长距离接续顶推力的中继站，这三个方面的发展为现代顶管施工技术奠定了基础。顶管法施工也由盾构法派生出土压平衡、泥浆平衡等大型机械顶管机,衍生出适用于微型隧道的遥控机械顶管机。70 年代初,矩形顶管技术首次成功应用于日本东京的地下联络通道工程。80 年代后,世界各国掀起了开发异型断面掘进机的高潮,矩形隧道、椭圆形隧道、双圆形隧道、多圆形隧道施工技术的试验研究和工程应用获得长足的进步,顶管设备的研发朝着全断面切削、长距离顶进和克服坚硬土质甚至是岩石掘进的方向发展。

国内的顶管施工最早始于 1953 年的北京,1956 年也在上海开始顶管试验。初期均为手掘式顶管,不但设备较简陋,而且发展相对缓慢。20 世纪 90 年代后,我国通过引进国外先进顶管设备,相关理论技术、施工管理经验和自主研发水平不断提高。2004 年,上海建工机施公司与日本株式会社小松制作所合作开发研制的 TH625PMX-1 矩形隧道掘进机,通过不同的模数组合变换多种矩形截面,以适应不同截面的需要,其采用计算机实时控制的土压平衡控制系统、隧道掘进防旋转特种技术、防背土技术,可以精确控制地面的变形。2014 年,国产的截面为 7.27 m×10.12 m 的全断面切削矩形顶管机“中原 1 号”,是当时世界上最大断面的矩形顶管机[图7.1(a)],为我国矩形顶管法于城市下穿隧道施工中首次应用。2020 年,铁建重工自主研制的国产首台永磁驱动矩形顶管机成功应用于深圳华为坂雪岗地下通道[图 7.1(b)]。仅凭顶管机的顶推装置就顶进贯通 144 m 首区间。2015 年,重庆观景口水利枢纽工程中输水隧洞采用岩石顶管法施工,创造了单洞顶进 3 224 m 的顶管施工世界纪录[图 7.1(c)]。经过几十年的技术追赶与不断创新,我国当前的顶管建造技术已经步入世界先进水平行列。

(a)全截面切削矩形顶管机

(b)永磁驱动矩形顶管机

(c)岩石顶管机

图 7.1　顶管掘进机

7.2　顶管法基本组成与施工流程

顶管法施工借助于主顶油缸和中继站的顶推力,将顶管机机头或工具管由始发井内导轨顶入洞门,顶管机前部机头旋转和后座墙主顶设备顶推同时进行,预制管节按照设计线路被依次顶进土层中,管道或隧道贯通后掘进机在接收井内被回收,后续管节跟随其后敷设在两端土体内(图 7.2)。

顶管法施工流程主要如下：开挖工作井和接收井，安装后座墙、导轨以及顶进装置，下放顶进掘进机开始进行掘进；掘进过程中后续管节跟进安装，在顶进过程中随时根据轴线和高程对预设路线进行实时监测和反馈，当出现偏离预定轨迹时，通过改变顶进机的掘进角度和姿态及时纠偏；施工过程中随时把管节内部的土体通过出渣设备清运出去。

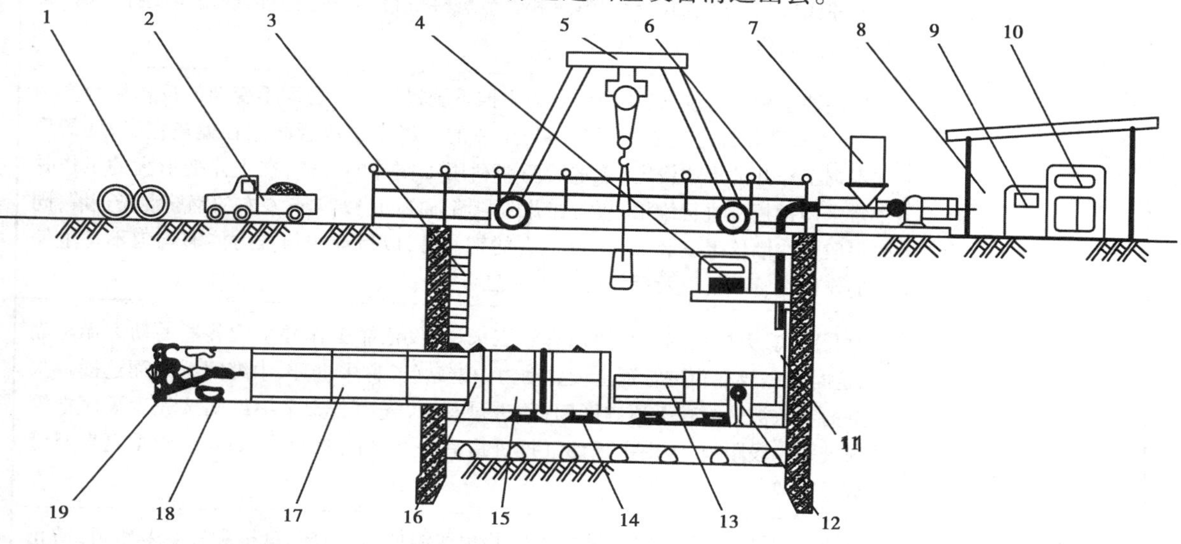

1—混凝土管；2—运输车；3—扶梯；4—主顶油泵；5—行车；6—安全扶栏；7—润滑注浆系统；8—操纵房；9—配电系统；10—操纵系统；11—后座；12—测量系统；13—主顶油缸；14—导轨；15—弧形顶铁；16—环形顶铁；17—混凝土管；18—运土车；19—机头

图 7.2　顶管法施工示意图

顶管法施工基本组成见表 7.1。

表 7.1　顶管法施工基本组成及功能

组成			功能
顶管井	始发井		始发井又称工作井，其功能为安装顶推设备、拼接管节的始发进洞场地，且为顶进设备和施工人员进出通道；接收井用来接收顶管机
	中间井		
	接收井		
顶管掘进机			顶管机位于管节的最前端，用来引导前进方向和后续管节敷设提供安置空间，同时也是切削土体、排出渣土的重要设备
主顶系统	液压动力站	主顶油缸	主顶装置提供强大的顶推力，通过电气控制和手动控制台来操纵主顶油缸进行前进和后退；液压油缸一般会对称地布置在后座墙上，将最高可达 50 MPa 的轴压提供给主要顶进装置，为管节提供均匀且强有力的顶进动力
		液压油缸	
		控制阀	
	顶铁		顶铁又称承压环或均压环，主要作用是将主顶油缸的顶推力均匀地分散到顶进管道的管端面上，同时起到保护管端面、延长千斤顶行程的作用。按照截面形状，顶铁可分成矩形顶铁、环形顶铁、弧形顶铁、马蹄形顶铁和 U 形顶铁等，环形顶铁可使主推力能够均匀分布，而弧形和马蹄形相当于楔子的作用主要是为了弥补由于主推油缸的速度的不同造成的管道偏离和长度相异的差距。弧形顶铁常用于手掘式和土压平衡式的顶管施工，而马蹄形则用于泥水平衡式顶管施工中

续表

组成		功能
主顶系统	基坑导轨	基坑导轨是为了保证顶管能够按照设定方向准确顶进的类似铁轨的装置，固定在工作井底板上，作为初始导向轨道和管节拼接平台，为各类型顶铁提供支撑，保证管节按设计高程和方向连续顶进
	后座墙	后座墙也称反力墙，其作用就是为主推系统提供一个稳固不变形的反作用力受力体，使得管节在推进过程中不会因为土体的不稳定造成管线路径偏离；反力墙的形式根据工作井的形式设定，通常后座墙利用工作井的井壁；在土体变形大的工作井中常采用钢板桩进行维护，故需在井壁与墙体之间浇筑 1 m 左右的钢筋混凝土墙，同时一般会在墙体上安装 300 mm 左右的钢构件，以保证主顶推力能够均匀不发生偏转的作用在管节上以及反作用力作用在墙体上
中继间		对长距离、大口径的工程的顶管施工来说，仅依靠工作井主推装置的动力无法完成，这时就需要在顶进管道上设置动力中继站(又称中继环、中继间)，继而这段一次顶进的管道被分为若干顶进区间；顶进过程中，先由若干个中继间按先后顺序把管节顶进一小段距离，再由主顶油缸推进最后一个区间的管节，如此不断重复直至管节敷设完成
穿墙止水结构		穿墙止水结构(图 7.3)安装在工作井预留洞口，由挡环、盘根和轧兰等组成，防止地下水、泥砂和触变泥浆从管节与止水环之间的间隙流到工作井
注浆系统		注浆系统是将配比好的加固浆液材料通过管道注入到周边土体的一套系统，主要由制浆、压浆、输送浆液系统组成
测量系统		测量系统主要由激光经纬仪、测量靶和监示器组成，用于监测顶管机顶进过程中的轴线偏差
液压纠偏系统		液压纠偏系统主要由纠偏千斤顶、液压泵、位移传感器和倾斜仪组成，用于控制顶管机顶进过程中的方向
输土设备		对于泥水平衡顶管机，需配备泥水回路系统，主要为进、排泥浆装置；对于土压平衡顶管机，需配备出土装置，一般为螺旋输送机
地面起吊设备		一般采用的是操作简便、稳定性能好的门式吊车，但它相对笨重、拆卸复杂，而可移动的机动起重机则更加灵活和方便施工
供电及照明系统		对于供电方式的选取，以其施工线路的长短、掘进机直径的不同为依据，如小口径短线施工通过 380 V 的动力电由输电线缆直接接入顶进机的电箱；但大口径长线施工必须对高压电进行降压才能使用，需要在管道中设置微型变压站将电压降到 380 V；照明用电通常采用 220 V
通风与换气系统		对于长线路管道工程的敷设，管节内部保持干净新鲜的空气是防止缺氧以及气体中毒现象发生的必要条件，故通风换气是非常重要的工序；通风换气系统主要由大功率的抽风机和鼓风机来完成
辅助工法		辅助工法主要为降水法、注浆法、冻结法、气压法等

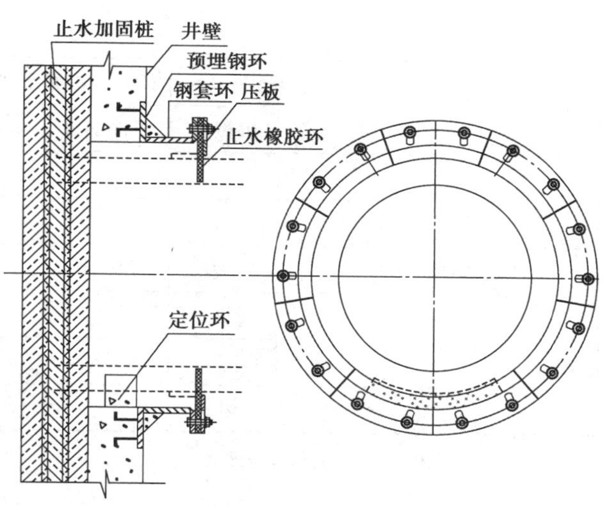

图 7.3 穿墙止水环构示意图

7.3 顶管工程的设计计算

7.3.1 地层适应性分析与勘察

地层适应性分析关系到顶管法施工成功与否。针对不同的地层,若选用的顶管施工方法与之不适应,轻则导致顶管无法顺利顶进、延误工期、增加造价,严重的将导致施工失败,进而造成巨大经济损失。根据顶管在地层中顶进时所需顶力大小及可能遇到的工程地质问题,地层可分为软土、黏性土、砂性土、碎石类土(含强风化岩石)、岩石(中等-微化)和复合地层 6 大类。几种常用顶管施工方法(机型)地层适用条件及对地层扰动情况,见表 7.2。

表 7.2 不同机型顶管的地层适应性

地层	机型		敞开式		泥水式		土压式		气压式	岩盘式
			挤压式	机械式	可伸缩式	偏心破碎式	大刀盘	多刀盘		
软土	地下水	有	△		○		○	△	○	
		无								
	地层扰动		大		小		小	小	一般	
黏性土	地下水	有			○		△	○	○	
		无								
	地层扰动				小		小	小	一般	
砂性土	地下水	有			○		○	○	△	
		无								
	地层扰动				小	小	小	小	一般	

续表

地层	机型		敞开式		泥水式		土压式		气压式	岩盘式
			挤压式	机械式	可伸缩式	偏心破碎式	大刀盘	多刀盘		
碎石类土	地下水	有				△		○		
		无		△					△	
	地层扰动			大		小		小	一般	
岩石	地下水	有								△
		无		○						△
	地层扰动			小						一般

注:△—表示首选机型;○—表示可选机型。

顶管法隧道在施工准备阶段,为保证施工的顺利进行,通过传统的勘察手段(即搜集分析已有水文地质资料,进行场地踏勘、调查、测绘、物探、超前钻探、室内试验等程序(现也通过遥感影像解译、地理信息系统、三维地质模型、雷达勘探等现代化技术手段),最终形成地质勘察报告及图纸,供设计和施工单位参考。其中勘测的内容应包括:①自然概况;②工程地质特征;③水文地质特征;④不良地质地段;⑤地震基本烈度等级;⑥气象资料;⑦施工条件,尤其是软弱淤泥质土层、人工填土、硬岩及不明大小的障碍物等需提前探明。

按照《顶管施工技术及验收规范》(试行),地质勘察报告应对顶管、工作井、接收井所涉及的土层的物理、力学性质进行详细描述,故地质与水文勘察报告应满足以下几个方面要求:①提供土层分布图、地质纵断面图,以及针对较简单且顶进距离不长管道的地层柱状图;②提供足够的可用来计算地基稳定及变形的土体参数和测绘资料;③提供各层土的透水层分布图,各层砂性土层的承压水压及渗透系数,地下贮水层水速及地下水位升降变化等水文资料;④提供地基承载力及地基加固等方面的地质勘探和土工试验资料;⑤提供各类地上及地下建筑物、地下障碍物、地下管线或隧道使用情况和变形控制要求等方面的资料,再对顶管法施工引起的地层位移和对周边环境影响程度进行充分估算。

7.3.2 顶管管位设计

1)管位选择

顶管法施工通常在饱和软土地区进行,一般在城市内施工将临近地表建筑物桩体、地下连续墙、防洪墙等基础,或需下穿既有隧道、河流、管线、高架桥等。管位具体位置选择受到当地的地质条件、水文条件、地形地貌、施工难易程度、投资额、线路技术水平、施工工期以及现有技术水平和今后运营养护条件等因素的影响。因此在管位选择上应提前进行超前钻探和物探等勘察,尽量避开或者采用曲线顶管形式绕过障碍物或不良地质段。实在无法避免的情况下,需通过人工和机械自身清除障碍,采取一些辅助工法保障开挖面的稳定和地表沉降控制,但这样做将使得施工成本和工期大大增加。

顶管机在开挖作业时的振动难免造成工作面及工作面上方覆土的位移和变形,施工过程中应加强监测,并提前制订减小噪声振动、控制地基变形的可实施方案。故顶管管位选择应符合以下规定:①顶管布置应避开地下障碍物、离开地上及地下构筑物;②顶管不应布置在横穿活动性的断裂带上;③顶管穿越河道时,管道应布置在河床冲刷深度以下;④管线位置宜预留顶管施工发生故障或碰到障碍时必要的处置空间;⑤顶管穿越特殊地段,应通过专家论证并经相关政府管理部门批准,管道与既有管道、周边构筑物基础等临近时应进行评估并采取措施。

2)覆土厚度确定

顶管覆土厚度若小于或等于一倍管外径或者覆盖层为淤泥质土,上部土体不足以形成足够大的卸载拱。此时上部卸载拱高度以内土体受周围土体约束较弱,直接塌附于顶管机上部,随着顶进距离的加长,塌附范围越来越大,塌附土体越来越多,造成顶管顶进困难,引起影响范围内地表土体隆沉,继而引发背土效应(图7.4)。与圆形顶管隧道相比,矩形断面的顶管隧道对浅覆土有着更好的适应能力,但顶管隧道覆土厚度太浅,不仅不能形成土拱效应,还会导致顶进过程中地层损失严重、地表变形加剧、背土效应、管节上浮等现象的发生。

据现有工程施工经验,大口径圆形顶管埋深一般要求不小于6 m,单线矩形顶管覆土层厚度为(0.8~1.1)D(D为矩形顶管等效直径)。《顶管施工技术及验收规范》(试行)规定顶管的覆土层厚度一般不小于3 m或者不小于1.5倍的管道外径,否则应采取相应的技术措施;《矩形顶管工程技术规程》(T/CECS 716—2020)规定管顶最小覆盖土层厚度不宜小于管节外边高度较大值的1.1倍,且不小于3 m。同时顶管穿越江河水底时,覆盖层最小厚度不宜小于外径的1.5倍,且不宜小于2.5 m,且在有地下水地区及穿越江河时,管顶覆盖层的厚度应满足管道抗浮要求。

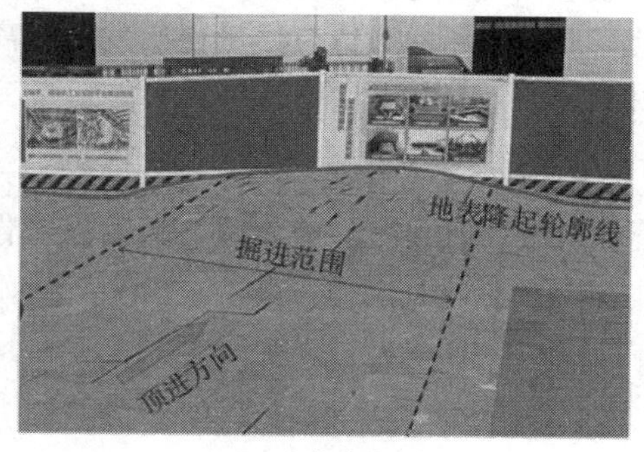

(a)地表隆起

(b)横断面破坏

图7.4 背土效应

7.3.3 顶管井构造

1)分类及布置

顶管井(坑)按照功能和顶进里程中相对位置不同,可以划分为始发井、中间井和接收井(图7.5);按照井深不同可以分为深井和浅井,深井井底离地面深度不小于10 m。

始发井和接收井形状一般有矩形、圆形、腰圆形、多边形等几种,如表7.3所示。

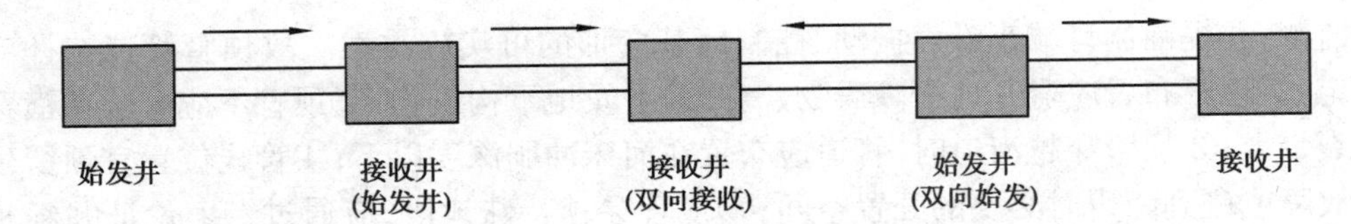

图 7.5　始发井、中间井与接收井相对位置示意图

表 7.3　不同形状始发井性能对比

形状	构造特征	适用范围
矩形	短边与长边之比通常为 2∶3,空间利用率高,可直接利用井壁代替后座墙	直线或折线交角接近水平的顶管施工中最为常用,适宜大型多管顶进工程,不适宜深覆土
圆形	水压力作用下井壁受压,钢筋用量少,受力性能优于矩形	两段交角较小或一个始发井需要向几个不同方向顶进的情形,适宜深覆土且常为沉井法施工
腰圆形	两端为半圆形状,两边为直线	大多用于小口径顶管且多为成品钢板构筑
多边形	同一方向多管顶进需进行必要的抗扭验算	一个始发井需要向几个不同方向顶进的情形

顶管井为顶管法施工中仅有明挖部分,可采用沉井法、SMW 法、地下连续墙法、钢板桩法等工法构筑。已有研究表明,临近始发井范围的地面沉降为顶管施工中地面沉降最大的部位,对周围环境的控制十分不利。施工过程中,从减小背土效应角度出发,应加强水土压力和变形监测的密度与频率,根据监测结果引导注浆频率和浆量。顶管的场地布置应尽量让始发井远离重要保护对象,如楼房、地下管线、高架桥、文物等,间距不应少于 10 m。

2)尺寸拟定

始发井和接收井的尺寸拟定需考虑设备安装、管节拼装、施工测量、渣土垂直运输以及作业人员进出等因素。

(1)始发井和接收井长度

始发井最小长度需满足以下两个条件:

①根据顶管机长度计算

$$L \geqslant l_1 + l_3 + k \tag{7.1}$$

②根据始发井管节长度计算

$$L \geqslant l_2 + l_3 + l_4 + k \tag{7.2}$$

式中　L——始发井最小长度,m;

l_1——顶管机工作长度,m;其中,刃口工作管包括接管长度,小直径顶管机长度为 3.5 m,大中直径顶管机长度大于或等于 5.5 m;

l_2——吊入始发井的管节长度,m;对于直线顶管段参考长度为

混凝土管:中口径取 l_2 = 3.0 m;大口径取 l_2 = 2.5 ~ 3.0 m;

钢管:中短距离顶管 l_2 = 6.0 m;长、超长距离取 l_2 = 8.0 ~ 10.0 m;

l_3——千斤顶的长度,一般取 2.5 m;

l_4——井内保留的管节最小长度,取 0.5 m;

k——后座、顶铁以及安装富余度之和，一般取 1.6 m。

接收井的最小长度满足顶管设备吊出即可。

(2)始发井和接收井宽度

始发井和接收井的宽度不仅与管道外径有关，还与井深有关。

①浅井宽度

$$B = D + 2b \tag{7.3}$$

②深井宽度

$$B = 3D + 2b \tag{7.4}$$

式中　B——始发井和接收井宽度，m；

D——顶管机外径，m；

b——施工操作空间宽度，取 0.8～1.5 m。

(3)始发井和接收井深度

始发井和接收井深度通常指自地面至井底板面之间的距离。始发井深度可按下式计算：

$$H = H_s + D + h \tag{7.5}$$

式中　H——始发井深度，m；

H_s——管顶覆土厚度，m；

D——顶管机外径，m；

h——机架高度，m，钢管 h 为 0.80～0.90 m，混凝土管 h 为 0.40～0.45 m。

与始发井相比，接收井深度在设计时不考虑管道外缘底部至导轨底面的高度。

3)受力分析

工作井在顶管顶进过程中，靠背侧由于受到较大顶力作用，基坑侧壁将产生背离基坑开挖方向的位移，从而在该侧产生被动土压力，而在顶管前进侧产生主动土压力。顶管井允许土抗力为顶管井所受被动土压力和主动土压力的差值，同时考虑井壁侧摩阻力和井底摩阻力。顶管后靠围护结构抗力、始发井后靠加固对被动土压力的增大效应及出洞加固对主动土压力的减小效应视为安全储备(拟定尺寸如图 7.6 所示，以矩形工作井为例)。

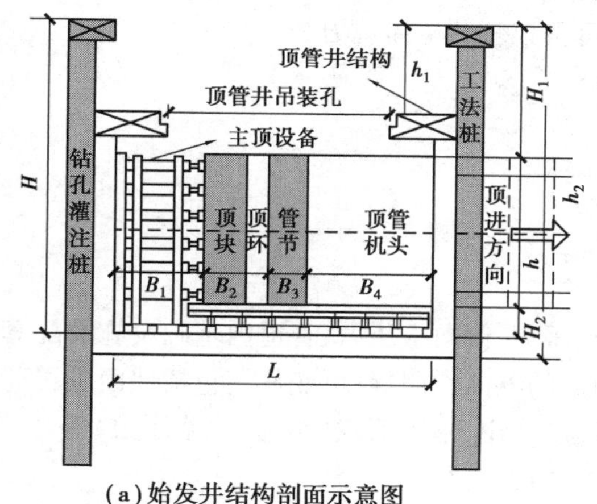

(a)始发井结构剖面示意图

(b)始发井结构受力分析示意图

图 7.6　矩形顶管井受力分析

(1)顶管井顶部土压力

$$P_1=\gamma\cdot h_1 \tag{7.6}$$

式中 γ——土体重度,kN/m^3;

h_1——圈梁顶端到顶管井结构顶端的距离,m。

(2)顶管井底部土压力

$$P_2=\gamma\cdot h_2 \tag{7.7}$$

式中 h_2——圈梁顶端到顶管井结构底端的距离,m。

(3)顶管井后靠被动土压力

$$E_{ep,k}=[(P_1+P_2)/2\cdot\tan^2(45°+\varphi/2)+2c\cdot\tan(45°+\varphi/2)]\cdot(h_2-h_1)\cdot B_y \tag{7.8}$$

式中 φ——内摩擦角,(°);

c——黏聚力,kPa;

B_y——始发井外轮廓宽度,m。

(4)顶管井主动土压力

$$E_{pk}=[(P_1+P_2)/2\cdot\tan^2(45°-\varphi/2)-2c\cdot\tan(45°-\varphi/2)]\cdot(h_2-h_1)\cdot B_y \tag{7.9}$$

(5)始发井自重

$$G=V\cdot\gamma_{混凝土} \tag{7.10}$$

式中 $\gamma_{混凝土}$——混凝土重度,kN/m^3。

(6)顶管井底板摩阻力

$$f_1=G\cdot\mu \tag{7.11}$$

式中 μ——顶管井壁与土体摩擦力系数。

(7)顶管井单侧侧墙摩阻力

$$f_2=(P_1+P_2)/2\cdot h_2\cdot L_x\cdot K_0\cdot\mu \tag{7.12}$$

式中 K_0——侧向土压力系数;

L_x——始发井外轮廓长度,m。

(8)顶管井最大土体抗力

结合式(7.8)、式(7.9)、式(7.11)和式(7.12)可得顶管井土体抗力为:

$$R\leqslant E_{pk}-E_{ep,k}+f_1+2f_2 \tag{7.13}$$

7.3.4 顶管结构设计

1)结构上的作用

顶管结构上的永久作用应包括结构自重、竖向土压力、侧向土压力、管道内基础设施及配套设备、地层反力、侧向地层抗力以及施工轴线偏差引起的纵向作用等;可变作用包括地面堆积荷载、车辆荷载,管道内人流、车辆荷载,地下水作用,温度作用,施工荷载(顶力、注浆压力)等。

顶管结构设计时,对不同性质的作用应采用不同的代表值:

①永久作用采用标准值作为代表值;

②可变作用根据设计要求采用标准值、组合值或准永久值作为代表值;

③变作用组合值为可变作用标准值乘以作用组合系数;可变作用准永久值为可变作用标准

值乘以作用的准永久值系数。

当顶管结构承受两种或两种以上可变作用时，承载能力极限状态设计或正常使用极限状态设计按短期效应的标准组合设计，可变作用应采用组合值作为代表值。

考虑管道变形和裂缝的正常使用极限状态按长期效应组合设计，可变作用采用准永久值作为代表值。

(1)永久作用标准值

①结构自重

圆形管节自重标准值：

$$G_{1k}=\gamma_{管}\cdot\pi\cdot D_1\cdot t \tag{7.14}$$

矩形管节自重标准值：

$$G_{1k}=\frac{\gamma_c\cdot A_p}{B_1} \tag{7.15}$$

式中　G_{1k}——单位长度管道结构自重标准值，kN/m；

D_1——管道外径，m；

t——管壁设计壁厚，m；

$\gamma_{管}$——管材重度，kN/m^3；钢管可取 $\gamma=78.5\ kN/m^3$；混凝土管可取 $\gamma=26\ kN/m^3$；玻璃钢夹砂管可取 $\gamma=14\sim21\ kN/m^3$；其他管材按实际情况取值；

A_p——混凝土管节横截面面积，m^2；

B_1——矩形管节边外宽，m；

γ_c——钢筋混凝土管重度，可取 $\gamma=26\ kN/m^3$。

②竖向土压力

a.普氏理论公式。普洛托李雅克诺夫认为，所有岩体都不同程度地被节理、裂隙所切割，因此可以视为散粒体。但岩体又不同于一般散粒体，其结构上存在着不同程度的黏结力。在原状土中，当顶管覆土较深且不是沼泽土、淤泥和新填土时，管道上的土荷载按照普氏理论，只计算土层内形成的天然拱以下高为 h_1 破坏区内的土压力，如图7.7(a)所示。

圆截面顶管管顶卸载高度 h_1 可按下式计算：

$$h_1=\frac{a_1}{f_{KP}} \tag{7.16}$$

$$a_1=\frac{D_1\cdot[1+\tan(45^\circ-\varphi/2)]}{2} \tag{7.17}$$

式中　h_1——卸荷拱高，m；

φ——$\tan^{-1}f_{KP}$，其中 f_{KP} 为土的坚实系数，按表7.4采用；

D_1——管道全高，对于圆管取外径，m。

采用卸荷拱计算土荷载时，一般要求满足 $f_{KP}\geqslant0.6$（即 $\varphi\geqslant30^\circ$）以及管顶覆土 $H\geqslant2h$ 两个条件（当有实践经验时，H 可适当减小，但不得小于 $1.3h$）。这时作用在管道上的土荷载可按管顶以上 h_1 高的土柱考虑，且不考虑地面活荷载的影响。因此，管顶总的竖向土压力按下式计算：

$$G_y=\gamma_s\cdot h_1\cdot D_1 \tag{7.18}$$

当不能满足上述两个条件时，应按管顶以上全部覆土计算，即管顶以上全部土柱的压力。

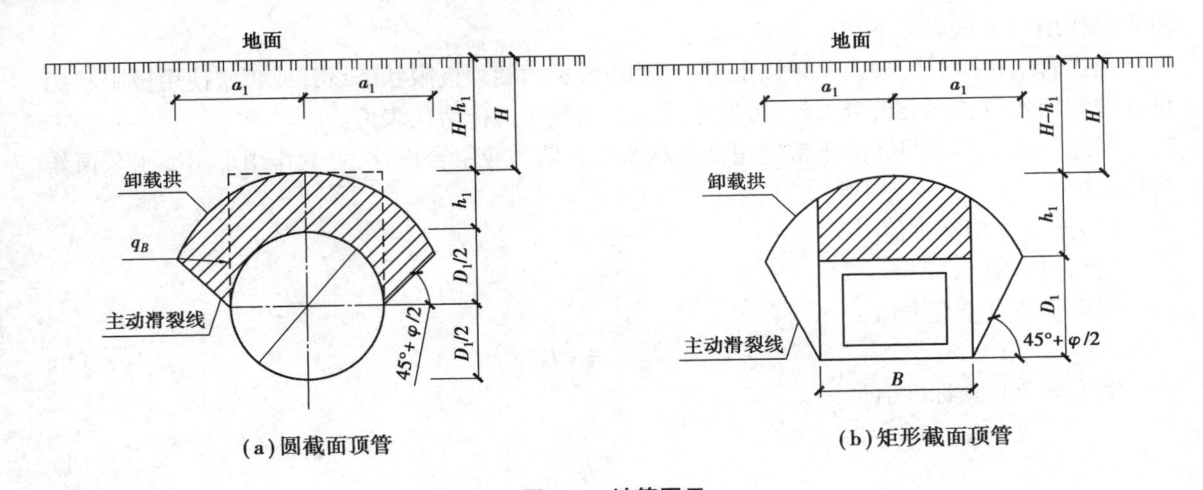

图 7.7　计算图示

表 7.4　各种土坚实系数 f_{KP}

土壤种类	f_{KP}
沼泽土、新填土、淤泥等不稳定土	<0.6
塑态黏质粉土($I_P \leqslant 4$)	0.6
塑态黏质粉土($I_P > 4$)	0.7
塑态粉质黏土、黏土、黄土	0.8
坚硬的粉质黏土及黏土	1.0

注:I_P为土的塑性系数。

顶管截面形式为矩形时,其卸载拱如图 7.7(b)所示,此时 a_1 按照下式计算:

$$a_1 = D_1 \cdot \tan(45° - \varphi/2) + B/2 \tag{7.19}$$

式中　B——管道外宽,m;

D_1——管道全高,m。

在砂卵石等地层中或穿越河底软土层时,由于不能形成卸载拱,管顶土荷载应按管顶以上土柱压力计算,即

$$G_y = \gamma_s \cdot H \cdot D_1 \tag{7.20}$$

$$G_y = \gamma_s \cdot H \cdot B \tag{7.21}$$

式(7.20)用于圆截面顶管,式(7.21)用于矩形或拱形截面。

在回填土层中顶管时,必须根据回填土具体情况(如土质及其密实度,地下水位深度,回填时间长短等)确定按卸载拱或土柱计算土压力。

b. Terzaghi 松弛土压力公式。当上覆土层的厚度远大于顶管外径时,在良好的地基中可获得一定的拱效应,因而可将 Terzaghi 的松弛土压力作为竖向土压力考虑。此松弛土压力是指假定开挖时洞顶出现松动,当这部分土体产生微小沉降时,作用于洞顶的铅竖向土压力。因此,应用 Terzaghi 理论时,必须求出开挖面的松弛范围。

Terzaghi 用干砂进行脱落实验,如图 7.8 所示。图中,当板 ab 一下落,板上部的砂就塌落下来,但作用于滑动面的抗剪力支撑着它,于是,板 ab 上的土压力减小,而 a 和 b 左右的土压力增加，板 ab 上就起拱。如增大板 ab 的宽度使砂塌落，滑动面将变为 ac 和 bd。Terzaghi 将此种状况模型化，并推导出竖向土压力的理论公式，如图 7.9 所示。

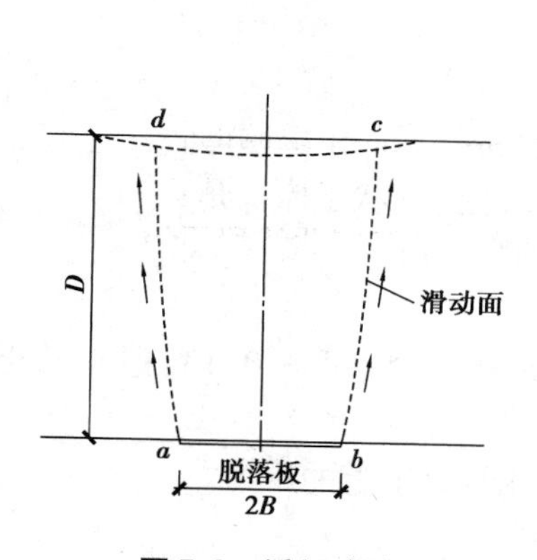

图 7.8 活门试验

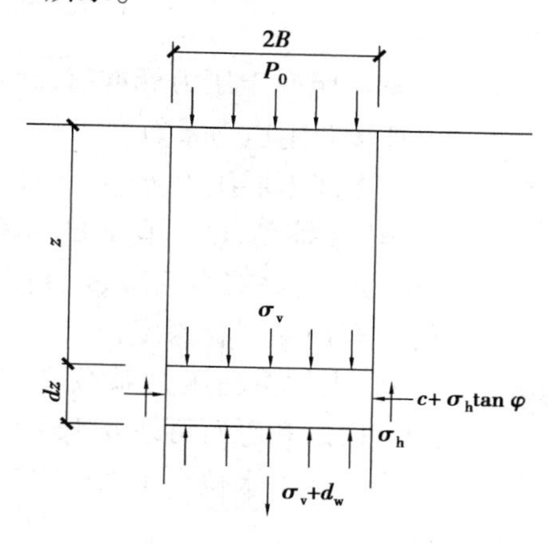

图 7.9 计算模型

由距离地表深 z 处某一微小单元垂直方向力的平衡条件得：

$$2B\gamma \mathrm{d}z = 2B(\sigma_v + \mathrm{d}\sigma_v) - 2B\sigma_v + zc\mathrm{d}z + 2K\sigma_v \mathrm{d}z \cdot \tan\varphi \tag{7.22}$$

令 $z=0$，取 $\sigma_v = \mathrm{P}_0$，得上式的解为：

$$\sigma_v = \frac{B(\gamma - c/B)}{K\tan\varphi}\left[1 - \mathrm{e}^{-K\tan\varphi\cdot(z/B)}\right] + P_0\mathrm{e}^{-K\tan\varphi\cdot(z/B)} \tag{7.23}$$

式中 K——经验土压力系数，取 1.0；

P_0——上覆土重，kN。

将该理论应用于顶管断面，可得出：

$$B = R\cot[\pi/2 + \varphi] \tag{7.24}$$

按这一松弛范围可计算顶管顶端的竖向土压力，进而将此竖向土压力乘以主动土压力系数可得到侧向土压力。

c.《给水排水工程顶管技术规程》(CECS 246—2008)中的计算公式。当管顶覆盖层厚度小于或等于 1 倍管外径或覆盖层均为淤泥时，管顶上部竖向土压力标准值按照下式计算：

$$F_{\mathrm{sv},k_1} = \sum_i^n \gamma_{si}h_i \tag{7.25}$$

管拱背部的竖向土压力可近似化为均布压力，其标准值为：

$$F_{\mathrm{sv},k_2} = 0.125\gamma_{si}R_2 \tag{7.26}$$

式中 F_{sv,k_1}——管顶上部竖向土压力标准值，kN/m²；

F_{sv,k_2}——管拱背部竖向土压力标准值，kN/m²；

γ_{si}——管道上部各土层重度，kN/m³；地下水位以下应取有效重度；

h_i——管道上部各土层厚度，m；

R_2——管道外半径，m。

当管顶覆土层厚度不属于上述情况时，管顶竖向土压力标准值按照下式计算：

$$F_{\mathrm{sv},k_3} = C_j(\gamma_{si}B_t - 2c) \tag{7.27}$$

$$B_t = D_1\cdot[1 + \tan(45° - \varphi/2)] \tag{7.28}$$

$$C_j = \frac{1 - \exp\left(-2\mu K_a \frac{H_s}{B_t}\right)}{2\mu K_a} \tag{7.29}$$

式中 F_{sv,k_3}——管顶竖向土压力标准值，kN/m²；

C_j——顶管竖向土压力系数；

B_t——管顶上部土层压力传递至管顶处的影响宽度，m；

φ——土的内摩擦角，(°)，此处的 φ 角为管顶和管周土的原状土摩擦角；

c——可靠的土的黏聚力，kN/m²，可取地质报告中的最小值；

H_s——管顶至地面埋置深度，m；

μK_a——原状土的主动压力系数和内摩擦系数的乘积；一般可取0.13，饱和黏土可取0.11，砂和砾石可取0.165。

当顶管隧道位于地下水位以下时，尚应计入地下水作用在管节上的压力。

③侧向土压力。

侧向土压力系数 k 可根据试验测定，也可根据经验值或经验公式确定。根据经验值，砂层中 $k=0.34\sim0.45$，黏土地层中 $k=0.50\sim0.70$。目前，常用经验公式有适用于砂层的 Jaky 公式，$k=1-\sin\varphi$；适用于砂层的 Brooker 公式，$k=0.95-\sin\varphi'$，式中 φ、φ' 为土的有效内摩擦角。

(2)地下水压力

当地下水位高于管道顶部时，由于地层中空隙的存在，形成侧向地下水压。地下水压力的大小与水力梯度、渗透系数、渗透速度及渗透时间有关。地下水流经土体时，因受到土体阻力引起水头损失，从而作用在切削盘上的水压力一般小于该地层处的理论水头压力。同时，地下水位随季节变化而变化，应使用探井长期观察结果作为判断依据。

地下水对管道的作用可近似认为管道均匀受压，其重度可取10 kN/m³。

(3)地面堆载

地面堆载传递到管顶的竖向压力标准值可取10 kN/m²，与车轮荷载取大者计算。

(4)内部行车荷载、人群荷载

根据《建筑结构荷载规范》(GB 50009—2012)，汽车通道荷载取活荷载为4.0 kN/m²，人群荷载为3.5 kN/m²。

2)顶力估算

现阶段应用于顶管施工中的管土作用假设主要为挖掘面稳定假设和管土全接触假设。第一种假设由 Haslem 提出，认为在顶管过程中开挖面是稳定的，管道只在隧道底部一定宽度的表面滑动，并且这种接触是弹性的；在其他部分，由于开挖面保持稳定，管道之间没有接触，故顶力主要由管道自重产生的摩擦力组成。第二种假设由 O'Reilly 和 Rogers 提出，认为在顶进过程中管道周围均与土体接触，因此被周围的土体加载，顶力主要用来克服作用在管周的土压力引起的摩擦阻力。

顶管顶力是顶管机选型、工作井设计、中继间布置、管节强度确定等的基础。顶管在顶进过程中受到的作用力包括：垂直轴线方向的土压力(N_v 和 N)、管节自重(G)、管节受到的浮力(P_f)、交通荷载和临时附加荷载，轴线方向的顶管机头受到的迎面阻力(P_s)、管节受到的摩擦阻力(F)和千斤顶的顶进力(P)，如图7.10所示。因此，顶管顶力主要由顶进面迎面阻力和管周摩擦阻力两部分组成，其中管周摩阻力包括上覆土荷载作用管外壁上产生的摩阻力、管外壁与土之间的黏聚力产生的摩阻力和管段重量产生的摩阻力等，即 $P=P_s+F$。

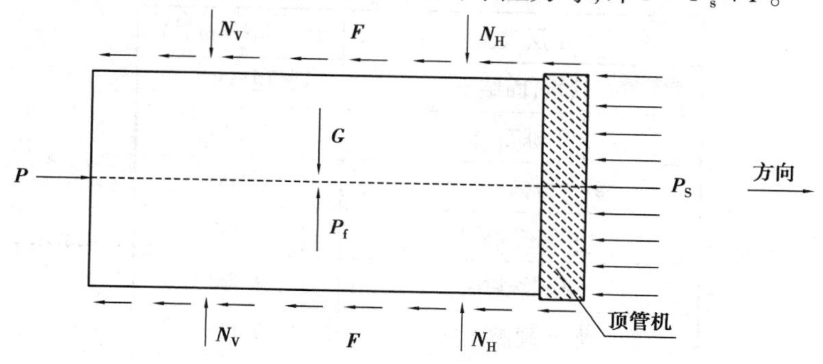

图 7.10 作用在顶管上外力模型

关于顶管顶力的计算国内外许多专家学者和机构进行了深入的研究，顶力影响因素可大致归纳为地层条件、地层条件、地下水、施工停顿、外部作用、注浆减阻、施工工艺、管径、管材、管道外表面情况、接头和中继间布置、顶管轴线偏移和顶管扭转、临近施工和群顶效应等。目前，顶管顶力的估算主要分为三类方法：a. 经验公式；b. 理论公式；c. 数值模拟。其中，数值模拟的计算主要根据顶管施工进程，通过数值模拟软件得到管土相互作用等计算结果，并应用这些计算结果确定顶力。

(1) 经验公式

20 世纪 80 年代至 90 年初，我国顶管顶力计算的方法不多，主要是靠北京和上海在 50 年代根据顶管施工实测顶力统计出的经验公式。但经验公式都仅适用某些特定的地区和条件，例如，日本下水道协会通过顶管的实践和总结给出了顶力的经验公式；德国马. 谢尔勒在《顶管工程》中考虑综合摩阻力提供了顶力计算公式；中国建筑总公司与广东水利水电发展有限公司承建的香港输水工程，穿越铁路路基时总结出适用于当地的经验计算公式。

(2) 理论公式

①《顶管施工技术及验收规范》(试行) 给出计算公式为：

$$F=f\cdot\gamma\cdot D_1\cdot[2H+(2H+D_1)\cdot\tan^2(45°-\varphi/2)+\omega/(\gamma\cdot D_1)]\cdot L+P_s \tag{7.30}$$

式中 F——计算的总顶力，kN；

γ——管道所处土层的重力密度，kN/m^3；

D_1——管道外径，m；

H——管道顶部以上覆盖土层的厚度，m；

φ——管道所处土层的内摩擦角；

ω——管道单位长度的自重，kN/m；

L——管道的计算顶进长度，m；

μ_f——顶进时，管道表面与其周围土层之间的摩擦系数，取值参照表 7.5；

P_s——顶进时顶管掘进机的迎面阻力，kN，取值参照表 7.6。

表 7.5 顶进管道与其周围土层的摩擦系数 μ_f

土层类型	湿	干
黏土、亚黏土	0.2~0.3	0.4~0.5
砂土、亚砂土	0.3~0.4	0.5~0.6

表7.6　不同地层的单位面积土的端部阻力 P_s

土层类型	$P_s/(kN \cdot m^{-2})$
软岩,固结土	12 000
砂砾石层	7 000
致密砂层	6 000
中等密度砂层	4 000
松散砂层	2 000
硬-坚硬黏土层	3 000
软-硬黏土层	1 000
粉砂层,淤积层	400

②《顶管工程施工规程》(DG/T J08-2049—2016)给出如下计算公式

$$F = \pi D_1 L f_s + P_s \tag{7.31}$$

式中　F——计算的总顶力,kN;

D_1——管道的外径,m;

f_s——管道外壁与土的平均摩阻力,kN/m^2,取值参照表7.7;

L——管道的计算顶进长度,m;

P_s——顶进时顶管掘进机的迎面阻力,kN,取值参照表7.8。

表7.7　触变泥浆减阻管壁与土的平均摩阻力 f_s

土的种类		软黏土	粉性土	粉细土	中粗砂
触变泥浆	混凝土管	2.0~5.0	5.0~8.0	8.0~11.0	11.0~16.0
	钢管	2.0~4.0	4.0~7.0	7.0~11.0	10.0~13.0

注:①玻璃纤维增强塑料夹砂管可参照钢管乘以0.8系数;

②当触变泥浆技术,管壁与土之间能形成稳定连续泥浆套,不论土质均取 $f_s=0.2\sim0.5$;

③采用其他减阻泥浆的摩阻力应通过试验确定;

④遇软黏土时,可取软黏土的下限。

表7.8　顶管机迎面阻力计算公式

顶管机类型	迎面阻力/N	式中符号意义
网格式	$F_2 = \pi c D'^2 R/4$	D'—顶管机外径,m; c—网格截面参数,可取0.6~0.8; R—网格挤压压力,可取300~500 kN/m^2; R_1—顶管机下部1/3处的被动土压力,kN/m^2; R_2—气压,kN/m^2。
土压、泥水平衡式	$F_2 = \pi D'^2 R_1/4$	
气压平衡式	$F_2 = \pi D'^2 (cR + R_2)/4$	

目前,也有研究人员考虑注浆压力、泥浆触变性、纠偏等因素(图7.11)得出顶力修正计算公式如下所示:

$$F = n(F_f + P_s) = fl + n\pi(\eta R'^2 f_1 + r_0^2 f_2) \tag{7.32}$$

式中 F——计算的总顶力,kN;

n——纠偏系数;

F_f——管周摩阻力,kN;

η——切削刀盘开挖覆盖率;

f_1——切削刀盘的单位面积阻力,kN/m^2;

f_2——工作仓压力,kN/m^2;

P_s——顶进时顶管掘进机的迎面阻力,kN;

f——单位长度管周摩阻力,kN/m;

l——管周长度,m;

R'——顶管机头外半径,m;

r_0——顶管管节外半径,m。

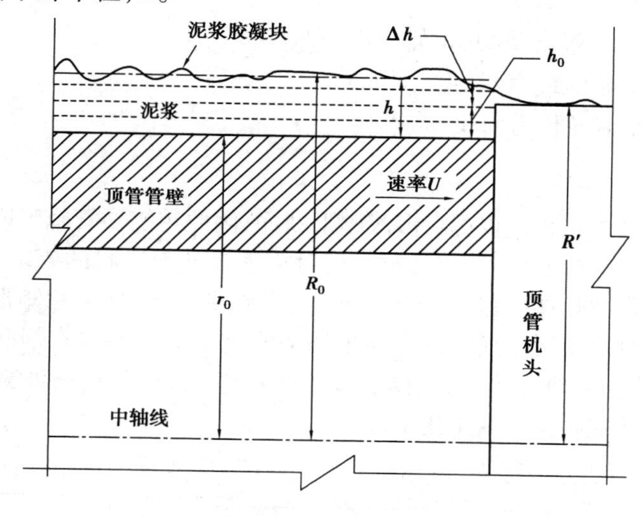

图 7.11 顶进相关参数示意图

3)允许顶力

顶管的管节由于持续推过地层,所承受的摩阻力和轴向推力随距离不断增大,因此其允许顶力成为制约管道距离的重要因素。针对此问题的解决措施,一方面是提高管节的轴向抗压强度,如采用预应力钢筒混凝土管、玻璃纤维增强管等;另一方面是对管节外围泵送触变泥浆,以减小与土体间的摩擦力。

管节的允许顶力取决于管材强度、顶进时的加压方式和受力面积以及顶铁与管道端面的接触状态等。因此,在顶管施工中,加压面的中心即顶力作用中心应与管壁中心重合,否则在管壁上除产生压应力外,还会引起其他应力的产生(如拉应力、弯曲应力和剪应力等),容易造成管壁的破坏。《顶管施工技术及验收规范》(试行)规定,混凝土管道的允许顶力应满足下式:

$$[F_r] = \sigma_c A/S \tag{7.33}$$

式中 $[F_r]$——允许顶力,kN;

σ_c——管体抗压强度,kN/m^2;

A——加压面积,m^2;

S——安全系数,取 $S=2.5\sim3.0$。

而在《顶管工程施工规程》(DG/T J08-2049—2016)中,对钢筋混凝土管和钢管的允许顶力规定如下:

①钢筋混凝土管允许顶力:

$$F_{dc}=k_{dc}f_cA_p \tag{7.34}$$

式中 F_{dc}——混凝土管允许顶力,N;

k_{dc}——混凝土管综合系数,取 $k_{dc}=0.391$;

f_c——混凝土抗压强度设计值,N/mm^2;

A_p——管道最小有效传力面积,mm^2。

②钢管允许顶力:

$$F_{ds}=k_{ds}f_sA_p \tag{7.35}$$

式中 F_{ds}——钢管允许顶力,N;

k_{ds}——钢管综合系数,一般可取 $k_{ds}=0.277$;

f_s——钢管轴向抗压强度设计值,N/mm^2;

A_p——管道最小有效传力面积,mm^2。

4)截面设计

由于任何切屑刀具的回转过程都会形成圆形断面,因此传统顶管施工广泛采用的顶管机械与管节一般是圆形截面。然而市政、交通等部门对于管道截面形状的要求是多样化的,包括圆形、卵圆形、方形、矩形、类矩形。目前,大断面通道式顶管管节一般采用矩形整体式钢筋混凝土管节(图7.12),管节通过在工厂预制或在施工场地现浇而成。整体式钢筋混凝土管节纵向长度由于受到运输、吊装和场地等影响,纵向长度1.5 m左右,预制钢筋混凝土管节时预留注浆孔、吊装孔等,管节之间的纵向接头采用F型接头。

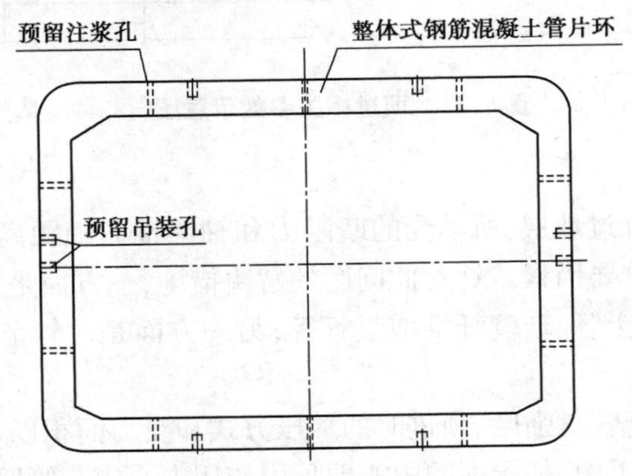

图7.12 整体式钢筋混凝土管片环向立面图

(1)限界设计

通常轨道交通的限界是确定行车轨道周边的构筑物净空的大小和安装各种设备及管线相互位置的依据,应力求做到经济合理、安全可靠且能满足各种设备及管线安装的需要。轨道交通的限界应根据车辆的轮廓尺寸和技术参数、轨道特性、受电方式、设备及管线安装、施工方法等因素,综合分析计算确定。

轨道交通的限界主要包括车辆限界、设备限界和建筑限界。车辆限界是车辆在平直道上正常运行状态下所形成的最大动态包络线，用以控制车辆制造。设备限界是车辆在故障运行状态下形成的最大动态包络线，用以限制轨行区的设备安装。建筑限界是在设备限界基础上，满足设备和管线安装尺寸后的最小有效断面。

限界截面形式应综合对比不同断面的受力情况、空间利用率和经济性，选取最优截面形式。

(2)构造要求

《矩形顶管工程技术规程》(T/CECS716—2020)规定，钢筋混凝土管节设计强度不宜小于C50，保护层最小厚度迎土面为40 mm，内侧为30 mm。管节主筋强度不应低于HRB400，箍筋不应低于HPB300，且管节纵向钢筋的最小配筋量不宜低于0.2%的配筋率，间距不宜大于150 mm。当混凝土标号大于C60时，最小配筋率宜增加0.1%。位于软弱地基上时，其顶、底板纵向钢筋的配筋量尚应适当增加。

对矩形钢筋混凝土压力管道，顶、底板与侧墙连接处应设置腋角，并配置与受力筋相同直径的斜筋，斜筋的截面面积可为受力钢筋的截面面积的50%。

(3)荷载组合

作用在顶管管节上的荷载分为永久荷载、可变荷载和偶然荷载。永久荷载包括水土压力、结构自重等；可变荷载包括地面超载、隧道内车辆及行人荷载、施工荷载等，其中，隧道内车辆及行人荷载对结构受力有利，分项系数取0；偶然荷载包括地震荷载以及人防荷载等。管节荷载结构模型如图7.13所示。进行结构计算分析时，应对各类荷载分项组合，并确定组合系数。

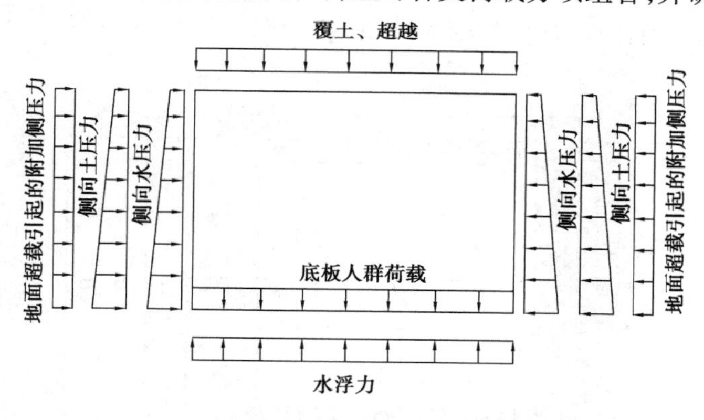

图7.13　管片横断面荷载示意图

作用效应的组合设计值应按下式计算：

$$S_{\mathrm{d}} = S\left(\sum_{i \geqslant 1} \gamma_{Gi} G_{ik} + \gamma_{Q1} \gamma_{L1} Q_{1k} + \sum_{j>1} \gamma_{Qj} \psi_{cj} \gamma_{Lj} Q_{jk} \right) \tag{7.36}$$

式中　S——作用组合的效应函数；

G_{ik}——第 i 个永久作用的标准值；

Q_{1k}, Q_{jk}——第1个、第 j 个可变作用的标准值；

γ_{Gi}——第 i 个永久作用分项系数；

γ_{Qi}, γ_{Qj}——第 i 个、第 j 个可变作用分项系数；

γ_{Li}, γ_{Lj}——第 i 个、第 j 个使用年限调整系数；

ψ_{cj}——第 j 个可变作用的组合值系数。

(4)计算工况

对顶管结构进行计算分析时,应充分考虑顶管管节在施工阶段和使用阶段的各种工况,最终按照最不利工况进行包容性设计。

①施工阶段。

顶进施工过程中管节以轴心受压为主。管节结构必须具备足够的抗压强度,因此,确定顶力是关键。顶管管节全截面抗力可按下式计算

$$F = Af_c \tag{7.37}$$

式中 A——管节全断面面积,m^2;

f_c——混凝土抗压强度设计值,N/mm^2。

将计算得出顶力与管节全截面抗力作比较,判断施工阶段管节的抗压强度是否为截面受力和配筋的限制因素。

②使用阶段。

首先根据覆土厚度大小确定是否考虑土拱效应影响。使用阶段顶管管节承受荷载主要有自重、顶板上的覆土荷载和地面超载、侧向水土压力、水浮力和地基反力等。考虑各种荷载作用效应后,顶管管节在使用阶段的管节内力计算结果分准永久组合和基本组合两类,使用阶段准永久组合为控制性组合。计算时可按照底板支撑在弹性地基上的平面框架进行内力分析,并确定截面尺寸及配筋,用准永久组合计算结果进行结构配筋验算。

(5)内力计算

①节点弯矩和轴向力计算,截面如图 7.14 所示。

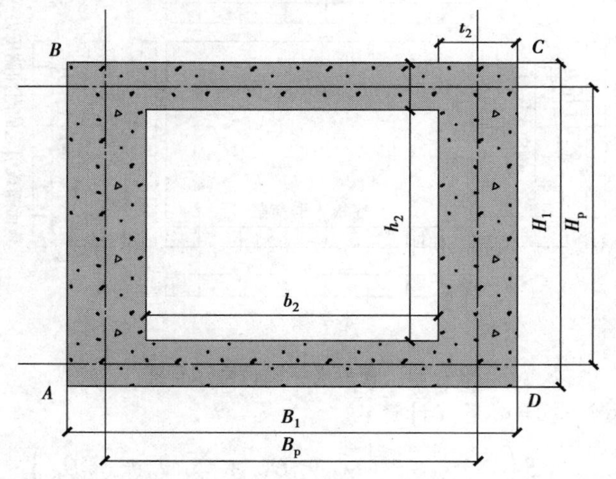

图 7.14 矩形管节截面示意图

a. 竖向压力 P 作用下,矩形管节四角节点弯矩分别为:

$$M_{aA} = M_{aB} = M_{aC} = M_{aD} = -\frac{1}{K} \times \frac{PB_p^2}{12} \tag{7.38}$$

式中 $M_{aA}, M_{aB}, M_{aC}, M_{aD}$——竖向压力 P 作用下矩形管节四角的单位长度弯矩,kN;

K——矩形管节的构件刚度比,$K = \frac{I_1}{I_2} \times \frac{H_p}{B_p}$;

P——作用在矩形管节上的竖向荷载,包括土压力恒荷载和车辆荷载,在计算土压力时

采用 $P=P_a$，车辆荷载时采用 $P=q_{车}$，kN/m²；

B_p——顶底板计算跨径，m。

顶底板水平方向内力为：

$$N_{a1}=N_{a2}=0 \tag{7.39}$$

侧墙竖直方向内力为：

$$N_{a3}=N_{a4}=\frac{P_aB_p}{2} \tag{7.40}$$

式中 N_{a1}、N_{a2}——顶底板单位长度水平方向内力，kN/m；

N_{a3}、N_{a4}——侧墙单位长度竖直方向内力，kN/m。

b. 侧向土压力 P_b 作用下（沿深度分布恒定部分），侧向土压力计算模型如图 7.15 所示。

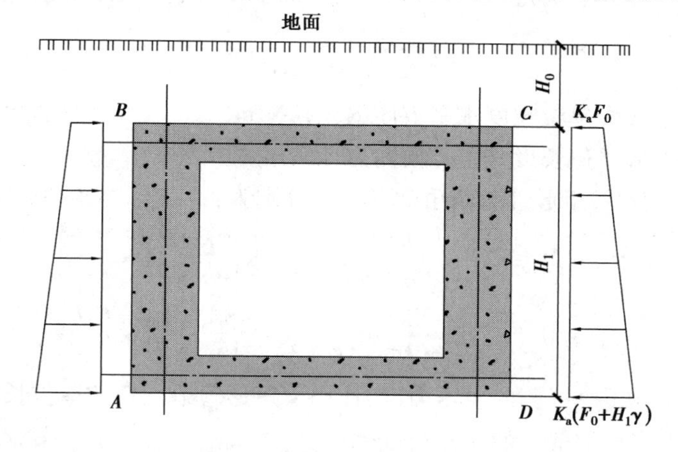

图 7.15 侧向土压力分布图

矩形管节四角节点弯矩分别为：

$$M_{bA}=M_{bB}=M_{bC}=M_{bD}=-\frac{1}{K+1}\times\frac{P_bH_p^2}{12} \tag{7.41}$$

式中 M_{bA}、M_{bB}、M_{bC}、M_{bD}——侧向土压力 P_b 作用下矩形管节四角的单位长度弯矩，kN；

H_p——侧墙的计算高度，m；

P_b——作用在管节侧面的压力值的恒定部分，$P_b=e_{p1}=\gamma' h_0K_a$。其中 e_{p1} 为顶板处侧压力，kN/m²；γ'为管顶土加权重度；h_0 为管顶埋深；K_a 为土的主动土压力系数，$K_a=\tan^2(45°-\varphi/2)$。

顶底板水平方向内力为：

$$N_{b1}=N_{b2}=0 \tag{7.42}$$

侧墙竖直方向内力为：

$$N_{b3}=N_{b4}=\frac{P_bH_p}{2} \tag{7.43}$$

式中 N_{b1}、N_{b2}——顶底板单位长度水平方向内力，kN/m；

N_{b3}、N_{b4}——侧墙单位长度竖直方向内力，kN/m。

c. 侧向土压力 P_c 作用下（沿深度分布渐变部分），矩形管节四角节点弯矩分别为：

$$M_{cA}=M_{cD}=-\frac{K(3K+8)}{(K+1)(K+3)}\times\frac{P_cH_p^2}{60} \tag{7.44}$$

$$M_{cB}=M_{cC}=-\frac{K(2K+7)}{(K+1)(K+3)}\times\frac{P_c H_p^2}{60} \tag{7.45}$$

式中　M_{cA}、M_{cB}、M_{cC}、M_{cD}——侧向土压力 P_c 作用下矩形管节四角的单位长度弯矩，kN；

P_c——作用在管节侧面的压力值的恒定部分，$P_c=e_{p2}-e_{p1}$，$e_{p2}=\gamma'(h_0+H_1)K_a$，$e_{p2}$ 为底板处侧压力，kN/m^2。

顶底板水平方向内力为：

$$N_{c1}=\frac{P_c H_p}{6}+\frac{M_{cA}-M_{cB}}{H_p} \tag{7.46}$$

$$N_{c2}=\frac{P_c H_p}{3}+\frac{M_{cA}-M_{cB}}{H_p} \tag{7.47}$$

侧墙竖直方向内力为：

$$N_{c3}=N_{c4}=0 \tag{7.48}$$

式中　N_{c1}、N_{c2}——顶底板单位长度水平方向内力，kN/m；

N_{c3}、N_{c4}——侧墙单位长度竖直方向内力，kN/m。

d. 侧向车荷载作用下，矩形管节四角节点弯矩分别为：

$$M_{dA}=M_{dD}=-\left[\frac{K(K+3)}{6(K^2+4K+3)}+\frac{10K+2}{15K+5}\right]\times\frac{P_d H_p^2}{4} \tag{7.49}$$

$$M_{dB}=M_{dC}=-\left[\frac{K(K+3)}{6(K^2+4K+3)}+\frac{5K+3}{15K+5}\right]\times\frac{P_d H_p^2}{4} \tag{7.50}$$

式中　M_{dA}、M_{dB}、M_{dC}、M_{dD}——侧向土压力 P_d 作用下矩形管节四角的单位长度弯矩，kN；

P_d——作用在矩形管节上的车辆荷载侧压力，$P_d=e_{车}$，$e_{车}=K_a q_{车}$，kN/m^2。

顶底板水平方向内力为：

$$N_{d1}=\frac{M_{dD}-M_{dC}}{H_p} \tag{7.51}$$

$$N_{d2}=P_d H_p-\frac{M_{dD}-M_{dC}}{H_p} \tag{7.52}$$

侧墙竖直方向内力为：

$$N_{d3}=N_{d4}=-\frac{M_{dB}-M_{dC}}{B_p} \tag{7.53}$$

式中　N_{d1}、N_{d2}——顶底板单位长度水平方向内力，kN/m；

N_{d3}、N_{d4}——侧墙单位长度竖直方向内力，kN/m。

②跨中截面内力计算。

根据《公路桥涵设计通用规范》(JTG D60—2015)规定，在进行节点弯矩、轴力计算时按承载能力极限状态效应组合值计算。

a. 顶板跨中截面内力计算。顶板的截面内力可以按梁板模型来计算，如图 7.16 所示。

根据规范规定，竖向恒荷载组合系数取 1.2，侧压力及动荷载组合系数取 1.4，则作用在顶板上的竖向荷载效应组合为：

$$P=1.2P_a+1.4q_{车} \tag{7.54}$$

则顶板上的弯矩和剪力分别为：

$$M_x = M_B + N_{3x} - \frac{Px^2}{2} \tag{7.55}$$

$$V_x = P_x + N_3 \tag{7.56}$$

式中　P_a——矩形上部土压力，kN/m^2；

$q_车$——矩形上部车辆荷载，kN/m^2；

M_x——顶板单位长度弯矩值，kN；

V_x——顶板单位长度剪力值，kN/m。

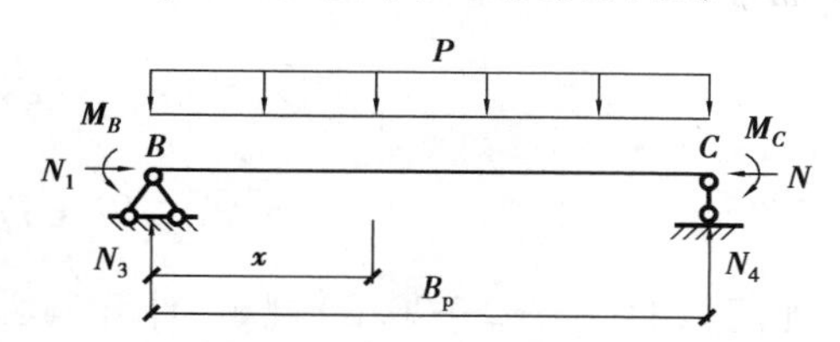

图 7.16　顶板内力计算模型

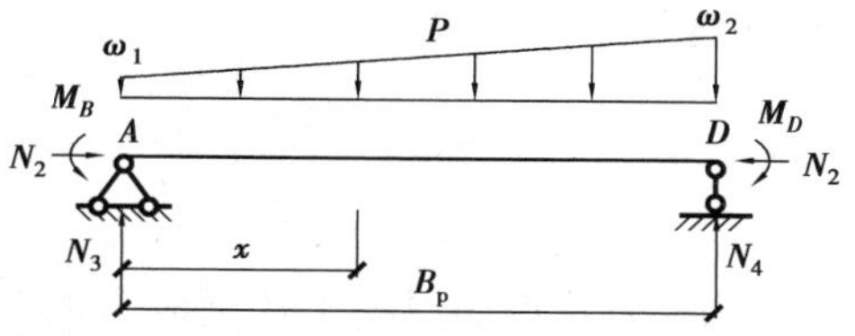

图 7.17　底板内力计算模型

b. 底板跨中截面内力计算。底板的截面内力也是按梁板模型来计算（图 7.17），则底板上的弯矩和剪力分别为：

$$M_x = M_A + N_{3x} - \omega_1 \frac{x^2}{2} - \frac{x^3(\omega_2 - \omega_1)}{6B_p} \tag{7.57}$$

$$V_x = P_x + \frac{x^2(\omega_2 - \omega_1)}{2B_p} - N_3 \tag{7.58}$$

其中，作用在底板上的竖向荷载效应组合：

$$\omega_1 = 1.2P_a + 1.4\left(q_车 - 3e_车 \frac{H_p^2}{B_p^2}\right) \tag{7.59}$$

$$\omega_2 = 1.2P_恒 + 1.4\left(q_车 + 3e_车 \frac{H_p^2}{B_p^2}\right) \tag{7.60}$$

式中　P_a——矩形底部土压力，kN/m^2；

$q_车$——矩形底部车辆荷载，kN/m^2；

M_x——底板单位长度弯矩值，kN；

V_x——底板单位长度剪力值，kN/m。

c. 侧墙跨中截面内力计算。侧墙截面内力可用柱模型来计算，以右侧墙为例（左侧墙计算方法相同），如图 7.18 所示。

则右侧墙上的弯矩和轴力为：

$$M_x = M_C + N_1 x - \omega_1 \frac{x^2}{2} - \frac{x^3(\omega_2 - \omega_1)}{6B_p} \tag{7.61}$$

$$V_x = \omega_1 x + \frac{x^2(\omega_2 - \omega_1)}{2B_p} - N_1 \tag{7.62}$$

其中，作用在右侧墙上的侧向荷载效应组合：

$$\omega_1 = 1.4e_{p1} \tag{7.63}$$

$$\omega_2 = 1.4e_{p2} \tag{7.64}$$

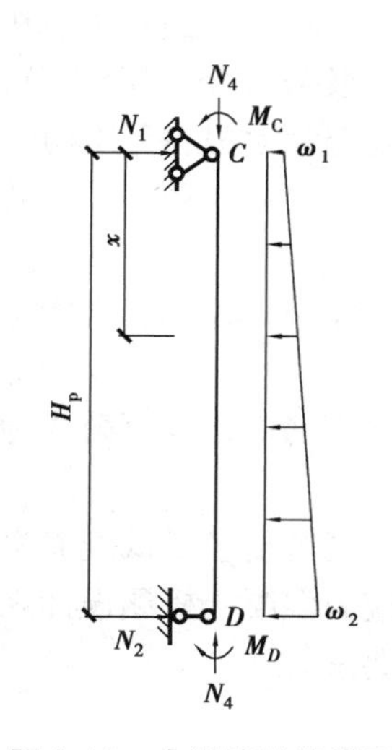

图 7.18　右侧墙计算模型

式中　P_a——矩形上部压力作用在右侧墙上的侧压力，kN/m^2；

M_x——右侧墙单位长度弯矩值,kN;

V_x——右侧墙单位长度剪力值,kN/m。

(6)配筋计算

顶、底板和左、右侧板按钢筋混凝土矩形截面偏心受压构件进行截面设计(不考虑受压钢筋),以跨中截面的计算内力作为控制并配置钢筋。验算顶板、底板各结点处的强度时(结点处钢筋直径、根数同跨中),钢筋按左、右对称,用最不利荷载计算。

设计顶底板厚为 h,钢筋保护层厚度为 a,中心线长度为 l_0,除去保护层后厚度为 h_0,则顶板的长细比计算公式为:

$$\alpha = l_0/i \tag{7.65}$$

$$i = \sqrt{\frac{h}{12}} \tag{7.66}$$

根据《公路钢筋混凝土及预应力混凝土桥涵设计规范》(JTG 3362—2018)规定,计算偏心受压构件的正截面承载力时,当构件的长细比 $a > 17.5$ 时,需要将轴向力对构件截面重心轴的偏心距乘以偏心距增大系数 δ;当长细比 $a \leqslant 17.5$ 时, 不用考虑偏心距增大系数。

偏心距增大系数的计算公式为:

$$\delta = 1 + \frac{\varepsilon_1 \varepsilon_2 h_0}{1\,400 e_0} \times \left(\frac{l_0}{h}\right)^2 \tag{7.67}$$

$$\varepsilon_1 = 0.2 + 2.7\frac{e_0}{h_0} \tag{7.68}$$

$$\varepsilon_2 = 1.15 - 0.01\frac{e_0}{h_0} \tag{7.69}$$

$$e_0 = \frac{M_d}{N_d} \tag{7.70}$$

式中 δ——构件偏心距增大系数;

ε_1——荷载的偏心率对构件截面曲率的影响因子;

ε_2——长细比对构件截面曲率的影响因子,当 ε_1、$\varepsilon_2 > 1.0$ 时,取 1.0;

e_0——轴向力对构件截面重心轴的偏心距。

根据《钢筋混凝土及预应力混凝土桥涵设计规范》(JTG D62—2004)规定,根据下式判断构件是否为大偏心受压构件。

$$\varphi_0 N_d e = f_{cd} bx(0.2 - x/2) \tag{7.71}$$

$$e = \sigma e_0 + h_0/2 - a \tag{7.72}$$

如果 $x \leqslant \varepsilon_b h_0$,则构件为大偏心受压构件,顶板的截面配筋面积 A_s 为:

$$A_s = (f_{cd} bx - \varphi_0 N_d)/f_{sd} \tag{7.73}$$

配筋率 μ 计算公式为:

$$\mu = 100 A_s / b h_0 \tag{7.74}$$

规范要求最低配筋率不低于 0.2%,应按最小配筋率配置受拉钢筋。根据《钢筋混凝土及预应力混凝土桥涵设计规范》(JTG D62—2004)的规定验算截面抗剪强度,如果满足下式,则满足要求。

$$0.51 \times 10^{-3} f_{cu,k} \sqrt{\frac{b h_0}{2}} > \varphi_0 V_d \tag{7.75}$$

式中　V_d——验算截面处由荷载产生的剪力组合设计值,kN;

h_0——剪力组合设计值处的矩形截面有效高度,自纵向受拉钢筋合理点至受压边缘的距离,m;

b——剪力组合设计值处的矩形截面宽度,m。

对于斜截面抗剪强度验算,如果

$$0.50\times10^{-3}\alpha_2 f_{td}>\varphi_0 V_d \tag{7.76}$$

则可不进行斜截面抗剪强度验算,仅需按规范规定配置箍筋即可。

对于底板及左右侧墙,可以同样采用上述流程进行配筋设计计算。

(7)强度验算

管道结构根据承载能力极限状态进行强度计算时,结构上各项作用均采用作用设计值,应满足下列计算表达式:

$$\gamma_0\cdot S\leqslant R_d \tag{7.77}$$

式中　γ_0——管道的重要性系数;

S——作用效应组合的设计值;

f——管道结构抗力设计值,钢筋混凝土管按照现行国家标准《混凝土结构设计规范》(GB 50010—2010)的规定确定,钢管按照现行国家标准《钢结构设计规范》(GB 50017—2020)的规定确定,其他材质管道按照相应标准确定。

管节结构应根据承载能力和正常使用极限状态的要求,分别进行承载能力、稳定、变形、抗裂及裂缝宽度的验算,相关内容详见《混凝土结构设计》。

7.3.5　中继间设计

中继间(图7.19)作为长距离顶进施工一项辅助措施,起到延长顶进距离、节约沉井费用、减少主项力的作用。但也会因后面管段向前推进而最前面的管节停止推进、中继油缸的部分回弹,使顶管总效率大为降低。并且设置中继间后相应费用支出也大幅增加,故其设计一般相对保守。

中继间的设计与多种因素相关,如设计所需总顶力、主千斤顶能提供的最大顶力、管道的抗压强度以及后背墙的承载能力等。此外,工程上需留有一定的安全储备,当主千斤顶实际推力达到最大设计值50%时,安放1号中继间,1号中继间和主千斤顶按最大顶力的60%设计计算;当主千斤顶实际推力达到最大设计值70%时,安放下一个中继间,后续中继间和主千斤顶按最大顶力的80%设计计算。中继间设置步骤如下:

(1)判断是否需要布置中继间

分别从主千斤顶提供能力、管节抗压强度以及后座墙承载能力等三个方面进行判断。

①主千斤顶提供能力。

$$P_{总}\leqslant k'P \tag{7.78}$$

式中　$P_{总}$——设计所需总顶力,kN;

k'——主千斤顶安全系数,可取0.8;

P——主千斤顶最大顶力,kN。

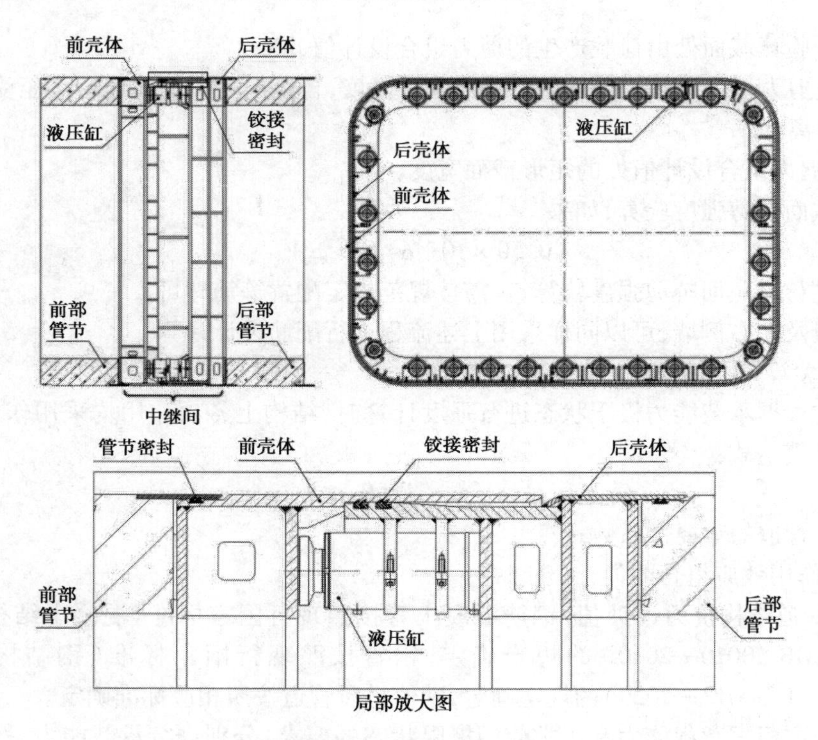

图 7.19　中继间结构示意图

②管节抗压强度。

$$F_p = \pi/4 \cdot (D_1{}^2 - D_0{}^2) f_c \tag{7.79}$$

$$F \leqslant F_p \tag{7.80}$$

式中　F_p——管道抗压承载力,kN;

f_c——管道抗压强度设计值,kPa;

D_1——管道外径,m;

D_0——管道内径,m。

③后座墙承载能力。

$$F_c = K_r \gamma B_0 H' (h' + H'/2) K_p \tag{7.81}$$

$$F \leqslant F_c \tag{7.82}$$

式中　B_0——后座墙的宽度,m;

H'——后座墙的高度,m;

h'——后座墙顶至地面的高度,m;

γ——土体重度,kN/m^3;

K_r——后座墙的土坑系数,当埋深浅、不打钢板桩时,$K_r = 0.85$,当埋深较大、打入钢板桩时,$K_r = 0.9 + 5h'/H'$;

K_p——被动土压力系数,$K_p = \tan^2(\pi/4 + \varphi/2)$,其中 φ 为土体内摩擦角,rad。

若无法同时满足式(7.78)、式(7.80)、式(7.82),则需设置中继间。

(2)布置 1 号中继间

1 号中继间不仅要承担其前方顶进管道的摩擦阻力,还要承担顶进最前端的正面阻力(图 7.10)。因此,1 号中继间的布置位置即其前方顶进的管道长度由下式确定:

$$l_1 = (k_1 P' - P_S)/f_c \quad (7.83)$$

式中 l_1——1 号中继间顶进的管道长度,m;

k_1——1 号中继间安全系数,可取 0.6;

P'——1 号中继间所能提供最大顶力,kN;

f——单位长度管道上管周摩擦阻力,kN/m,$f=F/L$,其中 F 为管周摩擦阻力,如图 7.10 所示;

P_S——顶进正面阻力,kN。

(3)判断是否需布置后续中继间

在设置 1 号中继间的情况下,主千斤项能够顶进的最大距离为:

$$l' = k'P/f \quad (7.84)$$

式中各符号意义同前。又 1 号中继间的顶进距离为 l_1,因此当:

$$l' + l_1 \geqslant L \quad (7.85)$$

式中 L——顶管管道全长,m。

则不必布置后续中继间,否则需要布置后续中继间。

(4)后续中继间的布置方案

通常情况下,各后续中继间型号相同,则各后续中继间的顶进距离为:

$$l_0 = k_2 P''/f \quad (7.86)$$

式中 l_0——后续中继间的顶进距离,m;

P''——后续中继间可以提供的最大顶力,kN;

k_2——后续中继间安全系数,取 0.8。

所需后续中继间的布置个数为:

$$n_0 = \{(L - l' - l_1)/l_0\} + 1 \quad (7.87)$$

其中,{}表示向下取整,即后续中继间的布置方案为在 1 号中继间后每隔 l_0 处布置一个后续中继间,布置的个数为 n_0 个。

7.3.6 曲线段设计

对于旧城区地下改造或穿越江河等水域,为减少对周围建筑物、交通的影响及地面的扰动变形,管道的弯曲设计有时不可避免。

曲线顶管一方面可分为水平面内的曲线顶管和垂直面内的曲线顶管;另一方面,根据折曲的设置,又可分为普通曲线顶管和预调曲线顶管,其中普通曲线顶管的折曲是由人为使其在某一方向上掘进呈现轴线偏差叠加形成,而预调曲线顶管按照计算数据调整每个管口的张角。曲线顶管法与直线顶管法区别在于:①曲线顶管施工技术比直线顶管更加复杂,需注意顶进方向、中继间的调整,以弥补管轴线外移弧度造成的轴线误差,保证曲线段平稳顶进;②曲线顶管施工的管节排列形状与直线顶管不同,造成管段接头有转角且顶推力与管节轴线不平行,因此曲线段管节的允许应力比直线段小,同时单位长度的摩阻力反而更大;③曲线顶进时阻力更大,因此对管材强度要求比直线顶管高,同时重视对管节内侧接头处的保护,防止因集中力较大而开裂,如在管节 45°线的上下插入传力缓冲木材。曲线顶管工法主要有楔形套环及楔形垫块法、蚯蚓式顶管法、半盾构法和单元曲线顶管法 4 种。

由《顶管工程施工规程》(DG/TJ08-2049—2016),曲率半径可按下式计算:

$$R = L/\tan\alpha = LD/X \tag{7.88}$$

式中 R——曲率半径,m;

L——管节长度,m;

α——相邻二管节之间的转角;

X——相邻二管节之间的最大缝隙,m;

D——管道外径,m。

顶进时,应分别计算其直线段和曲线段的顶进力,然后累加即得总的顶进力。直线段的顶力仍然按照第 7.3.4 节公式来计算,而曲线段顶力则可按照下式进行计算:

$$F_n = K^n \cdot F_0 + F'[K^{(n+1)} - K]/(K-1) \tag{7.89}$$

式中 F_n——曲线段顶力,kN;

K——曲线顶管的摩擦系数;$K = 1/(\cos\alpha - k\sin\alpha)$,其中 α 为每一根管节所对应的圆心角,k 为管道和土层之间的摩擦系数,$k = \tan(\varphi/2)$;

n——曲线段顶进施工所采用的管节数量;

F_0——开始曲线段顶进时的初始推力,kN;

F'——作用于单根管节上的摩阻力,kN。

在曲线段的顶进力计算完毕后,如要接着计算随后的直线段顶进力,可按下式进行计算:

$$F_m = F_n + \mu_f \cdot L \tag{7.90}$$

式中 F_m——曲线段后的直线段顶力,kN;

μ_f——顶进时,管道表面与其周围土层之间的摩擦系数,取值参照表 7.5;

L——直线段的顶进长度,m。

此外,顶进曲线段后,管节间顶力的合力中心偏向曲线内侧,从而中继间的合力中心与管轴线不重合。因此中继间的合力中心必须调整,通过计算或实际观察的方法,停用部分曲线外侧的中继油缸以修正转角大小,使其与管节间顶力合力中心一致,以保证曲线段平稳顶进。

7.3.7 管材及接头构造

目前,顶管施工中钢管和混凝土管已应用较广,玻璃钢夹砂管尚处于起步阶段。其他管材,诸如铸铁管、复合管、预应力钢筒混凝土管、树脂混凝土管及陶瓷管等,也已被应用于实际工程(表 7.9)。接头构造设计也是顶管隧道设计中的重要内容之一。设计接头时,需考虑接头力学特性、荷载大小、地质条件、防水要求,以及施工便利性、经济合理性、工期压力、耐久性、养护维修难度等因素。其中,柔性接头的钢筋混凝土管具有良好的抗压性能,适合于持续纠偏的长距离顶管工程,应用最为广泛。

表 7.9　管材及其接头构造

管材及接口类型		特征	适用范围
球墨铸铁管	滑入式(T 型)	一般不宜用作顶管,具有较好的耐腐蚀性,接口柔性,多被 PVC 塑料管取代	给排水、煤气输送管及某些特殊要求的管道
	机械式(K 型)		
	N/S 型		
	TF 型自锚式		

续表

管材及接口类型		特征	适用范围
钢筋混凝土管	企口式(Q)	使用最广泛,相对笨重,造价低,比起钢管,接头连接较快,无须另做防腐处理,施工效率更快	多用于重力流管道和顶管隧道
	平口式(P)		
	双插口式(T型)		
	钢承口式(F型,如图7.20所示)		
钢管	单边V字坡口	柔性管,一般选用Q235B的低碳钢,接头多为焊接,强度较高,抗腐蚀能力较差,易变形	抗渗要求高,内部水压较高的给排水管道,曲线顶进接头为铰接
	K型坡口		
玻璃钢夹砂管	套管连接	柔性非金属复合材料,内表面光滑,耐腐蚀性能好,质量小,强度高,但是生产工艺复杂,成本较高,难以回收利用	直线顶管施工
	承插连接		
塑料管	承插式	管径较小,对环境污染小,使用寿命长,排水流速高,可用作钢管内衬形成双复合管	用作输送腐蚀性强的流体、给排水等小口径管道等
	螺纹连接		
	直插式		
陶瓷管	钢筋混凝土套壳	内表面光滑,耐磨、耐高温性能好,使用寿命长,安装方便,工程造价低,但易脆性破坏	用作输送腐蚀性强的流体,国内应用较少
	焊接连接		
	法兰盘式		
玻璃纤维加强混凝土管	企口式	强度极高,抗拉强度为1 100 ~ 3 500 MPa,耐碱性腐蚀	适合长距离顶进和曲线顶进
	双插口式(T型)		
	钢承口式(F型)		
预应力钢筒混凝土管	单胶圈埋置式	具有普通钢筋混凝土管的优点,并且能承受较高内部压力,造价较高	适应于复杂施工条件和地理环境及部分供水工程
	单胶圈内衬式		
	双胶圈埋置式		

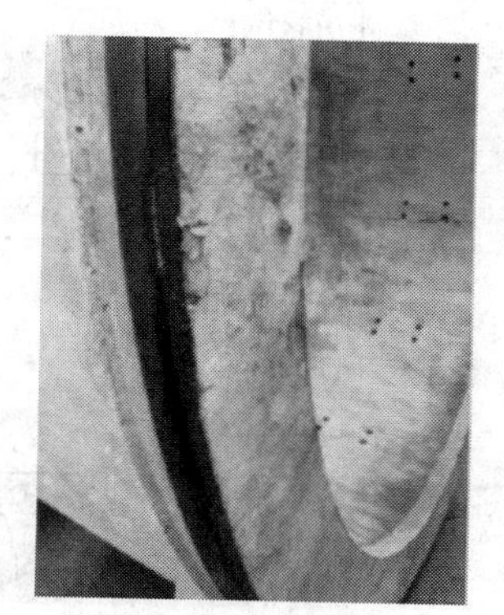

(a)管节插口端

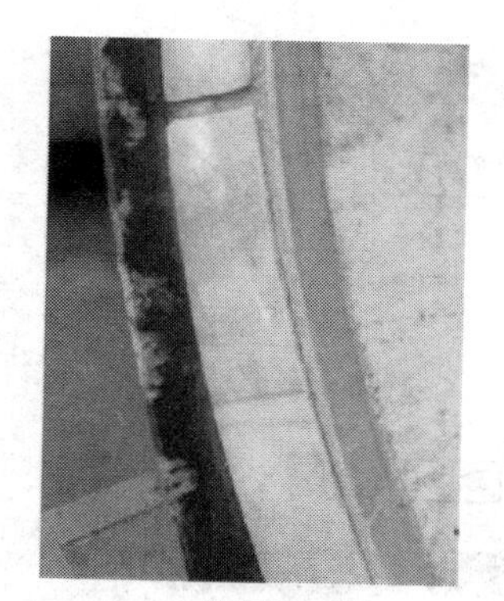

(b)管节承口端

图7.20 钢筋混凝土管钢承口(F型)接头构造

国内对于矩形顶管管节接头形式的研究，是在圆形顶管接头形式应用的基础上，借助大量工程实践，不断创新，管节接头形式大致经历了企口式—T型—F型的演变。目前，顶管隧道管节接头主要有承插式、企口式、平口连接。其中，平口连接又分T型和F型。

承插式和企口式接头构造简单，止水圈较易安装但接口无钢套环，密封性差，接口处接触面小，顶推力过大易导致开裂。

T型接头具有以下特点：①接口安装有齿形止水橡胶圈，止水性能较好；②接口有钢套环，密封性能良好，但在不良水土环境下易锈蚀；③钢套环埋设在混凝土管道中，使其刚度增大，运输中不易变形；④管片顶进时，接口张开有一定缝隙，不适于在砂性土中使用；⑤与企口式相比，接口间接触面积大。

F型接头端部设置有企口、预埋钢环等，比T型接头省去了一环筋板和一环衬垫，在管节顶进过程中接口张角较小且在接缝处使用弹性密封材料或遇水膨胀橡胶止水条，具有良好的防水效果，在实际工程中最为常用。混凝土管在预制时接头一般都不平整，所以顶管施工时，在每个接头处都要设置木垫圈防止应力集中，以避免接头处局部压碎。

7.3.8 管节注浆及防渗

1）注浆工艺

顶管施工引起的地表隆起主要是由顶管机与后续管节与土体的摩擦力过大造成的。此外，顶管机的外轮廓比后续管节外轮廓大，即开挖断面比管节断面大，因而产生建筑空隙，管节周围土体将补偿这些空隙进而造成地层损失，从而引起由近及远的地层变形。在理想顶进过程中，在管节与地层之间注入泥浆材料形成完整的封闭泥浆套，管节在减摩触变泥浆材料中运动。

因此，进行管节设计时，需在管节内部预留一定数量的注浆孔（图7.21）。顶进施工过程中，通过注浆孔向管节与周边土体间压注大量触变泥浆，有效降低顶管顶推力。常用的注浆材料主要有膨润土泥浆、聚合物、泡沫等，其中在顶管工程中应用最广泛的是膨润土泥浆。膨润土泥浆通常是由膨润土、CMC（粉末化学浆糊）、纯碱和水按一定比例配方组成。膨润土是以钾、钙、钠、蒙脱石为主要成分（含量一般大于65%）的黏土矿物，通常浓度占比在5%左右，具有膨胀性和触变性。

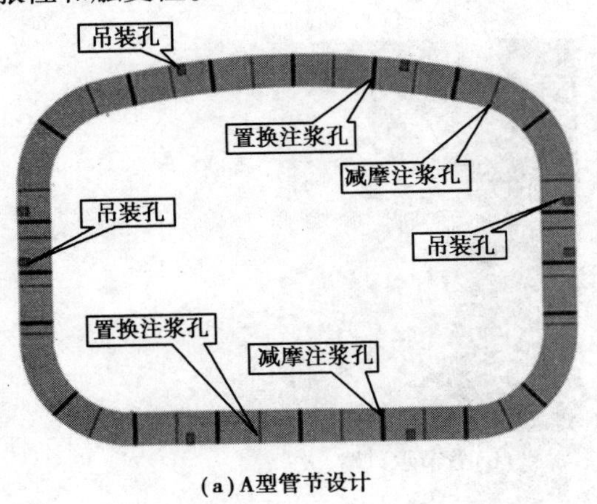

（a）A型管节设计

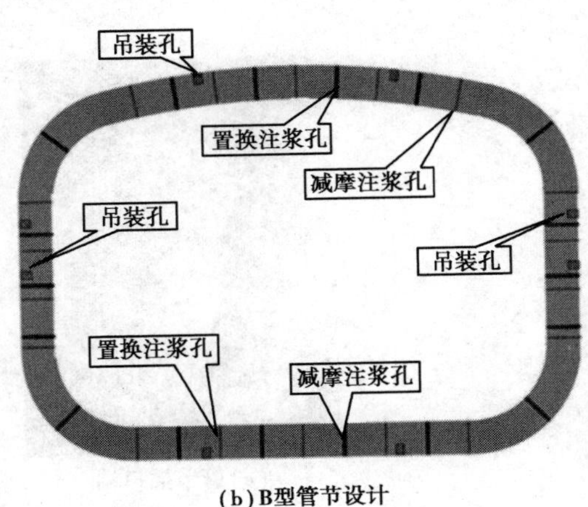

（b）B型管节设计

图7.21　管节横截面布置示意图

注浆作用机理可分为四阶段：a. 首先从注浆孔注入的泥浆填补管节与周围土体之间的空隙，抑制地层损失的发展。在注浆压力的作用下，浆液与土体接触后将向地层中渗透和扩散，先是其中水分向土体颗粒之间的孔隙渗透，然后是泥浆向土体颗粒之间的孔隙渗透。b. 当泥浆达到可能的渗入深度之后静止下来，很短的时间内泥浆就会变成凝胶体，充满土体孔隙并形成泥浆与土壤的混合土体。c. 随着浆液渗透越来越多，会在泥浆与混合土体之间形成致密的渗透块（图 7.22）。d. 最后，渗透块越来越多，由于挤压作用，许多的渗透块之间黏结巩固，形成一个相对密实不透水的泥浆套。通过泥浆套的作用，管节不与周围土层直接接触，这样就可以减小土体的抗力。同时，对于曲线段的管节来说，形成完整的泥浆套可以使得摩擦力大为降低，进而减小了顶进时需要的总顶力，这样作用在每节管节上的顶力也会降低，使管节最小张开处的压应力相应地减小。

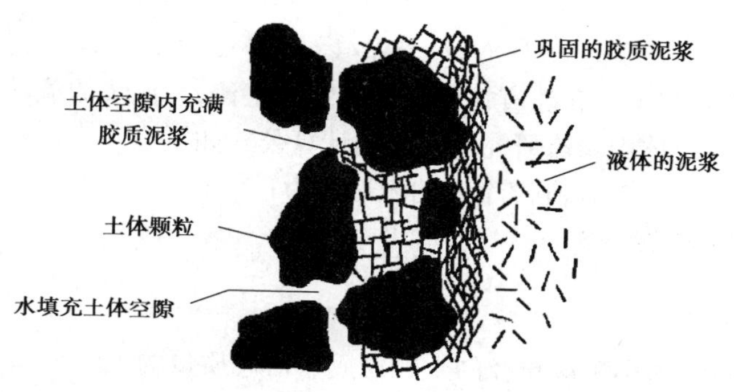

图 7.22 渗透块的形成

注浆可采用机尾同步压浆、沿线补浆、洞口注浆三线配合的流程，以在管壁外侧形成完整的泥浆套。泥浆套的厚度可通过不同压浆压力（泥浆压力与地下水压力之差）相应的渗流距离来确定，如图 7.23 所示。

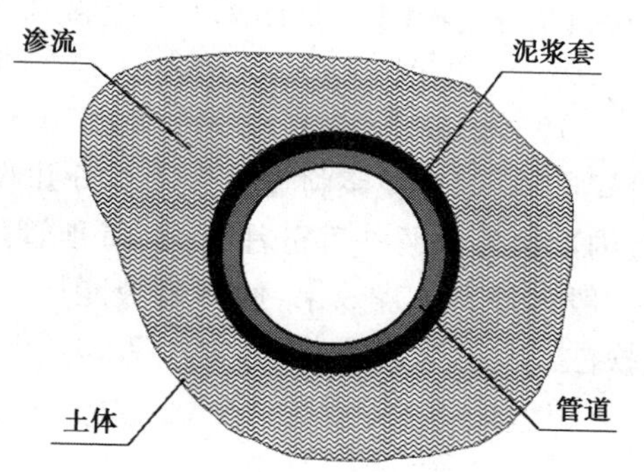

图 7.23 泥浆与土体相互作用

如图 7.24 所示，假定一条圆形土体孔隙的直径为 d，泥浆的流动阻力为 τ_s，距离 l 的孔隙对泥浆产生的阻力为 W，则有：

$$W = \pi l d \cdot \tau_s \tag{7.91}$$

故需要一个压力 P 克服这一阻力：

$$P = \frac{\pi d^2}{4} \cdot \Delta p \tag{7.92}$$

式中 Δp——泥浆压力与地下水压力之差，$\Delta p = P - \gamma_w h_w$，其中 h_w 为水头。

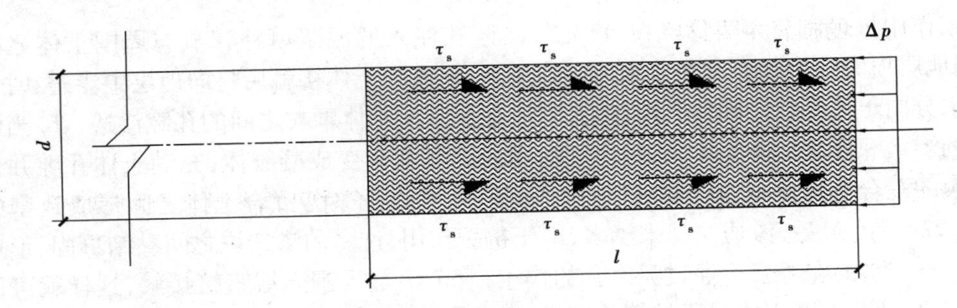

图 7.24 孔隙流动过程中的压力和阻力

当 $P>W$ 时,孔隙内的泥浆向前流动;当 $P=W$ 时,则停止流动。根据受力平衡,对于既定的 Δp,有:

$$l = dVp/4\tau_s \tag{7.93}$$

由此可见,渗流距离与土体孔隙直径和压浆压力成正比,与泥浆的流动阻力成反比。

国外学者对泥浆在土体中渗流研究所得出的计算公式如下:

①Jefferis(1992 年)提出考虑孔隙率 n 的表达式为:

$$s = \frac{d_{10}Vp}{\tau_s}\frac{n}{1-n}f_a \tag{7.94}$$

式中 s——渗流距离;

d_{10}——有效粒径,即小于该粒径的土颗粒质量占总质量的 10%;

f_a——考虑土体中渗流路径的尺寸和弯曲程度的因素,一般为 0.3。

②Jancsecz 和 Steiner(1994 年)研究得出的表达式为:

$$s = \frac{d_{10}Vp}{3.5\tau_s} \tag{7.95}$$

③Anagnostou 和 Kovari(1994 年)从德国标准 DIN-412(1986 年)引出相似表达式为:

$$s = \frac{d_{10}Vp}{2.0\tau_s} \tag{7.96}$$

顶管隧道贯通后,随着时间推移,触变泥浆将逐步失去水分并收缩和固结,这将势必加剧后期的地表沉降,需考虑在管节内部额外预留一部分注浆孔,待顶管隧道贯通后通过注入双浆液或水泥浆来置换触变泥浆。一般为提高注浆效果,使得浆液能均匀地包络在管节外侧,顶管管节沿环向交替布置顶底板置换注浆孔和减摩注浆孔(如图 7.21 所示的 A、B 型管节交错布置)。

2)防渗措施

管节之间的渗漏是隧道运营期间最常见的病害(其主要形式见表 7.10),也是危害最严重的。

表 7.10 顶管隧道渗漏形式

类型	特征
点渗漏	呈水滴状,间歇性下滴,有明显出水点
线渗漏	水滴漏水呈线性分布,形成串状水滴或水流
面渗漏	出现局域面呈水滴状或水流状渗透

渗漏对隧道的损害主要体现在以下三方面：

①对隧道自身的损害：隧道底部发生渗漏可能引起地基不均匀沉降现象，从而加大管节接头压力，容易造成管节接头断裂、裂缝等危害。

②对衬砌结构的损害：渗漏往往意味着衬砌背后存在地下水的聚集现象，地下水的聚集会造成周围土层的强度降低，从而降低结构承载能力，同时长时间的渗漏水会加速混凝土材料的腐蚀，降低衬砌结构强度，对隧道的安全运营造成威胁。

③对运行设备的损害：隧道内若存在电力设备等，一旦发生渗漏水就会对这些设备的正常使用造成威胁，若发生漏电现象，对隧道内人员的安全构成隐患。

渗漏防治需根据地质条件进行综合分析，根据“因地制宜、综合治理”的原则，充分考虑渗漏水面积、走向、变化规律和渗漏量等，按不同情况采用抹面、注浆等整治方法。针对不同形式渗漏的防治措施如下：

①点渗漏治理：若衬砌结构表面出现渗漏痕迹或渗漏范围较小，该部位可采用凝结速度快、高强微膨胀、抗渗性好的材料直接封堵。若出现湿渍或渗漏量较大时，可采用注浆堵水法。衬砌结构内注浆一般采用以聚氨酯为主要成分的化学浆液，而衬砌结构外的注浆一般采用双快水泥浆液或水泥-水玻璃浆液。

②线渗漏治理：线渗漏主要表现为衬砌结构裂缝、施工缝和变形缝处渗漏水。衬砌结构裂缝防治主要采用化学注浆和赛柏斯堵漏，而对于施工缝和变形缝则采用埋管引排的手段防治。

③面渗漏治理：对于管节、拱顶和墙面等处的轻度慢渗，可采用赛柏斯浓缩剂进行表面涂刷。而对于因混凝土内部结构疏松而引起的渗漏，可采用浅孔注浆的方法，待注浆结束一周后在衬砌表面涂抹两遍赛柏斯浓缩剂灰浆。

7.3.9 管材防腐

1）钢管

钢管防腐主要分为管道外防腐层、内防腐层、阴极保护技术三类。若在强腐蚀性土壤等极端环境下或大型项目中，单一的防腐技术无法确保施工安全，此时需采用综合防腐蚀方案，如深圳市某商业地下通道项目对钢管节采取 3 道防腐措施：①钢材表面喷砂或抛丸除锈，除锈等级达到 Sa2.5 级；②采用冷喷锌防腐技术，冷喷锌含量不低于 96%；③涂层表面采用两遍环氧树脂涂料进行封闭。

（1）外防腐层

钢管外防腐层需选用硬度高、附着力强、耐磨性能好的防腐涂料，以下 4 种典型的钢管道外防腐层，如表 7.11 所示。

表 7.11 防腐层结构、配方及试样

类别	结构和配方	试样
环氧煤沥青玻璃布	底漆 + 双层玻璃布 + 面漆； 环氧煤沥青甲、乙组分配合熟化	

续表

类别	结构和配方	试样
环氧树脂玻璃鳞片	单层涂料;苯基缩水甘油醚+环氧树脂同混合固化剂+玻璃鳞片	
氧树脂玻璃布	涂料+双层玻璃布;环氧树脂甲、乙组分配合熟化	
聚氨酯	单层涂料;二苯基甲烷二异氰酸酯+聚乙二醇,质量比为2:1	

(2)内防腐层

钢管内防腐层方案的选取一般考虑输送介质,表7.12列举了几种内部防腐的做法。

表7.12　内部防腐做法

类型	特征
环氧树脂	可快速形成耐久性、强硬性的涂膜,养护时间短
无溶剂聚氨酯(PU)	技术性能更好、固化快,在冬季和潮湿环境下适用性更强
水泥砂浆	价格较低,耐久性好,无污染,但耐撞性和变形适应性较差
内衬软管	形成"管中有管"的防腐形式,效果较好
高压水射流清洗	适用于地下给水管网,使用较普遍

(3)阴极保护技术

阴极保护分为牺牲阳极法和强制(外加)电流法两种,其实质都是对被保护体施加阴极极化电流,以减少管道腐蚀、延长其使用寿命。

①牺牲阳极法。将被保护的金属结构作为阴极,通过与电位更低的金属或合金连接,就可形成腐蚀电池。从而电位低的阳极向电位高的阴极不间断地提供电子率先溶解,阴极材料表面富集电子而结构极化,不再产生离子,因此大大减缓了腐蚀进程,如图7.25(a)所示。

②强制(外加)电流法。通过外加的直流电源(整流器等)直接向被保护的金属材料施加阴极电流,使其发生阴极极化,以达到保护阴极金属材料的目的,如图7.25(b)所示。

2)混凝土管

混凝土构造的本质是一种非均质多孔材料,无论对混凝土本身或对其质量的控制做出何种改进，其本身总是存在孔隙和微裂缝，只要这些局部的缺陷存在，就能为侵蚀物质提供运输途径。特别是在寒冷、海洋等恶劣环境中，钢筋混凝土腐蚀破坏无法规避。国内外学者从优化施工技术、增强混凝土防护和钢筋保护等方面进行了大量的研究工作，现行不同防腐做法见表7.13。

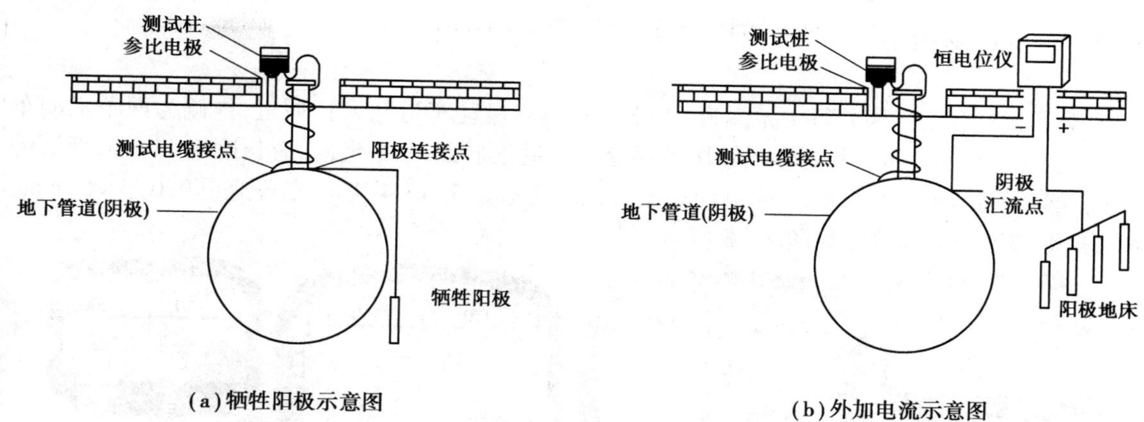

图7.25 阴极保护做法示意图

表7.13 混凝土管防腐做法对比

类别	特征
外涂防腐涂层	防腐涂层防护是指在混凝土表面刷涂、刮涂或喷涂一定厚度的防护涂料，如环氧树脂、聚氨酯、丙烯酸酯、有机硅烷、水泥基渗透型结晶涂料等，其渗透至混凝土内部一定深度生成憎水膜层，或堵塞混凝土表面的孔隙及裂缝，从而阻止或推迟外部环境中水分及有害物质对混凝土的侵害。该做法施工简单、经济高效，但涂层防腐在实际应用局限性较大，且防腐有效时间较短
增加保护层	可同时提高混凝土强度等级，一定程度上缓解了混凝土构筑物的腐蚀现象，但是会造成工程施工成本增加
抗硫酸盐水泥	能够提升混凝土构筑物的防腐性，但是抗硫酸盐水泥市场供应量有限、价格较昂贵，且抗硫酸盐水泥在氯离子、硫酸根离子混合溶液环境下效果比较差，对钢筋混凝土结构的耐久性有很大影响
添加混凝土防腐剂	目前混凝土防腐最直接最有效的方法，通过添加矿物掺合料，减少了实际水泥用量，从而水泥中的C_{3S}、C_{3A}的含量逐渐被稀释；另外矿物掺合料中还有大量的活性二氧化硅以及氧化钙成分，因此能够将水泥水化过程产生的CH进行大量消耗，然后形成一种凝胶物质，使得水泥的微观结构得到进一步改善，有效降低了孔隙率，有效增加集料界面区的黏结力，从而使混凝土密实程度也得到有效提升

7.4 设计实例

7.4.1 工程概况

某下穿隧道工程为并行4条隧道,外侧为两条非机动车道及人行通道,内侧为两条机动车通道,设计全长880 m。其矩形顶管段下穿地上车道正下方,水平走向,总长度为110 m,埋深约8 m。隧道截面净尺寸要求为,非机动车道及人行通道6.5 m×4.4 m,车行通道9.0 m×6.1 m,4条矩形隧道的空间位置如图7.26所示。

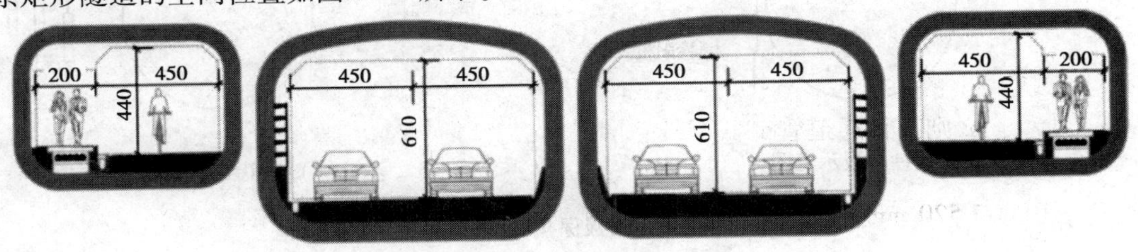

图7.26 矩形管节结构示意图(单位:cm)

(1)地层岩性

本工程位于黄河冲积平原区,地形起伏较小,地势平坦,微向东北倾斜,坡度为1/600~1/800,地面标高为83 m左右,相对高差小于1 m。施工场地内地层属华北地层区,根据钻孔资料显示,新生界底板自西南向东北逐渐变深,沉积厚度增大,新生界由上第三系馆陶组、明化镇组和第四系更新世、全新世组成,地层岩性特征见表7.14。

表7.14 地质岩性特征表

序号	地层	岩性	层厚/m	重度/(kN·m^{-3})	c/kPa	φ/(°)
①	杂填土	粉土、砖块、混凝土	0.5~8.5	17.8	14	12
②	粉土	褐色、黄褐色,稍湿	4.0~8.3	16.8	18	19
③—1	粉土	褐色、黄褐色,稍湿	1.5~7.0	17.5	17.6	16.8
③—2	粉土	褐黄色,湿,密实状	1.0~5.9	17.8	18	16.5
④	粉质黏土	褐色、褐黄色,可塑	1.3~7.0	17	17.2	14.5
⑤	粉砂	褐黄色、饱和,中密	0.5~6.3	19.6	16.4	15.8

(2)水文地质

本工程位于黄河泛滥平原区,为第四系全新统黄河冲积形成的新近沉积层,岩性以低液限粉土、粉砂为主,浅部地基土较软弱,场地类型为中软场地土,属轻微液化场地。

施工场地内地下水主要为松散岩类孔隙水,地下水位埋深较浅,埋深为3~5 m不等,年变幅为1.0~2.5 m。赋存于第四系的松散沉积物中,含水层颗粒较细,多为粉细砂、细砂,局部中细砂,厚度为5~25 m,单井出水量为500~1 000 m^3/d。

7.4.2　顶管结构设计

1)顶管机选型

根据该地区地质资料,该下穿隧道顶管穿越的地层为粉土、粉质黏土和粉细砂,地层的渗透系数为 $1.38\times10^{-4}\sim1.15\times10^{-6}$ m/s,土体的整体性较好,强度适中,适用于土压平衡式顶管机。同时,由于土压平衡盾构机注浆辅助设备设施数量及场地需求小于泥水平衡式顶管机,占地面积相对较小,因此土压式顶管机较适合该工程。矩形顶管穿越的地层主要为粉土、粉质黏土、粉砂,通过采用优良的泡沫剂,能够将碴土改良成流塑状,通过调节排土速度来控制土仓中的土压力,结合顶管机刀盘的顶推力,可以将顶进前端土体的变形控制在要求的范围之内。

土压平衡式矩形顶管段结构采用矩形钢筋混凝土管节,由于该隧道车流量比较大,埋深较大,作用在管道上的荷载值较大,取矩形管节的顶底板厚度为 0.5 m,侧板厚度为 0.5 m,标准管节长度为 1.5 m,则人行通道管节截面外轮廓尺寸为 7.5 m×5.4 m×1.5 m。为保证顶进顺利进行,一般顶管机的截面尺寸比矩形管节截面尺寸要大 10 ~20 mm,该隧道顶管穿越段工程人行通道选用宽 7 520 mm×高 5 420 mm 规格的土压平衡式矩形顶管机(图 7.27)。

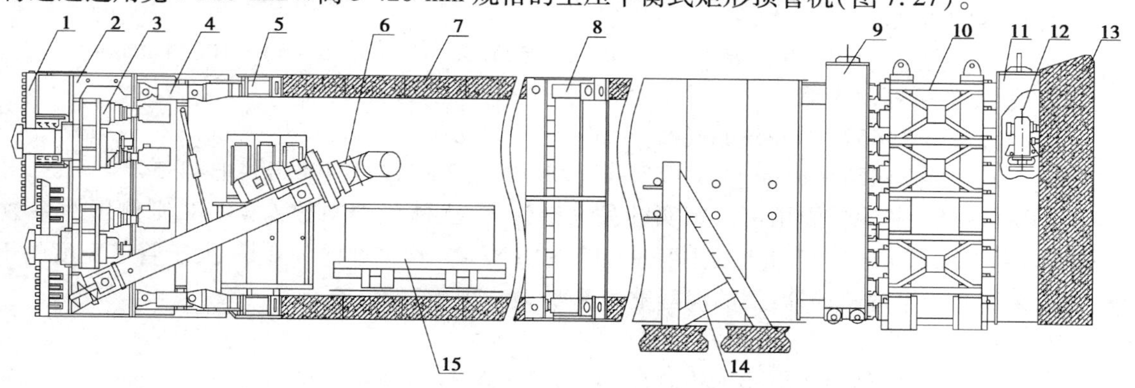

图 7.27　矩形土压平衡顶管机结构示意图

1—开挖系统;2—盾体;3—主驱动单元;4—纠偏系统;5—脱离装置;6—螺旋输送机;7—管节;8—中继间;9—顶铁;10—顶推装置;11—后靠;12—导向系统;13—反力墙;14—止退装置;15—渣土输送系统

2)管节结构设计

(1)设计资料

矩形截面示意如图 7.14 所示,具体尺寸拟定如下:

①矩形管节的截面尺寸:净宽 $b_2=6.5$ m(内宽),净高 $h_2=4.4$ m(内高),壁厚 $t_1=t_2=0.5$ m,外宽 $B_1=7.5$ m,外高 $H_1=5.4$ m。

②矩形管节埋设深度:管顶埋深 $H_0=8$ m。

③矩形管节结构及材料:混凝土强度等级选择 C50,其抗压强度设计值 $f_{cd}=23.1$ MPa,抗拉强度设计值 $f_{td}=1.89$ MPa,混凝土重度 $\gamma_2=26$ kN/m³;钢筋类型选用 HRB400 钢筋,钢筋抗拉强度设计值 $f_{sd}=360$ MPa。

④结构重要性系数:根据《公路桥涵设计通用规范》(JTG D60—2015)规定设计安全等级,取Ⅱ级 $\varphi_0=1.0$。

⑤顶、底板计算跨径等于矩形管节的左右侧墙中心线之间的跨度，侧墙计算高度为矩形管节的顶、底板中心线之间的跨度，如下计算取得

$$B_p = b_2 + t_2 = 6.5 + 0.5 = 7.0\ \text{m}$$

$$H_p = h_2 + t_1 = 4.4 + 0.5 = 4.9\ \text{m}$$

(2)荷载计算

①恒荷载。

本工程主要在第(③—2)粉土层中顶进，矩形管道上覆土层中有填土层(①)1.4 m、粉土层(②)3.5 m、粉土层(③—1)1.8 m、粉土层(③—2)1.3 m，最低水位埋深 $H_s = 5$ m，各层土的物理力学参数见表7.14。

管顶土的加权内摩擦角：

$$\varphi' = (12 \times 1.4 + 19 \times 3.5 + 16.8 \times 1.8 + 16.5 \times 1.3)/8 = 17.22°$$

管顶土的加权黏聚力：

$$c' = (14 \times 1.4 + 18 \times 3.5 + 17.6 \times 1.8 + 18 \times 1.3)/8 = 17.21\ \text{kN/m}^2$$

管顶土的加权重度：

$$\gamma' = (17.8 \times 1.4 + 16.8 \times 3.5 + 17.5 \times 1.8 + 17.8 \times 1.3)/8 = 17.30\ \text{kN/m}^3$$

管顶土自重应力：

$$\sigma = \gamma' H_s + (\gamma' - \gamma_w)(H_0 - H_s) = 17.30 \times 5 + (17.30 - 10) \times (8 - 5) = 108.4\ \text{kN/m}^2$$

则管顶土的折算内摩擦角

$$\begin{aligned} \varphi &= 2\{45° - \arctan[\tan(45° - \varphi'/2) - 2c'/\sigma]\} \\ &= 2\{45° - \arctan[\tan(45° - 17.22°/2) - 2 \times 17.21/108.4]\} = 44.54° \end{aligned}$$

本工程顶进穿越土质以稍密~密实的黏性土为主，土体坚硬系数 $f_0 = 0.8$；则侧压力系数 $K_a = \tan^2(45° - \varphi/2) = 0.175$；土的重度 $\gamma = 17.30\ \text{kN/m}^3$；管顶埋深为8 m，大于管道宽度的1倍，可以采用卸荷拱理论计算；钢筋混凝土的重度 $\gamma_k = 26\ \text{kN/m}^3$。

则卸荷拱高度为：

$$h_0 = (B_1/2 + H_1)/f_0 = (7.5/2 + 5.4)/0.8 = 7.52\ \text{m}$$

即作用在矩形管道上的恒荷载主要是土压力及管节的自重荷载。

管顶竖向压力 P_a：

$$P_a = \gamma' h_0 + \gamma_2 t = 17.3 \times 7.52 + 26 \times 0.5 = 143.1\ \text{kN/m}^2$$

其中，顶板处侧压力 e_{p1} 为：

$$e_{p1} = \gamma' h_0 K_a = 17.3 \times 7.52 \times 0.175 = 22.83\ \text{kN/m}^2$$

底板处侧压力 e_{p2} 为：

$$e_{p2} = \gamma'(h_0 + H_1)K_a = 17.3 \times (7.52 + 5.4) \times 0.175 = 39.23\ \text{kN/m}^2$$

②动荷载。

作用在矩形管道上的动荷载主要为车辆压载。根据公路等级确定车辆重量，取 $G = 98$ kN。则经土层扩散传递(一般按30°计算)，作用在矩形管道顶部车辆的垂直压力 $q_车$ 为

$$q_车 = G_车/(C_1 \times C_2) = 98/(10.58 \times 8.88) = 1.04\ \text{kN/m}^2$$

式中　C_1、C_2——车辆荷载扩散传递至管顶的分布长度和宽度，m。

车辆荷载作用在矩形管节水平压力 $e_车$ 为：

$$e_车 = K_a q_车 = 0.175 \times 1.04 = 0.18\ \text{kN/m}^2$$

(3)内力计算

①根据式(7.38)—式(7.53)计算矩形管节的弯矩及轴力,计算结果见表7.15。

表7.15 荷载组合作用下矩形管节上内力汇总表

荷载种类		$M/(\mathrm{kN\cdot m^{-1}})$				N/kN			
		M_A	M_B	M_C	M_D	N_1	N_2	N_3	N_4
恒荷载	a	-343.71	-343.71	-343.71	-343.71	0	0	500.84	500.84
	$1.2a$	-412.45	-412.45	-412.45	-412.45	0	0	601.00	601.00
	b	-18.81	-18.81	-18.81	-18.81	55.94	55.94	0	0
	c	-7.37	-6.13	-6.13	-7.37	13.14	27.03	0	0
	$1.4(b+c)$	-36.66	-34.92	-34.92	-36.66	96.70	116.16	0	0
车荷载	$a_{车}$	-2.50	-2.50	-2.50	-2.50	0	0	3.65	3.65
	d	-0.71	0.39	-0.54	0.56	0.22	0.67	-0.13	0.13
	$1.4d$	-4.50	-2.97	-4.26	-2.72	0.31	0.94	4.92	5.29
荷载效应组合		-453.61	-450.34	-451.63	-448.08	97.02	117.10	605.93	605.93

注:①a、b、c、d 对应7.3.4节内力计算中节点弯矩及轴力计算荷载类别;

②表中"1.2×"与"1.4×"代表荷载效应组合系数,即竖向恒荷载组合系数取1.2,侧压力及动荷载组合系数取1.4。

②根据式(7.38)—式(7.53)计算矩形管节跨中弯矩、轴力、剪力,计算结果见表7.16。

表7.16 矩形管节跨中内力汇总表

构件	M_d	N_d	V_d	M_d	N_d	V_d	M_d	N_d	V_d
$B-C$	B			$B-C$			C		
	-450.34	97.02	605.93	609.71	97.02	0.18	-451.63	97.02	606.30
$A-D$	A			$A-D$			D		
	-453.61	117.10	605.93	607.97	117.10	-0.47	-451.83	117.10	606.30
$A-B$	A			$A-B$			B		
	-450.34	605.93	97.02	-320.83	605.93	-4.02	-453.61	605.93	117.10
$C-D$	C			$C-D$			D		
	-451.63	606.30	97.02	-321.35	606.30	-4.65	-451.83	606.30	117.10

(4)配筋计算

由于管节的直角部位存在应力集中,容易造成管节部位破坏,故对矩形管节做倒角处理,倒角半径600 mm。由式(7.65)—式(7.76)进行截面尺寸拟定及配筋计算(图7.28)。

(5)接头及纵向连接设计

该工程矩形管节采用F型接头,接头处防水装置设置鹰嘴式止水圈、半圆形止水圈、挤密式弹性密封垫和双组分聚硫密封胶嵌缝等,大大增强了管节接头的防渗漏效果(图7.29)。另外,为满足接口处的刚度,承插口钢套环采用厚18 mm的钢板,与承口混凝土结构密贴;在顶管顶进施工时，为避免顶管接头混凝土刚性体接触不均匀受力破坏，在接缝处填充多层胶合板作为传力衬垫；为减小顶管顶进时的摩阻力，插口端设置减摩注浆管；为防止渣土掉入减摩注浆管造成堵管，在减摩注浆管顶端设置单向阀。

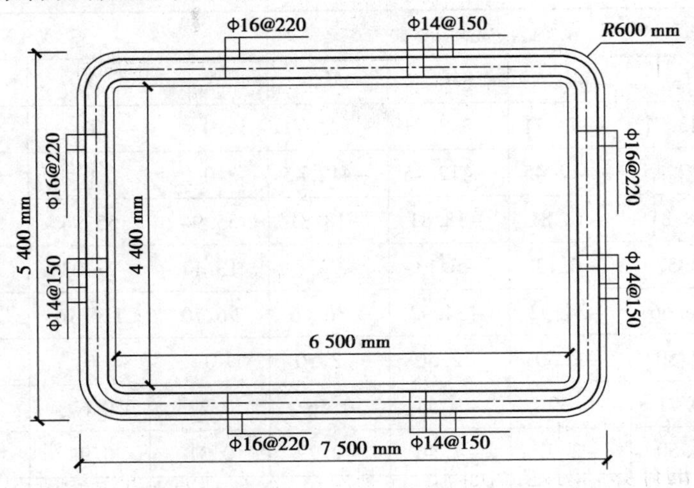

图 7.28　矩形管节截面尺寸及配筋示意图

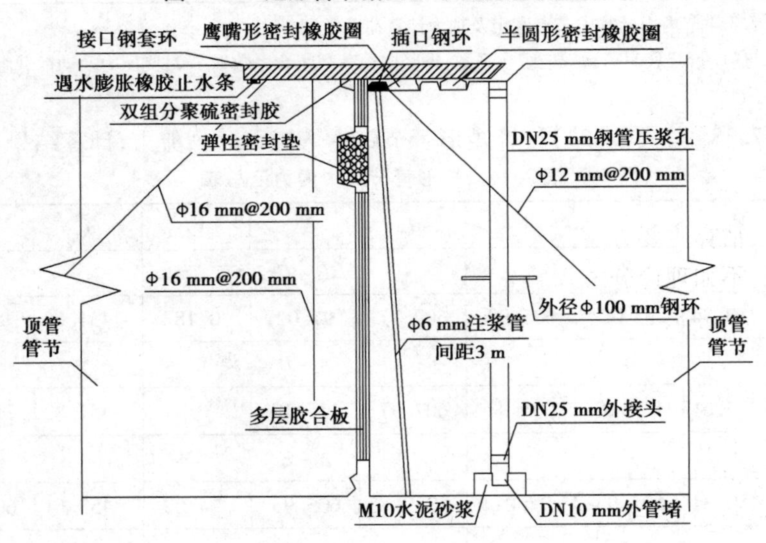

图 7.29　管节接头设计示意图

F 型接头属于柔性接头，其抵抗变形的能力较弱，施工易造成错位和局部失效。因此，需要管节纵向连接以保证管节间连接锁定。管节采用钢管插入式连接，在管节侧墙部位每侧设置 3 个直径为 69 mm 的插入孔，纵向定位连接件采用外包止水橡胶的钢质插销棒(图 7.30)。

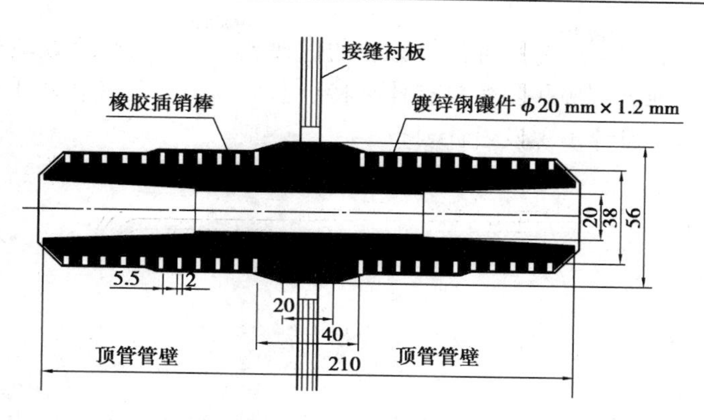

图 7.30 纵向定位连接件示意图

本章小结

(1)顶管机由盾构机衍生出气压式、泥水式、土压式顶管机,分类及选型方法与之类似。根据土的稳定系数 N_t 的计算和对地面沉降的控制要求,选择顶管机的结构形式以及地面沉降控制技术措施。

(2)管位设计受到当地的地质条件、水文条件、地形地貌、施工难易程度、投资额、线路技术水平、施工工期以及现有技术水平和今后运营养护条件等因素的影响。同时,应合理确定上覆土层厚度,避免顶进过程中地层损失严重、地表变形加剧、背土效应、管节上浮等现象的发生。

(3)顶力估算的影响因素可大致归纳为地层条件、地下水、施工停顿、外部作用、注浆减阻、施工工艺、管径、管材、管道外表面情况、接头和中继间布置、顶管轴线偏移和顶管扭转、临近施工和群顶效应等,估算主要方法分为:①经验公式;②理论公式;③数值模拟。其中,经验公式应用受到很大局限,不如理论公式应用范围广。

(4)中继间是长距离顶管中必不可少的设备,其将原来需要一次连续顶进几百米或几千米的长距离顶管,分成若干短距离的小段分别顶进。为了防止遇到土质突变和安全储备,顶管机后第一个中继间应提前安放,需留有较大余地。

(5)与直线顶管相比,曲线顶管施工技术更加复杂、管节排列形状不同、顶进阻力更大,主要工法有楔形套环及楔形垫块法、蚯蚓式顶管法、半盾构法和单元曲线顶管法 4 种。

(6)顶管井形状一般有矩形、圆形、腰圆形、多边形等,可采用沉井法、SMW 法、地下连续墙法、钢板桩法等工法构筑,不同工法构筑工作井的土体抗力计算方法也不同。顶管井选址一般距离重要建(构)筑物等不小于 10 m。

(7)顶管护结构的设计,对不同性质的作用应采用不同的代表值。目前大断面通道式顶管管节一般采用矩形整体式钢筋混凝土管节,一般在工厂预制或在施工场地现浇而成。截面限界设计、构造要求需满足国家相关规范,重点应掌握截面节点和跨中内力计算,并进行配筋计算。

思考题

7.1 顶管法的概念是什么?顶管法施工与盾构法施工的异同点有哪些?

7.2 顶管施工过程中触变泥浆的作用有哪些?简述其作用机理。

7.3　试分析管顶竖向土压力 3 种计算方法的优缺点。

7.4　顶管管材的种类有哪些？各自有什么特点？

7.5　简述顶管隧道设计步骤及设计要点。

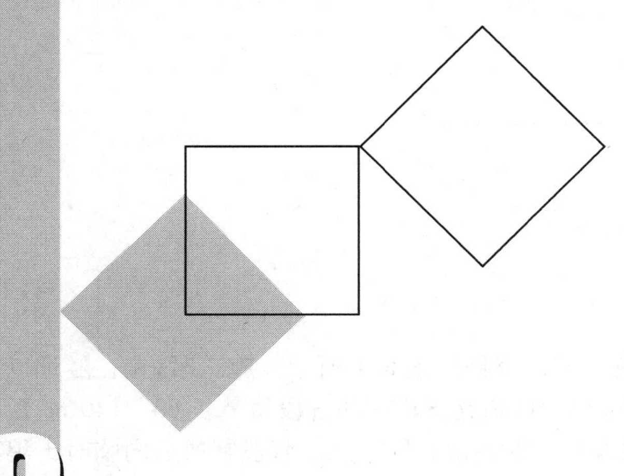

8 沉管结构设计

本章导读:

• **内容** 沉管结构的概念、施工工艺、特点和分类;沉管结构设计;管段的制作、接缝管段处理与防水措施、沉设与水下连接、管段接头;沉管的基础处理。

• **基本要求** 了解沉管结构的概念、施工工艺、特点和分类;掌握沉管结构设计的内容和关键点;了解沉管管段制作、接缝管段处理与防水措施、沉设方法及沉设步骤、管段接头;掌握沉管隧道水下连接方法及沉管基础处理措施。

• **重点** 沉管结构设计内容、水力压接法、沉管基础处理。

• **难点** 沉管结构浮力设计、结构分析与配筋。

8.1 概　述

8.1.1 水底隧道的主要施工方法

在水底隧道施工中,如有条件构筑围堰,则采用明挖施工最为简单,我国已有多条水底道路隧道采用这种方法施工。但在多数情况下,在通行轮船的江、河、港湾中,都没有条件构筑围堰来进行明挖施工,所以在水底隧道施工中,较常用的是盾构法和沉管法。

100 多年来,大多数水底隧道都采用盾构法施工。但从 20 世纪 50 年代起,沉管法的主要技术难关相继突破,且其施工方便、防水可靠、造价便宜。因此,在近年来的水底隧道建设中,沉管法已逐渐取代了居首要地位的盾构法。

8.1.2 沉管隧道施工

1)沉管隧道施工工艺概述

沉管法又称预制管段沉放法,其一般施工工艺流程如图 8.1 所示。施工时,先在隧址以外建造临时干坞,在干坞内制作钢筋混凝土隧道管段(道路隧道用的管段每节长 60 ~ 140 m,目前最长可达 300 m,但多数在 100 m 左右),两端用临时封墙封闭起来。管段制成后向临时干坞内灌水,使管段逐节浮出水面,并用拖轮拖运到指定位置。此时,在设计隧位处已预先挖好一个水底沟槽,待管段定位就绪后向管段里灌水压载,使之下沉至水底沟槽内指定位置,并将沉设完毕的管段在水下连接起来。连接完成后,进行基础处理,经覆土回填后,便筑成了隧道。用上述方法建造的隧道便称为沉管隧道,沉管隧道施工过程如图 8.2 所示。

海底隧道沉管法施工

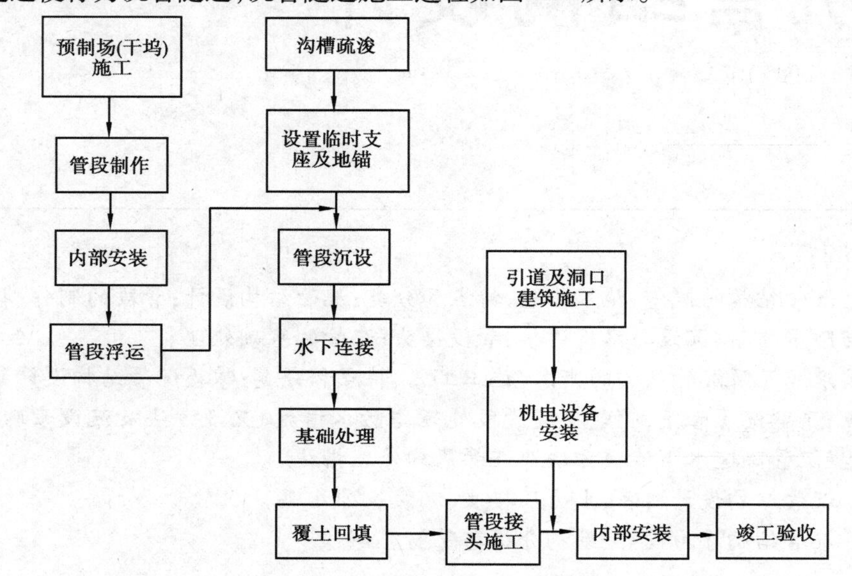

图 8.1 沉管隧道施工工艺流程

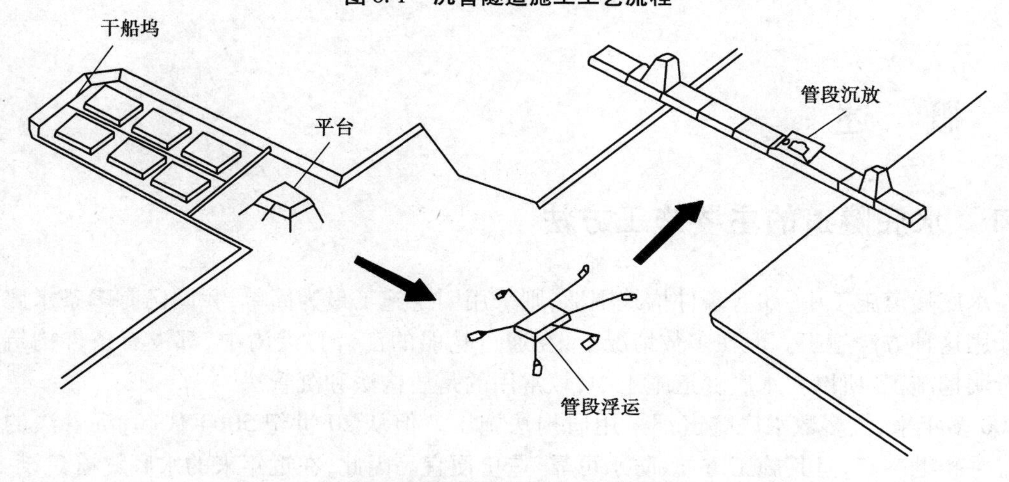

图 8.2 沉管隧道施工过程示意

沉管法最早于1810年伦敦泰晤士河修筑水底隧道时进行了试验研究，1894年美国利用沉管法在波士顿建成一条城市排水隧道。世界上第一条沉管铁路隧道修建于1910年，该隧道穿越美国密歇根州与加拿大安大略省之间的底特律河。该隧道的建成，标志着沉管法修建水底隧道技术的成熟。自19世纪50年代应用至今，全世界已有150多座沉管隧道。20世纪50年代，由于水力压接法和基础处理两项关键技术得到有效解决，沉管法成为水底隧道最主要的施工方法之一。尤其在荷兰，一共有11座公路隧道和2座铁路隧道，除1座公路隧道和1座铁路隧道外，其余全部采用沉管法施工。

我国已有沉管隧道10余座（含在建），其中2003年6月竣工通车的上海外环隧道（图8.3），为双向8车道，长2 880 m（沉管段长736 m）、宽43 m，是亚洲最大的水底公路隧道。该隧道的建成，标志着我国沉管隧道建造技术已达到国际先进水平。

(a)实景图

(b)效果图

图8.3　上海外环沉管隧道

2)沉管法施工的特点

(1)优点

与其他水底隧道施工方法相比，沉管法施工有其自身独有的特点。其主要优点有：

①隧道的施工质量容易控制。首先，预制管段都是在临时干坞里浇筑的，施工场地集中，管理方便，沉管结构和防水层的施工质量均比其他施工方法易于控制；其次，由于在隧址现场施工的隧管接缝较少，漏水的机会也相应地大幅减小。例如，同样一段100 m长的双车道水底隧道，如采用盾构法施工，则需现场处理的施工接缝长达4 730 m左右；如采用沉管法施工，则仅有40 m左右。两者的比例为118:1，漏水的机会自然成百倍地减少。而且，自从水底沉管隧道施工采用水力压接法后，大量的工程实践证明，接缝的实际施工质量（包括竣工时以及不均匀沉降产生之后）能够保证达到“滴水不漏”。

②建筑单价和工程总价均较低。沉管隧道的延米单价比盾构隧道低，主要原因如下：a. 水下挖土单价比地下挖土低；b. 每节长达100 m左右的管段，整体制作完成后从水面上整体拖运所需的制作和运输费用，比大量管片分块制作完成后用汽车运送到隧址工地所需的费用要低得多；c. 接缝数量少，费用随之也少。此外，由于沉管所需覆土很薄，甚至可以没有，水底沉管隧道的全长比盾构隧道短得多，因此工程总价也会相应地大幅度降低。

③隧位现场施工周期短。沉管隧道的总施工期短于用其他方法建筑的水底隧道，但这还不是其主要特点，其主要特点是隧位现场施工期比较短，这主要是由于筑造临时干坞和浇制预制管段等大量工作均不在现场进行。在市区建设水底隧道时，沉管隧道的施工期最短，可极大地降低对居民生活的影响。

④操作条件好。沉管法基本没有地下作业,水下作业也极少,完全不用气压作业,因此施工较为安全。

⑤对地质条件的适应性强。沉管法能在流沙层中施工,不需要特殊设备和措施。

⑥适用水深范围几乎无限制。在实际工程中曾达到水下 60 m,如以潜水作业的最大深度作为限度,则沉管隧道的最大深度可达 70 m。

⑦断面形状选择的自由度大,断面空间的利用率高。一个断面内可容纳 4 ~8 个车道。

(2)缺点

沉管法施工的主要缺点是:

①需要建造占用较大场地的干坞,这在市区内有时很难实现,需在距离市区较远的地方建造干坞。

②基槽开挖数量较大且需进行清淤,这对航运和市区环境影响较大。另外,在河(海)床地形、地貌复杂的情况下,会大幅增加施工难度和造价。

③管段浮运、沉放作业需考虑水文、气象条件等的影响。

④水体流速会影响管段沉放的准确度。水流较急时,沉设困难,需用作业台施工,且超过一定流速时可能导致沉管无法施工。

⑤施工时需与航道部门密切配合,采取措施(如暂时的航道迁移等)以保证航道畅通,有时需短期局部封航。

8.2 沉管的结构设计

沉管隧道的设计内容较多,涉及面较广,主要有包括总体几何设计、结构设计、通风设计、照明设计、内装设计、给排水设计、供电设计、运行管理设施设计等。本节主要介绍沉管的结构设计。

8.2.1 沉管隧道的分类

按照断面形状,沉管隧道可分为圆形和矩形两大类。由于这两种断面的沉管隧道在设计、施工以及所用材料等方面存在差别,导致其各有优劣。

1)圆形沉管

圆形沉管施工时大多利用船厂的船台制作钢壳,制成后沿着船台滑道滑行下水,然后在漂浮状态下系泊于码头边上,进行水上钢筋混凝土作业。此类沉管的横断面,内部均为圆形,外部可为圆形、八角形或花篮形,如图 8.4 所示。

(1)优点

圆形沉管的主要优点是:

①圆形断面受力性能好,结构弯矩较小,相比其他断面形式,在隧址处水位较深时能够节省材料,更为经济。

②沉管的底宽较小,基础处理相对容易。

③钢壳既是浇筑混凝土的外膜,又是隧道防水层,该防水层不会在浮运过程中碰损。

④当具备利用船厂设备条件时,工期较短,尤其是当管段用量较大时更为明显。

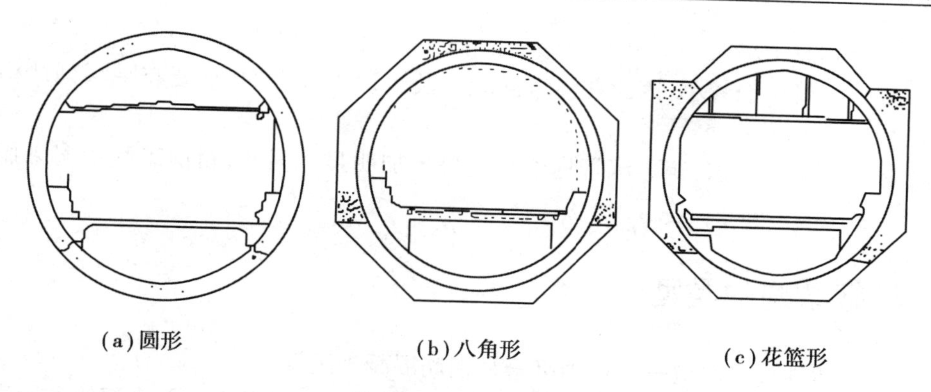

图 8.4 圆形沉管断面示意图

(2)缺点

圆形沉管的主要缺点是:

①圆形断面的空间常无法充分利用。

②车道上方必定余出净空限界以外的空间(采用全横向通风方式时,可作为排风道使用),使车道路面高程压低,从而增加了隧道全长及挖槽土方量。

③浮于水面浇筑混凝土时,结构受力复杂,应力较大,故耗钢量大,沉管造价高。

④钢壳制作时的焊接质量难以保证,一旦出现渗漏,难以弥补和截堵。

⑤钢壳本身的长期耐久性(防锈抗蚀能力)问题迄今未得到满意的解决。

⑥圆形沉管只能容纳两个车道,若需要多个车道,则必须另行沉管。因此,在 20 世纪 50 年代后,圆形沉管很少被采用。

2)矩形沉管

1942 年,荷兰玛斯(Maas)隧道建设时首次使用矩形沉管,此类沉管多在临时干坞中制作钢筋混凝土管段,管段内可同时容纳 2 ~8 个车道,如图 8.5 所示。

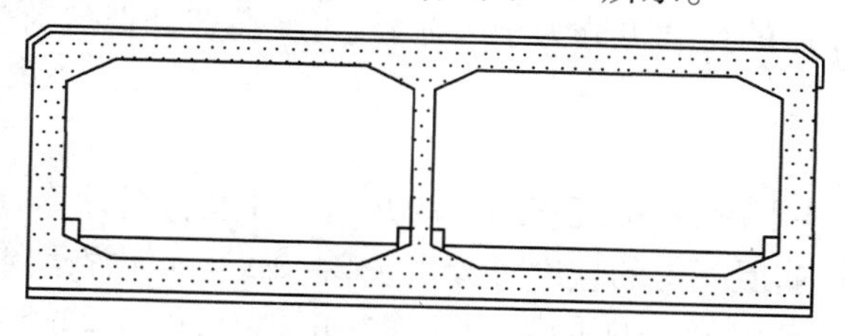

图 8.5 矩形沉管断面示意

(1)优点

矩形沉管的主要优点是:

①不占用造船厂设备,不妨碍造船工业生产。

②车道上方没有非必要空间,空间利用率高。

③车道最低点的高程较高,隧道全长较短,挖槽土方量少。

④建造 4 ~8 车道的多车道隧道时,工程量与施工费用均较低,一般不需要钢壳,可大量节省钢材。

(2)缺点

矩形沉管的主要缺点是:

①必须建造临时干坞。

②由于矩形沉管干舷较小，因此在浇筑混凝土及浮运工程中，必须要有一系列严格的控制措施。

通过上述对比可以看出，矩形沉管隧道的优势更加明显。因此，目前工程中多采用矩形断面沉管。

8.2.2 沉管结构的类型

沉管结构有两种基本类型——钢壳沉管和钢筋混凝土沉管。

钢壳沉管的外壁或内外壁均为钢壳，中间为钢筋混凝土或混凝土。钢壳沉管的钢壳和混凝土共同受力，结构较为复杂。它的优点是钢壳在船坞内预制，下水后浮在水面浇灌钢壳内的大部分混凝土，故钢壳既是浇灌混凝土的外模板又是隧道的防水层，省去了钢筋混凝土管段预制所需的干坞工程。其缺点是：隧道耗钢量大，钢壳制作的焊接工作量大，防水质量难以保证；钢壳的防腐蚀、钢壳与混凝土组合结构受力等问题不易解决，且施工工序复杂；钢壳沉管由于制造工艺及结构受力等原因，断面一般为圆形，每孔一般只能容纳两车道，断面利用率低。

钢筋混凝土沉管主要由钢筋和混凝土组成，外涂防水涂料。沉管预制一般在干坞内进行，临时干坞工程量较大；管段预制时必须采取严格的施工措施来防止混凝土产生裂缝。但与钢壳管段相比，钢筋混凝土沉管用钢量少，造价相对较低。钢筋混凝土管段一般采用矩形断面，断面利用率高，多管孔可随意组合。

8.2.3 沉管结构的荷载及其组合

1）荷载分类

沉管法隧道结构上作用的荷载可分为永久荷载、可变荷载和偶然荷载3类。具体荷载分类见表8.1。

（1）结构自重

结构自重为恒载，是基本荷载，按沉管结构的几何尺寸及材料计算，在隧道使用阶段还应考虑内部各种管线质量。钢筋混凝土的重度可分别按24.6 kN/m^3（浮运阶段）及24.2 kN/m^3（使用阶段）计算，路面下的压载混凝土的重度，由于密实度稍差，可按22.5 kN/m^3 计算。

（2）水压力

水压力为基本荷载，是作用在沉管结构上的主要荷载之一。在覆土较小的区段，水压力常是作用在管段上的最大荷载。设计时按各种荷载组合情况分别计算正常的高、低潮水位的水压力，以及台风时或若干年（如百年）一遇的特大洪水位的水压力。

（3）土压力

土压力为基本荷载，是作用在管段结构上的另一主要荷载，且常不是恒载。作用在管段顶面上的垂直土压力（土荷载）一般为河床底面到管段顶面之间的土体重量。但在河床不稳定的情况下，还要考虑河床变迁所产生的附加土荷载。作用在管段侧边上的水平土压力也不是一个常量，在隧道刚建成时，侧向土压力往往较小，以后逐渐增大，最终可达静止土压力。设计时，应按不利组合分别取用其最小值与最大值。

表 8.1　沉管法隧道作用荷载分类

荷载分类		荷载名称
永久荷载		结构自重
		地层土压力
		静水压力
		混凝土徐变和收缩效应
		结构上部建筑物及设施压力荷载
		地基及基础差异沉降影响
		设备及压载混凝土等荷载
可变荷载	基本可变荷载	隧道内部车辆荷载
		水压力变化
		温差作用
		工后差异沉降作用
		人群荷载
		地面超载
	其他可变荷载	系缆力
		水流作用、波浪力
		沉放吊点荷载
		维修荷载
		压舱荷载
偶然荷载		地震作用
		隧道内车辆爆炸荷载
		车辆撞击荷载
		人防荷载
		沉船、锚击等荷载
		火灾作用

(4)浮力

浮力为基本荷载,且并非常量。一般来说,浮力应等于排水量,但作用于沉设在黏性土层中管段上的浮力,有时也会由于“滞后现象”(水作用于土粒上,土粒再作用于管段上)而大于排水量。

(5)施工荷载

施工荷载为附加荷载,主要是端封墙、定位塔、压载等重量。在进行浮力设计时,应考虑施工荷载。在计算浮运阶段的纵向弯矩时,施工荷载将是主要荷载。通过调整压载水罐(或水柜)的位置可以改变结构上弯矩的分布。

(6)沉降摩擦力

沉降摩擦力为附加荷载,是在覆土回填之后沟槽底部受荷不均、沉降也不均的情况下发生的。沉管底下的荷载较小,沉降也较小,而其两侧荷载较大(侧面水土荷载远比沉管自重大得多,有时两者差距可达10倍以上),沉降亦较大。因此,沉管侧壁外侧会受到这种沉降摩擦力的作用(图8.6)。若在沉管侧壁防水层之外再喷涂一层软沥青,则可使沉降摩擦力大为减小。

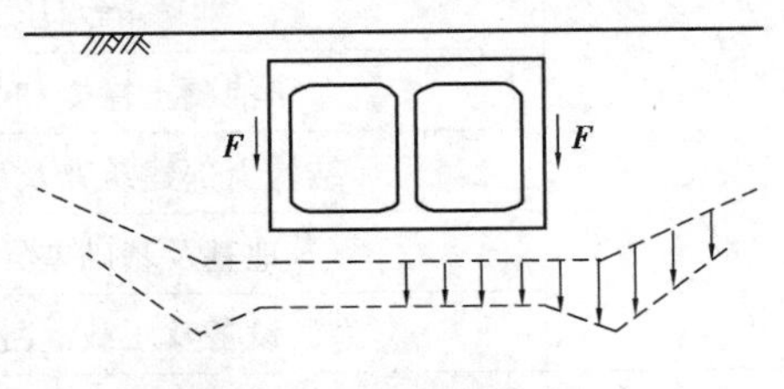

图8.6 沉降摩擦力示意

(7)地基反力

地基反力为恒载,是基本荷载。地基反力的分布规律有不同的假定:①反力按直线分布;②反力强度与各点地基沉降量成正比(温克尔假定);③假定地基为半无限弹性体,按弹性理论计算反力。计算时,应根据实际情况合理选取。

(8)混凝土收缩应力

混凝土收缩应力为基本荷载,是由施工缝两侧不同龄期混凝土的(剩余)收缩差所引起。因此,应按初步的施工计划规定龄期差并设定收缩差。

(9)温差应力

温差应力为附加荷载,主要由沉管外壁的内外侧温差引起。外壁温度基本上与周围土体一致,可视为恒温;而内壁温度与通风有关,随季节变化。一般冬季外高内低,夏季外低内高。设计时可按持续5~7天的最高或最低日平均气温计算。计算温差应力时,还应考虑徐变的影响。

(10)沉船荷载

沉船荷载为偶然荷载,是船只失事后恰巧沉在隧道顶上时所产生的特殊荷载。此荷载的大小应视船只类型、吨位、装载情况、沉设方式、覆土厚度、隧顶土面是否突出于两侧河床底面等多种因素而定,因此在设计时只能作假设估计,通常假定为50~130 kN/m^3。

此外,波浪力一般不大,不致影响配筋。水流压力对结构设计影响也不大,但必须进行水工模拟试验予以确定,以便据此设计沉设工艺及设备。车辆荷载在进行结构断面分析时,也常略去不计。

总体而言,沉管隧道的荷载应根据隧道功能、地质特征、埋置深度、结构特征、环境条件和施工方法等因素综合确定。

2)荷载代表值

(1)永久荷载标准值

永久荷载标准值的确定应符合下列规定:

①隧道结构自重应按结构设计尺寸、压舱混凝土厚度、防锚层厚度及材料重度标准值计算。

②隧道顶板以上覆土压力应按覆土厚度按全土柱重计算,侧向地层压力应按静止土压力计算,土体重度应按有效重度取值。

(2)可变荷载标准值

可变荷载标准值应按下列规定计算：

①车辆荷载及其动力作用应按现行国家相关标准确定；

②变动水压力应根据设计水位与常水位差计算；

③温度应力应根据常年气象和水温统计资料确定的温差变化数据计算；

④其他可变荷载应根据施工过程及其特点，涵盖施工中的各种最不利情况。

(3)偶然荷载

偶然荷载应按下列规定计算：

①地震作用应按《沉管法隧道设计标准》(GB/T 51318—2019)第16章相关规定确定；

②爆炸荷载应仅计算一辆车自身油箱燃油爆炸作用；

③车辆撞击荷载大小及作用位置高度应按现行国家相关标准确定；

④隧道内人防荷载应根据隧道使用功能及人防部门要求确定；

⑤沉船荷载和锚击应根据规划航道等级、隧道顶板覆土厚度、水深等因素确定。

(4)荷载代表值

结构设计时，荷载代表值应按下列方法选取：

①永久荷载应采用标准值作为代表值；

②可变荷载应根据设计要求采用标准值、组合值、频遇值或准永久值作为其代表值；

③偶然荷载应根据沉管法隧道使用功能确定其代表值。

此外，需要注意的是：①承载能力极限状态或正常使用极限状态按标准组合设计时，对可变荷载应采用荷载组合值或标准值作为其荷载代表值，可变荷载组合值应为可变荷载标准值乘以荷载组合值系数。②正常使用极限状态按频遇组合设计时，应采用可变荷载频遇值或准永久值作为其荷载代表值；按准永久组合设计时，应采用可变荷载准永久值作为其荷载代表值。③可变荷载频遇值应为可变荷载准永久值乘以频遇值系数，可变荷载准永久值应为可变荷载标准值乘以准永久值系数。

3)荷载组合

沉管结构设计应根据结构在施工或运营期间可能同时出现的荷载，按承载能力极限状态和正常使用极限状态分别进行荷载组合，并取最不利组合进行设计。

(1)承载能力极限状态

承载能力极限状态，应按荷载基本组合或偶然组合计算荷载组合的效应设计值，并应采用下式进行计算：

$$\gamma_0 S_d \leq R_d \tag{8.1}$$

式中 γ_0——结构重要性系数。沉管法隧道主体结构安全等级为一级，其结构重要性系数不应小于1.1；次要结构安全等级为二级，其结构重要性系数不应小于1.0；其他临时结构安全等级为三级，其结构重要性系数不应小于0.9；

S_d——荷载组合的效应设计值；

R_d——结构构件抗力设计值。

①荷载基本组合的效应设计值 S_d，应从下列荷载组合值中取用最不利的效应设计值确定。

A. 可变荷载控制的效应设计值，应按下式进行计算：

$$S_d = \sum_{j=1}^{m} \gamma_{G_j} S_{G_{jk}} + \gamma_{Q_1} S_{Q_{1k}} + \sum_{i=2}^{n} \gamma_{Q_i} \varphi_{c_i} S_{Q_{ik}} \tag{8.2a}$$

式中 γ_{G_j}——第 j 个永久荷载的分项系数；

$\gamma_{Q_1}\gamma_{Q_i}$——起主导作用的可变荷载及第 i 个可变荷载的分项系数；

$S_{G_{jk}}$——按第 j 个永久荷载标准值 G_{jk} 计算的荷载效应值；

$S_{Q_{ik}}$——按第 i 个可变荷载标准值 Q_{ik} 计算的荷载效应值，其中 $S_{Q_{1k}}$ 为起主导作用的可变荷载的荷载效应值；

φ_{c_i}——可变荷载 Q_i 的组合值系数；

m、n——参与组合的永久荷载数及可变荷载数。

B. 永久荷载控制的效应设计值，应按下式进行计算：

$$S_d = \sum_{j=1}^{m} \gamma_{G_j} S_{G_{jk}} + \sum_{i=1}^{n} \gamma_{Q_1} \varphi_{c_i} S_{Q_{ik}} \tag{8.2b}$$

基本组合中的荷载分项系数，应按下列规定采用：

a. 永久荷载的分项系数：当永久荷载对结构不利时，对由可变荷载效应控制的组合应取 1.2，对由永久荷载效应控制的组合应取 1.35；当永久荷载对结构有利时，不应大于 1.0。

b. 可变荷载的分项系数：取 1.4。

②荷载偶然组合的效应设计值 S_d，可按下列规定采用：

a. 用于承载力极限状态计算的效应设计值，应按下式进行计算：

$$S_d = \sum_{j=1}^{m} S_{G_{jk}} + S_{A_d} + \varphi_{f_1} S_{Q_{1k}} + \sum_{i=2}^{n} \varphi_{q_i} S_{Q_{ik}} \tag{8.3a}$$

式中 S_{A_d}——按偶然荷载标准值 A_d 计算的荷载效应值；

φ_{f_1}——第 1 个可变荷载的频遇值系数；

φ_{q_i}——第 i 个可变荷载的准永久值系数。

b. 用于偶然事件发生后受损结构整体稳固性验算的效应设计值，应按下式进行计算：

$$S_d = \sum_{j=1}^{m} S_{G_{jk}} + \varphi_{f_1} S_{Q_{1k}} + \sum_{i=2}^{n} \varphi_{q_i} S_{Q_{ik}} \tag{8.3b}$$

(2)正常使用极限状态

对于正常使用极限状态，应根据不同设计要求，分别采用荷载效应标准组合、频遇组合或准永久组合，并按下式进行计算：

$$S_d \leqslant C \tag{8.4}$$

式中 C——结构或构件达到正常使用要求的规定限值。

①荷载标准组合的效应设计值 S_d 应按下式计算：

$$S_d = \sum_{j=1}^{m} S_{G_{jk}} + S_{Q_{1k}} + \sum_{i=2}^{n} \varphi_{c_i} S_{Q_{ik}} \tag{8.5}$$

②荷载频遇组合的效应设计值 S_d 应按下式计算：

$$S_d = \sum_{j=1}^{m} S_{G_{jk}} + \varphi_{f_1} S_{Q_{1k}} + \sum_{i=1}^{n} \varphi_{q_i} S_{Q_{ik}} \tag{8.6}$$

③荷载准永久组合的效应设计值 S_d 应按下式计算：

$$S_d = \sum_{j=1}^{m} S_{G_{jk}} + \sum_{i=1}^{n} \varphi_{q_i} S_{Q_{ik}} \tag{8.7}$$

沉管法隧道均布可变荷载组合值系数、频遇值系数及准永久值系数按表 8.2 取值。

表 8.2　沉管法隧道均布可变荷载组合值系数、频遇值系数及准永久值系数

荷载	系数		
	组合值系数φ_c	频值系数φ_f	准永久值系数φ_q
隧道内车辆荷载	0.70	0.7	0.6
水压力变化值	0.75	1.0	1.0
温差作用	0.75	0.8	0.8
人群荷载	0.70	0.6	0.5
地面超载	0.70	0.6	0.4
其他可变荷载	0.50	0.3	0

8.2.4　沉管结构的浮力设计

沉管结构设计中，有一个与其他地下结构迥然不同的特点，就是必须处理好浮力与质量间的关系，这就是所谓的浮力设计。浮力设计的内容包括干舷的选定和抗浮计算，其目的是确定沉管结构的高度和外轮廓尺寸。

1）干舷

管段在浮运时，为了保持稳定，必须使管顶露出水面。管顶露出水面的高度称为干舷。具有一定干舷的管段，遇到风浪发生倾侧后，会自动产生一个反倾力矩，使管段恢复平衡（图 8.7）。

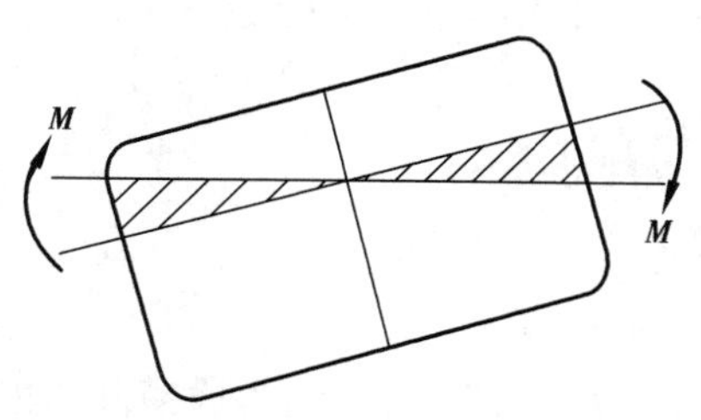

图 8.7　管段干弦与反倾力矩

一般矩形断面的管段，干舷多为 10～15 cm，而圆形、八角形或花篮形断面的管段，因顶宽较小，干舷高度多采用 40～50 cm。干舷高度应适中，过小则稳定性差；反之，因为管段沉设时，首先要灌注一定数量的压载水，以消除上述干舷所代表的浮力而下沉，所以干舷越大，所需压载水罐（或水柜）的容量就越大，这会增大管段沉设工程量。

有些情况下，由于沉管的结构厚度较大，无法自浮（即没有干舷），此时必须在顶部设置浮筒助浮，或在管段顶设置钢、木围堰，以产生必要的干舷。另外，在制作管段时，混凝土的容重和模壳尺寸难免有一定幅度的变动和误差；同时，在涨潮、落潮以及各不同施工阶段，河水比重也会有一定幅度的变动。因此，在进行浮力设计时，应按最大混凝土容重、最大混凝土体积和最小河水比重来计算干舷。

2)抗浮计算

在管段施工及运营阶段,应按照下列公式进行抗浮计算:

$$F_f \leqslant \frac{G_s + G_b}{\gamma_s} \tag{8.8a}$$

$$F_f = \gamma_w V \tag{8.8b}$$

式中 F_f——管段浮力设计值,kN;

G_s——管段自重标准值,kN;

G_b——舾装、压舱及覆盖层等有效压重标准值,kN;

γ_w——水体重度,kN/m^3;

V——管段排开水的体积,m^3;

γ_s——抗浮分项系数。

对于不同的阶段,抗浮分项系数的取值需满足:

①沉设、对接阶段:1.01 ~1.02;

②对接完成后:1.05;

③压舱混凝土、回填覆盖完成后:1.10 ~1.20。

需要注意的是,在覆土回填完毕后的运营阶段,计算抗浮分项系数时需考虑两侧填土所产生的负摩擦力作用。此外,进行浮力设计时,应按最小混凝土容重和体积、最大河水比重来计算各个阶段的抗浮分项系数。

3)沉管结构的高度与外轮廓尺寸

通过总体几何设计,根据沉管隧道使用阶段的通风要求及行车限界等确定隧道的内净宽度以及车行道净空高度。沉管结构的全高以及其他外廓尺寸的确定必须满足沉管抗浮设计要求,因此这些尺寸都必须经过浮力计算和结构分析的多次试算与复算,才能最终确定。

8.2.5 沉管结构分析与配筋

1)横向结构分析

沉管的横截面结构形式大多为多孔箱形框架,管段横截面内力一般按弹性支承箱形框架结构计算。由于荷载组合种类较多,结构分析必须经过"假定构件尺寸—分析内力—修正尺寸—复算内力"的多次循环。为了避免采用剪力钢筋及改善结构受力性能,同时减少裂缝产生,常采用变截面或折拱形结构。此外,即使在同一节管段(100 m 左右)中,因隧道纵坡和河底标高的变化,各处断面所受的水、土压力是不同的(尤其是接近岸边时,荷载常急剧变化),不能仅按一个横断面的结构分析结果进行整节管段的横向配筋。因此,计算工作量一般都非常大,目前主要通过商业软件进行计算。

2)纵向结构分析

沉管施工阶段的纵向受力分析,主要是计算浮运、沉设时施工荷载(定位塔、端封墙等)所引起的内力。使用阶段的纵向受力分析,一般按弹性地基梁理论进行计算。此外,沉管隧道纵断面设计需要考虑温度荷载和地基不均匀沉降以及其他各种荷载的影响,根据隧道性能要求进行合理组合。

3)**配筋**

沉管结构的截面和配筋设计应按照《公路桥涵设计通用规范》进行。

沉管结构的混凝土 28 *d* 强度等级,宜采用 C30 ~ C40。设计时可根据施工进度计划的安排,尽量充分利用后期强度。在干坞规模较小、需分批浇筑时,可按更长的龄期计算。沉管结构在外防水层保护下的最大容许裂缝宽度为 0.15 ~ 0.2 mm,因此不宜采用 HRB400 以上的钢筋,钢筋的容许应力一般为 135 ~ 160 MPa。沉管结构的纵向钢筋,一般不应少于 0.25%。

4)**预应力的应用**

一般情况下,沉管隧道大多采用普通钢筋混凝土结构,这是因为沉管的结构厚度往往是由抗浮安全系数决定的,并非由强度决定,而根据抗浮安全系数确定的结构厚度往往比根据强度确定的厚度要大。

预应力混凝土虽然能够提高抗渗性,但由于结构厚度大,单纯为了防水而采用预应力混凝土结构并不经济。但是,当隧道跨度较大(如三车道以上),且水、土压力较大时,沉管结构的顶、底板受到的剪力非常大,此时可采用预应力混凝土结构。在有的沉管隧道中,仅在河中水深最大处的部分管段采用预应力混凝土结构,其余管段部分仍然采用普通钢筋混凝土结构,这样可以更经济地发挥预应力的作用。

8.3 管段制作与防水

8.3.1 管段制作

1)**矩形钢筋混凝土管段的制作**

根据前文叙述,与圆形钢壳沉管相比,矩形钢筋混凝土沉管的优势明显,因此圆形钢壳沉管目前已很少使用,下面主要介绍矩形钢筋混凝土沉管管段的制作。

矩形钢筋混凝土管段的制作必须在干坞中进行,其工艺与一般钢筋混凝土结构基本相同。但考虑到管段浮运和沉设阶段对管段均质性和水密性有较高的要求,在管段制作过程中应特别注意以下几个方面:

①保证混凝土具有高质量的防水性和抗渗性。

②严格控制混凝土的重度,防止管段因混凝土重度过大而不能浮起,从而无法满足浮运要求。

③严格控制模板变形,以满足对混凝土均质性的要求。否则,若出现管段板、壁厚度局部较大偏差,或混凝土重度不均匀,将导致管段在浮运阶段发生侧倾。

④必须慎重处理管段上的施工缝及变形缝。

2)**封墙**

管段浮运前必须在管段两端距端面 50 ~ 100 mm 处设置封墙。封墙可用木材、钢材或钢筋混凝土制成。封墙设计按最大静水压力计算。封墙上需设排水阀、进气阀以及出入人孔。排水阀设于封墙下部,进气阀设于顶部,口径在 100 mm 左右,出入人孔应设置防水密闭门。

3)压载设施

管段下沉由压载设施加压实现,容纳压载水的容器称为压载设施。压载设施一般采用水箱形式,需在管段封墙安设之前装配到位。每一管段至少设置 4 只水箱,对称布置于管段四角。水箱容量与下沉力要求、干舷大小、基础处理时“压密”工序所需压重大小等因素有关。

4)检漏与干舷调整

管段制作完成后需进行检漏作业。一般在干坞灌水前,先向压载水箱注水压载,然后再向干坞坞室内注水,注水 24 ~48 h 后,工作人员进入管段内进行水底检漏作业。若发现有渗漏,可在浮运出坞前进行处理。

经检漏合格后浮起管段,在干坞中检查干舷是否合乎规定,有无侧倾现象,并通过调整压载的办法使干舷达到设计要求。

8.3.2 变形缝布置与构造

钢筋混凝土沉管结构若无合适的处理措施,则容易因隧道纵向变形而导致开裂。例如,管段在干坞中预制时,一般都是先浇筑底板,隔若干时日后再浇筑外壁、内壁及顶板。两次浇筑的混凝土龄期、弹性模量、剩余收缩率等均不相同,后浇的混凝土不能自由收缩,因而产生偏心受拉内力作用,容易产生如图 8.8 所示的收缩裂缝。此外,不均匀沉降等影响也容易导致管段开裂。这类纵向变形引起的裂缝是通透性的,对管段防水极为不利,因此在设计中必须采取适当的措施加以防止。

最有效的措施是设置垂直于隧道轴线方向的变形缝,将每节管段分割成若干节段。根据实践经验,节段的长度不宜过大,一般为 15 ~20 m,如图 8.9 所示。

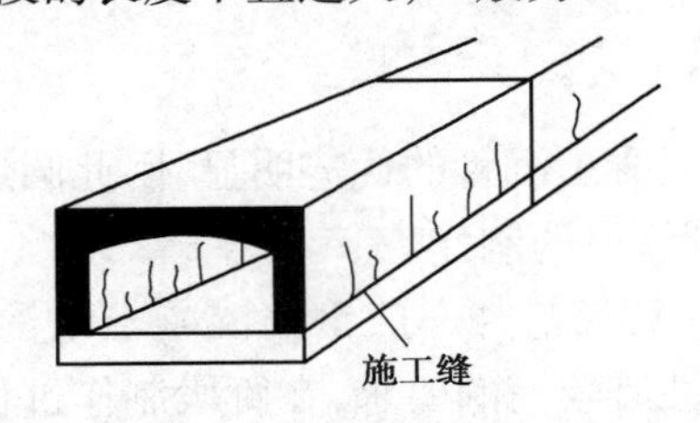

图 8.8　管段侧壁的收缩裂缝

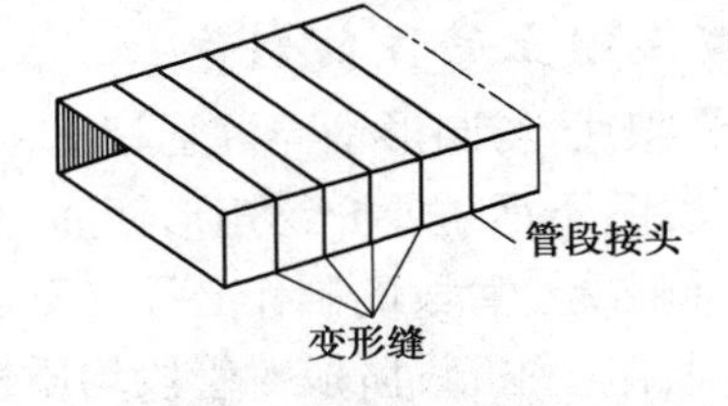

图 8.9　管段的节段与变形缝

节段间的变形缝构造,需满足以下 4 点要求:

①能适应一定幅度的线变形与角变形。变形缝前后相邻节段的端面之间必须留有一小段间隙,以利于张合活动,间隙中以防水材料充填。间隙宽度应按变温幅度与角度适应量来确定。

②在浮运、沉设时能传递纵向弯矩。可将管段侧壁、顶板和底板中的纵向钢筋于变形缝处在构造上采取适当的处理。即外排纵向钢筋全部切断;内排纵向钢筋暂时不予切断,任其跨越变形缝,连贯于管段全长以承受浮运、沉设时的纵向弯矩。待沉设完毕后再将内排纵向钢筋切断。因此,需在浮运前安设临时纵向预应力索(或筋),待沉设完毕后再撤去。

③在任何情况下能传递剪力。为传递横向剪力,可采取如图 8.10 所示的台阶形变形缝。

④变形前后均能防水。一般于变形缝处设置一、二道止水缝道。

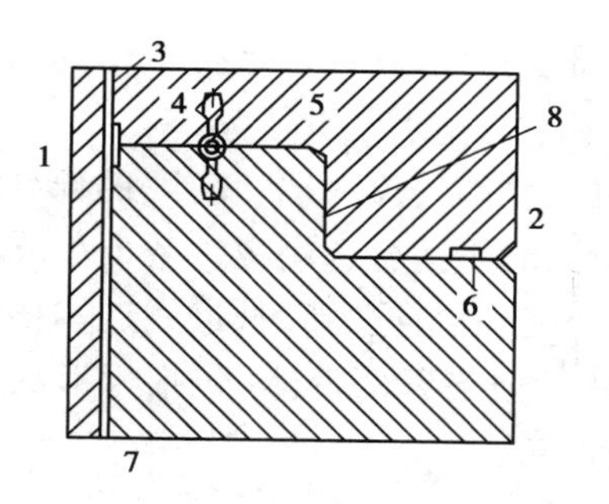

图 8.10 台阶变形缝

1—沉管外侧;2—沉管内侧;3—卷材防水层;4—钢边橡胶止水带;5—沥青防水;6—沥青填料;7—钢筋混凝土保护层;8—变形缝

8.3.3 止水缝带

变形缝中所用止水缝带(简称止水带)的种类与形式很多,例如铜片止水带、塑料(聚氯乙烯)止水带等,使用较普遍的是橡胶止水带和钢边橡胶止水带。

1)橡胶止水带

(1)材料

橡胶止水带可用天然橡胶(含胶率为 70%)制成,也可用合成橡胶(如氯丁橡胶等)制成。橡胶止水带的寿命是人们最关心的问题。橡胶制品应用于水底隧道中,其环境条件(潮湿、无日照及温度较低)是较为理想的。虽然橡胶止水带在 20 世纪 50 年代才开始应用于水底隧道中,其止水性能能保持多长时间,迄今尚未有实际记录,但无疑比用于其他工程中要耐久得多。人们曾发现 60 年以前埋置的橡胶制品尚未明显老化,这说明地下工程中的橡胶止水带的耐用寿命应在 60 年以上。经老化加速试验也可验证其安全年限超过 100 年。

(2)形式

橡胶止水带的(断面)构造形式多样,各有特点,但所有的橡胶止水带均由本体部与锚着部两部分组成,如图 8.11 所示。

止水带的本体部位位于带中段,分为平板式的、带管孔的和带曲槽的 3 种。其中,带管孔的较好,其优点是具有较好的柔度,在变形缝变形时,止水带可以随之收缩;在结构受剪、变形缝发生横向错动时,管孔可随之变形以减少作用在带体上的剪力。例如,内径为 19 mm、外径为 38 mm 管孔的橡胶止水带,经剪切试验,错动达 12.5 cm 时,胶带也能变形自如(图 8.12)。

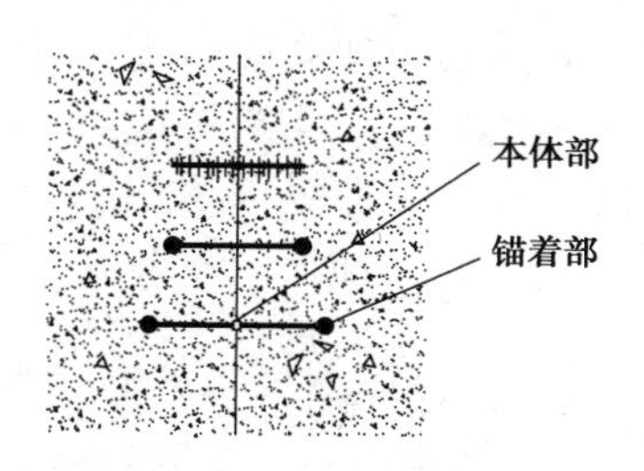

图 8.11 橡胶止水带

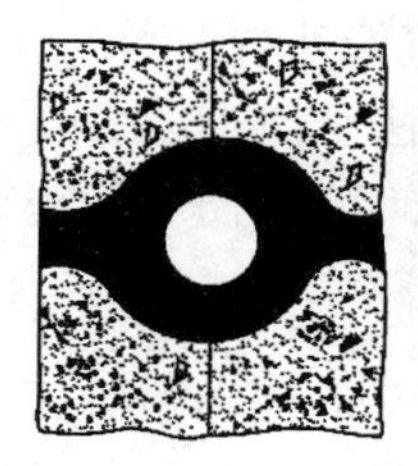

图 8.12 管孔的变形

止水带的两端为锚着部。锚着部类型也很多,有节肋型、哑铃型等(图 8.11)。由于橡胶与混凝土之间的黏聚力很小，变形缝受到拉伸后，止水带本体部的橡胶立即缩扁而与混凝土脱离接触，此时完全依赖锚着部承担锚定与止水双重任务。

采用哑铃型锚着止水带，拉伸变形时，仅两端"哑铃"的部分圆弧面（小于1/2圆周）与混凝土保持接触，范围有限，故水压较大时不适合选用哑铃型止水带。

采用节肋型锚着的止水带，当受到拉伸变形时，最靠近本体部的第一肋（即主肋，一般应比其他齿形次肋大）就顶住拉伸，使其他锚着部带体（包括齿形次肋在内）仍与混凝土保持接触，渗径大为加长，止水效果也相应提高。

(3)尺度

变形缝的张开度和本体部的宽度共同决定止水带所能承受的拉力。拉力越大，锚着部主肋（"哑铃"）外侧与混凝土接触部分所受压强就越大，止水效果也就相应增强。因此，橡胶止水带本体部的宽度宜小不宜大。但止水带的本体部也不能过狭，否则锚着部的第一肋（主肋）外只有薄薄一层混凝土，势必抵抗不住接触压力的作用。一般应保证第一肋外的混凝土厚度不小于钢筋保护层厚度。

本体部中心的管孔外径不宜大于变形缝宽度过多。管孔内径不宜过小，一般在20 mm左右较合适（最小可达15 mm，最大可达46 mm）。本体部的厚度，一般为6～8 mm较适宜。管孔部分的管壁厚度可略小于管孔两侧平板部分的厚度，最多等厚。用于沉管工程中的止水带宽度一般为230～300 mm。

2)钢边橡胶止水带

钢边橡胶止水带是在橡胶止水带两侧锚着部中加镶一段薄钢板，其厚度仅0.7 mm左右。这种止水带（图8.13）自20世纪50年代初于荷兰的Velsen水底隧道试用成功后，现已在各国广泛应用。

钢边橡胶止水带可以充分利用钢片与混凝土之间良好的黏聚力，使变形前后的止水效果都较一般橡胶止水带为好，也可增加止水带的刚度并节约橡胶。

图8.13　钢边橡胶止水带

3)管段外壁防水措施

沉管的外壁防水措施有沉管外防水和沉管自防水两类。外防水包括钢壳防水、钢板防水、卷材防水、涂料防水等不同方法；自防水主要采用防水混凝土。实践证明，如果采取适当的措施（包括设计与施工两方面），沉管自身防水就完全可以取代外防水。

4)钢壳与钢板防水

钢壳防水指在沉管的三面（底面和两侧面）甚至四面（包括顶面）用钢板包裹的防水办法。由于此方法耗钢量大，焊缝防水可靠性不高，钢材防锈问题仍未切实解决，已逐渐淘汰。

例如，钢的锈蚀速率一般估计为：海水中0.1 mm/年；淡水中0.05 mm/年；平均0.075 mm/年。如果设计年限为50年，设计利用厚度为8 mm，则实际钢板厚度为 $t=(8+0.075\times$

50) mm = 11.75 mm≈12 mm,耗钢量惊人。

5)卷材防水

卷材防水是用胶料黏结多层沥青类卷材或合成橡胶类卷材而成的粘贴式(也称外贴式)防水层。沥青类卷材一般均用浇油摊铺法粘贴,卷材粘贴完毕后需在外边加设保护层。保护层构成视部位不同而异。管段底板下用卷材防水层时,可在干鸽底面先铺设一层混凝土砖(30 mm),后铺 50 ~60 mm 厚的素混凝土作为保护层,再在混凝土保护层上摊铺 3 ~6 层卷材。

卷材防水的主要缺点是施工工艺较烦琐,而且在施工操作过程中稍有不慎就会造成“起壳”而返工,耗时、耗力。若在管段沉设过程中发现防水层“起壳”,根本无法补救。

8.4 管段沉设与水下连接

8.4.1 沉设方法

预制管段沉设是沉管隧道施工中的重要环节之一,不仅受气候与河流等自然条件直接影响,还受航道、施工设备等条件制约。在沉设施工时应根据自然条件、航道情况、管段规模以及设备条件等因素,因地制宜选用最经济的沉设方案。

目前的沉设方法主要包括吊沉法(又分为分吊法、扛吊法和骑吊法)和拉沉法两大类。下面分别予以介绍。

(1)分吊法

管段制作时,预先埋设 3 ~4 个吊点,沉设作业时用 2 ~4 艘起重船(或浮筒、浮箱)提着各个吊点,逐渐将管段沉放至规定位置。早期的双车道钢壳圆形管段几乎都是用起重船分吊沉设的;1966 年,荷兰的柯恩(Coen)隧道首创了以大型浮筒代替起重船的分吊沉设法;1969 年,比利时的斯凯尔特(Scheldt)隧道首次利用浮箱代替浮筒进行沉放成功。浮箱吊沉法设备简单,适用于宽度特大的大型管段。图 8.14 为采用浮箱吊沉法进行矩形管段沉设施工的过程示意图。

(2)扛吊法

扛吊法又称方驳扛吊法(图 8.15),其基本概念就是“两副杠棒”。施工时以 4 艘方驳分前后两组,每组方驳担负一副“杠棒”。这两副“杠棒”由位于沉管中心线左右的两艘方驳作为各自的支点,前后两组方驳再用钢桁架连接起来,构成一个整体驳船组。“杠棒”实际上是一种型钢梁或钢板组合梁,其上的吊索一端系于卷扬机,另一端用来吊放沉管。驳船组和沉管管段均分别由数根锚索定位。方驳扛吊法的主要设备就是 4 艘小型方驳船,设备简单,费用较低,适用于小型管段的沉设施工。

(3)骑吊法

如图 8.16 所示,骑吊法就是将水上作业平台“骑”在管段上方,管段被缓慢地吊放沉设。水上作业平台又称为自升式作业平台,国外习惯上称之为 SEP(Self-Elevating Platform),其平台部分实际是一个浮箱(多为矩形或方环形钢浮箱),通过反复调整浮箱内水压进行定位。在外海沉设管段时,因海浪袭击只能用此法进行施工;在内河或港湾沉设时,若水流速度过大,也可采用此法施工。该方法施工时不需要抛设锚索,对航道干扰较小,但设备费用高,故较少采用。

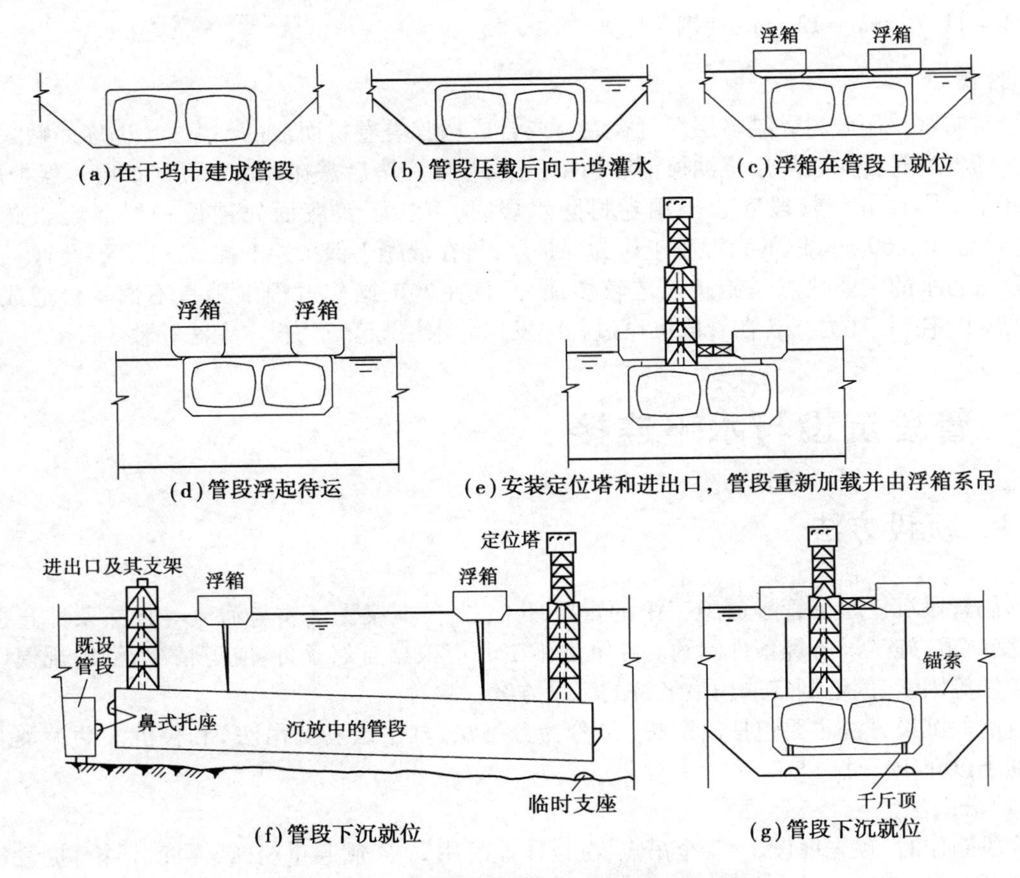

图 8.14　矩形管段用浮箱吊沉法施工过程示意图

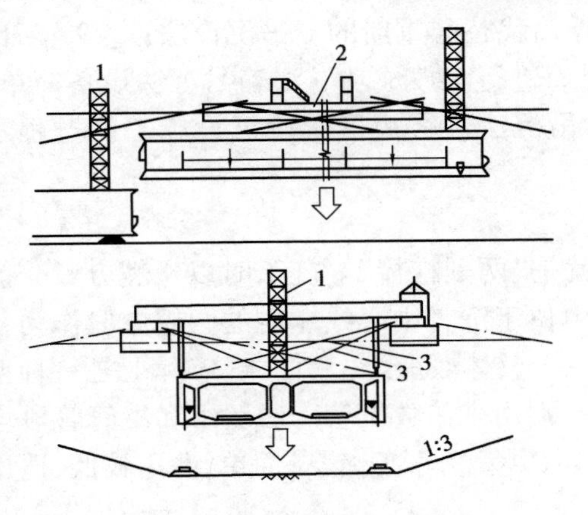

图 8.15　方驳扛吊法示意图

1—定位塔;2—方驳;3—定位索

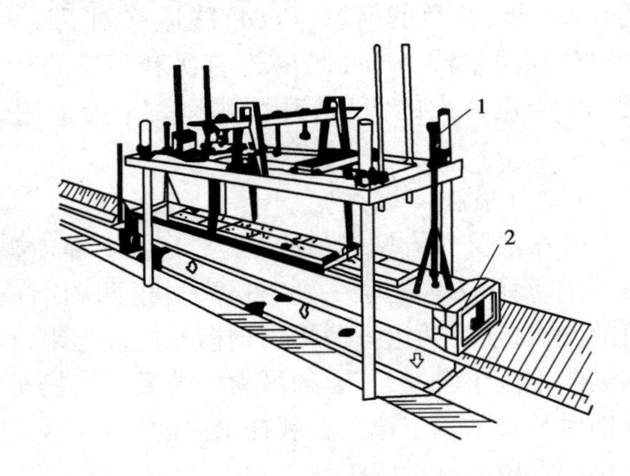

图 8.16　骑吊法示意图

1—定位杆;2—拉合千斤顶

(4)拉沉法

拉沉法就是利用预先设置在沟槽底面上的水下桩墩作为地垄,依靠安设在管段上方钢桁架上的卷扬机,通过扣在地垄上的钢索将具有 200 ~ 300 t 浮力的管段缓慢地拉沉就位,沉设于桩墩上,而后进行水下连接(图 8.17)。由于该方法费用较高,故应用很少。

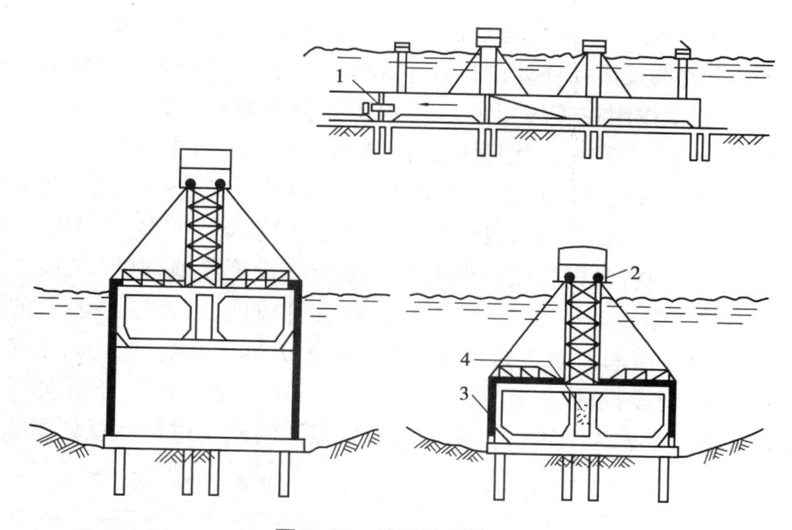

图 8.17　拉沉法示意图

1—拉合千斤顶;2—拉沉卷扬机;3—拉沉索;4—压载水

8.4.2　沉设作业

管段沉设作业大体可以分为以下几个步骤:

①沉设准备。沉设前必须完成沟槽疏浚清淤,设置临时支座,以保证管段顺利沉放至规定位置。应与港务、港监等相关部门商定航道管理事项,做好水上交通管制准备。

②管段就位。在高潮、平潮之前,将管段浮运至指定地点,校正好前后左右位置(管段中线要与隧道轴线基本重合,误差不大于 10 cm;管段纵向坡度调至设计坡度),并带好地锚。定位完毕后,灌注压载水,直至消除管段的全部浮力。

③管段下沉。下沉时的水流速度宜小于 0.15 m/s,如果流速超过 0.5 m/s,则需采取一定的措施。每节管段下沉分 3 步进行,即初次下沉、靠拢下沉和着地下沉。

a. 初次下沉:灌注压载水至下沉力达到规定值的 50%,随即进行位置校正。待管段前后左右位置校正完毕,再灌水至下沉力规定值。而后按 40 ~ 50 cm/min 的速度将管段下沉,直到管底距设计高程 4 ~5 m 为止。下沉过程中要随时校正管段位置。

b. 靠拢下沉:将管段向前平移,至距离前面已沉设好的管段(简称“既设管段”,下同)2 m 左右处,然后再将管段下沉到管底距设计高程 0.5 ~1 m 左右,并校正管位。

c. 着地下沉:先将管段前移至距既设管段约 50 cm 处,校正管位并下沉。最后 0.5 ~1 m 的下沉速度要慢,并应实时动态监测和校正管位。着地时先将管段前端搁在“鼻式”托座上或套上卡式定位托座,然后将后端轻放到临时支座上。管段搁置完毕后,各吊点同时分次卸荷,直到整个管段的下沉力全部作用在其下方的支座上为止。

8.4.3　水下连接

管段沉设完毕后须与既设管段或竖井接合起来,这项工作在水下进行,故称水下连接。早期的沉管隧道管段接头都采用灌注水下混凝土法进行连接。20 世纪 50 年代末期,加拿大的台司隧道施工过程中创造了水力压接法。该方法具有工艺简单、施工方便、质量可靠等优点,几乎所有的沉管隧道都采用并在使用过程中不断改进了这种简单、可靠的水下连接方法。

水力压接法就是利用作用在管段上的巨大水压力使安装在管段前端面(即靠近既设管段或竖井的端面)周边上的一圈胶垫发生压缩变形,形成一个水密性非常可靠的管段间接头。

水力压接法进行沉管隧道水下连接的主要工序为:对位—拉合—压接—拆除端封墙。管段下沉就位完毕后,先将新设管段拉向既设管段并靠紧,这时胶垫会产生第一次压缩变形,并具有初步止水作用。此后,随即将既设管段后端的端封墙与新设管段前端的端封墙之间的水(此时这部分水已与河水隔离)排走。排水之前,作用在新设管段前、后两端封墙上的水压力是相互平衡的;排水之后,作用在前端封墙上的水压力变成一个大气压的空气压力,于是作用在后端封墙上的巨大水压力就将管段推向前方,使胶垫产生第二次压缩变形。经两次压缩变形后的胶垫,使管段接头具有非常可靠的水密性。具体水力压接法的施工过程示意如图 8.18 所示。

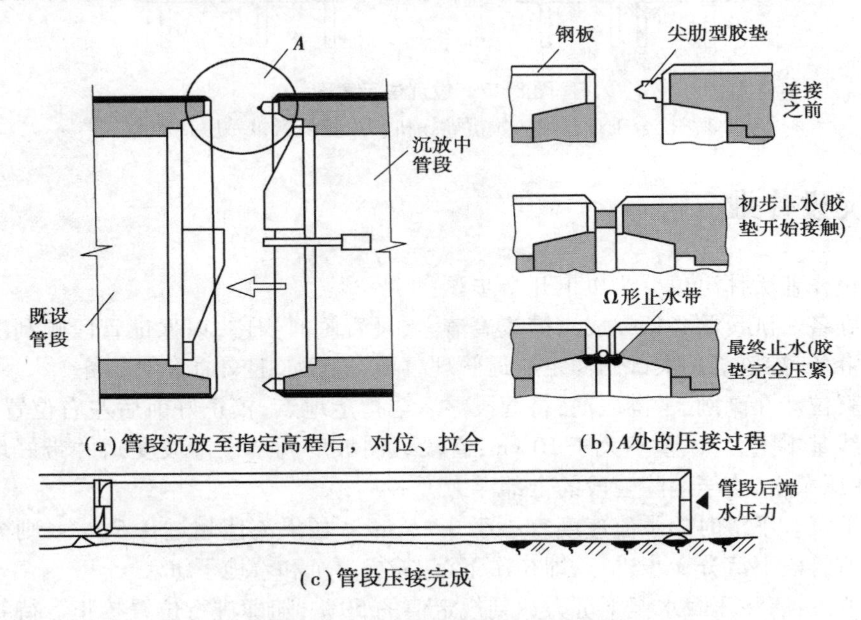

(a)管段沉放至指定高程后，对位、拉合 (b)A处的压接过程

(c)管段压接完成

图 8.18 水力压接法施工过程示意图

8.5 管段接头

管段在水下连接完毕后,无论连接时采用水下混凝土连接法还是水力压接法,均需在水下混凝土或胶垫的止水掩护下,在其内侧构筑永久性的管段接头以使前后两节管段连成一体。管段接头主要有刚性接头和柔性接头两种。

8.5.1 刚性接头

刚性接头是在水下连接完毕后,在相邻两节管段端面之间沿隧道外壁(两侧与顶、底板)以一圈钢筋混凝土连接起来形成的永久性接头。刚性接头应具有抵抗轴力、剪切力和弯矩的必要强度,一般要不低于管段本体结构的强度。刚性接头的最大缺点为水密性不可靠,往往在隧道通车后不久即因沉降不匀而开裂渗漏。

自水力压接法出现后，许多隧道仍采用刚性接头，但其构造与以前的刚性接头迥异。水力压接时所用的胶垫留在外圈作为接头的永久性防水线。刚性接头处于胶垫底防护之下不再有渗漏，这种刚性接头可称为“先柔后刚”式接头（图 8.19）。其刚性部分一般在沉降基本结束后，再以钢筋混凝土浇筑。

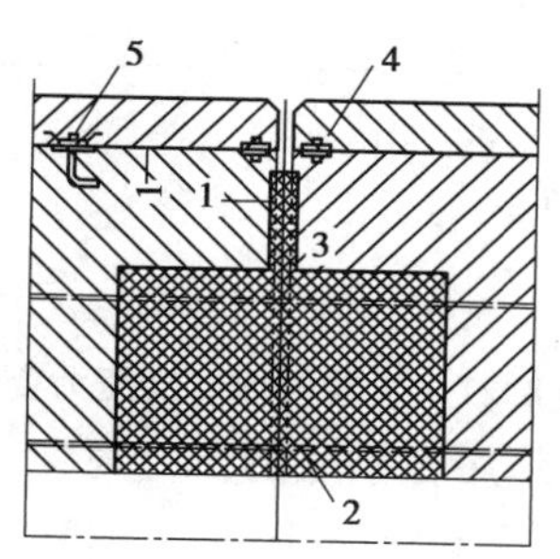

图 8.19 “先柔后刚”式接头

1—胶垫；2—后封混凝土；3—钢膜；4—钢筋混凝土保护层；5—锚栓

8.5.2 柔性接头

水力压接法出现后，柔性接头就问世了。这种接头主要利用水力压接时所用的胶垫吸收变温伸缩与地基不均匀沉降，以消除或减少管段所受变温或沉降压力。在地震区的沉管隧道也宜采用柔性接头（图 8.20）。

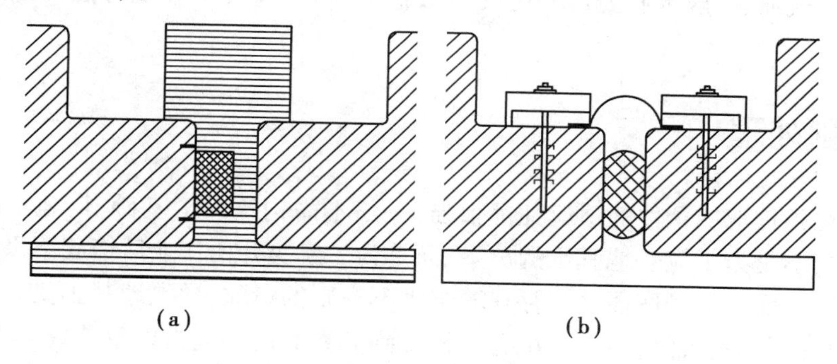

图 8.20 普通柔性接头

8.6 沉管基础

8.6.1 地质条件与沉管基础

在一般地面建筑中，如果建筑物基底的地质条件较差，则需要做适当的基础，否则会发生有害的沉降，甚至有坍塌的危险。如遇流沙层，施工时还必须采取疏干或其他特殊措施。在水底沉管隧道中的情况完全不同，但其不会产生由于土体固结或剪切破坏所引起的沉降。因为作用在沟槽底面的荷载在设置沉管后非但未增加，反而减小了。

如图 8.21 所示,在开槽前,作用在槽底的压力为:

$$P_0=\gamma_s(H+C) \tag{8.9}$$

式中 γ_s——土体的浮容重,数值为 5 ~9 kN/m^3;

H——沉管全高,m;

C——覆土厚度,一般为 0.5 m,有特殊需要时则为 1.5m。

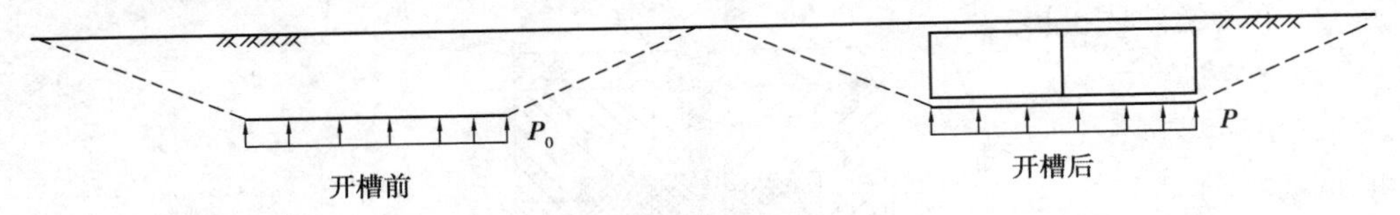

图 8.21 沉管管段底部压力变化

在管段沉设、覆土回填完毕后,作用在槽底的压力为:

$$P=(\gamma_t-10)(H+C) \tag{8.10}$$

式中 γ_t—竣工后管段的容重(包括覆土质量在内),kN/m^3;

其余符号同前。

设 $\gamma_s=7\ kN/m^3$,$H=8$ m,$C=0.5$ m,$\gamma_t=12.5\ kN/m^3$,则

$$P_0=7\times(8+0.5)=59.5(\text{kPa})$$

$$P=(12.5-10)\times(8+0.5)=21.25(\text{kPa})\ll P_0$$

因此,沉管隧道很少需要构筑人工基础以解决沉降问题。

此外,沉管隧道施工时是在水下开挖沟槽的,一般不会产生流沙现象。沉管隧道对各种地质条件的适应性很强,一般水底隧道采用沉管法施工,不必像其他施工方法必须进行大量的水上钻探工作。

8.6.2 基础处理

沉管隧道对各种地质条件的适应性都很强,一般不需构筑人工基础,但施工时仍需进行基础处理。不过其不是为了应对地基土的沉降,而是为了解决开槽作业后槽底不平整的问题。这种不平整使槽底表面与沉管底面之间存在着很多不规则的空隙,导致地基土受力不匀而产生局部破坏,从而引起不均匀沉降,最终使沉管结构受到较高的局部应力以致开裂。因此,在沉管隧道中必须进行基础处理,也可称作基础垫平。

沉管隧道的基础处理方法,大体上可分为先铺法和后填法两大类。先铺法(包括刮砂法和刮石法)是在管段沉设之前先在槽底铺好砂、石垫层,然后将管段沉设在垫层上,这种方法适用于底宽较小的沉管工程。后填法是在管段沉设完毕后,向管段底部空间回填垫料以进行垫平作业,主要包括灌砂法、喷砂法、灌囊法、压砂浆法、压混凝土法等,该法大多(灌砂法除外)适用于底宽较大的沉管工程。

沉管隧道的各种基础处理方法都以消除底部不利空隙为目的,各种处理方法之间的差别仅是"垫平"的手段不同而已。尽管如此,对于不同的"垫平"方式,其效率、效果以及经济上的差别很大,因此在设计时必须详细比较、审慎选取。

8.6.3 软弱土层中的沉管基础

如果沉管下的地基土过于软弱，容许承载力很小，仅作"垫平"处理是不够的。此时，常用的解决办法有：

①以粗砂置换软弱土层；

②打砂桩并加荷预压；

③减轻沉管重量；

④采用桩基。

在上述解决办法中，方法①会极大地增加工程费用，且在地震时有液化危险。故在砂源较远时是不可取的。方法②也会大量增加工程费用，且无论加荷多少，要使地基土达到固结密实所需的时间都很长，对工期影响大，所以一般也不采用。方法③对于减少沉降固然有效，但沉管的抗浮安全系数本来就不大，减轻沉管质量不利于沉管抗浮，故该法并不实用。因此，比较适宜的方法是采用桩基。

沉管隧道采用桩基后，还会遇到一些通常地面建筑不常遇到的问题，即群桩的桩顶标高在实际施工中不可能达到完全齐平，因此在管段沉设完毕后难以保证所有桩顶与管底接触。为使基桩受力均匀，必须采取一些必要的措施。常用措施主要有以下 3 种：

①水下混凝土传力法。基桩打好后，先浇一两层水下混凝土将桩顶裹住，而后再在其上部铺上一层砂石垫层，使沉管荷载经砂石垫层和水下混凝土层传递到桩基上去。

②砂浆囊袋传力法。在管段底部与桩顶之间用大型化纤囊袋灌注水泥砂浆加以垫实，使所有基桩均能同时受力。所用囊袋强度要高，透水性要好，以保证灌注砂浆时囊内河水能顺利排到囊外。砂浆强度不需要太高，略高于地基土抗压强度即可，但流动度则要高些，故一般均在水泥砂浆中掺入斑脱土泥浆。

③活动桩顶法。

a. 预制混凝土活动桩顶。在管段沉设完毕后，向活动桩顶与桩身之间的空腔中灌注水泥砂浆，将活动桩顶顶升到与管底密贴接触为止。

b. 钢制活动桩顶。在基桩顶部与活动桩顶之间，用软垫层垫实。垫层厚度按预计沉降量确定。管段沉设完毕后，在管底与活动桩顶之间灌注砂浆加以填实。

8.7 设计案例

【例 8.1】港珠澳大桥沉管隧道

港珠澳大桥全长 55 km，是中国第一例集桥、双人工岛、隧道为一体的跨海通道，于 2018 年 10 月全线通车。港珠澳大桥工程包括 3 项内容：一是海中桥隧主体工程；二是香港、珠海和澳门三地口岸；三是香港、珠海、澳门三地连接线。其中，粤港澳三地共同建设的主体工程长约 29.6 km，由长达 22.9 km 的桥梁工程和 6.7 km 的海底沉管隧道组成，隧道两端建有东、西两个人工岛，两个人工岛隔海相对，中间海浪翻飞，气势壮阔。

沉管是整个港珠澳大桥控制性工程，是我国首条于外海建设的沉管隧道，是深埋大回淤节段式沉管工程。沉管段总长 5 664 m，分 33 节，标准节长 180 m，宽 37.95 m，高 11.4 m，单节重约 8 万吨，最大沉放水深 44 m。

1）地质勘察

港珠澳大桥沉管隧道工程采用了以静力触探 CPTu 为主、传统钻探为辅的勘察技术。CPTu 是带孔压的静力触探，主要适用于海、陆相交替的冲积层和沉积层，根据其仪器自动采集的端阻、侧阻和孔压等数据，可快速、准确地进行地质分层。与传统的钻探勘察不同，CPTu 主要是通过获取间接指标，以经验公式计算出变形参数，进而计算出地基沉降量。港珠澳大桥岛隧工程在补勘工作中完成了 CPTu 孔 374 个、消散孔 22 个、原位测试孔 39 个以及技术孔 41 个。

2）管节长度与型式

港珠澳大桥沉管隧道的沉管段，在综合考虑装备能力和工期的影响下确定标准管节长 180 m。根据港珠澳大桥建设标准及规模要求，单向 3 车道的行车隧孔单孔跨度达 14.55 m，加上隧道深埋回淤上覆荷载偏大，一般的矩形箱式钢筋混凝土结构已不能适应，因此采用了折拱式横断面予以解决，如图 8.22 所示。标准管节采用 8 ×22.5 m 方案，为提高长管节节段接头的水密性，工程中将浮运沉放过程中的纵向临时预应力保留为永久预应力。

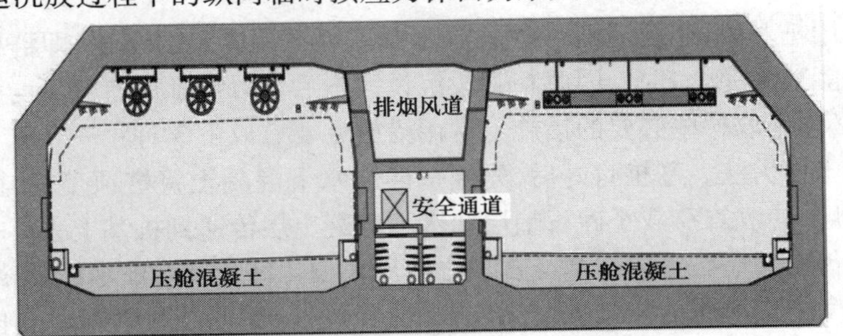

图 8.22　港珠澳大桥沉管隧道折拱式横断面

3）地基与基础处理

（1）地基设计

港珠澳大桥沉管隧道穿越了淤泥、淤泥质黏土和淤泥质黏土混合砂，在岛头段采用了 PHC 刚性桩复合地基代替了传统的支承桩地基型式，在海中人工岛护岸地基加固成功研发了水下高置换率挤密砂桩（SCP）后，将沉管隧道的过渡段由减沉桩（定位桩）更改为挤密砂桩（SCP）复合地基（图 8.23），总体上以复合地基的设计理念实现隧道与地基刚柔协调和沉降过渡，将沉降差控制在隧道结构可承受的范围内。

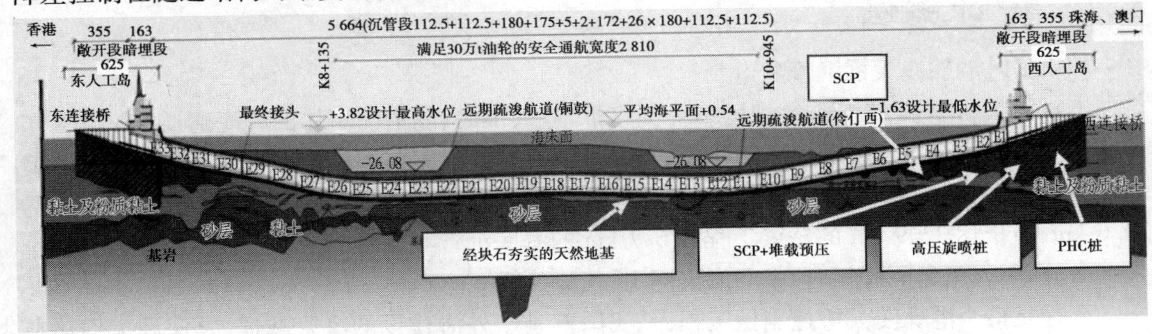

图 8.23　港珠澳大桥沉管隧道地基设计方案

(2)基础垫层处理

基础垫层的处理一般分为先铺法和后填法两大类。先铺法有刮砂法和刮石法；后填法有砂流法、灌囊法和压浆法等。由于水深大、水流复杂、管节体量大，若使用后填法基础需要对管节两端进行临时支撑，而节段式管节在简支状态下受力较为不利，因此海中沉管隧道一般优先考虑先铺法基础垫层。

碎石整平法是由传统刮石发展为通过下料刮铺的一种先铺法，其碎石垫层带有垄沟(图8.24)，其主要优点是：在相对较大的波浪和水流情况下仍能适用，具有一定纳淤能力，管节沉放连接后能快速保持管节稳定以及垫层顶面可进行可视化检查。但采用先铺法的管节在着床后高程及纵、横坡不可再调，管节高程与纵、横坡的误差基本取决于碎石垫层的误差，因此管节沉放对基础垫层的精度要求高，需采用大型高精度机械设备进行施工。港珠澳大桥沉管隧道工程研制开发了按拟定纵坡均匀下料铺设的高精度碎石整平船，代替了传统的刮铺法处理工艺，实现了整平船的准确定位、平台升降锁紧控制、下料管升降及整平台车纵向和横向移动的控制、抛石管整平刮刀的高程调节、基床整平的同步质量检测等自动化控制，克服了在深水施工中的两大技术难题：

①利用细长的下料管在不稳定的水流中来回移动下料形成平整的"Z"形碎石垄。

②船位移动后前后船位之间施作的垫层连接平顺。

该整平船在已完成的E1 ~ E14管节基础铺设过程中，实现了在8个有效工作日内以7个船位完成一个标准沉管管节的碎石基床铺设，碎石基床精度可达 ± 30 mm。

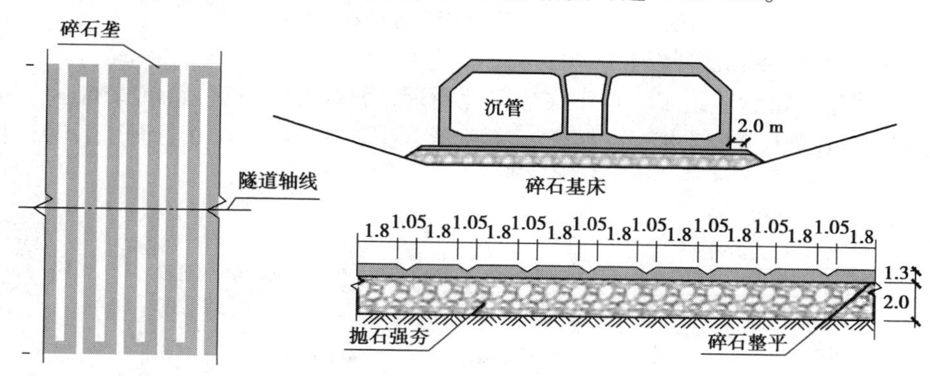

图8.24　带垄沟的碎石垫层

4)管节安装与测控

港珠澳大桥沉管隧道工程自行开发了一套"深水无人沉放系统"，包括锚泊定位系统、压载控制系统、自动拉合系统、测量控制系统和体内精调系统等，通过信息技术和遥控技术实现管节姿态调整、轴线控制和精确对接。与韩国釜山—巨济沉管隧道不同，该系统采用"内调法"实现管节对接后的线性调整，即在GINA内侧安置若干千斤顶实现精调功能，如图8.25所示。

由于港珠澳大桥沉管隧道距离超长，处于外海环境，测量可视条件较差，而且受阻水率等条件限制而造成的桥隧转换人工岛短且小，如何建立精密导线确保最终贯通精度，以及如何将GPS平面坐标测控与管节沉放安装相对位置测控系统集成为具有较高精度的综合测控系统，克服水文与气象的干扰，仍是建设者们面临的挑战。港珠澳大桥沉管隧道把管节平面位置控制测量与管节沉放对接相对位置精度控制测量集成为GPS + RTK + 差分声呐控制系统(图8.26)，实现了厘米级的控制精度。

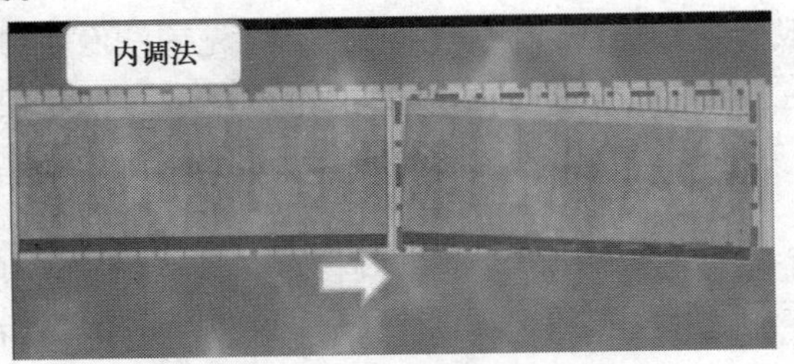

图 8.25 “内调法”管内精调系统

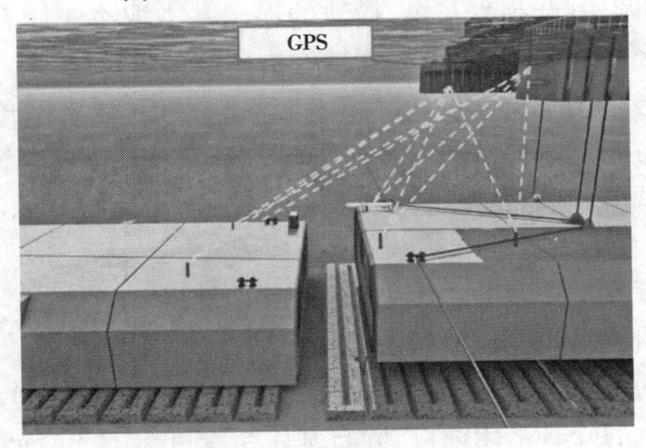

图 8.26 声呐法结合 GPS 进行对接测量

【例 8.2】上海外环线沉管隧道

上海外环线越江沉管隧道工程位于吴淞公园附近,为双向八车道公路沉管隧道。越江地点江面宽度为 780 m,全长 2 882.82 m,如图 8.27 所示。工程于 1999 年 12 月开工,2003 年 6 月竣工。

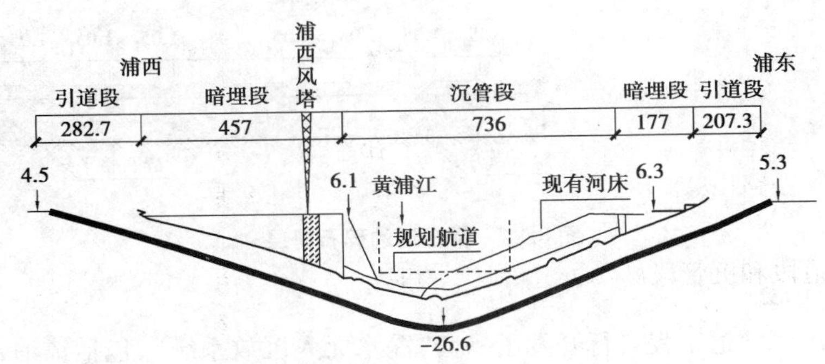

图 8.27 工程剖面图(长度单位:m)

(1)管段横断面设计。管段为 3 孔 2 管廊 8 车道,43 m 宽、9.55 m 高的横断面,如图 8.28 所示。

(2)工程线路平面设计。工程线路设两个曲线段,半径分别为 1 200 m 及 10 000 m,江中沉管部分在 $R=1\ 200$ m 的曲线上,避开了河床深潭中的最深部位,从而减小了隧道埋深。

(3)工程线路纵剖面设计。设计主要控制江中段管段顶标高与河床底标高的关系,江中线路设 1 个变坡点,竖曲线半径为 3 000 m,江中段设 2 节 100 m、1 节 104 m 和 4 节 108 m 的沉管管段,内含一段长为 2.5 m 的最终接头。深潭处隧道顶高出河床底 3.61 m,减少了结构埋深以及江中基槽浚挖、回填覆盖等工作量，从而降低了工程造价。

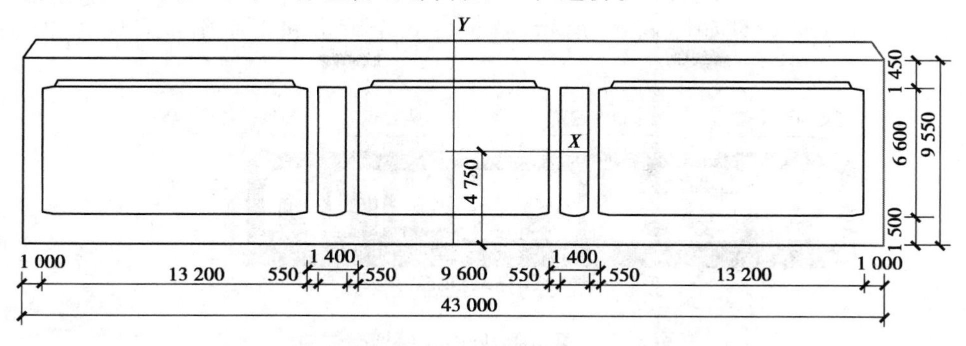

图 8.28　沉管管段横断面图(长度单位:mm)

(4)管段接头。外环沉管隧道柔性接头的构造包括 GINA 橡胶止水带、OMEGA 橡胶止水带、水平和垂直抗剪键、接头连接钢缆等，最终接头在江中采用防水板方式完成。

(5)干坞。干坞选址在浦东三岔港边的黄浦江滩地处，如图 8.29 所示。干坞分为 A 坞和 B 坞，其中 A 坞可一次性制作 E7、E6 节管段，B 坞可一次性制作 E1 ~ E5 节管段，两个干坞总占地面积为 $1.2\times10^5\ m^2$，总开挖土方量近 $1.2\times10^6 m^3$。

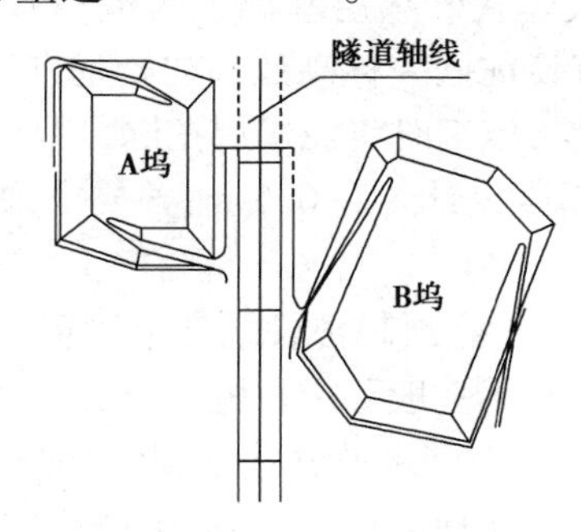

图 8.29　干坞方案示意图

【例 8.3】　荷兰第二条 Benelux 沉管隧道

为解决鹿特丹西部的交通堵塞问题，荷兰政府在 1988 年作出决定，要把连接鹿特丹西部两个交通枢纽的高速公路由 2 ×2 车道扩展成 2 ×4 车道，就是在原 Benelux 沉管隧道旁再建一条沉管隧道。

隧道包括引道段和沉管段两部分，如图 8.30 所示，北引道由 14 段构成，总长约 300 m；沉管部分由 6 节管段组成，总长约 850 m；南引道由 12 段构成，总长约 275 m。

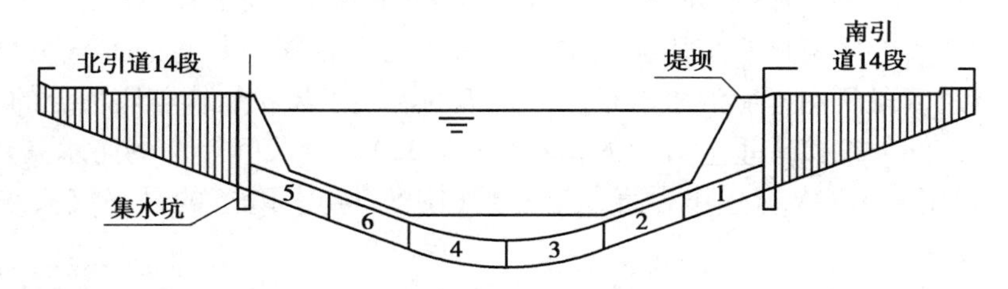

图 8.30　第二条 Benelux 隧道横截面

(1)地质概况。引道段的地质纵断面具有荷兰西部地区的地质特征。从地面到标高 -18mN. A. P(荷兰参考标高:新阿姆斯特丹水平面)之间由全新纪土层构成。从沉管部分的地质纵断面看，引道下面大部分的更新纪砂层已由全新纪沉积物取代。

(2)沉管隧道总体设计如图 8.31 所示，隧道由 6 个管道和 1 个附带有应急通道的管廊组成。

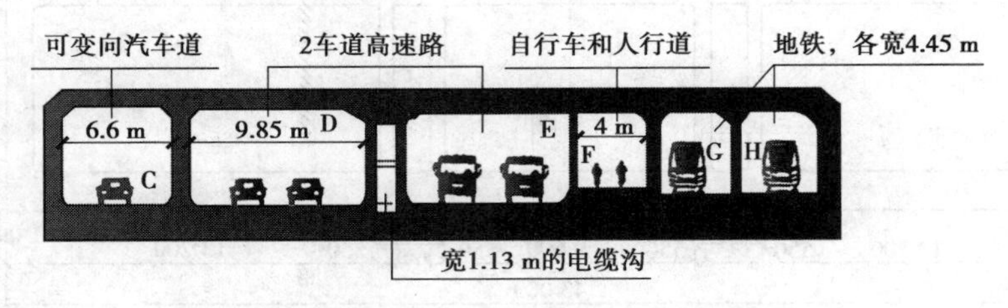

图 8.31 第二条 Benelux 隧道横截面

管段尺寸：外侧宽度为 45.25 m，外侧高度为 8.485 m；管段共 6 节，每节管段长 140 m，由 7 段长度为 20 m 的管节构成；每节管段排水量达到 $5\times10^4\ m^3$。

沉管隧道纵断面情况：沉放部分从南北两岸标高(指隧道顶部)－2.616 m 开始；隧道顶部最深处位于－18 m；道路交通最大坡度为 4.5%；地铁交通最大坡度为 4.0%；自行车和人行道最大坡度为 3.5%。

(3)沉管隧道基础。隧道管段建在砂垫层基础上。最小基础压力为 5 kPa，最大基础压力为 20 kPa，比在基槽开挖和管段沉设前同一标高处的初始垂直地压(100 kPa)小得多。

岸上基础标高处发现有泥炭层，施工时将泥炭层挖除，用硬岩石代替，硬岩石层的最大厚度为 3 m。隧道管段底部的砂垫层厚度设计约为 0.5 m，并要求采用粒径在 170～230 μm 范围内的中砂。

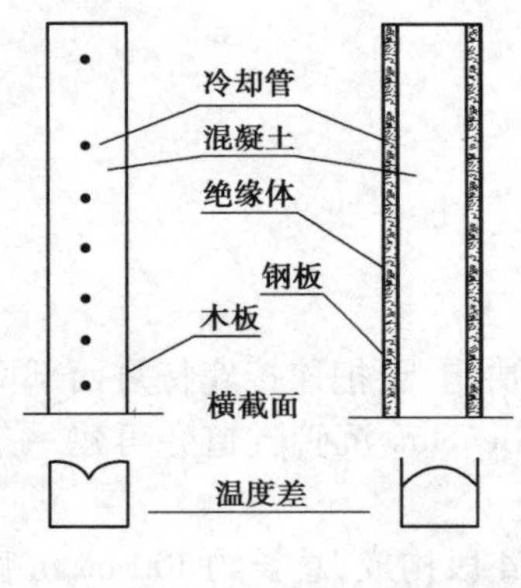

图 8.32 冷却系统

(4)预制管段混凝土浇筑

①一般要求。混凝土标号为 C35；管顶水深最大值为 21.75 m；考虑到水的含盐度，河水的精确重度最大达到 $10.2\ kN/m^3$。

在预制场中，两条生产线同时进行管段生产，总计 42 节管节。每节管节分 3 次浇筑：第一次浇筑底板($1\ 300\ m^3$)；第二次浇筑内墙($300\ m^3$)；第三次浇筑外墙和顶板($1\ 200\ m^3$)。混凝土浇筑前进行结构配筋，最大配筋量约 $175\ kg/m^3$，总共用于管段的钢筋需 19 000 t。

②冷却系统。浇筑外墙和顶板时，要把混凝土浇筑在已经硬化的结构上。混凝土冷却采用外置冷却管的方法，如图 8.32 所示。

③接头。管节间的底板接头采用齿形结构来防止两个相邻管节间的垂直位移。齿形结构的高度取决于隧道管段所用压舱混凝土量。而顶板的混凝土齿状结构与底板处的方向相反，这就限制了相邻管节间伸缩接头垂直方向的错动(图 8.33)。管段间接头的防水是用 GINA 衬垫作为第一道密封，用 OMEGA 衬垫作为第二道密封(图 8.34)。隧道的最终接头采用防水板方式施工。

④预应力。必须对由浮运管段组成的各个管节施加定向预应力。每孔钢索由 19 根直径为 15.7 mm 的预应力来构成，钢索的数量随管段沉放深度不同而不同。顶板上钢索数量为 3～9 根，底板上为 10～14 根。

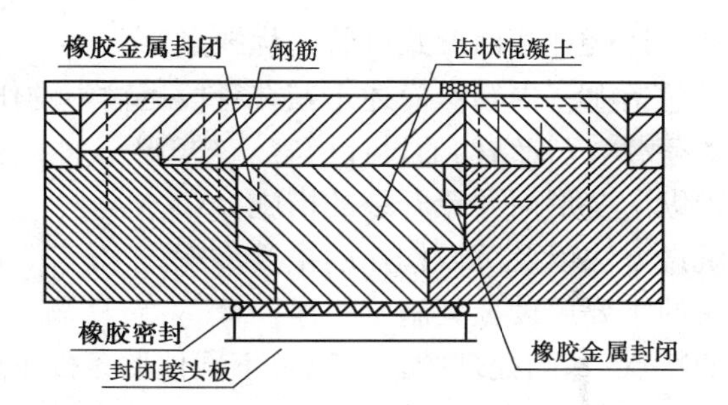

图 8.33　底板处管节间封闭接头断面图

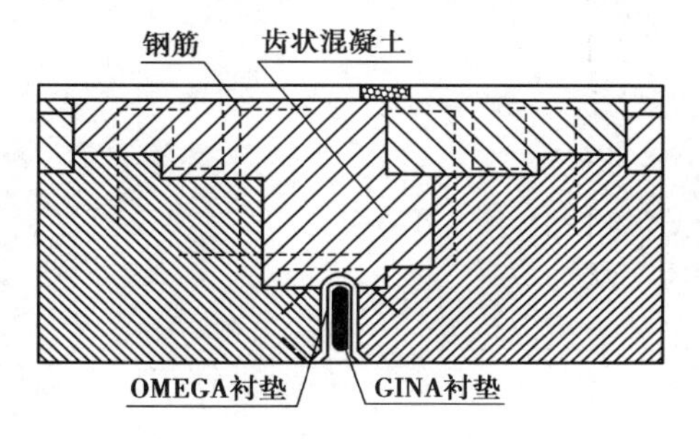

图 8.34　底板处管段间接头横截面

本章小结

(1)沉管法又称预制管段沉放法,该方法施工方便、防水可靠、造价便宜。在近年来的水底隧道建设中,沉管法已逐渐取代了居首要地位的盾构法。

(2)沉管隧道按照断面形状可分为圆形和矩形两大类,沉管结构的两种基本类型是钢壳沉管和钢筋混凝土沉管。

(3)作用在沉管结构上的荷载包括永久荷载、可变荷载和偶然荷载等三类。

(4)沉管结构设计主要包括浮力设计、横向结构分析、纵向结构分析、配筋以及预应力的应用等,其中浮力设计是沉管结构设计中与其他地下建筑迥然不同的特点。

(5)钢筋混凝土沉管结构若无合适的处理措施,则容易因隧道纵向变形而导致开裂。最有效的措施是设置垂直于隧道轴线方向的变形缝。

(6)变形缝中使用较普遍的止水缝带是橡胶止水带和钢边橡胶止水带。

(7)沉管的沉设方法主要包括吊沉法(又分为分吊法、扛吊法和骑吊法)和拉沉法两大类。

(8)目前沉管隧道水下连接的主要方法是水力压接法。该方法利用作用在管段上的巨大水压力使安装在管段前端面周边上的一圈胶垫发生压缩变形,形成一个水密性非常可靠的管段间接头。水力压接法进行沉管隧道水下连接的主要工序是:对位—拉合—压接—拆除端封墙。

(9)沉管隧道对各种地质条件的适应性都很强,一般不需构筑人工基础,但施工时仍须进行基础处理。不过其不是为了应对地基沉降,而是为了解决开槽作业后槽底不平整的问题。

思考题

8.1　简述沉管施工的工艺和特点。

8.2　分析比较圆形和矩形两种截面形式沉管的优缺点。

8.3　沉管的浮力设计包括哪些内容？简述干舷在管段运输中的作用。

8.4　简述沉管结构的荷载、沉管结构的设计内容。

8.5　简述防止沉管因纵向变形而导致开裂的措施。

8.6　简述沉管管段沉设方法以及沉设作业的主要步骤。

8.7　简述水力压接法的主要原理及其施工工序。

8.8　简述沉管基础的特点、基础处理的目的以及不同地质条件下的沉管基础的处理措施。

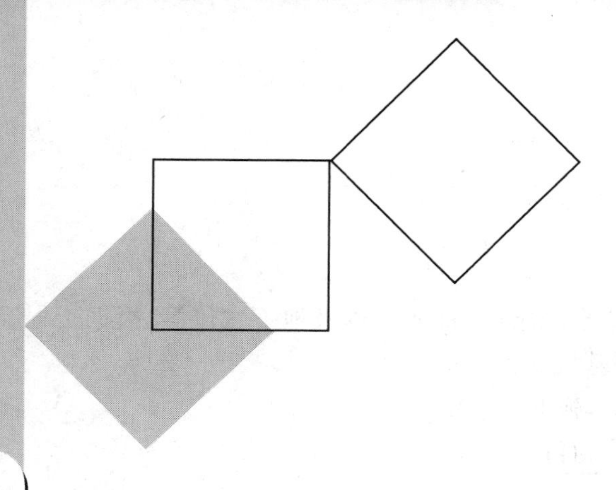

9 基坑支护结构设计

本章导读：

- **内容** 基坑支护的概念、特点和适用条件；常见基坑支护的施工方法；常见基坑支护结构设计的常用计算方法。
- **基本要求** 了解常见基坑支护的概念、特点和适用条件；掌握常见基坑支护设计的计算方法和计算内容。
- **重点** 常见基坑支护结构设计的计算方法和计算内容。
- **难点** 常见基坑支护结构设计的计算方法。

9.1 概述

基坑是为了修建建筑物的基础或者地下室、埋设市政工程的管道、开发地下空间(如地铁车站、地下商场)、浅埋交通隧道等所开挖的地面以下的土坑。基坑支护结构是为了保证坑壁不致坍塌、保护地下结构主体结构施工安全以及使周边环境不受损伤所采取的工程措施的总称。

在场地空旷、基坑开挖深度较浅、环境要求不高的情况下，可采用放坡开挖等无支护基坑的形式，这时主要考虑边坡稳定和排水问题。但随着城市的发展，建筑物基础深度加大，既有建构筑物及管线等越来越密集，可施工空间越来越小，周边环境要求越来越高，相应地对基坑支护提出了越来越高的要求。基坑工程是复杂的系统工程，构成要素多，影响机理复杂，本章主要对常见的基坑支护结构进行介绍。

9.2 基坑支护形式

根据基坑的安全等级、开挖深度、周边环境情况、地质条件及地下水位等,根据工程经验或专家咨询并经过经济技术比选,正确选择基坑支护结构形式。

基坑支护形式按照制作方式的分类,如图9.1所示。

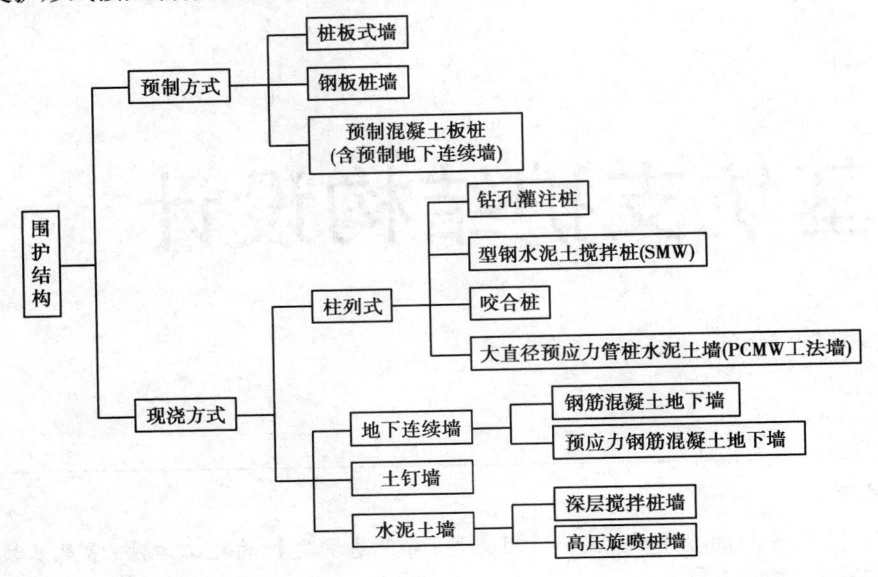

图9.1 基坑支护结构的形式

上述各类支护结构的特点见表9.1。

表9.1 各类支护结构的特点

类型	特点
桩板式墙	1. H型钢的间距在1.2~1.5 m; 2. 造价低,施工简单,有障碍物时可改变间距; 3. 止水性差,地下水位高的地方不适用,坑壁不稳的地方不适用; 4. 开挖深度,上海达6 m左右,无支撑;日本用于开挖10 m以内的基坑(有支撑)
钢板式墙	1. 成品制作,可反复使用; 2. 施工简便,但施工有噪声; 3. 刚度小,变形大,与多道支撑结合,在软弱土层中也可采用; 4. 新的时候止水性尚好,如有漏水现象,需增加防水措施
钢管桩	1. 截面刚度大于钢板桩,在软弱土层中开挖深度较大; 2. 需有防水措施相配合
预制混凝土板桩	1. 施工简便,但施工有噪声; 2. 需辅以止水措施; 3. 自重大,受起吊设备限制,不适合大深度基坑。国内用在10 m以内的基坑,法国用于15 m深的基坑

续表

类型	特点
钻孔灌注桩	1. 刚度大,施工方便,可用在深大基坑; 2. 施工队周边地层、环境影响较小; 3. 需与止水措施配合使用,如搅拌桩、旋喷桩等。
SMW 工法桩	1. 强度大,止水性好; 2. 内插的型钢可拔出反复使用,经济性好; 3. 已得到广泛应用,一般多用于开挖深度 13 m 以上的基坑。
大直径筒桩	1. 刚度大,开挖深度较大,止水性好; 2. 安全经济、节能减排、施工进度快。
咬合桩	1. 刚度大,施工方便; 2. 施工队周边环境、地层影响小; 3. 结构可采取全包防水设计,对结构整体防水效果较好; 4. 经济性较好; 5. 在砂性地层在咬合桩接缝处如增加 1 ~3 根旋喷止水桩,效果更佳。
PCMW 工法	1. 刚度大,桩体质量可靠,止水性好; 2. 安全可靠,施工快速,文明环保。
地下连续墙	1. 可用在超深基坑、圆形基坑,适用于所有地层; 2. 刚度大,变形小,隔水性好,同时可兼做主体结构的一部分; 3. 可邻近建筑物、构筑物使用,环境影响小; 4. 造价高。
土钉墙	1. 不需要内支撑,墙体止水性好,经济性好; 2. 墙体变形较大,基坑深度不宜大于 12 m。
水泥土墙	1. 无支撑,墙体止水性好,造价低; 2. 墙体变位大,基坑深度 不宜大于 6 m。

9.3 基坑支护设计

9.3.1 设计依据及所需资料

基坑工程依据其重要性分成若干等级,各地区的划分标准不尽相同。不同等级的基坑设计,其安全系数、变形控制标准等要求是不一样的。

目前主要的设计依据是中华人民共和国行业标准《建筑基坑支护技术规程》(JGJ 120—2012)等,另外还有各地方的地区规程。同时,专门针对钻孔灌注桩、深层搅拌桩、地下连续墙和土钉墙等设计施工技术规程规范以及钢结构、钢筋混凝土结构以及地基基础设计规范等，这些规范规程构成了基坑支护工程设计的依据。

在设计规范依据的基础上，在具体的设计中必备的设计资料包括：

①工程地质资料。土层分布情况、层厚、土层描述、地质剖面及土层物理力学性质参数等是进行基坑方案选择和进行基坑稳定性、内力变形计算的依据。

主要的基坑支护设计需要的各项土的物理力学参数见表9.2。

表9.2　土的物理力学指标与基坑设计的关系

指标	参数	设计计算应用
渗透性指标	渗透系数	抗渗、降水、固结计算
强度指标	固结快剪黏聚力、内摩擦角	支护墙侧土压力；基坑坑底土抗隆起；整体圆弧滑动、支护墙抗倾覆、抗滑等计算
	固结不排水黏聚力、内摩擦角	
	有效黏聚力、内摩擦角	
	无侧限抗压强度	
	十字板剪切强度	
物理性指标	孔隙比	流砂、管涌分析计算
	含水量	支护墙侧水、土压力计算
	密度(重度)	
	不均匀系数	流砂、管涌分析计算
压缩性指标	压缩模量	支护墙体、周围土体变形及随时间关系计算；坑底回弹量计算
	压缩系数	
	固结系数	
	回弹模量	

②水文地质资料。场地地层中地下水文条件应该在设计前查清，如地下水位、承压水等情况，用以分析流砂、管涌、渗流等。

③工程环境条件。通常包括：a. 邻近建筑物情况。应掌握邻近建筑物的分布情况、结构形式、质量情况、基础状况及建筑红线位置等。b. 周围道路情况。应掌握周围道路的交通情况、路基情况、路面结构等。c. 周围管线情况。应掌握煤气、上水、下水等管道的使用功能、位置、埋深、大小、构造及接头情况；地上、地下电缆的埋设、架设及其使用等情况。

④浅层地下障碍物情况。特别是在市区，浅层地层往往有地下障碍物，如旧建筑物的桩或基础、废弃人防工程、地下室、工业或建筑垃圾等，这些障碍物分布复杂，应充分掌握其分布情况，以免造成停工、修改设计及事故隐患等。

⑤主体结构设计资料。用地红线图、建筑平面图、剖立面图、地下结构图以及桩位布置图等是确定支护结构类型、进行平面布置、支护结构布置、立柱定位等必不可少的资料。

⑥场地施工条件。在考虑基坑支护方案、确定控制标准时，需要充分考虑场地的施工条件，如场地为施工提供的空间、施工允许的工期、环境对施工的噪声、振动、污染等的允许程度，以及当地施工所具有的施工设备、技术等条件。

9.3.2 混凝土重力式挡墙设计

1)设计内容

①墙体宽度和深度。墙体宽度和深度的确定与基坑开挖深度、范围、地质条件、周围环境、地面荷载以及基坑等级等有关。初步设计时可按经验确定,一般墙宽可取为开挖深度的0.6~0.8倍,坑底以下插入深度可取为开挖深度的0.8~1.2倍。初步确定墙体宽度和深度后,要进行整体圆弧滑动、抗滑、基坑倾覆、墙体结构强度以及抗渗验算,验证是否满足要求。

②宽度方向布桩形式。最简单的布置形式就是不留空隙,打成实体,但这样做较浪费,为节约工程量,常做成格栅式。

③墙体强度。一般采用42.5 MPa普通硅酸盐水泥,水泥土支护体的强度要求龄期一个月的无侧限抗压强度不小于0.8 MPa。掺入外掺剂具有改善土性、提高强度、节约水泥、促进早强、缓凝或减水等作用,外剂的使用与水泥品种、水灰比、气候条件等有关,选用时应有一定经验或事先进行室内试块试验。粉煤灰是具有较高活性和明显的水硬性的工业废料,可明显提高水泥土强度及早期增长速度;三乙醇胺为早强剂,用量一般为0.05%~0.20%;木质素磺酸钙为减水剂,起减水作用,可以增加水泥浆稠度,利于泵送,用量一般为0.2%~0.5%。

④其他加强措施。a.坑底加固。有的场地基坑边与建筑红线之间距离有限,不能满足正常的搅拌桩宽度的要求,这时可考虑减小坑底以上搅拌宽度,加宽坑底以下搅拌宽度。因为这部分搅拌柱可设置于底板以下,从而增强了稳定性,同时能提高被动区抗力。b.墙身插毛竹或钢筋。插毛竹时,毛竹的小头直径宜不小于5 cm,长度宜不小于开挖深度,插毛竹能减少墙体位移和增强墙体整体性。插钢筋时,钢筋长度一般为1~2 m,由于钢筋与水泥土接触面积小,所能提供的握裹力有限,但施工方便。c.墙顶现浇混凝土路面。厚度不小于150 m,内配双向钢筋网片,不但便于施工现场运输,也利于加强墙体整体性,防止雨水从墙顶渗入挡墙格栅而损坏墙体。

2)土压力计算

作用于重力式水泥土挡墙上的侧压力可按朗肯土压力理论计算,即假设墙面竖直光滑、墙后土面水平、土体处于极限平衡状态。地下水位以下的土体侧压力有两个计算原则,即水土分算和水土合算。

(1)水土分算原则

水土分算原则是分别计算土压力和水压力,两者之和即为总的侧压力。这一原则适用于渗透性较好的土层,如砂土、粉土和粉质黏土。按水土分算原则计算土压力时,采用有效重度。从理论上讲,采用有效抗剪强度指标c'、φ'是正确的,但当前工程地质勘察报告中极少提供有效抗剪强度指标。通过一些工程的实测,可以近似地采用三轴的固结不排水或固结快剪试验峰值指标来计算土压力。计算水压力时,应按支护墙体的隔水条件和土层的渗流条件,先对地下水的流条件作出判断,区分地下水处于静止无流状态还是地下水发生绕防渗帷幕底的稳定渗流状态,不同的状态采用不同的水压力分布模式。

(2)水土合算原则

水土合算原则适用于不透水的黏土层,并采用天然重度。水土分算得到的墙上作用力比水土合算的大,因此设计的墙体结构费用高。当有些土层一时难以确定其透水性时,则需从安全使用和投资费用两方面作出判断。对于地基土成层、墙后有无穷分布或局部超载、墙后土面倾斜等情况下的土压力计算可参阅有关文献,此处不再详述。

3)基本验算

在初步确定了墙体的宽度、深度、平面布置及材料之后,应验算设计的挡土墙是否满足变形、强度及稳定性等要求。重力式水泥土挡墙的验算主要包括:抗倾覆验算,抗滑验算,抗渗验算,整体圆弧滑动稳定验算,墙体结构强度验算。计算简图如图 9.2 所示。

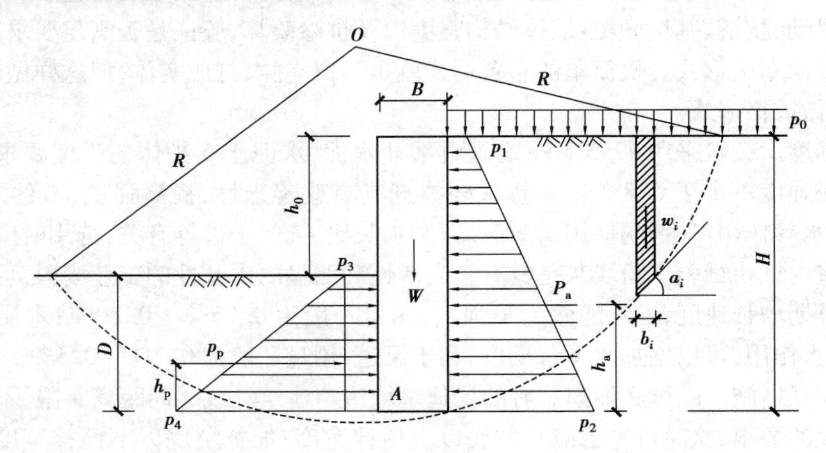

图 9.2　重力式水泥土挡墙计算简图

(1)抗倾覆验算

抗倾覆验算常以绕墙趾 A 点的转动来分析,计算公式为:

$$K_q = \frac{P_p h_p + 0.5BW}{P_a h_a} \tag{9.1}$$

式中　K_q——抗倾覆安全系数,一般要求不小于 1.2;

B——支护墙的宽度,m;

W——支护墙自重,kN;

P_a、P_p——主、被动土压力的合力,kPa;

h_a、h_p——主、被动压力合力作用线到墙底的距离,m。

(2)抗滑验算

抗滑验算指墙体沿支护墙面的抗滑动验算,其验算公式为

$$K_{HL} = \frac{W\tan\varphi + cB + P_p}{P_a} \tag{9.2}$$

式中　K_{HL}——墙底抗滑安全系数,一般要求不小于 1.2;

c——墙底土层的黏聚力,kPa;

φ——墙底土层的内摩擦角,(°)。

注意,不宜采用以下公式计算抗滑安全系数:

$$K_{HL} = \frac{W\tan\varphi + cB}{P_a - P_p} \tag{9.3}$$

当搅拌桩插入深度大时,P_p 常接近于 P_a,所以计算得到的安全系数偏大,不安全。

(3)抗渗验算

由于基坑开挖时要求坑内无积水,坑内外将存在水头差。当坑底下为砂土时,需验算墙角渗流向上溢出处的渗流坡降,防止出现流砂现象;当坑底为黏性土层而其下有砂土透水层时,也需进行渗流验算。抗渗验算可采用大卫登可夫(Davidenkoff)和弗兰克(Franke)的分段法来计算,以平面渗流为出发点。

不透水层深度取无明显夹砂层的黏土或粉质黏土层深度,如图9.3所示。当 $H>0.9T_1$ 时,取 $H=0.9T_1$;当 $D>0.9T_2$ 时,取 $D=0.9T_2$。

①对于一般地下沟槽开挖工程,可按平面渗流考虑,如图9.4所示。

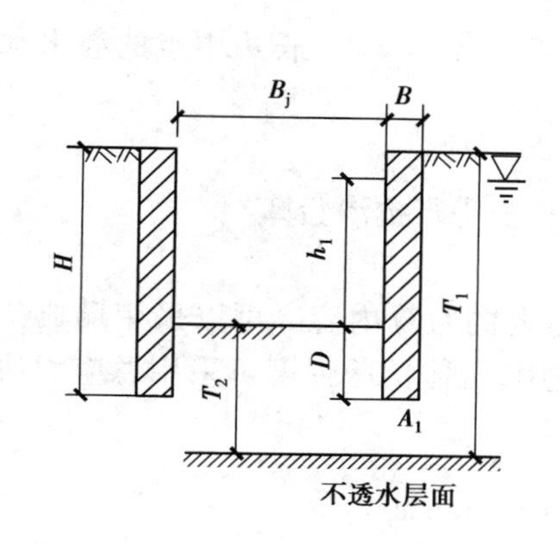

图9.3　抗渗计算图

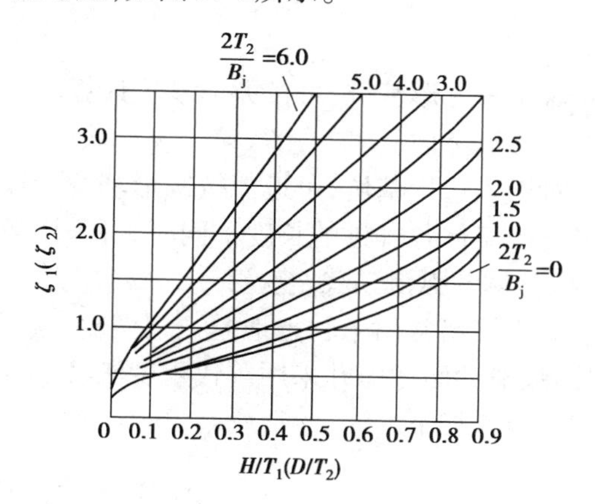

图9.4　抗渗计算曲线

由 H/T_1 及 $2T_2/B_j=0$,可查得阻力系数 ξ_2,再由 D/T_2 和 $2T_2/B$ 查得阻力系数 ξ_2,然后按下式计算渗入基坑的单宽流量:

$$q_0=k_v h_1\frac{1}{\xi_1+\xi_2} \tag{9.4}$$

式中　q_0——支护墙体单位宽度的渗流量,m^3/d;

k_v——土竖直向渗透系数,m/d;

h_1——基坑外地下水位至基坑底的距离,m。

出口处 A_1 点的水头:

$$h_F=\frac{h_1\xi_2}{\xi_1+\xi_2} \tag{9.5}$$

出口段平均渗透坡降,应满足抗渗安全要求:

$$J_F=h_F/(D+B)\leqslant J_c/K_S \tag{9.6}$$

式中　J_F——出口段平均渗透坡降;

K_S——抗渗安全系数,当墙底为砂土、砂质粉土或有明显的砂性土夹层时取3.0,其他土层取2.0;

J_c——临界坡降,取1.0。

②对于圆形基坑,渗入基坑的单宽渗流量 q_0 和墙底出口处溢出水头 h_F 的计算式为:

$$q_0=0.8k_v h_1\frac{1}{\xi_1+\xi_2} \tag{9.7}$$

$$h_F = \frac{1.3h_1\xi_2}{\xi_1 + \xi_2} \tag{9.8}$$

③对于方形基坑,每边中点墙体渗入基坑的单宽渗流量 q_0 和溢出水头 h_F 的计算式为:

$$q_0 = 0.75k_v h_1 \frac{1}{\xi_1 + \xi_2} \tag{9.9}$$

$$h_F = \frac{1.3h_1\xi_2}{\xi_1 + \xi_2} \tag{9.10}$$

基坑角点墙体溢出水头 h_F 的计算式为:

$$h_F = \frac{1.7h_1\xi_2}{\xi_1 + \xi_2} \tag{9.11}$$

④对于长方形基坑,可按方形基坑计算。当长宽比接近或大于 2 时,长边中点的溢出水头可按平面渗流考虑。

⑤对于多边形基坑,可近似按圆形基坑计算。

当支护墙体各排桩的长度不同时,可采用最长一排的桩长进行抗渗验算。

(4)整体圆弧滑动稳定验算

水泥土挡墙常用于软土地基,整体稳定验算是一项重要的验算内容。可以采用瑞典条分法,按圆弧滑动面考虑并采用等代重度法考虑渗流力的作用,土体抗剪强度可采用总应力法计算。计算公式如下:

$$K_Z = \frac{\sum_{i=1}^{n} c_i l_i + \sum_{i=1}^{n} (P_i b_i + w_i)\cos\alpha_i \tan\varphi_i}{\sum_{i=1}^{n} (P_i b_i + w_i)\sin\alpha_i} \tag{9.12}$$

式中 K_Z——圆弧滑动稳定安全系数,应根据经验确定,无经验时可取 1.3;

c_i、φ_i——第 i 土条圆弧面经过的土的黏聚力和内摩擦角;

α_i——第 i 土条滑弧中点的切线和水平线的夹角,(°);

l_i——第 i 土条沿圆弧面的弧长,$l_i = b_i/\cos\alpha_i$,m;

P_i——第 i 土条处的地面荷载,kPa;

b_i——第 i 土条宽度,m;

w_i——第 i 土条重量。当不计渗流力时,基坑底地下水位以上取天然重度,基坑底地下水位以下取浮重度;当计入渗流力作用时,基坑底地下水位至墙后地下水位范围内的土体重度在计算分母的 w_i 时取浮重度。

一般最危险滑动面取在墙底以下 0.5 ~ 1.0 m,滑动圆心位置一般在墙上方,靠近基坑内侧。按照式(9.12),通过试算找出安全系数最小的最危险滑动面,相应的安全系数即为整体圆弧滑动稳定安全系数。

验算挡墙滑弧安全系数时,可取墙体强度指标 $\varphi = 0$,$c = (1/15 \sim 1/10)q_u$。当水泥土无侧限抗压强度 $q_u > 1$ MPa 时,可不计算挡墙滑弧安全系数。上述计算可通过编程来实现。

(5)墙体结构强度验算

$$\begin{cases} \sigma_1 = \gamma_m h_0 - \dfrac{6M}{B^2} > 0 \\ \sigma_2 = \gamma_m h_0 + p_0 + \dfrac{6M}{\eta B^2} > 0.5q_u/K_j \end{cases} \tag{9.13}$$

式中 K_j——安全系数,通常取2.0;

σ_1——计算界面最外侧正应力,kPa;

σ_2——计算界面最内侧正应力,kPa;

γ_m——墙体平均重度,一般为18~19 kN/m³;

M——计算截面以上侧墙压力在计算截面处引起的弯矩,kN·m;

H——墙体截面水泥土置换率,为水泥加固体和墙体截面积之比,%;

q_u——搅拌桩体的无侧限抗压强度,kPa;

p_0——地面超载,kPa。

9.3.3 排桩与地下连续墙支护结构设计

下面以构成地下连续墙式支护结构的支护桩墙为例,介绍这种支护结构的设计计算。

此类支护结构的支护桩墙种类很多,但其受力变形有一些共同的特点,所以有着相同的基本计算内容(不同的计算内容将在后面的设计内容中阐述)。基本计算内容有:基坑底土抗隆起稳定验算,防渗帷幕抗渗验算,基坑底土抗承压水验算,支护桩墙及支护内力变形计算。

1)基本计算

(1)基坑底土抗隆起稳定验算

以支护桩墙底的平面作为地基极限承载力验算的基准面,参照普朗德尔和太沙基求地基极限承载力的公式,滑移线形状如图9.5所示。

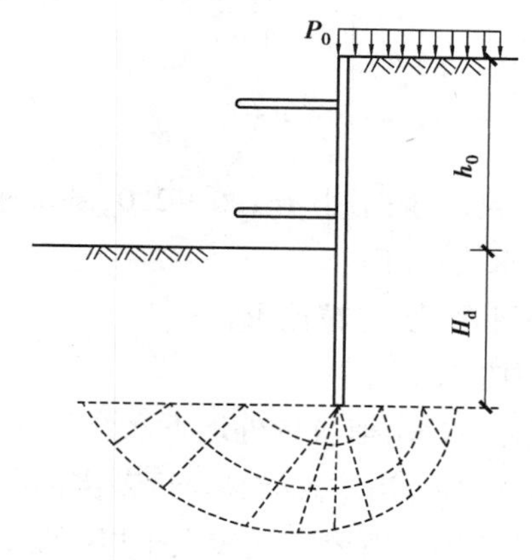

图9.5 坑底抗隆起稳定验算简图

该法未考虑墙底以上土体的抗剪强度对抗隆起的影响,也未考虑滑动土体体积力对抗隆起的影响。计算公式为:

$$K_{WZ}=\frac{\gamma_2 H_d N_q + cN_c}{\gamma_1(h_{0+}H_d)+P_0} \tag{9.14}$$

式中 K_{WZ}——抗隆起稳定安全系数,一般要求不得小于17~2.5;

r_1——基坑外地表至支护墙底,各土层天然重度的加权平均值,kN/m³;

r_2——基坑内开挖面至支护墙底,各土层天然重度的加权平均值,kN/m³;

h_0——基坑开挖深度,m;

H_d——支护墙在基坑开挖面以下的插入深度，m；

P_0——基坑外地面超载，kPa；

N_q、N_c——地基土的承载力系数，可用下面两种方法计算。

Prandtle-Reissner 公式：

$$N_q = e^{\pi \tan \varphi} \tan^2(45 + 0.5\pi) \tag{9.15}$$

$$N_c = (N_q - 1)/\tan \varphi \tag{9.16}$$

Terzaghi 公式：

$$N_q = 0.5 \left[\frac{e^{\left(\frac{3}{4}\pi - \frac{\varphi}{2}\right)\tan \varphi}}{\cos\left(\frac{\pi}{4} + \frac{\varphi}{2}\right)} \right]^2 \tag{9.17}$$

$$N_c = (N_q - 1)/\tan \varphi \tag{9.18}$$

式中　c、φ——支护墙底以下滑移线场影响范围内地基土黏聚力、内摩擦角的峰值。

(2)抗渗验算

当支护墙体外设防渗帷幕墙时，抗渗验算应计算至防渗帷幕墙底；当采用支护墙自防水时，抗渗验算则应计算至支护墙底(图9.6)。由于防渗轮廓线的形状比较简单，为便于计算同时又能满足工程要求，可采用以下方法：

$$\begin{cases} K_s = \dfrac{i_c}{i} \\ i_c = \dfrac{r_s - 1}{1 + e} \\ i = \dfrac{h_w}{L_{sr}} \end{cases} \tag{9.19}$$

式中　K_s——抗渗流稳定安全系数，一般不小于1.5～2.0，基坑底土透水性大时取大值；

i_c——基坑底土体的临界水头坡度；

e、γ_s——基坑底土的天然孔隙比、土粒比重；

i——基坑底土的渗流水力坡度；

h_w——基坑内外土体的渗流水头，取坑内外地下水位差，m；

L_{sr}——最短渗径流线总长度，m[当防渗帷幕长度范围内各层土的渗透性相差不大时，$L_{sr} = h_w + 2D_w$；但当此范围内有渗透性较大土层(如砂土、松散填土或多裂隙土)时，计算时应扣除这些土层厚度]

(3)基坑底抗承压水头稳定性验算

基坑开挖面以下有承压水层时，应按式(9.20)验算基坑底土抗承压水的稳定性，如图9.7所示。验算公式中偏安全地未考虑上覆土层与支护桩墙之间的摩擦力影响。

$$K_y = \frac{P_{cz}}{P_{wy}} \tag{9.20}$$

式中　K_y——基坑底土抗承压水头稳定安全系数，一般不小于1.05；

P_{cz}——基坑开挖面以下至承压水顶板间覆盖土的总自重压力，kPa；

P_{wy}——承压水层的水头压力，kPa。

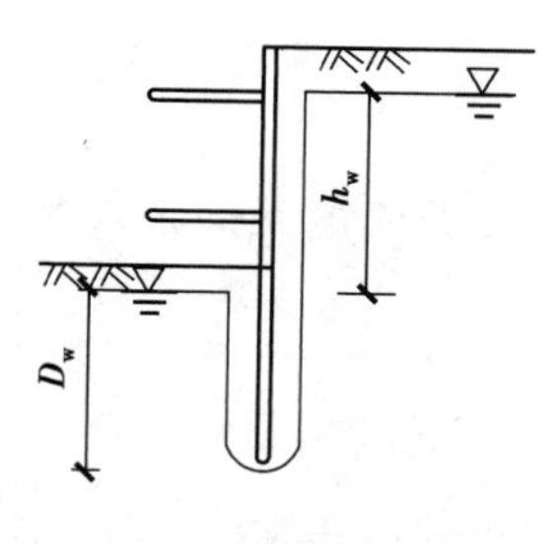

图 9.6 抗渗验算简图

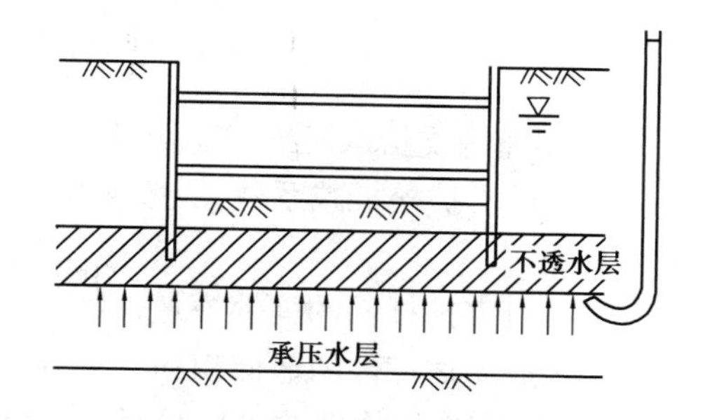

图 9.7 抗承压水验算简图

(4)内力变形计算

桩墙结构可按平面问题来简化计算,排桩计算宽度应取排的中心距,地下连续墙计算宽度可取单位宽度。对于悬臂式及支点刚度较小的柱墙支护结构,由于水平变形大,因此可按图 9.8(a)所示的被动侧极限应力法计算;当支点刚度较大、桩墙水平位移较小时,应按图 9.8(b)所示的竖向弹性地基梁法计算。

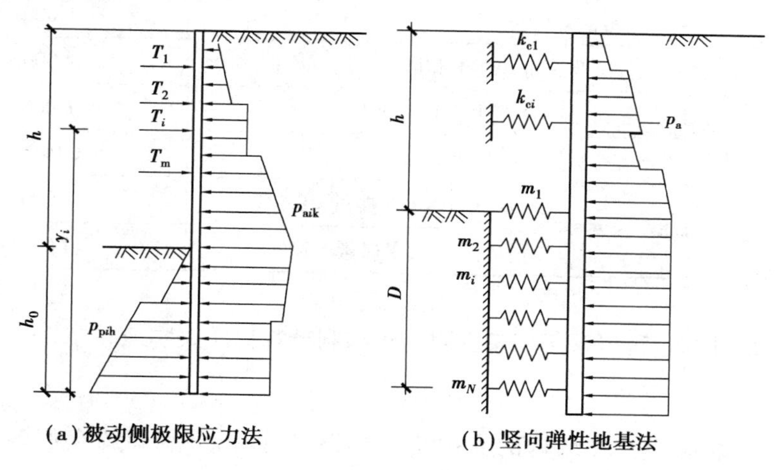

(a)被动侧极限应力法

(b)竖向弹性地基法

图 9.8 支护桩墙内力变形计算图式

被动侧极限应力法假定作用于支护柱墙上的侧压力均达到极限状态,因此,这种计算方法无法考虑支护墙的变形,同时也不能考虑开挖及地下结构施工过程的不同工况对内力的影响。属于这种类型的有等值梁法、太沙基塑性法、等弯矩法及等轴力法等。

竖向弹性地基梁法假定作用于桩墙后的侧压力在基坑底以上按朗肯主动土压力来考虑,开挖面以下按矩形分布,大小等于开挖面处的朗肯主动土压力。作用于桩墙前开挖面以下的侧压力通常按“m”法来考虑,m 的取值参见表 9.3。基坑内开挖面以上的支护点,以弹性支座来模拟。该法能根据开挖及地下结构施工过程的不同工况进行内力与变形计算。考虑开挖工况影响,第 i 道支护的支护反力的计算方法如下:

当土方开挖到第 i 道支护标高(即第 i 工况)时,若支护桩墙在该标高处的水平位移为 u_{0i},则设置了第 i 道支护并继续往下开挖后,如当支护桩墙在第 i 道支护标高的总水平位移变为 u_i,则第 i 道支护的支护反力为:

$$q_i = K_{ci}(u_i - u_{0i}) \tag{9.21}$$

$$K_{ci}=\frac{\alpha_i E_i A_i}{(l_i/2)s_i} \tag{9.22}$$

式中 K_{ci}——第 i 道内支护的压缩弹系数，kPa；

α_i——第 i 道支护松折减系数，一般取0.5～1.0，混凝土支护成钢支护施加预压力时，取1.0；

E_i——第 i 道支护杆件的弹性模量，kPa；

A_i——第 i 道支护杆件的截面积，m^2；

s_i、l_i——第 i 道支护构件的水平间距、计算长度，m。

表9.3所列仅供参考，实测 m 值时，可在基坑支护桩中选择若干有代表性的桩，埋设测斜仪和土压力盒，随着开挖的进行，用实测土压力 p 和水平位移求得 $k=p/u$ 值，值沿深度的斜率即 $m=\Delta k/\Delta z$。合理的分析计算应考虑地基土的成层性，不同土层采用不同 m 值。

表9.3 地基水平抗力系数的比例系数 m 值

地基土分类		m(kN/m⁴)
流塑的黏性土		1 000～2 000
软塑的黏性土、松散的粉砂性土和砂土		2 000～4 000
可塑的黏性土、密到中密的粉砂性土和砂土		1 000～6 000
坚硬的黏性土、密实的粉砂性土和砂土		6 000～10 000
水泥土搅拌桩加固，置换率>25%	水泥掺量<8%	2 000～4 000
	水泥掺量>12%	4 000～6 000

上述内力变形计算过程可采用杆系有限元法编制计算程序来实现。

2)设计内容

排桩或地下连续墙式支护结构的支护墙种类很多，以下分别介绍它们各自有关的设计内容。

(1)钢板桩、钢筋混凝土板桩

选择截面形式及大小。钢板桩常用的截面形式有U形、Z形、直腹板式及H形、槽钢、半圆形等；钢筋混凝土板桩的截面确定还应考虑起吊时的自重弯矩。钢筋混凝土板桩的厚度尚应结合其长度确定，表9.4可供参考。选择何种形式及型号要根据强度变形计算及施工条件等综合确定。

表9.4 钢筋混凝土板桩厚度与长度关系考表

桩长/(m)	10	15	20
桩的厚度/(cm)	16	35	50

①内力计算。确定U形板桩构件的惯性矩和弹性抵抗矩时，应根据锁口状态，分别乘以折减系数 α 和 β。当桩顶设有整体圈梁及支护点或锚头设有整体围梁时，取 $\alpha=\beta=1.0$，桩顶不设圈梁或围梁分段设置时，取 $\alpha=0.6,\beta=0.7$。入土深度的确定要根据前述基本计算的坑底抗隆起、抗渗、抗倾覆及内力变形计算等综合确定。

②防渗措施。对于钢板桩，当采用墙体自防渗时抗渗等级不小于 S6 级，并在板桩接缝处设置可靠的防渗止水构造；当采用锁口式防水结构时，沉桩前应在锁口内嵌填黄油、沥青或其他密封止水材料，必要时可在沉桩后坑外锁口处注浆防渗。对于预制钢筋混凝土板桩，当采用墙体自防渗时，混凝土的设计强度等级不宜低于 C30，钢筋混凝土板桩在接缝处的凹凸槽应有专门构造，在凹凸槽孔内注浆防渗，注浆材料的强度等级不应低于 M15。

(2)钻孔灌注桩

①内力计算。按上述内力变形计算方法可计算得到平面上每延米支护墙的内力 M_w。若桩间净距为 t，桩径为 D，则可进一步换算得到单桩内力为 $M_p=(D+t)M_w$。

②入土深度的确定。根据前述基本计算的坑底土抗隆起、抗倾覆及内力变形计算等综合确定入土深度。

③构造要求。钢筋笼的箍筋宜采用 ϕ6 ~ 8 mm 的螺旋箍筋，间距 200 ~ 300 mm；加强箍筋应焊接封闭，间距宜取 2 m，直径采用 ϕ12 ~ 14 mm。桩身混凝土设计强度等级不应小于 C20，水泥通常为 42.5 MPa 或 52.5 MPa 的普通硅酸盐水泥，主筋保护层厚度不小于 50 mm。

④确定平面布置及截面。平面布置的几种形式如图 9.9 所示。桩径不宜小于 600 mm，常用的桩径为 ϕ600 ~ 1 200 mm，具体大小要根据内力变形计算等确定。

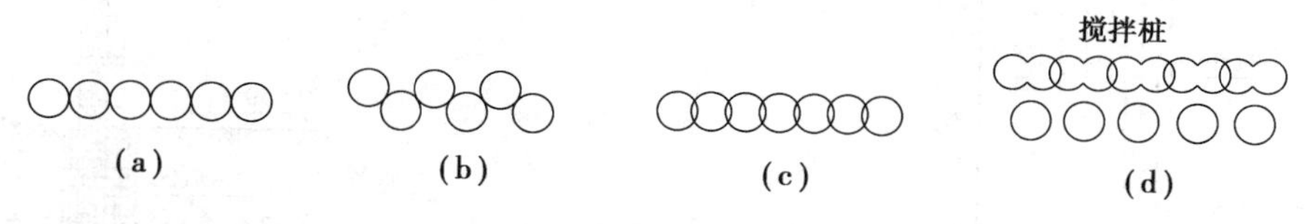

图 9.9　钻孔灌注桩的平面布置

⑤截面配筋。当钻孔灌注桩纵向钢筋要求沿截面周边均匀布置，且不少于 6 根时(图9.10)，截面抗弯承载力可按下面的偏心受压公式计算：

$$M_c=\frac{2}{3}f_{cm}r^3\sin^3\pi\alpha+f_yA_sr_s\frac{\sin\pi\alpha+\sin\pi\alpha_t}{\pi}\tag{9.23}$$

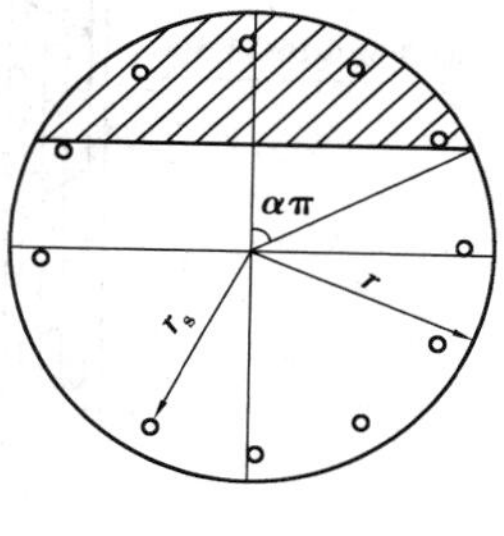

图 9.10　截面配筋图

为简化计算，取

$$\alpha=1+0.75\frac{f_yA_s}{f_cA_d}-\sqrt{-0.5-0.625\frac{f_yA_s}{f_cA_d}+\left(1+0.75\frac{f_yA_s}{f_cA_d}\right)^2}$$

$$\alpha_t=1.25-2\alpha$$

式中　A_d——钻孔灌注桩截面积，m²；

A_s——全部纵向钢筋的截面积，m²；

R——圆形桩截面半径，m；

r_s——纵向钢筋所在圆周的半径，m；

α——对应于受压区混凝土截面面积的圆心角与 2π 的比值；

α_t——纵向受拉钢筋截面积与全部纵向钢筋截面面积的比值，当 $\alpha>0.625$ 时，取 $\alpha_t=0$；

f_c——混凝土弯曲抗压强度设计值，MPa；

f_y——普通钢筋的抗拉强度设计值，MPa。

⑥防渗设计。防渗帷幕的深度由抗渗验算确定，并应贴近钻孔灌注桩，其底部宜进入不透水土层。防渗常有的几种形式如图 9.11 所示。a. 注浆帷幕：与灌注桩之间的净距不宜大于 150

mm；b. 桩间高压旋喷：应使旋喷桩体紧贴灌注桩；c. 深层搅拌桩：通常相互搭接20 cm，与灌注桩之间的净距不宜大于15 cm。如图9.11和图9.12所示，帷幕顶宜设置厚15 cm的混凝土面层，并与灌注桩桩顶圈梁浇成一体，防止地表水渗入。

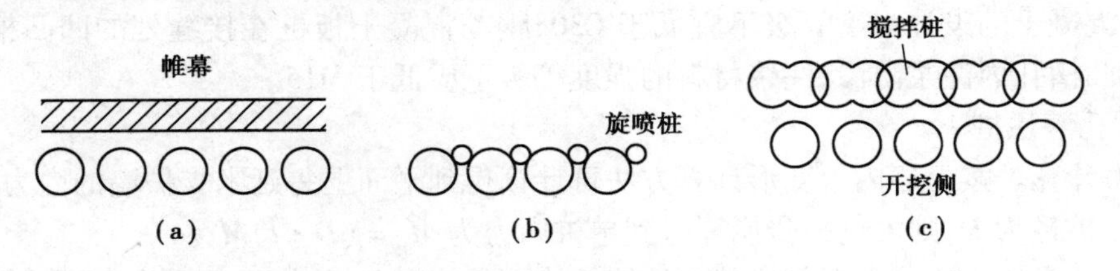

图9.11 钻孔桩的几种防渗形式

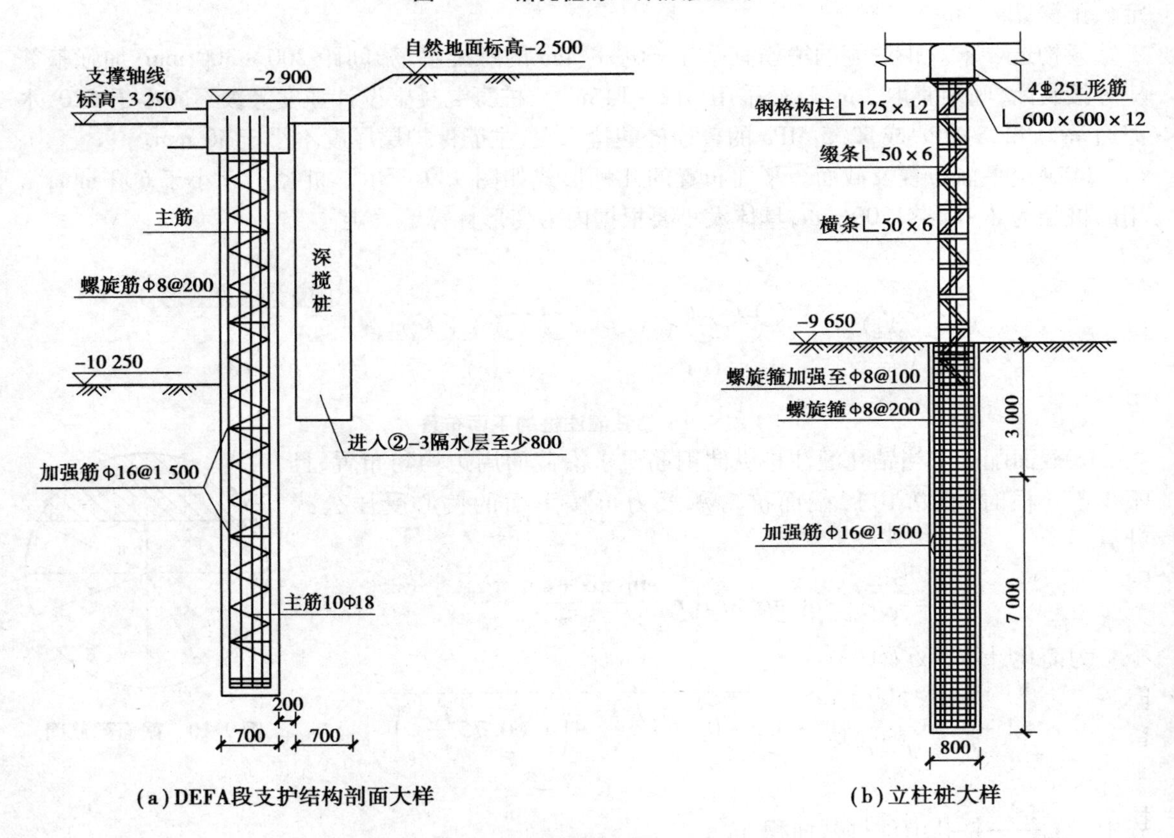

图9.12 钻孔桩的大样示意图(单位:mm)

(3) SMW工法(劲性水泥土搅拌桩)

通常认为水土侧压力全部由型钢承担，而水泥土桩的作用在于抗渗止水。水泥土对型钢的包裹作用提高了型钢的刚度，可起到减少位移的作用。此外，水泥土起到套箍作用，可以防止型钢失稳。

内力分析按上述内力变形计算可得到平面上每延米支护墙的内力矩 M_w。若型桩间净距为 t，桩的宽度为 B，则可进一步换算得到单根型钢内力矩为 $M_p=(B+t)M_w$。

入土深度要结合板式支护墙的基坑底土抗隆起、抗倾覆、抗渗以及内力变形计算等综合确定。

桩身抗弯验算按考虑弯矩全部由型钢承担，则型钢应力应满足：

$$\sigma = \frac{M}{W} \leqslant [\sigma] \tag{9.24}$$

式中 W——型钢抵抗矩，cm^3，可参考有关钢结构教材取值；

M——计算截面弯矩，kN·m；

$[\sigma]$——型钢允许拉应力，kPa。

型钢抗剪验算应满足：

$$\tau = \frac{QS_x}{I\delta_t} \leqslant [\tau] \tag{9.25}$$

式中 S_x——型钢面积矩，mm^3；

I——计算惯性矩，m^4；

Q——计算截面剪力，kN；

δ_t——所验算点处的钢板厚度，mm；

$[r]$——型钢允许剪应力，kPa。

(4)地下连续墙

内力计算按前述的竖向弹性地基梁法进行。

地下连续墙单元槽的平面形状如图9.13所示。单元槽段的平面形状和成槽长度，根据墙段的结构受力特性、槽壁稳定性、环境条件和施工条件等因素经计算确定。

入土深度的确定要结合板式支护墙的坑底土抗隆起、抗倾覆、抗渗以及内力变形计算等综合确定。

混凝土的设计强度等级不应低于C20；纵向受力钢筋应采用HRB 335钢筋，直径不小于16 mm；水平筋可采用16～18 mm及以上的圆筋或螺纹筋，最大间距在300 mm以下，在主要受力部位间距小些；构造钢筋可采用HPB235钢筋，直径不应小于12 mm；主筋保护层厚度不小于70 mm；单元槽段的钢筋笼应制成一整体，必须分段时，宜采用焊接或机械连接，接头位置宜选在受力较小处并相互错开。当采用搭接接头时，接头的最小搭接长度不宜小于45倍的主筋直径，且不小于1.50 m；钢筋笼两侧的端部与接头管或相邻墙段混凝土接头面之间应留有大于150 mm的间隙，钢筋笼下端500 mm长度范围内宜按1∶10收成闭合状，且钢筋笼的下端与槽底之间宜留有不小于500 mm的间隙。

墙体混凝土的抗渗等级不宜小于S6级。在墙段接头处设止水带或刚性防渗接头，止水带接头有钢板或橡胶两种形式，刚性接头有穿孔钢板接头和搭接钢筋接头两类，一般使用效果均较好。当墙段之间的接缝不设止水带时，应选用锁口圆弧形、槽形或V形等可靠的防渗止水接头，其接头面必须严格清刷，不得有夹泥或沉渣。在正常施工条件下，严格按施工规程操作，一般均可达到防渗止水要求。在环境要求较高时，常在墙段接头处的坑外增设注浆防渗作为加强措施。

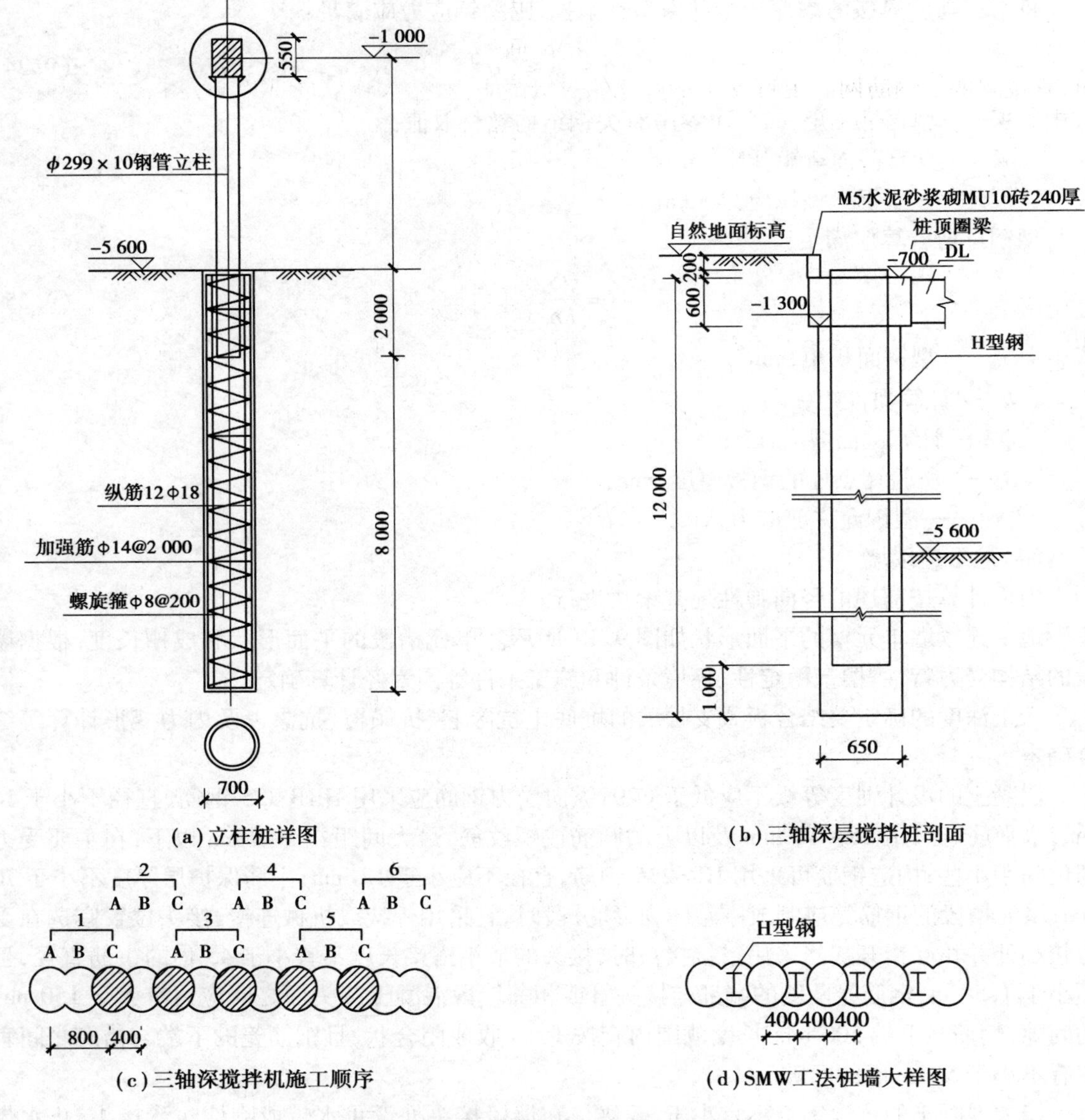

图 9.13　支护结构剖面图及详图(单位:mm)

9.3.4　土钉墙支护结构设计

1)一般规定

土钉钢筋采用 HRB 335 或 HRB 400 热轧变形钢筋,直径在 16~32 mm 范围。土钉孔径为 70~120 mm,注浆的强度等级一般不低于 10 MPa,3 天不低于 6 MPa。土钉长度 l 与基坑深度 H 之比对于非饱和土宜为 0.6~1.2,密实砂土和坚硬黏土取低值,软塑黏性土不应小于 1.0。土钉的水平和竖直间距 S_h 和 S_v 宜为 1~2 m,在饱和黏性土中可小到 1 m;在干硬黏性土中可超过 2 m。此外,沿面层布置的土钉密度不应低于每 6 m^2 一根。土钉钻孔的向下倾角在 5°~20°。

喷射混凝土面层的厚度在 50～150 mm 范围内，混凝土强度等级不低于 C20，3d 强度不低于 10 MPa，面层内设置钢筋网，钢筋 ϕ6～10 mm，间距为 150～300 mm，当面层厚度大于 120 mm 时，宜设置两层钢筋网。土钉支护的喷射混凝土面层宜插入基坑底部以下，插入深度不少于 0.2 m，在基坑顶部也宜设置宽度为 1～2 m 的喷射混凝土护顶。

2）基本计算

（1）内部整体滑动稳定性验算

土钉支护的内部整体稳定性验算是指边坡土体中可能出现的破坏面发生在支护内部并穿过全部或部分土钉。假定破坏面上的土钉只承受拉力且达到极限抗拉能力 R，按圆弧破坏面采用简单条分法对土钉支护做内部整体稳定性验算，如图 9.14 所示，安全系数 K_{si} 为：

$$K_{si}=\frac{\sum_{i=1}^{n}\left[(W_i+p_i)\cos\alpha_i+\tan\varphi_i+\left(\frac{R_k}{S_{hk}}\right)\sin\beta_k\tan\varphi_i+c_i\left(\frac{b_i}{\cos\alpha_i}\right)+\left(\frac{R_k}{S_{hk}}\right)\cos\beta_k\right]}{\sum_{i=1}^{n}\left[(W_i+p_i)\sin\alpha_i\right]}\leqslant[\sigma] \tag{9.26}$$

式中　W_i、p_i——作用于 i 土条的自重和地面、地下荷载，kPa；

α_i——第 i 土条圆弧滑动面切线的水平倾角，(°)；

b_i——第 i 土条宽度，m；

c_i——第 i 土条圆弧滑动面所处第 i 土层土的黏聚力，kPa；

φ_i——第 i 土条圆弧滑动面所处第 i 土层土的内摩擦角，(°)；

R_k——滑动面上第 k 排土钉的最大抗力，kN；

β_k——第 k 排土钉轴线与该破坏面切线之间的夹角，(°)；

S_{hk}——第 k 排土钉的水平间距，m；

K_{si}——内部整体滑动稳定安全系数，一般不应小于 1.3。

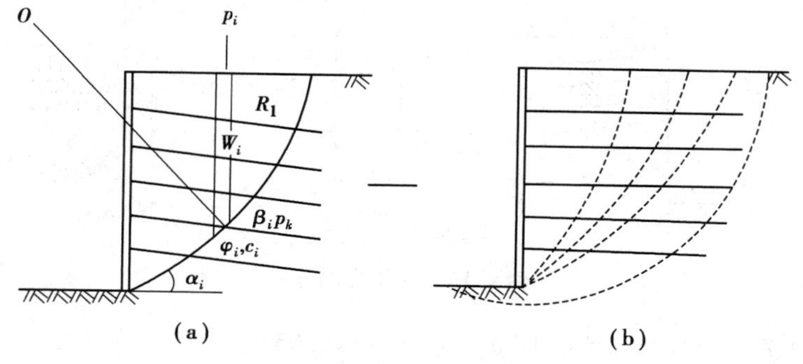

图 9.14　内部整体滑动稳定性验算

当有地下水时，式(9.26)中尚应计入地下水压力的作用及其对土体强度的影响。作为设计依据的临界破坏面位置需根据试算确定，与其相应的稳定性安全系数在各种可能的破坏面中为最小值。此外，还应验算各施工阶段的内部整体稳定性。

（2）外部整体稳定性验算

土钉支护的外部整体稳定性验算与重力式挡土墙的稳定性分析相同，可将土钉加固的整个土体视作重力式挡土墙（图 9.15）分别验算：①整个土钉支护沿底面水平滑动［图 9.15(a)］；

②整个土钉支护绕基坑底角倾覆,并验算此时支护底面的地基承载力[图 9.15(b)];③整个土钉支护连同外部土体沿深部的圆弧破坏面失稳[图 9.15(c)],可按式(9.25)进行验算,但此时可能破坏面在土钉设置范围之外,用计算式(9.27)时,土钉抗力为零。①、②两项可参照《建筑地基基础设计规范》(GB 50007—2011)中的计算公式,墙背的土压力为水平作用的朗肯主动土压力,取墙体宽度等于底部土钉的水平投影长度。

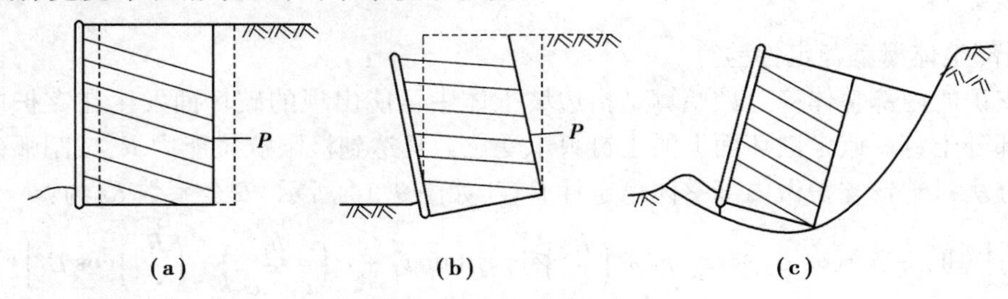

图 9.15 外部整体稳定性验算

(3)土钉设计计算

①土钉的拉力计算

在土体自重和地表均布荷载作用下,每一土钉中所受的最大拉力或设计内力 N,可按图 9.16所示的侧压力分布图形用下式求出:

$$\begin{cases} N = pS_v S_h / \cos\theta \\ p = p_1 + p_q \end{cases} \tag{9.27}$$

式中 θ——土钉的倾角,(°);

P——土钉长度中点所处深度位置上的侧压力,kPa;

p_1——土钉长度中点所处深度位置上由支护土体自重引起的侧压力,kPa;

p_q——地表均布荷载引起的侧压力,kPa。

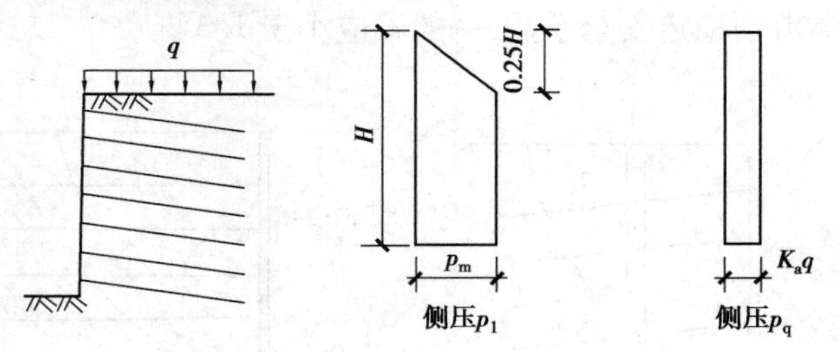

图 9.16 侧压力的分布

图 9.16 中自重引起的侧压力峰压 p_m,对于$\dfrac{c}{\gamma H}\leqslant 0.05$ 的砂土和粉土:

$$p_m = 0.55\,K_a\gamma H \tag{9.28}$$

对于$\dfrac{c}{\gamma H}>0.05$ 的一般黏性土:

$$p_m = K_a\left(1 - \frac{2c}{\gamma H\sqrt{K_a}}\right)\gamma H \leqslant 0.55\,K_a\gamma H \tag{9.29}$$

黏性土 p_m 的取值应不小于 $0.2\gamma H$。

地表均布荷载引起的侧压力取为

$$p_a = K_a q \tag{9.30}$$

②土钉的设计内力

各层土钉在设计内力作用下应满足下式：

$$K_{s,d} N \leqslant 1.1 \frac{\pi d_b^2}{4} f_y \tag{9.31}$$

式中 $K_{s,d}$——土钉局部稳定性安全系数，取1.2～1.4，基坑深度较大时取大值；

N——土钉设计内力，kN；

d_b——土钉钢筋直径，m；

f_y——钢筋抗拉强度，kPa。

③土钉长度的确定

各层土钉的长度应满足式(9.32)的要求：

$$L \geqslant l_1 + \frac{K_{s,d} N}{\pi d_0 \tau} \tag{9.32}$$

式中 l_1——土钉轴线与图9.17所示倾角等于$(45° + \varphi/2)$斜线的交点至土钉外端点的距离，m；对于分层土体，φ 值根据各层土的 $\tan\varphi$ 值按其层厚加权的平均值算出；

d_0——土钉孔径，m；

τ——土钉与土体之间的界面黏结强度，kPa。

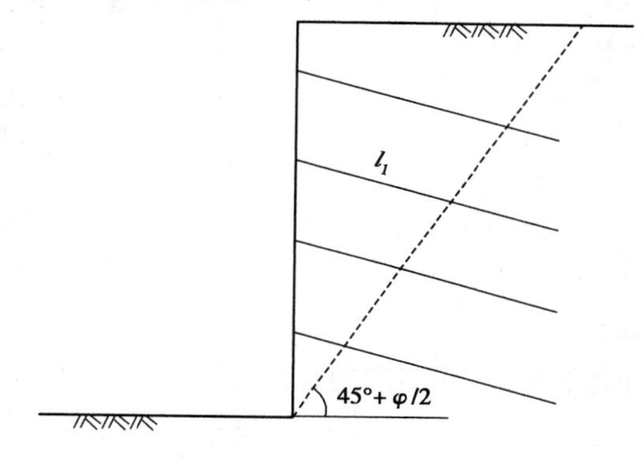

图9.17 确定土钉长度的简图

④土钉的极限抗拉承载力

土钉极限抗拉承载力 R 按式(9.33)、式(9.34)计算，并取其中较小者。

按土钉抗拔条件

$$R = \pi d_0 l_a \tau \tag{9.33}$$

按土钉受拉屈服条件

$$R = 1.1 \frac{\pi d_b^2}{4} f_y \tag{9.34}$$

式中 d_0——土钉孔径，m；

l_a——土钉在破坏面一侧伸入稳定土体中的长度，m；

τ——土钉与土体之间的界面黏结强度，kPa；

其他参数意义同前。

9.4 地下连续墙计算实例

地下连续墙结构计算与其他围护结构计算类似,需要对开挖过程中不同阶段的工况进行计算。从连续墙结构计算理论的发展过程来看,经典的计算方法是后来发展起来的一些方法的基础。本章介绍弹性法在地下连续墙设计计算中的应用。

9.4.1 弹性法计算原理

计算图式如图9.18所示。墙体作为无限长的弹性体,用微分方程求解,主动侧的土压力为已知,但入土面(开挖底面)以下只有被动侧的土抗力,土抗力数值与墙体位移成正比。

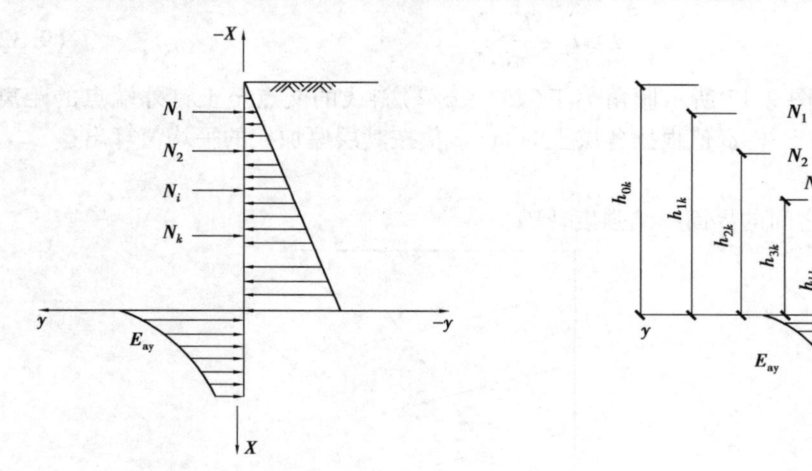

图9.18 计算简图

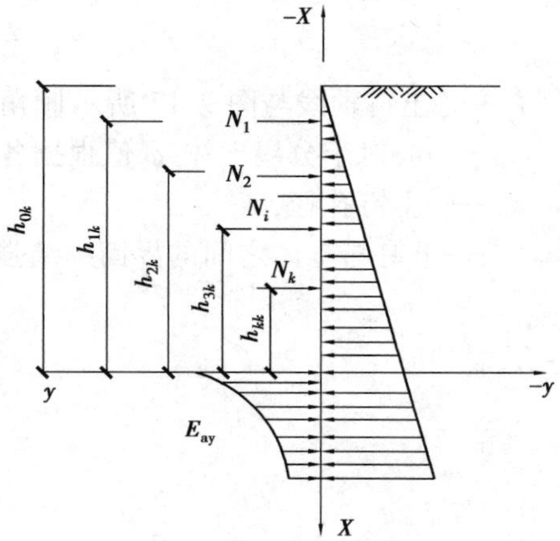

图9.19 基本假定图示

同济大学曾将上法进行局部修改,其不同的是考虑了入土面以下主动侧的水、土压力,如图9.19所示的基本假定是:

①墙体作为无限长的弹性体。

②已知水、土压力,并假定其为三角形分布。

③开挖面以下作用在墙体上的土抗力,假定与墙体的变形成正比例。

④横撑(楼板)设置后,将横撑支点作为不动支点。

⑤下道横撑设置以后,认为上道横撑的轴向压力值保持不变,其上部的墙也保持以前的变位。

1)符号规定

y——墙体变位,m;

k_h——侧向地层压缩系数,kN/m^3;

E——墙体的弹性模量,kN/m^3;

I——1 m延长(水平方向)墙体的截面惯矩,m^4;

E_s——土横向弹性模量,kN/m^3,$E_s = k_h \cdot B$;

B——墙水平长度,取为1 m;

η——水、土压力斜率。

2)公式推导

①弹性曲线方程的建立。

a. 在第 k 道横撑到开挖面的区间($-h_{kk} \leqslant X \leqslant 0$)。

$$M = \frac{1}{2}\eta(h_{0k}+X)(h_{0k}+X)g\frac{1}{3}(h_{0k}+X) - \sum_1^k N_i(h_{ik}+X)$$

$$= \frac{1}{6}\eta(h_{0k}+X)^3 - \sum_1^k N_i(h_{ik}+X)$$

$$\frac{d^2y_1}{dx^2} = \frac{M}{EI} = \left[\frac{1}{6}\eta(h_{0k}+X)^3 - \sum_1^k N_i(h_{ik}+X)\right]\cdot\frac{1}{EI} \tag{9.35}$$

$$\frac{dy_1}{dx} = \frac{1}{24EI}(h_{0k}+X)^4 - \sum_1^k \frac{N_i}{2EI}(h_{ik}+X)^2 + C_1 \tag{9.36}$$

$$y_1 = \frac{\eta}{120EI}(h_{0k}+X)^5 - \frac{1}{EI}\sum_1^k \frac{1}{6N_i}(h_{ik}+X)^3 + C_1X + C_2 \tag{9.37}$$

$$EI\frac{d^3y_1}{dx^3} = \frac{1}{2}\eta(h_{0k}+X)^2 - \sum_1^k N_i \tag{9.38}$$

b. 在开挖面以下的弹性区间($x \geqslant 0$)。

$$EI\frac{d^4y_2}{dx^4} = q$$

$$EI\frac{d^4y_2}{dx^4} = \eta(h_{0k}+x) - E_s y_2 \tag{9.39}$$

$$EI\frac{d^4y_2}{dx^4} + E_s y_2 = \eta(h_{0k}+X)$$

边界条件: $X=\infty$, $EIy''_2=0$, $EIy''_2=0$ 齐次方程的通解为:

$$y_{2.1} = He^{\beta^x}\cos\beta x + We^{\beta^x}\sin\beta x + Ae^{-\beta^x}\cos\beta x + Fe^{-\beta^x}\sin\beta x$$

- 非齐次方程的特解:

令 $y_{2.1} = Px + R$,代入方程(9.39)中,得:

$$E_s(Px+R) = \eta(h_{0k}+x)$$

$$E_sPx + E_sR = \eta h_{0k} + \eta x$$

因为 $E_sP=\eta$ 及 $E_sR=\eta h_{0k}$

所以 $P=\frac{\eta}{E_s}$ 及 $R=\frac{\eta h_{0k}}{E_s}$

$$y_{2.2} = Px + R = \frac{\eta}{E_s}x + \frac{\eta h_{0k}}{E_s} = \frac{\eta}{E_s}(h_{0k}+x)$$

因为当 $X=\infty$ 时, $e^{\beta x}$ 、 $\cos\beta x$ 、 $\sin\beta x$ 不可能为零,而 H 和 w 为 0,所以非齐次方程的通解为:

$$y_2 = e^{-\beta^x}(A\cos\beta x + F\sin\beta x) + \frac{\eta}{E_s}(h_{0k}+x) \tag{9.40}$$

其中

$$\beta=\sqrt{\frac{E_s}{4EI}}$$

$$\frac{dy_2}{dx}=-\beta e^{-\beta x}[(A-F)\cos\beta x+(A+F)\sin\beta x]+\frac{\eta}{E_s} \tag{9.41}$$

$$\frac{d^2y_2}{dx^2}=-2\beta^2e^{-\beta x}(F\cos\beta x-A\sin\beta x) \tag{9.42}$$

$$\frac{d^3y_2}{dx^3}=2\beta^3e^{-\beta x}[(A+F)\cos\beta x-(A-F)\sin\beta x] \tag{9.43}$$

待定系数的求解：

连续条件 $x=0$ 处，有 $y_1=y_2, y_1'=y_2'$

$$\begin{aligned} y_1\big|_{x=0}&=\frac{\eta}{120EI}h_{0k}^5-\sum_1^k\frac{N_i}{6EI}h_{ik}^3+C_2\\ y_2\big|_{x=0}&=A+\frac{\eta}{E_s}h_{0k}\end{aligned} \tag{9.44}$$

使 $y_1\big|_{x=0}=y_2\big|_{x=0}$，即

$$\frac{\eta}{120EI}h_{0k}^5-\sum_1^k\frac{N_i}{6EI}h_{ik}^3+C_2=A+\frac{\eta}{E_s}h_{0k}$$

$$y_1'\big|_{x=0}=\frac{\eta}{24EI}h_{0k}^4-\sum_1^k\frac{N_i}{2EI}h_{ik}^2+C_1$$

$$y_2'\big|_{x=0}=0=-\beta(A-F)+\frac{\eta}{E_s}$$

使 $y'_1\big|_{x=0}=y'_2\big|_{x=0}$，即

$$\frac{\eta}{24EI}h_{0k}^4-\sum_1^k\frac{N_i}{2EI}h_{ik}+C_1=-\beta(A-F)+\frac{\eta}{E_s}^2 \tag{9.45}$$

①$x=0$ 处的内力

弯矩 $$M_0=\frac{\eta}{6}h_{0k}^3-\sum_1^k N_ih_{ik}$$

由式(9.41) $$M_0=-2\beta^2FgEI$$

有 $$F=\frac{-M_0}{2\beta^2EI} \tag{9.46}$$

②剪力

由式(9.38) $$Q_0=\frac{\eta}{2}h_{0k}^2-\sum_1^k N_i$$

由式(9.42) $$Q_0=2\beta^3(A+F)EI$$

$$A=\frac{Q_0}{2\beta^3EI}-F$$

由式(9.45) $$A=\frac{Q_0}{2\beta^3EI}-\frac{-M_0}{2\beta^2EI}=\frac{1}{2\beta^3EI}(Q_0+\beta M_0) \tag{9.47}$$

将 A 值代入式(9.43)，有

$$C_2 = -\frac{1}{2\beta^3 EI}(Q_0 + \beta M_0) + \frac{\eta}{E_s}h_{0k} + \sum_1^k \frac{N_i}{6EI}h_{ik}^3 - \frac{\eta}{120EI}h_{ik}^5 \tag{9.48}$$

$$C_1 = \frac{1}{2\beta^2 EI}(Q_0 + 2\beta M_0) + \frac{\eta}{E_s} + \sum_1^k \frac{N_i}{2EI}h_{ik} - \frac{\eta}{24EI}h_{ik}^4 \tag{9.49}$$

弹性曲线的最终形式：

$(-h_{kk} \leqslant X \leqslant 0)$区间：

$$y_1 = N_k A_1 + A_2 + A_3 \tag{9.50}$$

$$N_k = \frac{1}{A_1}(y_1 - A_2 - A_3) \tag{9.51}$$

其中

$$A_1 = \frac{x}{2\beta^2 EI} - \frac{1}{6EI}(h_{kk} + x)^3 + \frac{x}{2EI}h_{kk}^2 + \frac{x}{\beta EI}h_{kk} + \frac{h_{kk}^3}{6EI} - \frac{1}{2\beta^3 EI} - \frac{h_{kk}}{2\beta^2 EI} \tag{9.52}$$

$$A_2 = \sum_1^{k-1} \frac{N_i}{2EI}h_{ik}^2 x - \sum_1^{k-1} \frac{N_i}{6EI}(h_{ik} + x)^3 + \frac{1}{2\beta^2 EI}\sum_1^{k-1} N_i h_{ik} x + \sum_1^{k-1} \frac{N_i}{6EI}h_{ik}^3 - \frac{1}{2\beta^3 EI}\sum_1^{k-1} N_i - \frac{1}{2\beta^2 EI}\sum_1^{k-1} N_i h_{ik} \tag{9.53}$$

$$A_3 = \frac{\eta}{120EI}(h_{0k} + x)^5 + \frac{\eta}{E_s}x - \frac{\eta}{24EI}h_{0k}^4 x - \frac{\eta h_{0k}^2}{4\beta^2 EI}x - \frac{\eta h_{0k}^3}{6\beta EI} + \frac{\eta}{E_s}h_{0k} - \frac{\eta}{120EI}h_{0k}^5 x + \frac{\eta h_{0k}^2}{4\beta^3 EI} + \frac{\eta h_{0k}^3}{12\beta^2 EI} \tag{9.54}$$

$$M_x = \frac{\eta}{6}(h_{0k} + x)^3 - \sum_1^k N_i(h_{ik} + x) \tag{9.55}$$

$$Q_x = \frac{\eta}{2}(h_{0k} + x)^2 - \sum_1^k N_i \tag{9.56}$$

$X \geqslant 0$ 区间：

$$y_2 = e^{-\beta x}(A\cos\beta x + Fg\sin\beta x) + \frac{\eta}{E_s}(h_{0k} + x) \tag{9.57}$$

$$M_x = -2EI\beta^2 e^{-\beta x}(F\cos\beta x - A\sin\beta x) \tag{9.58}$$

$$Q_x = 2EI\beta^3 e^{-\beta x}[(A + F)\cos\beta x - (A - F)\sin\beta x] \tag{9.59}$$

3）本法的计算步骤

①第一次开挖时，第一道横撑支点作为不动支点，即取 $\delta_1 = y_1 = 0$（也可用结构力学原理求出第一道横撑支点的变位）。用式(9.51)求第一道横撑的轴向压力 N_1，用式(9.50)求第二道横撑预定位置的变位 δ_2。

②第二次开挖时，将 N_1 及 δ_2 作为定值，用式(9.51)求第二道横撑的轴压力 N_2，用式(9.50)求第三道横撑预定位置的变位 δ_3。

③第三次开挖时，将 N_1、δ_2 及 δ_3 作为定值，用式(9.51)求第三道横撑的轴压力 N_3，用式(9.52)求第三道横撑预定位置的变位 δ_4。

后面重复计算。

9.4.2 计算实例

地层条件：$\gamma=18\ \text{kN/m}^3$；$\varphi=14°$；$c=7\ \text{kN/m}^3$，$k_h=20\ 000\ \text{kN/m}^3$，$E_s=k_n\times 1=2\ \text{kg/cm}^3\times 100\ \text{cm}=200\ \text{kg/cm}^3=20\ 000\ \text{kN/m}^2$（相当于松砂）。

结构条件：地下连续墙厚 80 cm

$$I=\frac{100}{12}\times 80^3=42.7\times 10^5\ \text{cm}^2=0.042\ 7\ \text{m}^4$$

C25 混凝土，$E=2.85\times 10^6\text{t/m}^3$

$$\frac{EI}{E_s}=\frac{2.85\times 10^6\times 0.042\ 7}{2\ 000}=61\ \text{m}^4$$

$$\beta=\sqrt[4]{\frac{E_s}{4EI}}=\sqrt[4]{\frac{1}{4\times 61}}=0.253$$

$$\beta^2=0.064,\beta^3=0.016\ 2$$

开挖深度、支撑数目及间隔同前例。水、土压力图总斜率也相同，有 $\eta=14.7$，如图 9.20 所示。

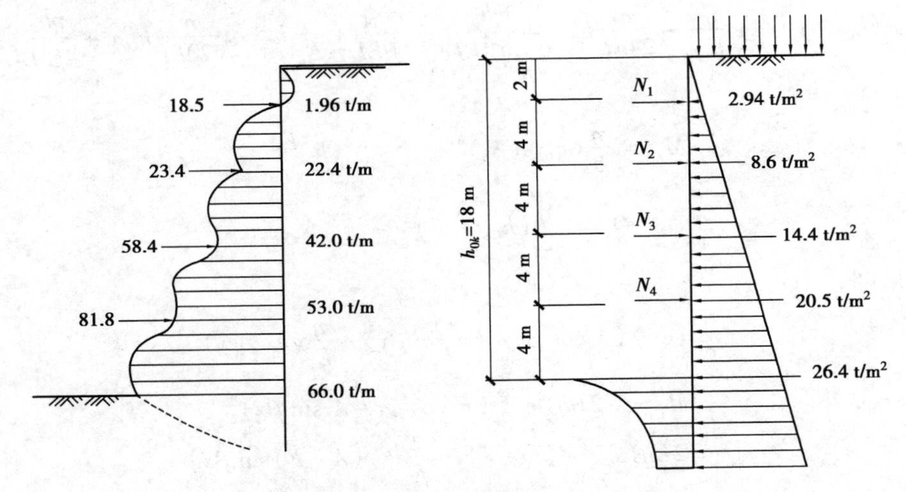

图 9.20 水土压力计算图式

单支撑：

$$N_i=0,h_{ik}=0,h_{kk}=h_{ik}=4\ \text{m},h_{0k}=6\ \text{m},N_k=N_1$$

令 $\delta_1=0$，即 $y'_1|_{x=-4}=0$，从式(9.53)可知，$A_2=0$，利用式(9.52)可得（将 $x=-4$ 代入）：

$$\begin{aligned}A_1&=\frac{1}{EI}\left[\frac{x}{2\beta^2}-\frac{1}{6}(h_{kk}+x)^3+\frac{x}{2}h_{kk}^2+\frac{x}{\beta}h_{kk}+\frac{h_{kk}^3}{6}-\frac{1}{2\beta^3}-\frac{h_{kk}}{2\beta^2}\right]\\&=\frac{1}{EI}\left[\frac{-4}{0.128}-\frac{4}{2}\times 16-\frac{4}{0.253}\times 4+\frac{4}{4}\times 16-\frac{1}{0.324}-\frac{4}{0.128}\right]\\&=-\frac{178}{EI}\end{aligned}$$

利用式(9.54)得：

$$A_3=\frac{1}{EI}\Big[\frac{\eta}{120}(h_{0k}+x)^5+\frac{EI\eta}{E_s}x-\frac{\eta}{24}h_{0k}^4gx-\frac{\eta h_{0k}^2}{4\beta^2}x-\frac{\eta h_{0k}^3}{6\beta}x+\frac{EI\eta}{E_s}h_{0k}-\frac{\eta}{120}h_{0k}^5x+\frac{\eta h_{0k}^2}{4\beta^3}+\frac{\eta h_{0k}^3}{12\beta^2 EI}\Big]$$

$$=\frac{14.7}{EI}\Big[\frac{32}{120}-61\times4+\frac{1}{24}\times1\ 296\times4+\frac{1}{0.256}\times36\times4+$$

$$\frac{216\times4}{1.52}+61\times6-\frac{7\ 776}{120}+\frac{36}{0.064\ 8}+\frac{216}{0.768}\Big]$$

$$=\frac{14.7}{EI}\times2\ 241.5=\frac{32\ 950}{EI}$$

利用式(9.51)求得：

$$N_k=N_1=\frac{-32\ 950}{-178}=185(\text{kN})\left(N_1=-\frac{A_3}{A_1}\right)$$

利用式(9.50)求得第二道支撑预定位置的变化δ_2(此时以$x=0$代入各式)：

$$A_1=\frac{1}{EI}\Big[-\frac{64}{6}+\frac{64}{6}-\frac{1}{0.032\ 4}-\frac{4}{0.128}\Big]=\frac{-62.2}{EI}$$

$$A_2=0$$

$$A_3=\frac{14.7}{EI}\Big[\frac{7\ 776}{120}+61\times6-\frac{7\ 776}{120}+555+282\Big]=\frac{17\ 680}{EI}$$

利用式(9.50)求得：

$$\delta_2=y_1=N_kA_1+A_2+A_3$$

$$=185\times\left(-\frac{62.2}{EI}\right)+\frac{17\ 680}{EI}=\frac{6\ 170}{EI}=0.005\ 07(\text{m})$$

$$M_1=\frac{1}{2}\times2\times29.4\times\frac{1}{3}\times2=19.6(\text{kN}\cdot\text{m})$$

$$M_2=\frac{1}{2}\times6\times86\times\frac{1}{3}\times6-185\times4=-224(\text{kN}\cdot\text{m})$$

第二道支撑：

已知$N_1=18.5\ \text{t},\delta_2=\frac{6\ 170}{EI},h_{0k}=10\ \text{m},h_{1k}=8\ \text{m},h_{kk}=h_{2k}=4\ \text{m},k=2$，求$N_k=N_2,\delta_3$。

利用式(9.52)求N_k(此时以$x=-4$代入各式，因δ_2在$x=-4$处)。

$$A_1=-\frac{178}{EI}$$

$$A_2=\frac{N_1}{2EI}h_{1k}^2x-\frac{N_1}{6EI}(h_{1k}+x)^3+\frac{N_1}{2\beta^2EI}x+\frac{N_1}{\beta EI}h_{1k}x+\frac{N_1h_{1k}^3}{6EI}-\frac{N_1}{2\beta^2EI}-\frac{N_1h_{1k}}{2\beta^2EI}=-\frac{56\ 730}{EI}$$

$$A_3=\frac{122\ 000}{EI}$$

所以$N_k=N_2=\frac{1}{A_1}(\delta_2-A_2-A_3)=-\frac{EI}{178}\left(\frac{6\ 170}{EI}+\frac{56\ 730}{EI}-\frac{122\ 000}{EI}\right)$

$$=\frac{59\ 460}{178}=334(\text{kN})$$

用式(9.50)求第三道支撑预定位置的变位δ_3(此时以$x=0$代入各式)，有

$$A_1=\frac{1}{EI}\times(-62.2)$$

$$A_2 = -\frac{N_1}{6EI}h_{1k}^3 - \frac{N_1}{2\beta^2 EI}h_{1k} = -\frac{17\ 300}{EI}$$

$$A_3 = \frac{50\ 790}{EI}$$

所以$\delta_3 = y = N_k g A_1 + A_2 + A_3 = 334 \times \left(-\frac{62.2}{EI}\right) - \frac{17\ 300}{EI} + \frac{50\ 790}{EI}$

$= \frac{12720}{EI} = 0.101\ 04(\mathrm{m})$

同前$M_1 = 19.6(\mathrm{kN \cdot m})$，$M_2 = -224(\mathrm{kN \cdot m})$

$$M_3 = \frac{1}{2} \times 10 \times 144 \times \frac{1}{3} \times 10 - 185 \times 8 - 334 \times 4 = -420(\mathrm{kN \cdot m})$$

同理，继续计算到四道支撑，得：

$$\delta_4 = 0.015\ 8\ \mathrm{m}, N_3 = 584\ \mathrm{kN}$$

$$M_4 = \frac{1}{2} \times 14 \times 205 \times \frac{1}{3} \times 14 - 185 \times 12 - 334 \times 8 - 584 \times 4 = -530(\mathrm{kN \cdot m})$$

$$\delta_5 = 0.019\ 7\ \mathrm{m}, N_4 = 818\ \mathrm{kN}$$

$$M_5 = \frac{1}{2} \times 18 \times 264 \times \frac{1}{3} \times 18 - 185 \times 16 - 334 \times 12 - 584 \times 18 - 818 \times 4$$

$$= -660(\mathrm{kN \cdot m})$$

本章小结

(1)支护结构设计的第一步是支护结构选型，根据基坑的安全等级、开挖深度、周边环境情况、地质情况及地下水位等，根据工程经验或经过专家咨询并经济技术比选后，正确选择支护结构形式。

(2)混凝土重力式挡墙的墙体宽度和深度的确定与基坑开挖深度、范围、地质条件、周围环境、地面荷载以及基坑等级等有关，初步确定墙体宽度和深度后要进行整体圆弧滑动、抗滑、基坑倾覆、墙体结构强度以及抗渗验算。

(3)地下连续墙是指利用挖槽机械，借助于泥浆的护壁作用，在地下挖出窄而深的沟槽，并在其内浇注混凝土而形成一道具有防渗(水)、挡土和承重功能的连续的地下连续墙体。

思考题

9.1　简述明挖深基坑支护结构的类型。

9.2　简述 SMW 工法桩的设计要点。

9.3　土钉墙设计中，稳定验算的理论计算公式是什么？

9.4　试述地下连续墙结构的优点及适用条件。

9.5　试推导排桩或者地下连续墙支护结构设计中，稳定验算的理论计算公式。

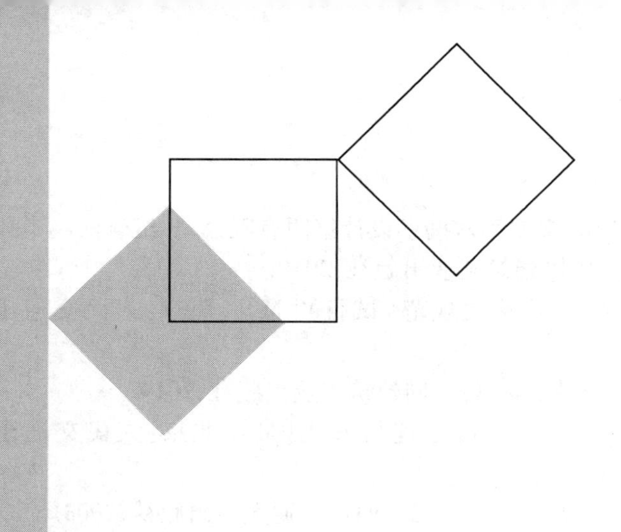

参考文献

[1] 北京市规划委员会. 地铁设计规范:GB 50157—2013[S]. 北京:中国建筑工业出版社出版,2013.8.

[2] 招商局重庆交通科研设计院有限公司. 公路隧道设计规范第一册 土建工程:JTG 3370.1—2018[S]. 北京:人民交通出版社,2018.

[3] 重庆市城乡建设委员会. 建筑边坡工程技术规范:GB 50330—2013[S]. 北京:中国建筑工业出版社,2013.

[4] 中交公路规划设计院有限公司. 公路桥涵设计通用规范:JTG D60—2015[S]. 北京:人民交通出版社,2015.

[5] 中交公路规划设计院有限公司. 公路桥涵地基与基础设计规范:JTG 3363－2019[S]. 北京:人民交通出版社,2019.

[6] 中华人民共和国住房和城乡建设部. 建筑地基基础设计规范:GB 50007—2011[S]. 北京:中国建筑工业出版社,2011.

[7] 中铁二院工程集团有限责任公司. 铁路隧道设计规范:TB 10003—2016[S]. 北京:中国铁道出版社,2017.

[8] 中国建筑科学研究院. 建筑基坑支护技术规程:JGJ 120—2012[S]. 北京:中国建筑工业出版社,2012.

[9] 中华人民共和国住房和城乡建设部. 混凝土结构设计规范:GB 50010—2010[S]. 2015 年版. 北京:中国建筑工业版社,2015.

[10] 中华人民共和国住房和城乡建设部. 建筑结构荷载规范:GB 50009—2012[S]. 北京:中国建筑工业版社,2012.

[11] 上海建工集团股份有限公司,上海市基础工程集团有限公司. 顶管工程施工规程:DG/TJ 08—2049—2016[S]. 上海:同济大学出版社,2017.

[12] 广州市市政集团有限公司,广州市市政工程协会. 矩形顶管工程技术规程:T/CECS 716—2020[S]. 北京:中国建筑工业出版社,2020.

[13] 中华人民共和国住房和城乡建设部. 钢结构设计标准:GB 50017—2017[S]. 北京:中国建

筑工业出版社,2017.
[14] 天津滨海新区建设投资集团有限公司,中铁第六勘察设计集团有限公司. 沉管法隧道设计标准:GB/T 51318—2019[S]. 北京:中国建筑工业出版社,2019.
[15] 中国地质大学(武汉). 顶管施工技术及验收规范(试行)[M]. 北京:人民交通出版社,2007.
[16] 朱合华,张子新. 地下建筑结构[M]. 3 版. 北京:中国建筑工业出版社,2019.
[17] 李树忱,马腾飞,冯现大. 地下建筑结构设计原理与方法[M]. 北京:人民交通出版社,2018.
[18] 李志业,曾艳华. 地下结构设计原理与方法[M]. 成都:西南交通大学出版社,2003.
[19] 重庆建筑工程学院等四校合编. 岩石地下建筑结构[M]. 北京:中国建筑工业出版社,1982.
[20] 张子新,胡欣雨. Underground Structures(地下建筑结构)[M]. 北京:中国建筑工业出版社,2009.
[21] 吴能森,熊孝波,王照宇. 地下工程结构[M]. 2 版. 武汉:武汉理工大学出版社,2015.
[22] 刘增荣. 地下结构设计[M]. 北京:中国建筑工业出版社,2011.
[23] 门玉明,王启耀,刘妮娜. 地下建筑结构[M]. 北京:人民交通出版社,2016.
[24] 韩瑞庚. 地下工程新奥法[M]. 北京:科学出版社,2000.
[25] 李晓红. 隧道新奥法及其量测技术[M]. 北京:科学出版社,2000.
[26] 王梦恕. 中国隧道及地下工程修建技术[M]. 北京:人民交通出版社,2010.
[27] 关宝树,杨其新. 地下工程概论[M]. 成都:西南交通大学出版社,2003.
[28] 孙均,侯学渊. 地下结构(上)[M]. 北京:科学出版社,1987.
[29] 孙均,侯学渊. 地下结构(下)[M]. 北京:科学出版社,1988.
[30] 穆保岗,陶津. 地下结构工程[M]. 3 版. 南京:东南大学出版社,2016.
[31] 葛春辉. 顶管工程设计与施工[M]. 北京:中国建筑工业出版社,2017.
[32] 陈韶章,苏宗贤,陈越. 港珠澳大桥沉管隧道新技术[J]. 隧道建设,2015,35(5):396-403.